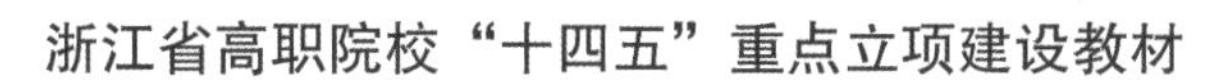

浙江省高职院校“十四五”重点立项建设教材

建筑装饰装修与屋面工程施工

JIANZHU ZHUANGSHI ZHUANGXIU YU WUMIAN GONGCHENG SHIGONG

主　编　黄海荣　郑　东

副主编　袁　炼　魏　平　陈　剑　肖　斌

ZHEJIANG UNIVERSITY PRESS

浙江大学出版社

图书在版编目(CIP)数据

建筑装饰装修与屋面工程施工 / 黄海荣,郑东主编
.— 杭州:浙江大学出版社,2024.2
ISBN 978-7-308-24532-6

Ⅰ.①建… Ⅱ.①黄… ②郑… Ⅲ.①建筑装饰一工程装修一教材 ②屋面工程一工程施工一教材 Ⅳ.①TU767 ②TU765

中国国家版本馆 CIP 数据核字(2024)第 000909 号

内容简介

本教材以教育部《关于推动现代职业教育高质量发展的意见》《"十四五"职业教育规划教材建设实施方案》等文件为依据,以培养建筑工程技术人才为目的,根据最新标准规范《建筑装饰工程质量验收规范》(GB 50210—2018)及《屋面工程质量验收规范》(GB 50207—2012)进行编写,以满足岗位需求为立足点,采用"工学结合""任务驱动""项目导向"的模式,把建筑装饰及屋面工程技术按照分项工程进行模块化编写。主要内容包括建筑装饰施工概述、吊顶工程施工、墙柱面装饰施工、楼地面装饰施工、隔墙与隔断装饰施工、幕墙工程施工、门窗工程施工及屋面防水施工。

本教材的编写坚持以应用为目的,以理论必需、够用为原则,结合工程典型案例由浅入深地介绍建筑装饰装修与屋面施工的施工准备、施工工艺、验收规范、常见的质量通病、预防措施等,配套有微课、施工动画、施工现场视频等教学资源。

本教材采用校企合作、新形态开发,突出工程实践性,可作为高等院校建筑工程技术、建设工程管理、工程造价、工程监理、建筑装饰工程技术等专业的教材,也可作为相关职业岗位培训及自学参考用书。

建筑装饰装修与屋面工程施工

主　编　黄海荣　郑　东
副主编　袁　炼　魏　平　陈　剑　肖　斌

责任编辑　王元新
责任校对　阮海潮
封面设计　周　灵
出版发行　浙江大学出版社
(杭州市天目山路 148 号　邮政编码 310007)
(网址:http://www.zjupress.com)
排　　版　杭州晨特广告有限公司
印　　刷　杭州宏雅印刷有限公司
开　　本　787mm×1092mm　1/16
印　　张　22.75
字　　数　530 千
版 印 次　2024 年 2 月第 1 版　2024 年 2 月第 1 次印刷
书　　号　ISBN 978-7-308-24532-6
定　　价　69.00 元

前　言

教育、科技、人才是全面建设社会主义现代化国家的基础性、战略性支撑。随着国家经济从高速发展向高质量发展的转型，我国建筑行业也进入高质量发展的转型阶段，对建筑施工从业人员的要求不断提高。《建筑装饰装修与屋面工程施工》作为浙江省高职院校“十四五”首批重点教材，根据国家新规范和行业新标准，通过校企合作、工学结合的模式进行编写，结合工程实际案例，将新知识、新工艺、新技术、新材料内容编入教材，使学生在具有必备的基础理论和专业知识的基础上，掌握从事本专业领域实际工作的基本技能和高新技术，让学生在就业时成为比较全面的应用型人才。

在编写内容上，本教材充分考虑到初次接触建筑装饰与屋面工程施工的作业人员的知识需求，简明扼要地介绍基本概念，结合典型工程实例，形象、具体地阐述施工要点和基本方法，以使读者系统地掌握各分项工程施工关键点，满足施工技术、管理和操作岗位的基本要求。编写时以工作任务为导向，按现场施工准备、施工工艺、施工过程中的控制要点、施工完成后的验收规范及验收方法，对施工中常见质量问题分析产生原因，提出处理办法，提出验收成果，编写施工资料，并响应国家低碳目标把低碳绿色的装饰材料及施工技术融入教材中。

本教材全面贯彻党的教育方针，坚持立德树人，编写以培养职业能力为基本单位，以工作任务为载体，讲究能力与工作任务的有机融合，按照施工顺序及时下流行的装饰材料的施工工艺构建教材体系，将“互联网＋”、思政教育融入教材，纸质教材与数字教学资源有机整合。配套建有丰富的工程视频、微课、课件、动画等立体化资源（https://www.icve.com.cn/），读者可以通过扫描二维码，获得这些配套的学习资源。这方便了学生随时随地移动学习，增强了学习内容的生动性及直观性，是任务驱动的新形态教材。

本教材由黄海荣、郑东任主编。浙江同济科技职业学院黄海荣编写项目一、项目二，宁波职业技术学院郑东编写项目三、项目四，腾达建设集团股份有限公司袁炼编写项目六，中铁三局集团有限公司魏平编写项目七，浙江同济科技职业学院陈剑编写项目八，浙江同济科技职业学院肖斌编写项目五。全书由黄海荣负责内容策划、审稿及统稿。

本教材编写得到宁波职业技术学院、腾达建设集团股份有限公司、中铁三局集团有限公司的大力支持，在此表示感谢。本教材在编写过程中还参考了大量文献资料和实际工程资料，在此对这些文献和资料的作者表示感谢！书中难免有不足之处，敬请读者批评指正。

作　者

2023 年 9 月 16 日

目录
CONTENTS

项目一 建筑装饰施工概述

学习目标

1. 了解建筑装饰的定义、作用、分类、特点，建筑装饰施工的任务、范围、基本规定，建筑装饰行业各类岗位，建筑装饰施工技术的现状与发展趋势。

2. 熟悉并掌握建筑装饰的施工标准、建筑装饰的验收规范、建筑装饰分项与分部的划分。

能力目标

1. 能根据建筑类型选择合适的施工标准。

2. 能对建筑装饰分项、分部的资料进行正确划分及整理。

任务1 建筑装饰装修的基本知识

一、建筑装饰定义

建筑装饰是建筑装饰装修工程的简称，中华人民共和国国家标准《建筑装饰装修工程质量验收规范》(GB 50210—2018)在术语中将“建筑装饰装修”的定义解释为：“为保护建筑物的主体结构、完善建筑物的使用功能和美化建筑物，采用装饰装修材料或饰物，对建筑物的内外表面及空间进行的各种处理过程。”

目前，关于建筑装饰装修，除建筑装饰外，还有建筑装修、建筑装潢等几种习惯说法。

二、建筑装饰的作用

建筑装饰工程是建筑工程的重要组成部分。其是在已经建立起来的建筑实体上进行装饰的工程，包括建筑内外装饰和相应设施。建筑装饰施工的作用可归纳为以下几点。

(一)保护建筑主体结构

建筑装饰施工是指依靠相应的现代装饰材料及科学合理的施工技术，对建筑结构进行有效的构造与包覆施工，以达到使之避免直接经受风吹雨打、湿气侵袭、有害介质的腐蚀，以及机械作用的伤害等保护建筑结构的目的，从而保证建筑结构的完好并延长其使用寿命。

(二)保证建筑物的使用功能

(1)对建筑物各个部位进行装饰处理，可以加强和改善建筑物的热工性能，提高保温隔热效果，起到节约能源的作用。

(2)对建筑物各个部位进行装饰处理，可以提高建筑物的防潮、防水性能，增加室内光线反射，提高室内采光亮度，改善建筑物室内音质效果，提高建筑物的隔声、吸声能力。

(3)对建筑物各部位进行装饰处理，还可以改善建筑物的内外卫生条件，使其整洁干净，满足人们的使用要求。

(三)优化环境，创造使用条件

建筑装饰施工对于改善建筑内外空间环境的清洁卫生条件，提高建筑物的热工、声响、光照等物理性能，完善防火、防盗、防震、防水等各种措施，优化人类生活和工作的物质环境，具有显著的作用。同时，对建筑空间的合理规划与艺术分隔，配以各类方便使用并具有装饰价值的设置和家具等，对于增加建筑的有效面积、创造完备的使用条件有着不可替代的实际意义。

(四)美化建筑，提高艺术效果

建筑装饰施工通过对色彩、质感、线条及纹理的不同处理来弥补建筑设计上的某些不足，做到在满足建筑基本功能的前提下美化建筑，改善人们居住、工作和生活的室内外空间环境，并由此提升建筑物的艺术审美效果。

三、建筑装饰的分类

(一)按装饰部位分类

(1)外墙装饰。外墙装饰包括涂饰、贴面、挂贴饰面、镶嵌饰面、玻璃幕墙等。

(2)内墙装饰。内墙装饰包括涂饰、贴面、镶嵌、裱糊、玻璃墙镶贴、织物镶贴等。

(3)顶棚装饰。顶棚装饰包括顶棚涂饰、各种吊顶装饰装修等。

(4)地面装饰。地面装饰包括石材铺砌、墙地砖铺砌、塑料地板、发光地板、防静电地板等。

(5)特殊部位装饰。特殊部位装饰包括特种门窗(塑、铝、彩板组角门窗)、室内外柱、窗帘盒、暖气罩、筒子板、各种线角等。

(二)按装饰材料分类

按所用材料的不同，建筑装饰可分为以下几类：

(1)各种灰浆材料类，如水泥砂浆、混合砂浆、白灰砂浆、石膏砂浆、石灰浆等。这类材料可分别用于内墙面、外墙面、地面、顶棚等部位的装饰。

(2)各种涂料类，如各种溶剂型涂料、乳液型涂料、水溶性涂料、无机高分子系涂料等。各种不同的涂料可分别用于外墙面、内墙面、顶棚及地面的涂饰。

(3)水泥石渣材料类，即以各种颜色、质感的石渣作集料，以水泥作胶凝剂的装饰材料，如水刷石、干粘石、剁斧石、水磨石等。这类材料装饰的立体感较强，除水磨石主要用于地面外，其他材料多用于外墙面的装饰。

（4）各种天然或人造石材类，如天然大理石、天然花岗石、青石板、人造大理石、人造花岗石、预制水磨石、釉面砖、外墙面砖、陶瓷马赛克、玻璃马赛克等。这类材料可分别用于内、外墙面及地面等部位的装饰。

（5）各种卷材类，如纸面纸基壁纸、塑料壁纸、玻璃纤维墙布、无纺织墙布、织锦缎等。这类材料主要用于内墙面的装饰，有时也用于顶棚的装饰。另外，还有一类主要用于地面装饰的卷材，如塑料地板革、塑料地板砖、纯毛地毯、化纤地毯、橡胶绒地毯等。

（6）各种饰面板材类。这里所说的饰面板材是指除天然或人造石材外的各种材料制成的装饰用板材，如各种木质胶合板、铝合金板、不锈钢钢板、镀锌彩板、铝塑板、石膏板、水泥石棉板、矿棉板、玻璃及各种复合贴面板等。这类饰面板材类型很多，可分别用于内外墙面及顶棚的装饰，有些也可用作活动地板的面层材料。

（三）按装饰构造做法分类

（1）清水类做法。清水类做法包括清水砖墙（柱）和清水混凝土墙（柱）。其构造方法是在砖砌体砌筑或混凝土浇筑成型后，在其表面仅做水泥砂浆勾缝或涂透明色浆，以保持砖砌体或混凝土结构的材料所特有的装饰效果。

（2）涂料类做法。涂料类做法是在对基层进行处理达到一定的坚固平整程度之后，涂刷各种建筑涂料。这种做法几乎适用于室内外各种部位的装饰，它的优点是省工省料、施工简便、便于采用施工机械，因而工效较高，便于维修更新；缺点是有效使用年限相比其他装饰做法短。

（3）块材铺贴式做法。块材铺贴式做法是采用各种天然石材或人造石材，利用水泥砂浆等胶结材料粘贴于基层之上。基层处理的方法一般仍采用 10～15 mm 厚的水泥砂浆打底找平，其上再用 5～8mm 厚的水泥砂浆粘贴面层块材。面层块材的种类非常多，可根据内外墙面、地面等不同部位的特定要求进行选择。

（4）整体式做法。整体式做法是采用各种灰浆材料或水泥石渣材料，以湿作业的方式分 2～3 层制作完成。分层制作的目的是保证质量要求，为此各层的材料成分、比例及厚度均不相同。

（5）骨架铺装式做法。对于较大规格的各种天然或人造石材饰面材料或非石材类的各种材料制成的装饰用板材，其构造方法是：先以木材（木方）或金属型材在基体上形成骨架（俗称“立筋”“龙骨”等），然后将上述种类板材以钉、卡、压、挂、胶粘、铺放等方法固定在骨架基层上，以达到装饰的效果。

（6）卷材粘贴式做法。卷材粘贴式做法首先要进行基层处理。对基层处理的要求是，要有一定的强度，表面平整光洁，不疏松掉粉等。基层处理好以后，在其上直接粘贴各种卷材装饰材料。

四、建筑装饰的特点

(一)建筑装饰工程施工的建筑性

对建筑的表面装饰和美化只是体现了建筑装饰的一般作用,其本质的要素是通过建筑装饰来完善建筑的使用功能,所以建筑装饰工程施工的特点首先体现在建筑性上,它是建筑工程有机的组合而不是单纯的艺术创作,与建筑有关的所有的建筑装饰工程的施工操作,不能只顾主观上的艺术表现,而忽视对建筑主体结构的保护。建筑装饰必须是以保护建筑结构主体安全适用为基本原则,通过科学合理的装饰构造、装饰造型等饰面以及具体的操作工艺达到工程目标。

我国的法律条文也有明确要求。《中华人民共和国建筑法》第四十九条规定:“涉及建筑主体和承重结构变动的装修工程,建设单位应当在施工前委托原设计单位或者具有相应资质条件的设计单位提出设计方案;没有设计方案的,不得施工。”这条规定充分体现了建筑装饰工程在施工时应侧重的本质特点。

(二)建筑装饰工程施工的规范性

建筑装饰工程施工的一切工艺操作和工艺处理,都应严格遵循国家颁发的施工和验收规范,工程中涉及的材料及应用技术,也应符合国家及行业颁发的相关标准,不能只追求表面的装饰效果和艺术效果,而忽视装饰工程施工的规范性,任意进行构造造型和饰面装饰处理,从而造成工程质量问题。国家相关部门经过多次实验和论证,制定了各种操作规范和各项工程的验收规范,一切施工操作工艺和饰面装饰处理均应满足国家的规范要求,这是保证质量的基本要求。国家统一制定的标准有《建筑装饰装修工程质量验收规范》(GB 50210—2001),以及《建筑工程施工质量验收统一标准》(GB 50300—2013),各行业也制定了工程质量验收等级验收标准,有力地保证了建筑装饰工程施工的严肃性和规范性。

对于建筑装饰工程的规范性,在具体的施工过程中应有专门的建筑监理部门进行施工监理;工程竣工以后也应由质量监督部门及有关方面进行严格的验收,以保证施工质量。

(三)建筑装饰工程的严肃性

建筑装饰工程是一项十分复杂的生产活动,它以装饰饰面为最终的表现效果,所以许多处于隐蔽部位,而对于工程质量又起着关键作用的项目和操作工序很容易被忽略,或者是工程施工中质量弊病很容易被表面的装饰美化所掩盖,如工程中涉及的大量的预埋件、连接件、锚固件、焊接件,以及这些配件的设置、数量、埋入深度等,又如工程中涉及功能性和安全性的构造处理,如防火、防腐、防潮、防水、防霉、隔声等。如果在操作时采取应付敷衍的态度,或者在工程中偷工减料,草率作业,必然给工程留下质量隐患。因此,对于建筑装饰工程的从业人员,就要求必须是经过专业技术培训的持证上岗人员,并且应具有一定的美学知识、识图能力、专业技能和及时发现问题解决问题的能力,切实保障建筑装饰工程施工质量和安全。

五、建筑装饰的施工标准

建筑装饰工程要根据建筑物的等级来设计构造、选用材料和施工工艺。高等级建筑用高等级材料、构造和施工工艺，低等级建筑用低等级材料、构造和施工工艺。因此国家规定了不同等级的建筑内外装饰材料选用标准，如表 1-1-1 所示。

表 1-1-1　建筑内外装饰材料选用标准

装饰等级	房间名称	部位	内装饰标准及材料	外装饰标准及材料	备注
一	全部房间	墙面	塑料墙纸（布）、织物墙面、大理石、装饰板、木墙裙、各种面砖、内墙涂料	花岗石（用得较少）、面砖、无机涂料、金属墙板、玻璃幕墙、大理石	1. 材料根据国际或企业标准按优等品验收。 2. 高级标准施工
		楼面	软木橡胶地板、各种塑料地板、大理石、彩色磨石、地毯、木制地板	—	
		顶棚	金属装饰板、塑料装饰板、金属墙纸、塑料墙纸、装饰吸声板、玻璃顶棚、灯具顶棚	室外雨篷下，悬挂部分的楼板下，可参照内装修顶棚处理	
		门窗	夹板门、推拉门、带木镶边板或大理石镶边、窗帘盒	各种颜色玻璃铝合金门窗、特制木门窗、钢窗、光电感应门、遮阳板、卷帘门窗。	
		其他措施	各种金属、竹木花格，自动扶梯、有机玻璃栏板、各种花饰、灯具、空调、防火设备、暖气罩、高档卫生设备	局部屋檐、屋顶，可用各种瓦件、各种金属装饰物（可少用）。	
二	门厅、走道、楼梯、普通、房间	地面楼面	彩色水磨石、地毯、各种塑料地板、卷材地毯、碎拼大理石地面	—	1. 功能上有特殊要求者除外。 2. 材料根据国际或企业标准按局部优等品一般为一级品验收。 3. 按部分为高级，一般为中级标准施工
		墙面	各种内墙涂料、装饰抹灰、窗帘盒、暖气罩	主要立面可用面砖，局部可用大理石、无机涂料	
		顶棚	混合砂浆、石灰罩面、板材顶棚（钙塑板、胶合板）、吸声板	—	
		门窗	—	普通钢、木门窗，主要入口可用铝合金	
	厕所、盥洗间	地面	普通水磨石、马赛克、高度 1.4～1.7m内的瓷砖墙裙	—	
		墙面	水泥砂浆	—	
		天棚	混合砂浆、石灰膏罩面	—	
		门窗	普通钢木门窗	—	

续表

<table>
<tr><th>装饰等级</th><th>房间名称</th><th>部位</th><th>内装饰标准及材料</th><th>外装饰标准及材料</th><th>备注</th></tr>
<tr><td rowspan="6">三</td><td rowspan="4">一般房间</td><td>地面</td><td>水泥砂浆地面、局部水磨石</td><td>—</td><td rowspan="6">1. 材料根据国际或企业标准按局部为一级品，一般为合格品验收。
2. 按部分为中级，一般为普通标准施工</td></tr>
<tr><td>顶棚</td><td>混合砂浆、石灰膏罩面。</td><td>同室内</td></tr>
<tr><td>墙面</td><td>用混合砂浆色浆粉刷，可用赛银或乳胶漆，局部油漆墙裙，柱子不做特殊装饰</td><td>局部可用面砖，大部分用水刷石或干粘石，用无机涂料、色浆粉刷，用清水砖</td></tr>
<tr><td>其他</td><td>文体用房，托幼小班可用木地板、窗饰橱，除托幼小班外不设暖气罩，不准用钢饰件，不用白水泥、大理石、铝合金门窗，不贴墙纸</td><td>禁用大理石、金属外墙装饰面板</td></tr>
<tr><td>门厅楼梯、走道</td><td colspan="2">—</td><td>除门厅可局部吊顶外，其他同一般房间，楼梯用金属栏杆、木扶手或抹灰栏板</td></tr>
<tr><td>厕所、盥洗间</td><td colspan="2">—</td><td>水泥砂浆地面、水泥砂浆墙裙</td></tr>
</table>

六、建筑装饰的验收规范

《建筑工程施工质量验收统一标准》(GB 50300—2019)

《建筑装饰装修工程质量验收标准》(GB 50210—2018)

浙江省工程建设标准《全装修住宅室内装饰工程质量验收规范》(DB 33/T 1132—2017)

七、建筑装饰分项、分部的划分

表 1-1-2 建筑装饰装修工程的子分部工程、分项工程划分

项次	子分部工程	分项工程
1	抹灰工程	一般抹灰，保温层薄抹灰，装饰抹灰，清水砌体勾缝
2	外墙防水工程	外墙砂浆防水，涂膜防水，透气膜防水
3	门窗工程	木门窗安装，金属门窗安装，塑料门窗安装，特种门安装，门窗玻璃安装
4	吊顶工程	整体面层吊顶，板块面层吊顶，格栅吊顶
5	轻质隔墙工程	板材隔墙，骨架隔墙，活动隔墙，玻璃隔墙
6	饰面板工程	石板安装，陶瓷板安装，木板安装，金属板安装，塑料板安装
7	饰面砖工程	外墙饰面砖粘贴，内墙饰面砖粘贴
8	幕墙工程	玻璃幕墙安装，金属幕墙安装，石材幕墙安装，人造板材幕墙安装

续表

项次	子分部工程	分项工程
9	涂饰工程	水性涂料涂饰,溶剂型涂料涂饰,美术涂饰
10	裱糊与软包工程	裱糊,软包
11	细部工程	橱柜制作与安装,窗帘盒和窗台板制作与安装,门窗套制作与安装,护栏和扶手制作与安装,花饰制作与安装
12	建筑地面工程	基层铺设,整体面层铺设,板块面层铺设,木、竹面层铺设

任务2　建筑装饰施工的基本规定、施工原则、施工任务和范围

一、建筑装饰施工的任务、范围

(一)建筑装饰施工的任务

建筑装饰施工的任务是通过装饰施工人员的劳动,实现设计师的设计意图。设计师将成熟的设计方案构思反映在图纸上,装饰施工则是根据设计图纸所表达的意图,采用不同的建筑装饰材料,通过一定的施工工艺、机具设备等手段使设计意图得以实现的过程。由于设计图纸产生于装饰施工之前,对最终的装饰效果而言缺乏真实感,所以必须通过施工来检验设计的科学性和合理性。因此,装饰施工人员不只是“照图施工”,而且必须具备良好的艺术修养和熟练的操作技能,积极主动地配合设计师完善设计意图。

在装饰施工过程中尽量不要随意更改设计图纸,按图施工是对设计师的智慧和劳动的尊重。如果确实有些设计因材料、施工操作工艺或其他原因而无法正常施工时,应与设计师直接协商,找出解决方案,即对原设计提出合理的建议并经过设计师进行修改,从而使装饰设计更加符合实际,达到理想的装饰效果。实践证明,每一个成功的建筑装饰工程项目,应该是设计师的才华和施工人员的聪明才智与劳动的结合体。建筑装饰设计是实现装饰意图的前提,施工则是实现装饰意图的保证。

(二)建筑装饰施工的范围

建筑装饰施工所涉及的内容广泛,按大的工程部位可划分为室内(包括室内顶棚、墙柱面、地面、门窗口、隔墙隔断、厨卫设备、室内灯具、家具及陈设品布置等)装饰工程施工和室外(外墙面、地面、门窗、屋顶、檐口、雨篷、入口、台阶、建筑小品等)装饰工程施工;按一般工程部位可划分为墙柱面装饰工程施工、顶棚装饰工程施工、地面装饰工程施工、门窗装饰工程施工等。

建筑装饰施工在完善建筑使用功能的同时,还着意追求建筑空间环境的工艺效果,如声学要求较高的场所,其吸声、隔声装置应根据声学原理而定,每一斜一曲都包含声学原

理；再如电子工业厂房对洁净度的要求很高，必须用密闭性的门窗和整洁明亮的墙面与吊顶装饰，顶棚和地面上的送回风口位置都应满足洁净要求；还有建筑门窗、室内给水排水与卫生设备、暖通空调、自动扶梯与观光电梯、采光、音响、消防等许多以满足使用功能为目的的装饰施工项目，必须将使用功能与装饰有机地结合起来。

二、建筑装饰施工的基本规定

建筑装饰施工方面的基本规定有14点，具体如下。

(1)承担建筑装饰装修工程施工的单位应具备相应的资质，并应建立质量管理体系。施工单位应编制施工组织设计文件并应经过审查批准。施工单位应按有关的施工工艺标准或经审定的施工技术方案施工，并应对施工全过程实行质量控制。

(2)承担建筑装饰装修工程施工的人员应有相应岗位的资格证书。

(3)建筑装饰装修工程的施工质量应符合设计要求和《建筑装饰装修工程质量验收标准》(GB 50201—2018)的规定，由于违反设计文件和该规范的规定施工造成的质量问题应由施工单位负责。

(4)建筑装饰装修工程施工中，严禁违反设计文件擅自改动建筑主体、承重结构或主要使用功能；严禁未经设计确认和有关部门批准擅自拆改水、暖、电、燃气、通信等配套设施。

(5)施工单位应遵守有关环境保护的法律法规，并应采取有效措施控制施工现场的各种粉尘、废气、废弃物、噪声、振动等对周围环境造成的污染和危害。

(6)施工单位应遵守有关施工安全、劳动保护、防火和防毒的法律法规，应建立相应的管理制度并应配备必要的设备、器具和标识。

(7)建筑装饰装修工程应在基体或基层的质量验收合格后施工。对既有建筑进行装饰装修前，应对基层进行处理并达到本规范的要求。

(8)建筑装饰装修工程施工前应有主要材料的样板或做样板间(件)并应经有关各方确认。

(9)墙面采用保温材料的建筑装饰装修工程，所用保温材料的类型、品种、规格及施工工艺应符合设计要求。

(10)管道、设备等的安装及调试应在建筑装饰装修工程施工前完成，当必须同步进行时，应在饰面层施工前完成。装饰装修工程不得影响管道、设备等的使用和维修。涉及燃气管道的建筑装饰装修工程必须符合有关安全管理的规定。

(11)建筑装饰装修工程的电器安装应符合设计要求和国家现行标准的规定。严禁不经穿管直接埋设电线。

(12)室内外装饰装修工程施工的环境条件应满足施工工艺的要求。施工环境温度不应低于5℃。当必须在低于5℃气温下施工时，应采取保证工程质量的有效措施。

(13)建筑装饰装修工程施工过程中应做好半成品、成品的保护，防止污染和损坏。

(14)建筑装饰装修工程验收前应将施工现场清理干净。

以上第4条和第5条是国家标准规定的强制性条文，必须严格执行。

任务3　建筑装饰施工技术现状及发展趋势

中国建筑装饰行业是改革开放过程中从建筑业中分离出来的并保持了40多年高速持续发展的行业，是建筑业的延伸与发展，在国民经济发展中发挥了重要作用。我国建筑装饰行业规模之大、发展之快在建筑业发展史上是罕见的，从20世纪70年代末开始，几年间中国建筑装饰行业由几家企业发展到当前20万家企业，500万人从业。行业的飞速发展引起社会各界广泛关注，装饰行业的发展变化，真实地反映出国内经济的发展速度和人民生活质量与消费方向。

由于现代建筑装饰本身涉及学科的多元化和技术的边缘性，使装饰从建筑业中逐渐分离出来，形成一个相对专业的建筑装饰行业。装饰行业40多年的发展不是在原来水平上的重复，而是摆脱传统操作方法，不断更新施工工艺技术，研究新材料的过程。进入21世纪后，企业家的市场意识不断增强，根据国内市场的需求，他们走出国门寻找国外成熟而国内没有的工艺技术，并且经过改造后创新出在国内达到领先水平、接近国际水平的新工艺技术。如背栓系列、石材干挂技术、组合式单体幕墙技术、点式幕墙技术、金属幕墙技术、微晶玻璃与陶瓷复合技术、木制品部品集成技术、石材地面整体研磨技术等。有人称，部品生产工厂化、施工现场装配化的出现，是装饰行业的第三次革命。越来越多的工业产品直接在装饰工程上进行装配，金属材料装饰、玻璃制品装饰、复合性材料装饰、木制品部品集成装饰等技术的应用，带来了装饰工程施工本质的变化，即产品精度高，工程质量好，施工工期短，无污染，时代感强。进入21世纪后，我国将环保列为三大主题之一，自从国家颁布有害物质排放限量标准后，各种相关材料也得到快速改进和提高。

我国建筑装饰行业施工技术现在正处于先进施工方式与落后施工方式、新工艺技术与老工艺技术并存的过渡期。当前我国建筑装饰行业的确有一些接近国际先进水平的施工技术和产品，这是我们行业的主导，是发展方向，但我国施工技术的总体水平与国际先进水平相比还有较大的差距，如企业管理上的差距，工艺技术上的差距，产品与材料、机具与测试仪器、仪表质量上的差距，施工队伍素质上的差距。建筑装饰行业施工技术发展趋势及国家要求施工技术发展的总方向是节能高效、绿色环保、以人为本；而业主对装饰施工的要求具体表现在五个方面，即保证装饰功能需要、工程施工质量好、工期越短越好、环保要求坚决保证和回报越快越好。市场、业主就是建筑装饰行业服务的对象。分析一下现状，行业中部分施工技术已基本实现工厂生产、现场安装的要求，如幕墙技术、石材干挂技术，在施工中实现部品部件生产工厂化，施工现场装配化已经取得了成功的经验。

当前在建筑装饰工程施工技术方面，部品部件生产工厂化与现场施工装配化方面的经验是成熟的，已具备继续发展的条件，在今后若干年内建筑装饰行业的施工技术将向着部品工厂化、现场施工装配化这种全新的方式发展和推广，经过一两年的时间，我国建筑装饰行业的施工水平将大为改观。

项目二 吊顶工程施工

知识目标

1. 了解各类吊顶的材料、施工机具。

2. 熟悉各类吊顶的施工工艺及操作要点。

3. 掌握各类吊顶的质量验收标准及常见的问题处理措施。

能力目标

1. 能正确选用各类吊顶材料及运用各类机具的能力。

2. 能对各类吊顶组织施工，进行技术交底。

3. 能对各类吊顶的施工质量进行管控及验收，具有处理各类吊顶的常见质量问题的技术能力。

任务概述

吊顶又名顶棚，是室内空间的顶界面，是位于建筑物楼屋盖下表面的装饰构件，是对单板以及明露的梁枋、斗拱、雀替、藻井等构建进行修饰的一个重要界面。吊顶按照安装方式不同可分为直接式吊顶、悬吊式吊顶和配套组装式吊顶；按照结构形式不同可分为活动式吊顶、固定式吊顶和开敞式吊顶。它作为室内空间的一部分具有十分显要的位置，其使用功能和艺术形态越来越受到人们的重视。本项目主要讲述各种吊顶材料及各类吊顶的施工，使学生了解各类吊顶施工工艺流程、验收规范，以及常见的质量问题、产生原因、处理办法，能根据给定的图纸，合理组织施工并组织验收。

任务1 木龙骨吊顶施工

木龙骨吊顶是以木质龙骨为基本骨架，配以胶合板、纤维板等作为饰面材料组合而成的吊顶体系。木龙骨吊顶适用于小面积的、造型复杂的悬吊式顶棚，其施工速度快、易加工，但防火性能差，常用于家庭装饰装修工程。

木龙骨吊顶主要由吊点、吊杆、木龙骨和面层组成。其基本构造如图 2-1 所示。

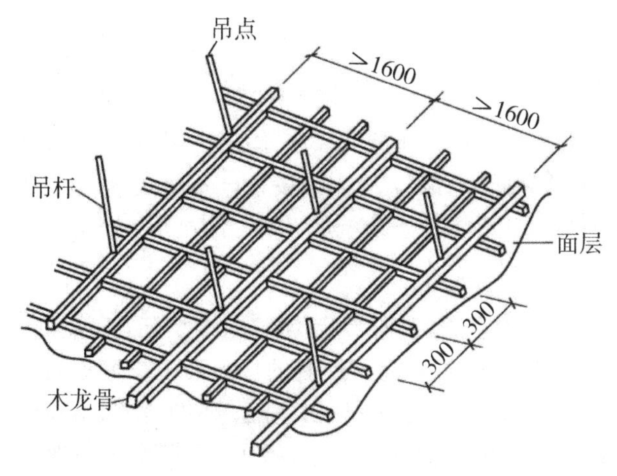

图 2-1　木龙骨吊顶基本构造

一、施工任务

某住宅客厅装修采用木龙骨纸面石膏板吊顶，拟采用的主龙骨为 40mm×60mm，次龙骨为 30mm×40mm，纸面石膏板采用 1cm 厚，请根据工程实际情况组织施工，并完成相关报验工作。

二、施工准备

(一)材料准备

(1)木料：木材骨架料应为烘干、无扭曲的红白松树种的多层胶合板、细木工板或纸面石膏板。

(2)其他材料：圆钉，气钉，胶黏剂，木材防腐剂和防火涂料。

(二)机具准备

(1)电动机具：小电锤、小台刨、手电钻。

(2)手动工具：木刨、线刨、锯、斧、锤、螺钉旋具、摇钻、水平尺、吊线坠等。

(三)作业条件

(1)顶棚内各种管线及通风管道均应安装完毕并办理手续。

(2)直接接触结构的木龙骨应预先刷防腐剂。

(3)吊顶房间需已完成墙面及地面的湿作业和台面防水等工程。

(4)搭好顶棚施工操作平台架。

三、组织施工

(一)施工工艺流程

施工准备→放线定位→木龙骨处理→木龙骨拼接→安装吊点紧固体→安装边龙骨→主龙骨的安装与调整→安装饰面板。

(二)施工质量控制要点

1. 施工准备

在吊顶施工前,顶棚上部的电气布线、空调管道、消防管道、供水管道、报警线路等均应安装就位并调试完成;自顶棚至墙体各开关和插座的有关线路铺设也已布置就绪;施工机具、材料和脚手架等已经准备完毕;顶棚基层和吊顶空间全部清理无误之后方可开始施工。

2. 放线定位

施工放线主要包括确定标高线、天花板造型位置线、吊挂点定位线、大中型灯具吊点等。

(1)确定标高线。室内吊顶装饰施工中的标高,可以以装饰好的楼地面上表面标高为基准,依此基准线为起点,根据设计要求在墙(柱)面上量出吊顶的垂直高度,作为吊顶的底标高;也可使用红外线水准仪或充水胶管测出室内水平线,水平线的标高值一般为1000mm,以此基准线作为确定吊顶标高的参考依据。

(2)确定造型位置线。吊顶造型位置线可先在一个墙面上量出竖向距离,再以此画出其他墙面的水平线,即得到吊顶位置的外框线,然后再逐步找出各局部的造型框架线;若室内吊顶的空间不规则,可以根据施工图纸测出造型边框距墙面的距离,找出吊顶造型边框的有关基本点,再将点连接成吊顶造型线。

(3)确定吊点位置线。平顶吊顶的吊点一般是按每平方米一个布置,要求均匀分布;有叠级造型的吊顶应在叠级交界处设置吊点,吊点间距为900~1200mm。上人吊顶的吊点要按设计要求加密。吊点在布置时不应与吊顶内的管道或电气设备位置产生矛盾。对于较大的灯具,要专门设置吊点。

3. 木龙骨处理

对建筑装饰工程中所用的木质龙骨材料要进行筛选并进行防腐与防火处理。一般将防火涂料涂刷或喷于木材表面,也可以将木材放在防火槽内浸渍。防火涂料的选择及使用规定如表2-1-1所示。

表2-1-1 防火涂料的选择及使用规定

序号	防火涂料种类	木材表面所用防火涂料的数量不得小于/(m^2/kg)	特征	基本用途	限制和禁止的范围
1	硅酸盐涂料	0.5	无抗水性,在CO_2作用下分解	用于不直接受潮湿作用的构件上	得用于露天构件上及位于CO_2含量高的大气中
2	可赛银涂料	0.7	—	用于不直接受潮湿作用的构件上	构件不得用于露天构件上
3	掺有防火剂的油质涂料	0.6	抗水性良好	用于露天构件上	—
4	氯乙烯涂料和其他碳化氢为主的涂料	0.6	抗水性良好	用于露天构件上	—

4. 木龙骨拼接

为了方便安装，木龙骨吊装前通常是先在地面上进行分片拼接。分片拼接前先确定吊顶骨架面上需要分片或可以分片安装的位置和尺寸，再根据分片的平面尺寸选取龙骨纵横型材（经防腐、防火处理后已晾干）；先拼接组合大片的龙骨骨架，再拼接小片的局部骨架。拼接组合的面积不可过大，否则不便吊装。对于截面尺寸为 25mm×30mm 的木龙骨，可选用市售成品凹方型材。若为确保吊顶质量而采用现场制作木方，必须在木方上按中心线距为 300mm、开凿深度为 15mm、宽度为 25mm 的凹槽。骨架的拼接即按凹槽对凹槽的方法咬口拼联，拼口处涂胶并用圆钉固定。如图 2-1-1 所示。

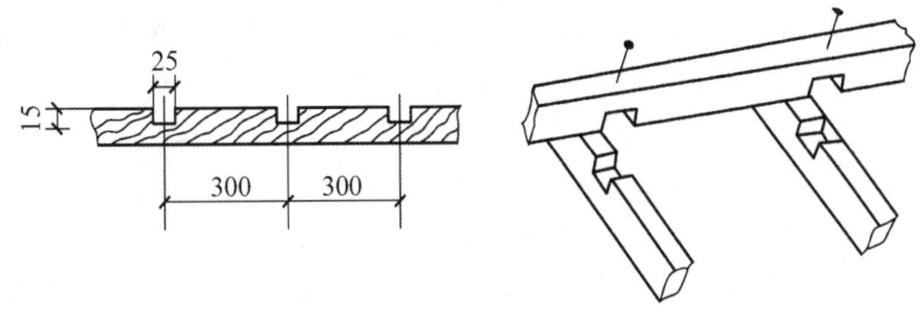

图 2-1-1　木龙骨咬口拼接

5. 安装吊顶紧固件

木龙骨吊顶紧固件的安装方法主要有以下几种：

（1）在楼板底板。上按吊点位置用电锤打孔，预埋膨胀螺栓，并固定等边角钢，将吊杆与等边角钢相连接。

（2）在混凝土楼板施工时做预埋吊杆，吊杆预埋在吊点位置上。

（3）在预制混凝土楼板板缝内按吊点的位置伸进吊筋的上部并钩挂在垂直于板缝的预先安放好的钢筋段上，然后对板缝二次浇筑细石混凝土并做地面。

6. 安装边龙骨

沿吊顶标高线固定边龙骨，一般是用冲击电钻在标高线以上 10mm 处墙面打孔，孔径为 12mm，孔距为 0.5～0.8m，孔内塞入木楔，将边龙骨钉固在墙内木楔上，边龙骨的截面尺寸与吊顶次龙骨尺寸一样。边龙骨固定后，其底边与其他次龙骨底边标高一致。

7. 主龙骨安装与调整

（1）分片吊装。将拼接组合好的木龙骨架托起至吊顶标高位置。对于高度低于 3m 的吊顶骨架，可用高度定位杆做临时支撑；吊顶高度超过 3m 时，可用钢丝在吊点上做临时固定。根据吊顶标高线拉出纵横水平基准线，作为吊顶的平面基准。将吊顶龙骨架略作移位，使之与基准线平齐。待整片龙骨架调正调平后，即将其靠墙部分与边龙骨钉接。

（2）龙骨架与吊杆固定。吊杆在吊点位置的固定方法有多种，应根据选用的吊杆材料和构造而定，如以 $\phi 6$ 钢筋吊杆与吊点的预埋钢筋焊接；利用扁铁与吊点角钢以 M6 螺栓连接；利用角钢作吊杆与上部吊点角钢连接等。吊杆与龙骨架的连接，根据吊杆材料的不同可分别采用绑扎、钩挂及钉固等，如扁铁及角钢杆件与木龙骨可用两个木螺钉固定。

（3）分片龙骨架间的连接。当两个分片骨架在同一平面对接时，骨架的端头要对正，然后用短木方进行加固。对于重要部位或有附加荷载的吊顶,骨架分片间的连接加固应选用铁件。对于变标高的迭级吊顶骨架,可以先用一根木方将上下两平面的龙骨架斜拉就位,再将上下平面的龙骨用垂直的木方条连接固定。

(4)龙骨架调整。龙骨安装后,要进行全面调整。用棉线或尼龙线在吊顶下拉出十字交叉的标高线,以检查吊顶的平整度及拱度,并且进行适当的调整。调整后,应将龙骨的所有吊挂件和连接件拧紧、夹牢。

8.安装饰面板

(1)排板。为了保证饰面装饰效果,且方便施工,饰面板安装前要进行预排。胶合板罩面多为无缝罩面,即最终不留板缝,其排板形式有两种:一是将整板铺大面,分割板安排在边缘部位;二是整板居中,分割板布置在两侧。排板完毕后应将板编号堆放,装订时按号就位。排板时,要根据设计图纸要求,留出顶面设备的安装位置,也可以将各种设备的洞口先在罩面板上画出,待板面铺装完毕,安装设备时再将面板取下来。

(2)胶合板铺钉用16~20mm长的小钉,钉固前先用电动或气动打枪机将钉帽砸扁。铺钉时,将胶合板正面朝下托起到预定的位置,紧贴龙骨架,从板的中间向四周展开钉固。钉子的间距控制在150mm左右,钉头要钉入板面1~1.5mm。

四、组织验收

(一)一般规定

(1)吊顶工程验收时应检查下列文件和记录:

①吊顶工程的施工图、设计说明及其他设计文件。

②材料的产品合格证书、性能检验报告、进场验收记录和复验报告。

③隐蔽工程验收记录。

④施工记录。

(2)吊顶工程应对人造木板的甲醛释放量进行复验。

(3)吊顶工程应对下列隐蔽工程项目进行验收:

①吊顶内管道、设备的安装及水管试压、风管严密性检验。

②木龙骨防火、防腐处理。

③埋件。

④吊杆安装。

⑤龙骨安装。

⑥填充材料的设置。

⑦反支撑及钢结构转换层。

(4)同一品种的吊顶工程每50间应划分为一个检验批,不足50间也应划分为一个检验批,大面积房间和走廊可按吊顶面积每30m^{2}计为1间。

(5)每个检验批应至少抽查10%,并不得少于3间,不足3间时应全数检查。

(6)安装龙骨前,应按设计要求对房间净高、洞口标高和吊顶内管道、设备及其支架的标高进行交接检验。

(7)吊顶工程的木龙骨和木面板应进行防火处理，并应符合有关设计防火标准的规定。

(8)吊顶工程中的埋件、钢筋吊杆和型钢吊杆应进行防腐处理。

(9)安装面板前应完成吊顶内管道和设备的调试及验收。

(10)吊杆距主龙骨端部距离不得大于300mm。当吊杆长度大于1500mm时，应设置反支撑。当吊杆与设备相遇时，应调整并增设吊杆或采用型钢支架。

(11)重型设备和有振动荷载的设备严禁安装在吊顶工程的龙骨上。

(12)吊顶埋件与吊杆的连接、吊杆与龙骨的连接、龙骨与面板的连接应安全可靠。

(13)吊杆上部为网架、钢屋架或吊杆长度大于2500mm时，应设有钢结构转换层。

(14)大面积或狭长形吊顶面层的伸缩缝及分格缝应符合设计要求。

(二)主控项目

(1)吊顶标高、尺寸、起拱和造型应符合设计要求。

检验方法：观察；尺量检查。

(2)面层材料的材质、品种、规格、图案、颜色和性能应符合设计要求及国家现行标准有关规定。

检验方法：观察；检查产品合格证书、性能检验报告、进场验收记录和复验报告。

(3)整体面层吊顶工程的吊杆、龙骨和面板的安装应牢固。

检验方法：观察；手扳检查；检查隐蔽工程验收记录和施工记录。

(4)吊杆和龙骨的材质、规格、安装间距及连接方式应符合设计要求。金属吊杆和龙骨应经过表面防腐处理；木龙骨应进行防腐、防火处理。

检验方法：观察；尺量检查；检查产品合格证书、性能检验报告、进场验收记录和隐蔽工程验收记录。

(5)石膏板、水泥纤维板的接缝应按其施工工艺标准进行板缝防裂处理。安装双层板时，面层板与基层板的接缝应错开，并不得在同一根龙骨上接缝。

检验方法：观察。

(三)一般项目

(1)面层材料表面应洁净、色泽一致，不得有翘曲、裂缝及缺损。压条应平直、宽窄一致。

检验方法：观察；尺量检查。

(2)面板上的灯具、烟感器、喷淋头、风口箅子和检修口等设备设施的位置应合理、美观，与面板的交接应吻合、严密。

检验方法：观察。

(3)木质龙骨应顺直，应无劈裂和变形。

检验方法：检查隐蔽工程验收记录和施工记录。

(4)吊顶内填充吸声材料的品种和铺设厚度应符合设计要求，并应有防散落措施。

检验方法:检查隐蔽工程验收记录和施工记录。

(5)整体面层吊顶工程安装的允许偏差和检验方法应符合表2-1-2的规定。

表2-1-2　整体面层吊顶工程安装的允许偏差和检验方法

项次	项目	允许偏差/mm	检验方法
1	表面平整度	3	用2m靠尺和塞尺检查
2	缝格、凹槽直线度	3	拉5m线,不足5m拉通线,用钢直尺检查

(四)常见的质量问题与预控

1. 吊顶不平

(1)现象:吊顶不平,倾斜或局部有波浪。

(2)产生原因:

①吊顶标高未找准水平,或弹线不清,局部标高找错。

②吊杆间距过大,龙骨受力后变形过大。

③木龙骨吊顶的木材含水率大,收缩变形。

④采用木螺丝固定时,螺钉与石膏板边的距离大小不一。

(3)措施:

①用水柱法找准墙四周标准高线,弹线清楚,位置准确。

②木钢龙骨吊杆间距应为900~1200mm,不可过大。

③使用的木材符合要求,固定牢固。

④螺钉与板边或板端的距离不得小于10mm,也不得大于16mm。板中间螺钉的距离不得大于200mm。

2. 纸面石膏板吊顶板缝开裂

(1)现象:纸面石膏板吊顶,经过一段时间后,石膏板接缝出现裂缝。

(2)产生原因:

①板缝节点构造不合理。

②石膏板质量差,胀缩变形。

③嵌缝腻子质量差。

④施工措施不当。

⑤吊顶龙骨固定不牢。

(3)措施:

①纸面石膏板质量合格,搬运中防止弄脏板面、磕坏边角。防止着水。使用质量好的腻子填缝。

②龙骨安装牢固。板缝节点合理,钉接固。

③施工中,接缝处刮好腻子,30分钟后贴穿孔纸带,表面再刮腻子,将纸带压住,同时大面积满刮腻子。

五、验收成果

木龙骨吊顶检验批质量验收记录

单位(子单位)工程名称		分部(子分部)工程名称	建筑装饰装修分部——吊顶子分部	分项工程名称	
施工单位		项目负责人		检验批容量	
分包单位		分包单位项目负责人		检验批部位	
施工依据	《住宅装饰装修工程施工规范》(GB 50327—2001)		验收依据	《建筑装饰装修工程质量验收标准》(GB 50210—2018)	

验收项目			设计要求及规范规定	最小/实际抽样数量	检查记录	检查结果
主控项目	1	吊顶标高起拱及造型	第 6.3.2 条	/		
	2	饰面材料	第 6.3.3 条	/		
	3	饰面材料安装	第 6.3.4 条	/		
	4	吊杆、龙骨材质	第 6.3.5 条	/		
	5	吊杆、龙骨安装	第 6.3.6 条	/		
一般项目	1	饰面材料表面质量	第 6.3.7 条	/		
	2	灯具等设备	第 6.3.8 条	/		
	3	龙骨接缝	第 6.3.9 条	/		
	4	填充吸声材料	第 6.3.10 条	/		

一般项目 5 安装允许偏差	项目	允许偏差/mm 石膏板	允许偏差/mm 金属板	允许偏差/mm 矿棉板	允许偏差/mm 塑料板玻璃板	最小/实际抽样数量	检查记录	检查结果
	表面平整度	3	2	2	2	/		
	接缝直线度	3	1.5	3	3	/		
	接缝高低差	1	1	1.5	1	/		

施工单位检查结果	专业工长： 项目专业质量检查员： 年　月　日
监理单位验收结论	专业监理工程师： 年　月　日

六、实践项目成绩评定

序号	项目	技术及质量要求	实测记录	项目分配	得分
1	工具准备			10	
2	吊杆、龙骨安装牢固性			20	
3	吊杆、龙骨安装牢固性			20	
4	施工工艺流程			10	
5	文明施工与安全施工			15	
6	施工质量			15	
7	完成任务时间			10	
8	合计			100	

任务2 轻钢龙骨吊顶施工

轻钢龙骨吊顶是以轻钢龙骨作为吊顶的基本骨架，以轻型装饰板材作为饰面层的吊顶体系。轻钢龙骨吊顶轻质、高强、拆装方便、防火性能好，一般可用于工业与民用建筑物的装饰吸声顶棚吊顶。轻钢龙骨吊顶基本构造如图 2-2-1 所示。

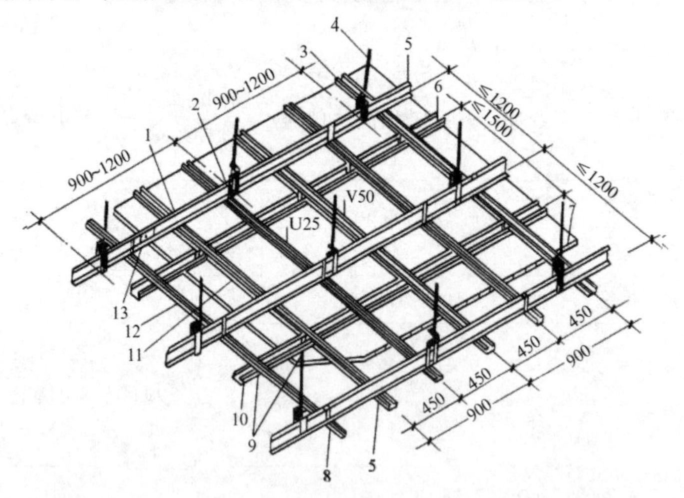

图 2-2-1　U 形轻钢龙骨吊顶构造(单位:mm)

1—U50 龙骨吊挂;2—U25 龙骨吊挂;3—UC50、UC45 大龙骨吊挂件;4—吊杆 ϕ8～ϕ10;5—UC50、UC45 大龙骨;6—U50、U25 横撑龙骨中距应按板材端部设置横撑,≤1500mm;7—吊顶板材;8—U25 龙骨;9—U50、U25 挂插件连接;10—U50、U25 横撑龙骨;11—U50 龙骨连接件;12—U25 龙骨连接件;13—UC50、UC45 大龙骨连接件

一、施工任务

某办公楼顶棚拟采用 C60 轻钢龙骨及 600mm×600mm×1.0mm 铝扣板进行吊顶装修，请根据工程实际情况组织施工，并完成相关报验工作。

二、施工准备

（一）材料要求

（1）轻钢龙骨及配件按设计荷载要求选择。

（2）按设计要求选用各种饰面板，其材料品种、规格、质量应符合设计要求。

（3）零配件：吊杆、膨胀螺栓、铆钉、自攻螺钉。

（二）机具准备

（1）电动机具：电锯、无齿锯、手电钻、冲击电锤、电焊机、自攻螺钉钻、手提圆盘锯、手提线锯机。

（2）手动工具：拉铆枪、钳子、螺钉旋具、扳子、钢尺、钢水平尺、线坠。

（三）作业条件

（1）轻钢骨架、石膏罩面板隔墙施工前应先完成基本的验收工作，石膏罩面板安装应待屋面、顶棚和墙抹灰完成后进行。

（2）设计要求隔墙有地枕带时，应待地枕带施工完毕，并达到设计程度后，方可进行轻钢骨架安装。

（3）根据设计施工图和材料计划，查实隔墙的全部材料，使其配套齐备。

注意：所有的材料必须有材料检测报告、合格证。

三、组织施工

（一）施工工艺流程

施工准备→弹线→固定边龙骨→安装吊杆→安装主龙骨与调平→安装次龙骨→安装横撑龙骨→安装饰面板→检查修整。

（二）施工质量控制要点

（1）施工准备。根据施工房间的平面尺寸和饰面板材的种类、规格，按设计要求合理布局，排列出各种龙骨的位置，绘制出组装平面图。以组装平面图为依据，统计并提出各种龙骨、吊杆、吊挂件金属吊顶及其他各种配件的数量。复核结构尺寸是否与设计图纸相符，设备管道是否安装完毕。

（2）弹线。根据顶棚设计标高，沿内墙面四周弹水平线，作为顶棚安装的标准线，其水平允许偏差为±5mm。无埋件时，根据吊顶平面，在结构层板下皮弹线定出吊点位置，并复验吊点间距是否符合规定；如果有埋件，可免去弹线。

（3）固定边龙骨。吊顶边部的支承骨架应按设计的要求加以固定。对于无附加荷载的轻便吊顶，其采用 L 形轻钢龙骨或角铝型材等，较常用的设置方法是用水泥钉按 400～

600mm 的钉距与墙、柱面固定。对于有附加荷载的吊顶，或是有一定承重要求的吊顶边部构造，有的需按 900～1000mm 的间距预埋防腐木砖，将吊顶边部支承材料与木砖固定。无论采用何种做法，吊顶边部支承材料底面均应与吊顶标高基准线相平且必须牢固可靠。

(4)安装吊杆。轻钢龙骨的吊杆一般用钢筋制作，吊杆的固定做法应根据楼板的种类不同而不同。预制钢筋混凝土楼板设吊筋，应在主体工程施工时预埋吊筋。如果无预埋时应用膨胀螺栓固定，并应保证其连接强度；现浇钢筋混凝土楼板设吊筋，一般是预埋吊筋，或是用膨胀螺栓或射钉固定吊筋，并应保证其连接强度。采用吊杆时，吊杆端头螺纹部分长度不应小于 30mm，以便于有较大的调节量。如图 2-2-2 所示。

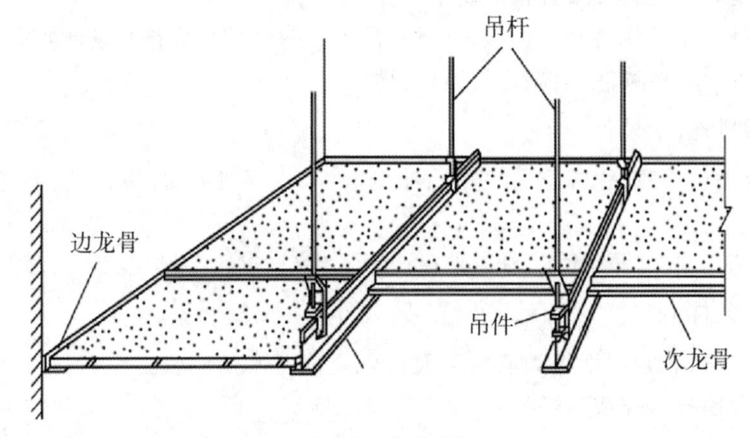

图 2-2-2　安装吊杆

(5)安装主龙骨与调平。轻钢龙骨的主龙骨与吊挂件连接在吊杆上，并拧紧固定螺母。一个房间的主龙骨与吊杆、吊挂件全部安装就位后，要进行平直的调整。轻钢龙骨的主龙骨调平一般以一个房间为一个单元，方法是先用 60mm×60mm 的方木按主龙骨的间距钉上圆钉，分别卡住主龙骨，对主龙骨进行临时固定，然后在顶面拉出十字线和对角线，拧动吊筋上面的螺母，作升降调平，直至将主龙骨调成同一平面。房间吊顶面积较大时，调平要使主龙骨中间部位略有起拱，起拱的高度一般不应小于房间短向跨度的 1/200。

(6)安装次龙骨。次龙骨紧贴主龙骨安装，通长布置，利用配套的挂件与主龙骨连接，在吊顶平面上与主龙骨相垂直，它可以是中龙骨，有时则根据罩面板的需要再增加小龙骨，它们都是覆面龙骨。次龙骨的中距由设计确定，并因吊顶装饰板采用封闭式安装或是离缝及密缝安装等不同的尺寸关系而异。对于主、次龙骨的安装程序，由于其主龙骨在上，次龙骨在下，所以一般的做法是先用吊件安装主龙骨，然后再以挂件(或称吊件)在主龙骨下吊挂次龙骨。挂件上端钩住主龙骨，下端挂住次龙骨，即将两者连接。如图 2-2-3 所示。

(7)安装横撑龙骨。横撑龙骨一般由次龙骨截取。安装时将截取的次龙骨端头插入挂插件，垂直于次龙骨扣在次龙骨上，并用钳子将挂搭弯入次龙骨内。组装好后，次龙骨和横撑龙骨底面(即饰面板背面)要齐平。横撑龙骨的间距根据饰面板的规格尺寸而定，要求饰面板端部必须落在横撑龙骨上，一般情况下间距为 600mm。

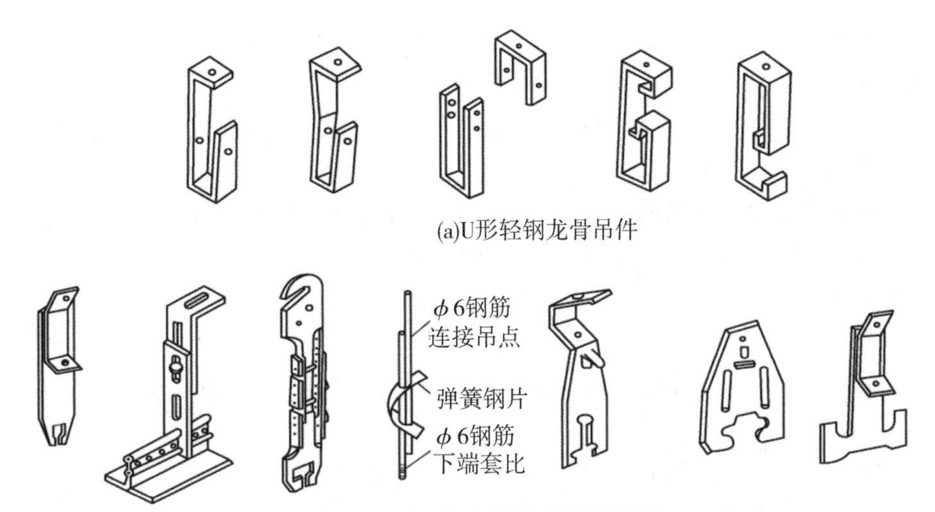

图 2-2-3　吊顶金属龙骨常用吊件

(8)安装饰面板。安装固定饰面板要注意对缝均匀、图案匀称清晰，安装时不可生扳硬装，应根据装饰板的结构特点进行，防止棱边碰伤和掉角。轻钢龙骨石膏板吊顶的饰面板材一般可分为两种类型：一种是基层板，需在板的表面做其他处理；另一种是板的表面已经做过装饰处理(即装饰石膏板类)，将这种板固定在龙骨上即可。饰面板的固定方式也有两种：一种是用自攻螺钉将饰面板固定在龙骨上，但自攻螺钉必须是平头螺钉；另一种是饰面板成企口暗缝形式，用龙骨的两条肢插入暗缝内，靠两条肢将饰面板托挂住。

(9)检查修整。饰面板安装完毕后，应对其质量进行检查。如整个饰面板顶棚表面平整度偏差超过 3mm、接缝平直度偏差超过 3mm、接缝高低度偏差超过 1mm、饰面板有钉接缝处不牢固，均应彻底纠正。

四、组织验收

(一)验收规范

1. 暗龙骨吊顶工程验收

(1)强制性条文

①建筑装饰装修工程所使用的材料应按设计要求进行防火、防腐和防虫处理。

②重型灯具、电扇及其他重型设备严禁安装在吊顶工程的龙骨上。

(2)主控项目

①吊顶标高、尺寸、起拱和造型应符合设计要求。

检验方法：观察；尺量检查。

②饰面材料的材质、品种、规格、图案和颜色应符合设计要求。

检验方法：观察；检查产品合格证书、性能检测报告、进场验收记录和复验报告。

③暗龙骨吊顶工程的吊杆、龙骨和饰面材料的安装必须牢固。

检验方法：观察；手扳检查；检查隐蔽工程验收记录和施工记录。

④吊杆和龙骨的材质、规格、安装间距及连接方式应符合设计要求。金属吊杆、龙骨应经过表面防腐处理;木吊杆、龙骨应进行防腐、防火处理。

检验方法:观察;尺量检查;检查产品合格证书、性能检测报告、进场验收记录和隐蔽工程验收记录。

⑤石膏板的接缝应按其施工工艺标准进行板缝防裂处理。安装双层石膏板时,面层板与基层板的接缝错开,并不得在同一根龙骨上接缝。

检验方法:观察。

(3)一般项目

①饰面材料表面应洁净、色泽一致,不得有翘曲、裂缝及缺损。压条应平直、宽窄一致。

检验方法:观察;尺量检查。

②饰面板上的灯具、烟感器、喷淋头、风口篦子等设备的位置应合理、美观,与饰面板的交接应吻合、严密。

检验方法:观察。

③金属吊杆、龙骨的接缝应均匀一致,角缝应吻合,表面应平整,无翘曲、锤印。木质吊杆、龙骨应顺直,无劈裂、变形。

检验方法:检查隐蔽工程验收记录和施工记录。

④吊顶内填充吸声材料的品种和铺设厚度应符合设计要求,并应有防散落措施。

检验方法:检查隐蔽工程验收记录和施工记录。

⑤暗龙骨吊顶工程安装的允许偏差和检验方法应符合表 2-2-1 的规定。

表 2-2-1 暗龙骨吊顶工程安装的允许偏差和检验方法

项次	项目	允许偏差/mm				检验方法
		纸面石膏板	金属板	矿棉板	木板、格栅、塑料板	
1	表面平整度	3	2	2	2	用 2m 靠尺和塞尺检查
2	接缝直线度	3	1.5	3	3	接 5m 线,不足 5m 拉通线,用钢直尺检查
3	接缝高低差	1	1	1.5	1	用钢直尺和塞尺检查

2. 明龙骨吊顶工程验收

(1)强制性条文

①建筑装饰装修工程所使用的材料应按设计要求进行防火、防腐和防虫处理。

②重型灯具、电扇及其他重型设备严禁安装在吊顶工程的龙骨上。

(2)主控项目

①吊顶标高、尺寸、起拱和造型应符合设计要求。

检查方法:观察;尺量检查。

②饰面材料的材质、品种、规格、图案和颜色应符合设计要求。当饰面材料为玻璃板

时，应使用安全玻璃或采取可靠的安全措施。

检验方法：观察；检查产品合格证书、性能检测报告和进场验收记录。

③饰面材料的安装应稳固严密。饰面材料与龙骨的搭接宽度应大于龙骨受力面宽度的 2/3。

检验方法：观察；手扳检查；尺量检查。

④吊杆和龙骨的材质、规格、安装间距及连接方式应符合设计要求。金属吊杆、龙骨应进行表面防腐处理；木龙骨应进行防腐、防火处理。

检验方法：观察；尺量检查；检查产品合格证书、进场验收记录和隐蔽工程验收记录。

⑤明龙骨吊顶工程的吊杆和龙骨安装必须牢固。

检验方法：手扳检查；检查隐蔽工程验收记录和施工记录。

(3)一般项目

①饰面材料表面应洁净、色泽一致，不得有翘曲、裂缝及缺损。饰面板与明龙骨的搭接应平整、吻合，压条应平直、宽窄一致。

检验方法：观察；尺量检查。

②饰面板上的灯具、烟感器、喷淋头、风口篦子等设备的位置应合理、美观，与饰面板的交接应吻合、严密。

检验方法：观察。

③金属龙骨的接缝应平整、吻合、颜色一致，不得有划伤、擦伤等表面缺陷。木质龙骨应平整、顺直，无劈裂。

检验方法：观察。

④吊顶内填充吸声材料的品种和铺设厚度应符合设计要求，并应有防散落措施。

检验方法：检查隐蔽工程验收记录和施工记录。

⑤明龙骨吊顶工程安装的允许偏差和检验方法应符合表 2-2-2 的规定。

表 2-2-2　明龙骨吊顶工程安装的允许偏差和检验方法

项次	项目	允许偏差/mm				检验方法
		纸面石膏板	金属板	矿棉板	木板、格栅、塑料板	
1	表面平整度	3	2	2	2	用 2m 靠尺和塞尺检查
2	接缝直线度	3	2	3	3	接 5m 线，不足 5m 拉通线，用钢直尺检查
3	接缝高低差	1	1	2	1	用钢直尺和塞尺检查

(二)常见的质量问题及原因

1. 吊顶不平

(1)现象：吊顶不平，变形或局部有波浪。

(2)产生原因：

①吊顶标高未找准水平，或弹线不清，局部标高不一致。

②吊杆间距过大，龙骨受力后变形过大。

③吊杆安装不牢，局部松脱，造成吊顶变形。

④采用木螺丝固定时，螺钉与石膏板边的距离大小不一。

(3)措施：

①用水柱法找准墙四周标准高线，弹线清楚，位置准确。

②吊杆间距一般控制在0.8～1.1m，基本不超过1.2m。

③已安装完毕的轻钢骨架不得上人踩踏，其他工种吊挂件不得吊于轻钢骨架上。

④螺钉与板边或板端的距离不得小于10mm，也不得大于16mm。板中间螺钉的距离不得大于200mm。

2. 纸面石膏板吊顶板缝开裂

(1)现象：纸面石膏板吊顶，经过一段时间后，石膏板接缝出现裂缝。

(2)产生原因：

①板缝节点构造不合理。

②石膏板质量差，胀缩变形。

③嵌缝腻子质量差。

④施工措施不当。

⑤吊顶龙骨固定不牢。

(3)措施：

①纸面石膏板质量合格，搬运中防止弄脏板面、磕坏边角，防止着水。使用质量好的腻子填缝。

②龙骨安装牢固。板缝节点合理，钉接固。

③施工中，接缝处刮好腻子，30分钟后贴穿孔纸带，表面再刮腻子，将纸带压住，同时大面积满刮腻子。

五、验收成果

整体面层明龙骨吊顶检验批质量验收记录

<table>
<tr><td>单位(子单位)
工程名称</td><td></td><td>分部(子分部)
工程名称</td><td>建筑装饰装修分
部一吊顶子分部</td><td>分项工
程名称</td><td>整体面层
吊顶分项</td></tr>
<tr><td>施工单位</td><td></td><td>项目负责人</td><td></td><td>检验批容量</td><td></td></tr>
<tr><td>分包单位</td><td></td><td>分包单位
项目负责人</td><td></td><td>检验批部位</td><td></td></tr>
<tr><td>施工依据</td><td colspan="2">《住宅装饰装修工程施工规范》
(GB 50327—2001)</td><td>验收依据</td><td colspan="2">《建筑装饰装修工程质量验收标准》
(GB 50210—2018)</td></tr>
</table>

续表

<table>
<tr><td colspan="4">验收项目</td><td colspan="4">设计要求及规范规定</td><td>最小/实际抽样数量</td><td>检查记录</td><td>检查结果</td></tr>
<tr><td rowspan="5">主控项目</td><td>1</td><td colspan="2">吊顶标高起拱及造型</td><td colspan="4">第6.3.2条</td><td>/</td><td></td><td></td></tr>
<tr><td>2</td><td colspan="2">饰面材料</td><td colspan="4">第6.3.3条</td><td>/</td><td></td><td></td></tr>
<tr><td>3</td><td colspan="2">饰面材料安装</td><td colspan="4">第6.3.4条</td><td>/</td><td></td><td></td></tr>
<tr><td>4</td><td colspan="2">吊杆、龙骨材质</td><td colspan="4">第6.3.5条</td><td>/</td><td></td><td></td></tr>
<tr><td>5</td><td colspan="2">吊杆、龙骨安装</td><td colspan="4">第6.3.6条</td><td>/</td><td></td><td></td></tr>
<tr><td rowspan="9">一般项目</td><td>1</td><td colspan="2">饰面材料表面质量</td><td colspan="4">第6.3.7条</td><td>/</td><td></td><td></td></tr>
<tr><td>2</td><td colspan="2">灯具等设备</td><td colspan="4">第6.3.8条</td><td>/</td><td></td><td></td></tr>
<tr><td>3</td><td colspan="2">龙骨接缝</td><td colspan="4">第6.3.9条</td><td>/</td><td></td><td></td></tr>
<tr><td>4</td><td colspan="2">填充吸声材料</td><td colspan="4">第6.3.10条</td><td>/</td><td></td><td></td></tr>
<tr><td rowspan="5">5</td><td rowspan="5">安装允许偏差</td><td rowspan="2">项目</td><td colspan="4">允许偏差/mm</td><td rowspan="2">最小/实际抽样数量</td><td rowspan="2">检查记录</td><td rowspan="2">检查结果</td></tr>
<tr><td>石膏板</td><td>金属板</td><td>矿棉板</td><td>塑料板玻璃板</td></tr>
<tr><td>表面平整度</td><td>3</td><td>2</td><td>2</td><td>2</td><td>/</td><td></td><td></td></tr>
<tr><td>接缝直线度</td><td>3</td><td>2</td><td>3</td><td>3</td><td>/</td><td></td><td></td></tr>
<tr><td>接缝高低差</td><td>1</td><td>1</td><td>2</td><td>1</td><td>/</td><td></td><td></td></tr>
<tr><td colspan="4">施工单位
检查结果</td><td colspan="7">专业工长：
项目专业质量检查员：
年　月　日</td></tr>
<tr><td colspan="4">监理单位
验收结论</td><td colspan="7">专业监理工程师：
年　月　日</td></tr>
</table>

六、实践项目与成绩评定

序号	项目	技术及质量要求	实测记录	项目分配	得分
1	工具准备			10	
2	吊杆、龙骨安装间距			20	
3	吊杆、龙骨安装牢固性			20	
4	施工工艺流程			10	
5	验收工具的使用			15	
6	施工质量			15	
7	施工安全			10	
8	合计			100	

任务3 铝合金龙骨吊顶施工

铝合金龙骨吊顶属于轻型活动式吊顶，其饰面板用搁置、卡接、黏结等方法固定在铝合金龙骨上。铝合金龙骨吊顶具有外观装饰效果好、防火性能好等特点，较广泛地应用于大型公共建筑室内吊顶装饰。铝合金龙骨一般常用T形。T形铝合金龙骨吊顶的基本构造如图2-3-1所示。

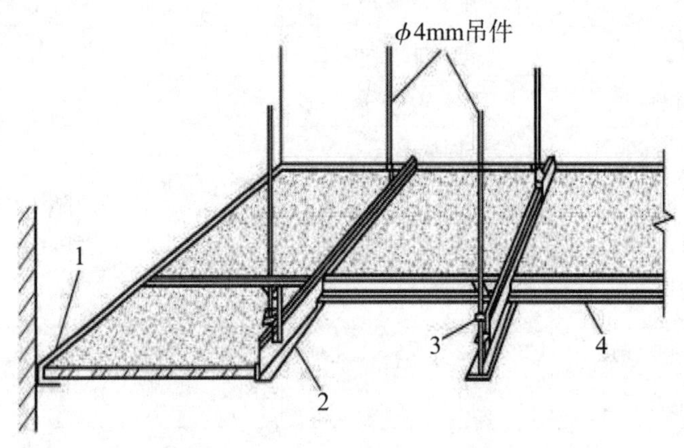

图2-3-1 T形铝合金龙骨基本构造

1.边龙骨；2.次龙骨；3.T形吊挂件；4.横撑龙骨

一、施工任务

某办公楼顶棚拟采用底20mm、高15mm、厚1mm的T形铝合金龙骨及600mm×600mm×1.0mm铝扣板进行吊顶装修，请根据工程实际情况组织施工，并完成相关报验工作。

二、施工准备

(一)材料准备

(1)主龙骨：铝合金主龙骨的侧面有长方形孔和圆形孔。长方形孔供次龙骨穿插连接，圆形孔供悬吊固定，其断面及立面如图2-3-2所示。

(2)次龙骨：铝合金次龙骨的长度要根据罩面板的规格确定。在次龙骨的两端，为了便于插入主龙骨的方眼中，要加工成“凸头"形状，其断面及立面如图2-3-3所示。为了使多根次龙骨在穿插连接中保持顺直，在次龙骨的凸头部位弯了一个角度，使两根次龙骨在一个方眼中保持中心线重合。

(3)边龙骨。铝合金边龙骨又称封口角铝，其作用是吊顶边缘部位的封口，使边角部位保持整齐、顺直。边龙骨有等肢与不等肢之分,一般常用25mm×25mm 等肢角边龙骨,色彩应当与板的色彩相同。

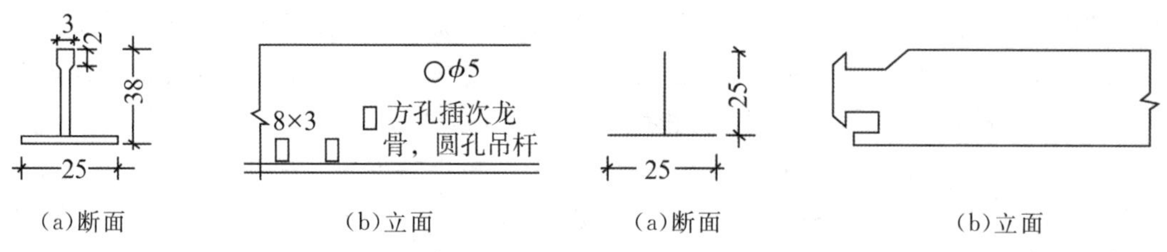

图 2-3-2　铝合金主龙骨断面及立面(单位:mm)　　图 2-3-3　铝合金次龙骨断面及立面(单位:mm)

(4)其他材料主要包括龙骨连接件、固定材料(膨胀螺栓)和吊杆(钢筋或镀锌铁丝等)及吊件。

(二)机具准备

(1)电动机具:无齿锯、冲击电锤。

(2)手动工具:钳子、扳子、钢锯、钢尺、钢水平尺、线坠。

三、组织施工

(一)施工工艺流程

施工准备→放线定位→固定悬吊体系→主、次龙骨的安装与调平→安装边龙骨→安装饰面板→检查修整。

(二)施工质量控制要点

(1)施工准备。根据选用罩面板的规格尺寸、灯具口及其他设施的位置等情况,绘制吊顶施工平面布置图。一般应以顶棚中心线为准,将罩面板对称排列。小型设施应位于某块罩面板中间,大灯槽等设施占据整块或相连数块板的位置,但均以排列整齐美观为原则。

(2)放线定位。按位置弹出标高线后,沿标高线固定角铝(边龙骨),角铝的底面与标高线齐平。角铝的固定可以用水泥钉将其按 400～600mm 的间隔直接钉在墙、柱面或窗帘盒上。龙骨的分格定位,应按饰面板尺寸确定,其中心线间距尺寸应大于饰面板尺寸 2mm。

(3)固定悬吊体系。悬吊形式有两种:第一种是镀锌钢丝悬吊法。由于活动式装配吊顶一般不做上人考虑,所以在悬吊体系方面比较简单。目前用得最多的是用射钉将镀锌钢丝固定在结构上,另一端同主龙骨的圆孔绑牢。镀锌钢丝不宜太细,如果单股使用,不宜用小于 14 号的镀锌钢丝。第二种是伸缩式吊杆悬吊法。伸缩式吊杆的形式较多,用得较为普遍的是将 8 号镀锌钢丝调直,用一个带孔的弹簧钢片将两根镀锌钢丝连起来,调节与固定主要是靠弹簧钢片。当用力压弹簧钢片时,将弹簧钢片两端的孔中心重合,吊杆就可伸缩自由。当手松开后,孔中心移位,与吊杆产生剪力,将吊杆固定。

铝合金板吊顶,如果选用将板条卡到龙骨上,龙骨与板条配套使用的龙骨断面,宜选用伸缩式吊杆。龙骨的侧面有间距相等的孔眼,悬吊时,在两侧面孔眼上用钢丝拴一个圈或钢卡子，吊杆的下弯钩吊在圈上或钢卡上。

吊杆或镀锌钢丝固定方法为：吊杆或镀锌钢丝与结构一端固定，常用的办法是用射钉枪将吊杆或镀锌钢丝固定。可以选用尾部带孔或不带孔的两种射钉规格。如果用角钢一类材料做吊杆，则龙骨也大部分采用普通型钢，用冲击钻固定膨胀螺栓，然后将吊杆焊在螺栓上。吊杆与龙骨的固定，可以采用焊接或钻孔用螺栓固定。

（4）主、次龙骨的安装与调平。主龙骨通常采用相应的主龙骨吊挂件与吊杆固定，其固定和调平方法与U形轻钢龙骨相同。主龙骨的间距为1000mm左右。次龙骨应紧贴主龙骨安装就位。龙骨就位后，再满拉纵横控制标高线（十字中心线），从一端开始，边安装边调整，最后再精调一遍，直到龙骨调平和调直为止。如果面积较大，在中间还应考虑水平线适当起拱。调平时应注意一定要从一端调向另一端，要做到纵横平直。特别对于铝合金吊顶，龙骨的调平调直是施工比较麻烦的一道工序。龙骨是否调平，也是板条吊顶质量控制的关键。因为只有龙骨调平了，才能使板条饰面达到理想的装饰效果。

（5）安装边龙骨。边龙骨宜沿墙面或柱面标高线钉牢，固定时，一般常用高强度水泥钉，钉的间距一般不宜大于50cm。如果基层材料强度较低，紧固力不满足时，应采取相应的措施加强，如改用膨胀螺栓或加大水泥钉的长度等办法。一般情况下，边龙骨不能承重，只起到封口的作用。

（6）安装饰面板。铝合金龙骨吊顶饰面板的安装方法通常有以下三种：

①明装。即纵横T形龙骨骨架均外露，饰面板只需搁置在T形龙骨两翼上。

②暗装。即饰面板边部有企口，嵌装后骨架不暴露。

③半隐。即饰面板安装后外露部分。

（7）检查修整。饰面板安装完毕后，应进行检查，若饰面板拼花不严密或色彩不一致要调换，花纹图案拼接有误要纠正。

四、组织验收

（一）验收规范

（1）吊顶工程验收时应检查下列文件和记录：

①吊顶工程的施工图、设计说明及其他设计文件。

②材料的产品合格证书、性能检验报告、进场验收记录和复验报告。

③隐蔽工程验收记录。

④施工记录。

（2）吊顶工程应对人造木板的甲醛释放量进行复验。

（3）吊顶工程应对下列隐蔽工程项目进行验收：

①吊顶内管道、设备的安装及水管试压、风管严密性检验。

②铝合金龙骨防腐处理。

③埋件。

④吊杆安装。

⑤龙骨安装。

⑥填充材料的设置。

⑦反支撑及钢结构转换层。

(4)同一品种的吊顶工程每50间应划分为一个检验批，不足50间也应划分为一个检验批，大面积房间和走廊可按吊顶面积每30m^2计为1间。

(5)每个检验批应至少抽查10%，并不得少于3间，不足3间时应全数检查。

(6)安装龙骨前，应按设计要求对房间净高、洞口标高和吊顶内管道、设备及其支架的标高进行交接检验。

(7)吊顶工程中的埋件、钢筋吊杆和型钢吊杆应进行防腐处理。

(8)安装面板前应完成吊顶内管道和设备的调试及验收。

(9)吊杆距主龙骨端部距离不得大于300mm。当吊杆长度大于1500mm时，应设置反支撑。当吊杆与设备相遇时，应调整并增设吊杆或采用型钢支架。

(10)重型设备和有振动荷载的设备严禁安装在吊顶工程的龙骨上。

(11)吊顶埋件与吊杆的连接、吊杆与龙骨的连接、龙骨与面板的连接应安全可靠。

(12)吊杆上部为网架、钢屋架或吊杆长度大于2500mm时，应设有钢结构转换层。

(13)大面积或狭长形吊顶面层的伸缩缝及分格缝应符合设计要求。

(二)铝合金龙骨吊顶验收规范

1.主控项目

(1)吊顶标高、尺寸、起拱和造型应符合设计要求。

检验方法：观察；尺量检查。

(2)面层材料的材质、品种、规格、图案、颜色和性能应符合设计要求及国家现行标准的有关规定。

检验方法：观察；检查产品合格证书、性能检验报告、进场验收记录和复验报告。

(3)整体面层吊顶工程的吊杆、龙骨和面板的安装应牢固。

检验方法：观察；手扳检查；检查隐蔽工程验收记录和施工记录。

(4)吊杆和龙骨的材质、规格、安装间距及连接方式应符合设计要求。金属吊杆和龙骨应经过表面防腐处理。

检验方法：观察；尺量检查；检查产品合格证书、性能检验报告、进场验收记录和隐蔽工程验收记录。

(5)石膏板、水泥纤维板的接缝应按其施工工艺标准进行板缝防裂处理。安装双层板时，面层板与基层板的接缝应错开，并不得在同一根龙骨上接缝。

检验方法：观察。

2.一般项目

(1)面层材料表面应洁净、色泽一致，不得有翘曲、裂缝及缺损。压条应平直、宽窄一致。

检验方法：观察；尺量检查。

(2)面板上的灯具、烟感器、喷淋头、风口箅子和检修口等设备和设施的位置应合理、美观，与面板的交接应吻合、严密。

检验方法：观察。

(3)金属龙骨的接缝应均匀一致，角缝应吻合，表面应平整，应无翘曲和锤印。木质龙骨应顺直，无劈裂和变形。

检验方法：检查隐蔽工程验收记录和施工记录。

(4)吊顶内填充吸声材料的品种和铺设厚度应符合设计要求，并应有防散落措施。

检验方法：检查隐蔽工程验收记录和施工记录。

(5)整体面层吊顶工程安装的允许偏差和检验方法应符合表 2-3-1 的规定。

表 2-3-1　整体面层吊顶工程安装的允许偏差和检验方法

项次	项目	允许偏差/mm	检验方法
1	表面平整度	3	用 2m 靠尺和塞尺检查
2	缝格、凹槽直线度	3	拉 5m 线，不足 5m 拉通线，用钢直尺检查

(三)常见的质量问题与预控

1. 吊顶不平

(1)现象：主龙骨、次龙骨纵横方向线条不平直。

(2)产生原因：

①主龙骨、次龙骨受扭折，虽经修整，仍不平直。

②挂铅线或镀锌铁丝的射钉位置不正确，拉牵力不均匀。

③未拉通线全面调整主龙骨、次龙骨的高低位置。

④测吊顶的水平线有误差，中间平面起拱度不符合规定。

(3)措施：

①凡是受扭折的主龙骨、次龙骨一律不宜采用。

②挂铅线的钉位，应按龙骨的走向每间距 1.2m 射一支钢钉。

③拉通线，逐条调整龙骨的高低位置和线条平直。

④四周墙面的水平线应测量正确，中间按平面拱度 1/200～1/300。

2. 吊顶造型不对称

(1)吊顶造型不对称，罩面板布局不合理。

(2)产生原因：

①未在房间四周拉十字中心线。

②未按设计要求布置主龙骨、次龙骨。

③铺装罩面板流向不正确。

(3)措施：

①按吊顶设计标高，在房间四周的水平线位置拉十字中心线。

②按设计要求布设主龙骨、次龙骨。

③中间部分先铺整块罩面板，余量应平均分配在四周最外边一块。

五、验收成果

铝合金龙骨吊顶检验批质量验收记录

单位(子单位)工程名称		分部(子分部)工程名称	建筑装饰装修分部——吊顶子分部	分项工程名称	
施工单位		项目负责人		检验批容量	
分包单位		分包单位项目负责人		检验批部位	
施工依据	《住宅装饰装修工程施工规范》(GB 50327—2001)	验收依据		《建筑装饰装修工程质量验收标准》(GB 50210—2018)	

<table>
<tr><td colspan="4">验收项目</td><td colspan="4">设计要求及规范规定</td><td>最小/实际抽样数量</td><td>检查记录</td><td>检查结果</td></tr>
<tr><td rowspan="5">主控项目</td><td>1</td><td colspan="2">吊顶标高起拱及造型</td><td colspan="4">第 6.3.2 条</td><td>/</td><td></td><td></td></tr>
<tr><td>2</td><td colspan="2">饰面材料</td><td colspan="4">第 6.3.3 条</td><td>/</td><td></td><td></td></tr>
<tr><td>3</td><td colspan="2">饰面材料安装</td><td colspan="4">第 6.3.4 条</td><td>/</td><td></td><td></td></tr>
<tr><td>4</td><td colspan="2">吊杆、龙骨材质</td><td colspan="4">第 6.3.5 条</td><td>/</td><td></td><td></td></tr>
<tr><td>5</td><td colspan="2">吊杆、龙骨安装</td><td colspan="4">第 6.3.6 条</td><td>/</td><td></td><td></td></tr>
<tr><td rowspan="9">一般项目</td><td>1</td><td colspan="2">饰面材料表面质量</td><td colspan="4">第 6.3.7 条</td><td>/</td><td></td><td></td></tr>
<tr><td>2</td><td colspan="2">灯具等设备</td><td colspan="4">第 6.3.8 条</td><td>/</td><td></td><td></td></tr>
<tr><td>3</td><td colspan="2">龙骨接缝</td><td colspan="4">第 6.3.9 条</td><td>/</td><td></td><td></td></tr>
<tr><td>4</td><td colspan="2">填充吸声材料</td><td colspan="4">第 6.3.10 条</td><td>/</td><td></td><td></td></tr>
<tr><td rowspan="5">5</td><td rowspan="5">安装允许偏差</td><td rowspan="2">项目</td><td colspan="4">允许偏差/mm</td><td rowspan="2">最小/实际抽样数量</td><td rowspan="2">检查记录</td><td rowspan="2">检查结果</td></tr>
<tr><td>石膏板</td><td>金属板</td><td>矿棉板</td><td>塑料板玻璃板</td></tr>
<tr><td>表面平整度</td><td>3</td><td>2</td><td>2</td><td>2</td><td></td><td></td><td></td></tr>
<tr><td>接缝直线度</td><td>3</td><td>2</td><td>3</td><td>3</td><td></td><td></td><td></td></tr>
<tr><td>接缝高低差</td><td>1</td><td>1</td><td>2</td><td>1</td><td></td><td></td><td></td></tr>
<tr><td colspan="4">施工单位检查结果</td><td colspan="7">专业工长：
项目专业质量检查员：
年 月 日</td></tr>
<tr><td colspan="4">监理单位验收结论</td><td colspan="7">专业监理工程师：
年 月 日</td></tr>
</table>

六、实践项目成绩评定

序号	项目	技术及质量要求	实测记录	项目分配	得分
1	工具准备			10	
2	吊杆、龙骨安装间距			20	
3	吊杆、龙骨安装牢固性			20	
4	施工工艺流程			10	
5	验收工具的使用			15	
6	施工质量			15	
7	施工安全			10	
8	合计			100	

任务 4 集成吊顶施工

集成吊顶就是将吊顶模块与电器模块,均制作成标准规格的可组合式模块,采用模块化安装。集成吊顶主要由电器、扣板两个基本模块组成,它的电器模块基本以取暖产品、照明模块、换气模块组成,而扣板模块则主要是铝扣板。其基本构造如图 2-4-1 所示。

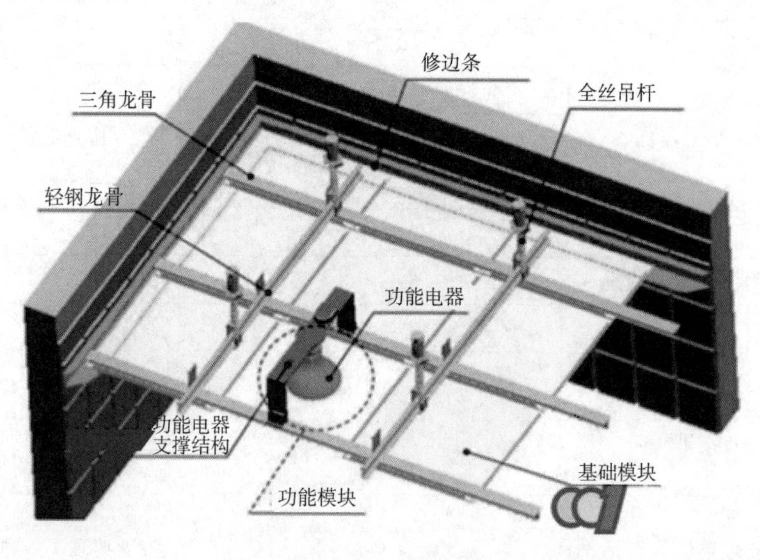

图 2-4-1 集成吊顶基本构造

一、施工任务

某办公楼卫生间顶棚拟采用底 20mm、高 15mm、厚 1mm 的 T 形铝合金龙骨及 300mm×600mm×1.0mm 铝扣板进行集成吊顶装修，请根据工程实际情况组织施工，并完成相关报验工作。

二、施工准备

(一)材料准备

(1)龙骨：T、L 形烤漆轻钢或铝合金龙骨，铝扣板。

(2)其他材料：主要包括龙骨连接件、固定材料(膨胀螺栓)和吊杆(钢筋或镀锌铁丝等)及吊件。

(二)机具准备

(1)电动机具：无齿锯、冲击电锤。

(2)手动工具：钳子、扳子、钢锯、钢尺、钢水平尺、线坠。

三、组织施工

(一)施工工艺流程

放线定位→固定悬吊件→安装边龙骨→安装主、次龙骨并调平龙骨→安装饰面板。

(二)施工质量控制要点

1. 放线定位

根据设计图样，结合具体情况，利用墙面水平基准线将设计标高线弹到四周墙面或柱面上，同时将龙骨及吊点位置弹到楼板底面上。吊顶龙骨间距和吊杆间距，一般都控制在 1000～1200mm。

2. 固定悬吊件

活动面板龙骨的吊件，可通过镀锌铁丝绑牢膨胀螺钉吊点。镀锌铁丝不能太细，如果用双股，可用 18 号铁丝，如果用单股，使用不宜小于 14 号的铁丝，这种方式适于不上人的活动式装配吊顶，较为简单。

活动面板龙骨的吊件也可直接固定在轻钢龙骨主龙骨上，这种方法适用于满足吊顶一定承载能力时的双层吊顶构造。

3. 安装边龙骨

在预先弹好的标高线上将 L 形边龙骨或其他封口材料固定在墙面或柱面上，封口材料的底面与标高线重合。L 形边龙骨常用的规格为 25mm×25mm，色彩应同龙骨一致。L 形边龙骨固定时，一般常用高强水泥钉，钉的间距一般不宜大于 500mm。

4. 安装主、次龙骨并调平龙骨

活动面板龙骨安装时，应根据已确定的主龙骨(大龙骨)位置及标高线，将各条主龙骨

吊起后，在稍高于标高线的位置上临时固定，如果吊顶面积较大，可分成几个部分吊装。然后在主龙骨之间安装次（中）龙骨，也就是横撑龙骨。次龙骨（中、小龙骨）应紧贴主龙骨安装就位。龙骨就位后，再满拉纵横控制标高线（十字中心线），从一端开始，一边安装，一边调整，全部安装完毕后，最后再精调一遍，直到龙骨调平、调直为止。

5. 安装饰面板

饰面板可分为明装和半明半隐（简称半隐）两种形式。明装即纵横 T 形龙骨，骨架均外露，饰面板只需搁置在 T 形两翼上；半明半隐即饰面板，安装后外露部分骨架。两者安装方法均简单，施工速度较快，维修比较方便。

四、组织验收

（一）验收规范

（1）吊顶工程验收时应检查下列文件和记录：

①吊顶工程的施工图、设计说明及其他设计文件。

②材料的产品合格证书、性能检验报告、进场验收记录和复验报告。

③隐蔽工程验收记录。

④施工记录。

（2）吊顶工程应对人造木板的甲醛释放量进行复验。

（3）吊顶工程应对下列隐蔽工程项目进行验收：

①吊顶内管道、设备的安装及水管试压、风管严密性检验。

②龙骨防腐处理。

③埋件。

④吊朴安装。

⑤龙骨安装。

⑥填充材料的设置。

⑦反支撑及钢结构转换层。

（4）同一品种的吊顶工程每 50 间应划分为一个检验批，不足 50 间也应划分为一个检验批，大面积房间和走廊可按吊顶面积每 $30m^2$ 计为 1 间。

（5）每个检验批应至少抽查 10%，并不得少于 3 间，不足 3 间时应全数检查。

（6）安装龙骨前，应按设计要求对房间净高、洞口标高和吊顶内管道、设备及其支架的标高进行交接检验。

（7）吊顶工程中的埋件、钢筋吊杆和型钢吊杆应进行防腐处理。

（8）安装面板前应完成吊顶内管道和设备的调试及验收。

（9）吊杆距主龙骨端部距离不得大于 300mm。当吊杆长度大于 1500mm 时，应设置反支撑。当吊杆与设备相遇时，应调整并增设吊杆或采用型钢支架。

（10）重型设备和有振动荷载的设备严禁安装在吊顶工程的龙骨上。

（11）吊顶埋件与吊杆的连接、吊杆与龙骨的连接、龙骨与面板的连接应安全可靠。

（12）吊杆上部为网架、钢屋架或吊杆长度大于 2500mm 时，应设有钢结构转换层。

(13)大面积或狭长形吊顶面层的伸缩缝及分格缝应符合设计要求。

(二)铝合金龙骨吊顶验收规范

1.主控项目

(1)吊顶标高、尺寸、起拱和造型应符合设计要求。

检验方法:观察;尺量检查。

(2)面层材料的材质、品种、规格、图案、颜色和性能应符合设计要求及国家现行标准的有关规定。

检验方法:观察;检查产品合格证书、性能检验报告、进场验收记录和复验报告。

(3)整体面层吊顶工程的吊杆、龙骨和面板的安装应牢固。

检验方法:观察;手扳检查;检查隐蔽工程验收记录和施工记录。

(4)吊杆和龙骨的材质、规格、安装间距及连接方式应符合设计要求。金属吊杆和龙骨应经过表面防腐处理。

检验方法:观察;尺量检查;检查产品合格证书、性能检验报告、进场验收记录和隐蔽工程验收记录。

2.一般项目

(1)面层材料表面应洁净、色泽一致,不得有翘曲、裂缝及缺损。压条应平直、宽窄一致。

检验方法:观察;尺量检查。

(2)面板上的灯具、烟感器、喷淋头、风口箅子和检修口等设备设施的位置应合理、美观,与面板的交接应吻合、严密。

检验方法:观察。

(3)金属龙骨的接缝应均匀一致,角缝应吻合,表面应平整,无翘曲和锤印。木质龙骨应顺直,无劈裂和变形。

检验方法:检查隐蔽工程验收记录和施工记录。

(4)吊顶内填充吸声材料的品种和铺设厚度应符合设计要求,并应有防散落措施。

检验方法:检查隐蔽工程验收记录和施工记录。

(5)整体面层吊顶工程安装的允许偏差和检验方法应符合表2-4-1的规定。

表2-4-1　整体面层吊顶工程安装的允许偏差和检验方法

项次	项目	允许偏差/mm	检验方法
1	表面平整度	3	用2m靠尺和塞尺检查
2	缝格、凹槽直线度	3	拉5m线,不足5m拉通线,用钢直尺检查

(三)常见的质量问题及预控

1.主龙骨、次龙骨纵横方向线条不平直

(1)原因分析:

①主龙骨、次龙骨受扭折,虽经修整,仍不平直。

②挂铅线或镀锌铁丝的射灯位置不正确,拉牵力不均匀。

③未拉通线就全面调整主龙骨、次龙骨的高低位置。

④测吊顶的水平线有误差,中间平面起拱度不符合规定。

(2)措施:

①凡是受扭折的主龙骨、次龙骨一律不宜采用。

②挂铅线的钉位,应按龙骨的走向每间隔 1.2m 射一支钢钉。

③拉通线,逐条调整龙骨的高低位置和线条平直。

④四周墙面的水平线应测量正确,中间按平面起拱度 1/200~1/300。

2. 吊顶造型不对称,罩面板布局不合理

(1)原因分析:

①未在房间四周拉十字中心线。

②未按设计要求布置主龙骨、次龙骨。

③铺装罩面板流向不正确。

(2)预防措施:

①按吊顶设计标高,在房间四周的水平线位置拉十字中心线。

②按设计要求布设主龙骨、次龙骨。

③中间部分先铺整块罩面板,余量应平均分配在四周最外边一块。

五、验收成果

集成吊顶检验批质量验收记录

<table>
<tr><td colspan="2">单位(子单位)
工程名称</td><td></td><td>分部(子分部)
工程名称</td><td>建筑装饰装修分部
——吊顶子分部</td><td>分项工程
名称</td><td></td></tr>
<tr><td colspan="2">施工单位</td><td></td><td>项目负责人</td><td></td><td>检验批容量</td><td></td></tr>
<tr><td colspan="2">分包单位</td><td></td><td>分包单位
项目负责人</td><td></td><td>检验批部位</td><td></td></tr>
<tr><td colspan="2">施工依据</td><td colspan="2">《住宅装饰装修工程施工规范》
(GB 50327—2001)</td><td>验收依据</td><td colspan="2">《建筑装饰装修工程质量验收标准》
(GB 50210—2018)</td></tr>
<tr><td colspan="3">验收项目</td><td>设计要求及规范规定</td><td>最小/实际
抽样数量</td><td>检查记录</td><td>检查
结果</td></tr>
<tr><td rowspan="5">主
控
项
目</td><td>1</td><td>吊顶标高起拱及造型</td><td>第 6.3.2 条</td><td>/</td><td></td><td></td></tr>
<tr><td>2</td><td>饰面材料</td><td>第 6.3.3 条</td><td>/</td><td></td><td></td></tr>
<tr><td>3</td><td>饰面材料安装</td><td>第 6.3.4 条</td><td>/</td><td></td><td></td></tr>
<tr><td>4</td><td>吊杆、龙骨材质</td><td>第 6.3.5 条</td><td>/</td><td></td><td></td></tr>
<tr><td>5</td><td>吊杆、龙骨安装</td><td>第 6.3.6 条</td><td>/</td><td></td><td></td></tr>
</table>

续表

<table>
<tr><td colspan="4">验收项目</td><td colspan="4">设计要求及规范规定</td><td>最小/实际抽样数量</td><td>检查记录</td><td>检查结果</td></tr>
<tr><td rowspan="9">一般项目</td><td>1</td><td colspan="2">饰面材料表面质量</td><td colspan="4">第 6.3.7 条</td><td>/</td><td></td><td></td></tr>
<tr><td>2</td><td colspan="2">灯具等设备</td><td colspan="4">第 6.3.8 条</td><td>/</td><td></td><td></td></tr>
<tr><td>3</td><td colspan="2">龙骨接缝</td><td colspan="4">第 6.3.9 条</td><td>/</td><td></td><td></td></tr>
<tr><td>4</td><td colspan="2">填充吸声材料</td><td colspan="4">第 6.3.10 条</td><td>/</td><td></td><td></td></tr>
<tr><td rowspan="5">5</td><td rowspan="5">安装允许偏差</td><td rowspan="2">项目</td><td colspan="4">允许偏差/mm</td><td rowspan="2">最小/实际抽样数量</td><td rowspan="2">检查记录</td><td rowspan="2">检查结果</td></tr>
<tr><td>石膏板</td><td>金属板</td><td>矿棉板</td><td>塑料板玻璃板</td></tr>
<tr><td>表面平整度</td><td>3</td><td>2</td><td>2</td><td>2</td><td></td><td></td><td></td></tr>
<tr><td>接缝直线度</td><td>3</td><td>2</td><td>3</td><td>3</td><td></td><td></td><td></td></tr>
<tr><td>接缝高低差</td><td>1</td><td>1</td><td>2</td><td>1</td><td></td><td></td><td></td></tr>
<tr><td colspan="4">施工单位
检查结果</td><td colspan="7">专业工长：
项目专业质量检查员：
年　月　日</td></tr>
<tr><td colspan="4">监理单位
验收结论</td><td colspan="7">专业监理工程师：
年　月　日</td></tr>
</table>

六、实践项目成绩评定

序号	项目	技术及质量要求	实测记录	项目分配	得分
1	工具准备			10	
2	吊杆、龙骨安装间距			20	
3	吊杆、龙骨安装牢固性			20	
4	施工工艺流程			10	
5	验收工具的使用			15	
6	施工质量			15	
7	施工安全			10	
8	合计			100	

任务5 软膜天花吊顶施工

柔性天花又称软膜天花，由底架、龙骨、软膜三部分组成，是原产于法国的一种高档的绿色环保型装饰材料，它质地柔韧，色彩丰富，可随意张拉造型，彻底突破了传统天花在造型、色彩、小块拼装等方面的局限性。同时，它又具有防火、防菌、防水、节能、环保、抗老化、安装方便等卓越特性，目前已日趋成为吊顶材料的首选材料。软膜采用特殊的聚氯乙烯材料制成，0.18mm厚，其防火级别为B1级。品种多样的材质及颜色，成为室内装饰效果的夺目亮点。每平方米重约180～320g。因为它的柔韧性良好，可以自由地进行多种造型的设计，用于曲廊、敞开式观景空间等各种场合，无不相宜。对于新建和改建工程，专业安装队可在数小时内完成安装工作，而不需移动室内家具，拆卸工作不涉及其他工程活动，工程现场整洁有序。如图2-5-1所示

图2-5-1 柔性天花吊顶构造

一、施工任务

某酒店大厅装修拟采用0.18mm厚的软膜天花进行装修，请根据工程实际情况组织施工，并完成相关报验工作。

二、施工准备

(一)材料准备——软膜要求

(1)强大的防水耐潮和承重功能：天花表面经过抗雾化处理，在潮湿的空气中不易凝结水蒸气。同时天花具有良好的机械性能和缓冲外力，能承托100kg/m^{2}以上重量，而不会渗漏和损坏，避免了室内其他物品受损。特别适用于游泳馆、桑拿洗浴、休闲娱乐等场所。

(2)柔韧质轻：每平方米仅重240g。

(3)不易燃:防火级别为“B1”(装修材料按其燃烧性能应划分为四个等级:A级不燃性;B1级难燃性;B2级可燃性;B3级易燃性)。

(4)抗老化功能:专用龙骨是铝合金材质,软膜的主要成分是PVC,扣边也是由PVC和几种特殊添加剂制成,不会产生裂纹,绝对不会脱色或小片脱落。所有软膜天花的寿命都可达十年之久。

(二)机具准备

(1)电动机具:电锯、无齿锯、手电钻、冲击电锤、电焊机、自攻螺钉钻、手提圆盘锯、手提线锯机。

(2)手动工具:拉铆枪、钳子、螺钉旋具、扳子、钢尺、钢水平尺、线坠。

(3)装膜工具:长铲、角铲、小铲、窄铲。

三、组织施工

(一)施工工艺流程

安装固定支撑→固定安装铝合金龙骨→安装软膜→清洁软膜天花。

(二)施工质量控制要点

(1)在需要安装软膜天花的水平高度位置四周围固定一圈4cm×4cm支撑龙骨(可以是木方或方钢管)。附注:有些地方面积比较大时要求分块安装,以达到良好效果。这样就需要中间位置加一根木方条子。这是可根据实际情况再实际处理。

(2)当所有需要的木方条子固定好之后,在支撑龙骨的底面固定安装软膜天花的铝合金龙骨。

(3)当所有的安装软膜天花的铝合金龙骨固定好以后,再安装软膜。先把软膜打开用专用的加热风炮充分加热均匀,然后用专用的插刀把软膜张紧插到铝合金龙骨上,最后把四周多出的软膜修剪完整即可。

(4)安装完毕后,用干净毛巾把软膜天花清洁干净。

四、组织验收

(一)验收规范

1.强制性条文

(1)建筑装饰装修工程所使用的材料应按设计要求进行防火、防腐和防虫处理。

(2)重型灯具、电扇及其他重型设备严禁安装在吊顶工程的龙骨上。

2.主控项目

(1)吊顶标高、尺寸、起拱和造型应符合设计要求。

检验方法:观察;尺量检查。

(2)饰面材料的材质、品种、规格、图案和颜色应符合设计要求。

检验方法:观察;检查产品合格证书、性能检测报告、进场验收记录和复验报告。

(3)暗龙骨吊顶工程的吊杆、龙骨和饰面材料的安装必须牢固。

检验方法:观察;手扳检查;检查隐蔽工程验收记录和施工记录。

(4)吊杆、龙骨的材质、规格、安装间距及连接方式应符合设计要求。金属吊杆、龙骨应经过表面防腐处理;木吊杆、龙骨应进行防腐、防火处理。

检验方法:观察;尺量检查;检查产品合格证书、性能检测报告、进场验收记录和隐蔽工程验收记录。

(5)石膏板的接缝应按其施工工艺标准进行板缝防裂处理。安装双层石膏板时,面层板与基层板的接缝错开,并不得在同一根龙骨上接缝。

检验方法:观察。

(三)一般项目

(1)饰面材料表面应洁净、色泽一致,不得有翘曲、裂缝及缺损。压条应平直、宽窄一致。

检验方法:观察;尺量检查。

(2)饰面板上的灯具、烟感器、喷淋头、风口篦子等设备的位置应合理、美观,与饰面板的交接应吻合、严密。

检验方法:观察。

(3)金属吊杆、龙骨的接缝应均匀一致,角缝应吻合,表面应平整,无翘曲、锤印。木质吊杆、龙骨应顺直,无劈裂、变形。

检验方法:检查隐蔽工程验收记录和施工记录。

(4)吊顶内填充吸声材料的品种和铺设厚度应符合设计要求,并应有防散落措施。

检验方法:检查隐蔽工程验收记录和施工记录。

(二)常见的质量问题与预控

1.质量问题

软膜天花在安装一段时间后,就会出现开裂、变形等情况。

2.产生原因

(1)软膜天花本身的质量在软膜天花吊顶安装施工过程中,一般要用到石膏板、铝合金龙骨、木质龙骨、木方、嵌缝填充材料等。石膏板时间一长会产生氧化反应,而所有的材料加一起,假设以上材料中任何一种材料其本身质量不合格的话,都会导致天花吊顶最后的开裂、变形等。

(2)安装时间、高度、方式等不正确。

3.处理办法

(1)在保证安装材料质量合格后,正确的安装施工才能够让软膜使用长久。安装施工方法正确,对于一些特殊地方的处理、尺寸把控到位。

(2)柔性天花吊顶安装高度:为取得最佳取暖效果,产品安装后取暖灯泡底边离地面的高度应在2.1~2.3m,过高或过低都会影响使用效果,且吊顶与房屋顶部形成的夹层空间高度应不少于250mm。

(3)柔性天花吊顶开通风孔:确定墙壁上通风孔的位置,再开一个直径为105mm的圆。

(4)主龙骨使用的尺寸是4cm×4cm。

五、验收成果

暗龙骨吊顶检验批质量验收记录

<table>
<tr><td>单位(子单位)
工程名称</td><td></td><td>分部(子分部)
工程名称</td><td>建筑装饰装修分
部一吊顶子分部</td><td>分项工程
名称</td><td></td></tr>
<tr><td>施工单位</td><td></td><td>项目负责人</td><td></td><td>检验批容量</td><td></td></tr>
<tr><td>分包单位</td><td></td><td>分包单位
项目负责人</td><td></td><td>检验批部位</td><td></td></tr>
<tr><td>施工依据</td><td colspan="2">《住宅装饰装修工程施工规范》
(GB 50327—2001)</td><td>验收依据</td><td colspan="2">《建筑装饰装修工程质量验收标准》
(GB 50210—2018)</td></tr>
</table>

<table>
<tr><td colspan="4">验收项目</td><td colspan="4">设计要求及规范规定</td><td>最小/实际
抽样数量</td><td>检查记录</td><td>检查
结果</td></tr>
<tr><td rowspan="5">主控项目</td><td>1</td><td colspan="2">标高、尺寸、起拱、造型</td><td colspan="4">第6.2.2条</td><td>/</td><td></td><td></td></tr>
<tr><td>2</td><td colspan="2">饰面材料</td><td colspan="4">第6.2.3条</td><td>/</td><td></td><td></td></tr>
<tr><td>3</td><td colspan="2">吊杆、龙骨、饰面材料安装</td><td colspan="4">第6.2.4条</td><td>/</td><td></td><td></td></tr>
<tr><td>4</td><td colspan="2">吊杆、龙骨材质间距及连接方式</td><td colspan="4">第6.2.5条</td><td>/</td><td></td><td></td></tr>
<tr><td>5</td><td colspan="2">石膏板接缝</td><td colspan="4">第6.2.6条</td><td>/</td><td></td><td></td></tr>
<tr><td rowspan="9">一般项目</td><td>1</td><td colspan="2">材料表面质量</td><td colspan="4">第6.2.7条</td><td></td><td></td><td></td></tr>
<tr><td>2</td><td colspan="2">灯具等设备</td><td colspan="4">第6.2.8条</td><td></td><td></td><td></td></tr>
<tr><td>3</td><td colspan="2">龙骨、吊杆接缝</td><td colspan="4">第6.2.9条</td><td></td><td></td><td></td></tr>
<tr><td>4</td><td colspan="2">填充材料</td><td colspan="4">第6.2.10条</td><td></td><td></td><td></td></tr>
<tr><td rowspan="5">5</td><td rowspan="5">安装允许偏差</td><td rowspan="2">项目</td><td colspan="4">允许偏差/mm</td><td rowspan="2">最小/实际
抽样数量</td><td rowspan="2">检查记录</td><td rowspan="2">检查
结果</td></tr>
<tr><td>纸面石膏</td><td>金属板</td><td>矿棉板</td><td>木板、塑料板、格栅</td></tr>
<tr><td>表面平整度</td><td>3</td><td>2</td><td>2</td><td>2</td><td></td><td></td><td></td></tr>
<tr><td>接缝直线度</td><td>3</td><td>1.5</td><td>3</td><td>3</td><td></td><td></td><td></td></tr>
<tr><td>接缝高低差</td><td>1</td><td>1</td><td>1.5</td><td>1</td><td></td><td></td><td></td></tr>
<tr><td colspan="4">施工单位
检查结果</td><td colspan="7">专业工长:
项目专业质量检查员:
年　月　日</td></tr>
<tr><td colspan="4">监理单位
验收结论</td><td colspan="7">专业监理工程师:
年　月　日</td></tr>
</table>

六、实践项目成绩评定

序号	项目	技术及质量要求	实测记录	项目分配	得分
1	工具准备			10	
2	龙骨安装间距			20	
3	龙骨安装牢固性			20	
4	施工工艺流程			10	
5	验收工具的使用			15	
6	施工质量			15	
7	施工安全			10	
8	合计			100	

思考题

一、填空题

1. 吊顶按照安装方式不同分为________、________和________。

2. 木龙骨吊顶主要由________、________、________和________组成。

3. U形轻钢龙骨按照主龙骨的规格可以分为________、________、________三个系列。

4. 横撑龙骨一般由________截取。

5. 吊筋的作用是承担吊顶的全部荷载并将给________________。

6. 木龙骨吊顶是以________为基本骨架，配以胶合板、纤维板或其他人造板作为罩面板材组合而成的吊顶体系。

7. 木龙骨的处理包括防腐处理和________处理。

8. 直接式顶棚构造简单、造价低廉，而且不占用空间高度，在________建筑中被广泛使用。

9. 吊顶饰面层使用材料可分为石膏板吊顶、________、木质装饰板吊顶和塑料板材吊顶、玻璃采光板吊顶等。

10. 罩面板应________连接，接缝高差不得大于验收规范要求。

11. 主龙骨间距一般为________，间距为800～1000mm的比较常见。

12. U形龙骨属于隐蔽龙骨，在室内没有特殊要求时，使用最广泛的饰面材料是________。

13. 主龙骨与吊杆通过________连接。

14. 吊顶木龙骨架安装施工工艺程序的第一步是________。

15. 木龙骨将防火涂料涂刷或喷于________，也可把木材置于防火涂料槽内浸渍。

二、选择题

1. 木龙骨的含水率不得大于(　　)%。

A. 14　　B. 16　　C. 18　　D. 20

2. 对于截面为(　　)的木龙骨，可选用市售成品凹方型材。

A. 25mm×30mm　　B. 35mm×40mm

C. 25mm×40mm　　D. 35mm×30mm

3. 吊顶高度超过(　　)m 时，可用钢丝在吊点上做临时固定。

A. 1　　B. 2　　C. 3　　D. 4

4. 横撑龙骨的间距根据饰面板的规格尺寸而定，要求饰面板端部必须落在横撑龙骨上，一般情况下间距为(　　)mm。

A. 300mm　　B. 400mm　　C. 500mm　　D. 600mm

5. 吊顶按顶棚外观分为(　　)。

A. 平滑式顶棚　　B. 井阁式顶棚　　C. 分层式顶棚　　D. 折板式顶棚

6. 吊顶按构造不同分为(　　)。

A. 直接式顶棚　　B. 整体式吊顶　　C. 悬吊式顶棚　　D. 开敞式吊顶和

7. 吊顶按龙骨使用材料分为(　　)。

A. 金属装饰板吊顶　　B. 轻钢龙骨吊顶

C. 铝合金龙骨吊顶　　D. 木龙骨吊顶

8. 悬吊式顶棚的顶棚龙骨具体分为(　　)。

A. U 形龙骨　　B. T 形铝合金龙骨

C. H 形龙骨　　D. T 形镀锌铁烤漆龙骨

9. 铝合金龙骨安装的形式为(　　)。

A. 明装　　B. 半隐装　　C. 暗装　　D. 半露装

10. 轻钢龙骨的常规型号有(　　)。

A. U25　　B. U38　　C. U60　　D. U50

三、问答题

1. 木龙骨吊顶施工前应进行放线定位，具体包括哪些内容？

2. 简述木龙骨吊顶和轻钢龙骨吊顶的施工工艺流程、常见的质量问题、产生原因、处理办法。

3. 简述铝合金龙骨吊顶施工工艺流程。

4. 简述集成吊顶、软膜天花吊顶的施工工艺流程。

5. 吊顶的组成一般包括哪几部分？

6. 简述轻钢龙骨吊顶施工嵌缝处理的程序。

7. 金属装饰板吊顶施工工艺流程有哪些？

8. 暗装吊顶工程的主控项目有哪些？

9. 明龙骨吊顶工程的主控项目有哪些？

10. 木龙骨吊顶的主要施工材料有哪些？

项目三 墙柱面装饰施工

知识目标

1. 了解墙柱采用抹灰、贴面、罩面板、涂料、裱糊与软包、集成等的装饰材料特性及相应施工机具。

2. 熟悉墙柱采用抹灰、贴面、罩面板、涂料、裱糊与软包、集成等装饰材料的施工工艺及操作要点。

3. 掌握墙柱采用抹灰、贴面、罩面板、涂料、裱糊与软包、集成等施工的质量验收标准、常见的问题、产生原因及处理办法。

能力目标

1. 能正确选用墙柱各类装饰材料及机具的能力。

2. 能对墙柱各种类型的装饰材料组织施工，进行技术交底。

3. 能对墙柱各种类型的装饰材料施工质量进行管控及验收，具有处理各类常见质量问题的技术能力。

任务概述

墙和柱属于建筑物的竖向构件，对建筑物的空间起着分隔和支撑的作用。墙柱面装饰装修是在建筑主体结构工程的表面，为满足使用功能和造就环境需要所进行的装潢与修饰。

墙体是建筑物的重要组成部分，属于建筑物的竖向构件，是室内外空间的侧界面和室内空间分隔的界面。墙面装饰工程的面积占整个装饰工程的1/2以上。随着科学技术的发展，新型装饰材料、新装修工(机)具，给墙柱面装饰的施工工艺及施工方法带来了新变化。本项目主要从室内外各类墙面装饰的常用材料、施工工艺、质量标准来讲述，使学生能够根据施工图纸要求，选择相应的装饰材料，合理组织施工，并完成验收及资料报验。

任务1　一般抹灰饰面工程施工

一般抹灰是指用石灰砂浆、水泥砂浆、水泥混合砂浆、聚合物水泥砂浆、膨胀珍珠岩水泥砂浆、石膏灰等材料的抹灰。

一、施工任务

某小区建筑室内墙面采用水泥混合砂浆进行粉刷，室外及卫生间墙面采用1∶3水泥砂浆进行粉刷，砖墙采用素水泥浆甩毛，请根据工程实际情况组织施工，并完成相关报验工作。

二、施工准备

(一)材料准备

(1)胶凝材料：水泥、石灰、石膏和水玻璃等。水泥品种为325#和425#。

(2)骨料：砂(中砂或中、粗混合砂)、石屑、彩色瓷粒。

(3)纤维材料：玻璃纤维抗裂网。

(二)机具准备

(1)电动机具：砂浆搅拌机、喷浆机。

(2)手动工具：抹子、托灰板、木杠、靠尺板、方尺、水平尺、线坠、水桶、喷壶、墨斗、铁锹、灰勺等。

(三)作业准备

(1)主体结构必须经过相关单位(建设单位、设计单位、监理单位、施工单位)检验合格。

(2)抹灰前应检查门窗框安装位置是否正确，需埋设的接线盒、电箱、管线、管道套管是否固定牢固。连接处缝隙应用1∶3水泥砂浆或1∶1∶6水泥混合砂浆分层嵌塞密实，若缝隙较大时，应在砂浆中掺少量麻刀嵌塞，或用豆石混凝土将其填塞密实，并用塑料贴膜或铁皮将门窗框加以保护。

(3)将混凝土蜂窝、麻面、露筋、疏松部分剔到实处，并刷胶黏性素水泥浆或界面剂，然后用1∶3水泥砂浆分层抹平。脚手眼和废弃的孔洞应堵严，外露钢筋头、铅丝头及木头等要剔除，窗台砖补齐，墙与楼板、梁底等交接处应用斜砖砌严补齐。

(4)加钉镀锌钢丝网部位，应涂刷一层胶黏性素水泥浆或界面剂，钢丝网与最小边搭接尺寸不应小于100mm。

(5)对抹灰基层表面的油渍、灰尘、污垢等应清除干净。

三、组织施工

(一)内墙抹灰施工工艺流程

交接验收→基层处理→湿润基层→找规矩→做灰浆饼→设置标筋→阳角做护角→抹底层灰、中层灰→抹窗台板、墙裙或踢脚板→抹面层灰→现场清理→成品保护。

(二)内墙抹灰施工质量控制要点

(1)交接验收。交接验收是进行内墙抹灰前不可缺少的重要流程。内墙抹灰交接验收是指对上一道工序进行检查验收交接,检验主体结构表面垂直度、平整度、弧度、厚度、尺寸等是否符合设计要求。如果不符合设计要求,应按照设计要求进行修补。同时检查门窗框、各种预埋件及管道安装是否符合设计要求。

(2)基层处理。应清除基层表面的灰尘、污垢、油渍、碱膜等;浇水湿润;表面凹凸明显的部位,应事先剔平或用 1∶3 水泥砂浆补平;门窗周边的缝隙应用水泥砂浆分层嵌塞密实;不同材料基体的交接处应采取加强措施,如铺钉金属网,金属网与各基体的搭接宽度不应小于 100mm。

墙体基层材料不同,处理的方法也不同:

①砖墙:由于砖墙平整度较差,墙面比较粗糙,凹凸不平,有利于砂浆与基层的黏接,为了更好黏接,抹灰前应先湿润墙面,120mm 厚砖墙,抹灰前一天浇水 1 遍;240mm 厚砖墙浇水 2 遍。

②混凝土墙:混凝土墙由于用模板浇注而成,所以表面光滑,平整度较高,甚至还有残留的脱模油,这都不利于砂浆与基层的黏接,也不利于砂浆与基体的黏接。要使墙面达到一定的粗糙程度,处理方法有除油垢、凿毛、甩浆、划纹或涂刷一层渗透性较好的界面剂。此外,抹灰前也要浇水湿润墙面,由于其吸水率低,浇水量可少些。

(3)轻质砌块墙(加气混凝土):轻质砌块墙的表面空隙大,吸水性强,直接抹灰会使砂浆失水而无法与墙面有效黏接,处理方法是先在墙面涂刷一层与 108 胶拌合的素水泥浆(108 胶∶水=1∶4),封闭孔洞。

在较高级的装饰工程中,还可在墙面满钉镀锌钢丝网,再用水泥砂浆或水泥混合砂浆刮糙,大大增加整体强度。此外,也应对基体浇水湿润。

(3)湿润基层。对基层处理完毕后,根据墙面的材料种类,均匀洒水湿润。对于混凝土基层,将其表面洒水湿润后,再涂刷一薄层(配合比为 1∶1)水泥砂浆(加入适量胶黏剂)。

(4)找规矩。找规矩是指将房间找方或找正,这是抹灰前很重要的一项准备工作。找方后将线弹在地面上,然后依据墙面的实际平整度和垂直度及抹灰总厚度规定,与找方或找正线进行比较,决定抹灰层的厚度,从而找到一个抹灰的假想平面。将此平面与相邻墙面的交线弹于相邻的墙面上,作为此墙面抹灰的基准线,并以此为标志作为标筋的厚度标准。

(5)做灰浆饼。做灰浆饼即做抹灰标志块。在距高顶棚、墙阴角约 20cm 处,用水泥砂浆或水泥混合砂浆各做一个标志块，厚度为抹灰层厚度，大小 5cm 见方。以这两个标志块为标准，再用托线板靠、吊垂直确定墙下部对应的两个标志块的厚度，其位置在踢脚板上口，使上下两个标志块在一条垂直线上。标准的标志块体完成后，再在标志块的附近墙面钉上钉子，拉上水平的通线，然后按 1.2～1.5m 间距做若干标志块。要注意，在窗口、墙垛角处必须做标志块。

(6)设置标筋。标筋也称"冲筋""出柱头"，就是在上、下两个标志块之间先抹出一条长梯形灰埂，其宽度为 10cm 左右，厚度与标志块相平，作为墙面抹灰填平的标准。其做法是：在上、下两个标志块中间先抹一层，再抹第二层凸出成八字形，要比标志块凸出 1cm 左右。然后用木杠紧贴"标志块"按照左上右下的方向搓，直到将标筋搓得与标志块一样平为止，同时要将标筋的两边用刮尺修成斜面，使其与抹灰面接槎顺平。

标筋所用的砂浆应与抹灰底层砂浆相同。做完标筋后应检查灰筋的垂直度和平整度，误差在 0.5mm 以上者，必须重新进行修整。当层高大于 3.2m 时，要两人分别在架子上、下协调操作。抹好标筋后，两人各执硬尺一端保持通平。在操作过程中，应经常检查木尺，防止受潮变形，影响标筋的平整垂直度。灰浆饼和标筋如图 3-1-1 所示。

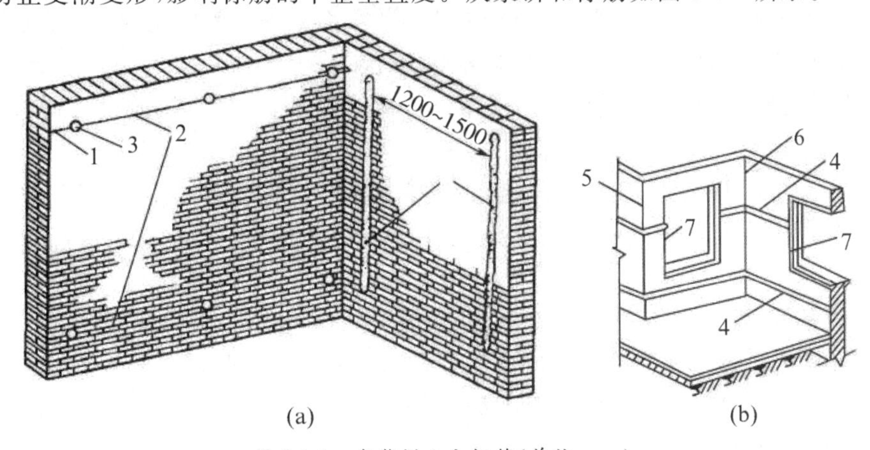

图 3-1-1　灰浆饼 1 和标筋(单位：mm)

1. 钉子；2. 挂线；3. 灰浆饼；4. 标筋；5. 墙阳角；6. 墙阴角；7. 窗框

(7)抹门窗护角。室内墙角、柱角和门窗洞口的阳角是抹灰质量好坏的标志，也是大面积抹灰的标尺，抹灰要线条清晰、挺直，并应防止碰撞损坏。因此，凡是与人和物体经常接触的阳角部位，无论设计中有无具体规定，都需要做护角，并用水泥浆将护角捋出小圆角。

(8)抹底层灰。在标志块、标筋及门窗洞口做好护角，并达到一定强度后，底层抹灰即可进行操作。底层抹灰也称为刮糙处理，其厚度一般控制在 10～15mm。抹底层灰可用托灰板盛砂浆，用力将砂浆推抹到墙面上，一般应从上而下进行。在两标筋之间抹满砂浆后，即用刮尺从下而上进行刮灰，使底灰层刮平刮实并与标筋面相平，操作中可用木抹子配合去高补低。将抹灰底层表面刮糙处理后，应浇水养护一段时间。

(9)抹中层灰。待底层灰达到七至八成干，即可抹中层灰。操作时一般按照自上而下、从左向右的顺序进行。先在底层灰上均匀洒水，其表面收水后在标筋之间装满砂浆，并用刮尺将表面刮平，再用木抹子来回搓抹，去高补低。搓平后用 2m 靠尺进行检查，超过质量允许偏差时，应及时修整至合格。

根据抹灰工程的设计厚度和质量要求，中层灰可以一次抹成，也可以分层操作，这主要根据墙体的平整度和垂度偏差情况而定。

(10)抹面层灰。抹面层灰在工程上俗称罩面。面层灰从阴角开始，宜两人同时操作，一人在前面上灰，另一人紧跟在后面找平，并用铁抹子压光。室内面层抹灰常用石灰砂浆、石膏、水泥砂浆刮大白腻子等罩面。抹面层灰应在底层灰浆稍干后进行，如果底层的灰浆太湿，会影响抹灰面的平整度，还可能产生“咬色”现象；底层灰太干则容易使面层脱水太快而影响黏结，造成面层空鼓。

①石灰砂浆面层抹灰，应在中层砂浆五至六成干时进行。如果中层抹灰比较干燥时，应洒水湿润后再进行抹灰。石灰砂浆面层抹灰施工比较简单，先用铁抹子抹灰，再用木刮尺从下向上刮平，然后用木抹子搓平，最后用铁抹子压光成活。

②刮大白腻子。内墙面的面层可以不抹罩面，而采用刮大白腻子。这种方式的优点是操作简单，节约用工。面层刮大白腻子，一般应在中层砂浆干透，表面坚硬呈灰白色，没有水迹及潮湿痕迹，用铲刀能划出显白印时进行。大白腻子的配合比一般为大白粉∶滑石粉∶聚乙酸乙烯乳液∶羧甲基纤维素溶液(浓度 5%)= 60∶40∶(2～4)∶75(质量比)。在进行调配时，大白粉、滑石粉、羧甲基纤维素溶液，应提前按照设计配合比搅匀浸泡。

面层刮大白腻子一般不得少于两遍，总厚度在 1mm 左右。头道腻子刮后，在基层已修补过的部位应进行修补找平，待腻子干透，用 0 号砂纸磨平，扫净浮灰。待头道腻子干燥后，再进行第二遍。

木引线条的设置。为了施工方便，克服和分散大面积干裂与应力变形，可将饰面用分格条分成小块来进行。这种分块形成的线型称为引线条，如图 3-1-2 所示。在进行分块时，首先要注意其尺度比例应合理匀称，大小与建筑空间成正比，并注意有方向性的分格，应和门窗洞、线角相匹配。分格缝多为凹缝，其断面为 10mm×10mm、20mm×10mm 等，不同的饰面层均有各自的分格要求，要按照设计要求进行施工。

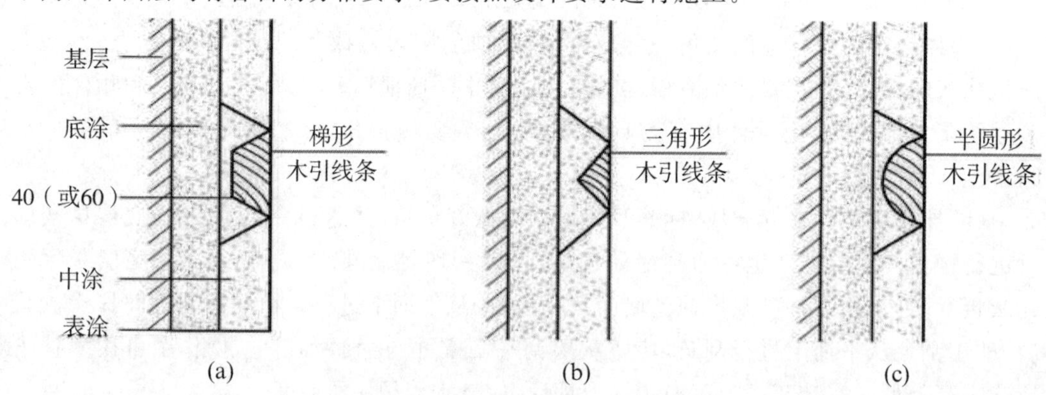

图 3-1-2　抹灰面木引线条的设置

(11)墙体阴(阳)角抹灰。在正式抹灰前，先用阴(阳)角方尺上下核对阴角的方正，并检查其垂直度，然后确定抹灰厚度，并浇水湿润。阴（阳）角处抹灰应用木制阴（阳）角器进行操作，先抹底层灰，使上下抽动抹平，使室内四角达到直角，再抹中层灰，使阴（阳）角达到方正。墙体的阴（阳）角抹灰应与墙面抹灰同时进行。阴角的抹平找直如图 3-1-3 所示。

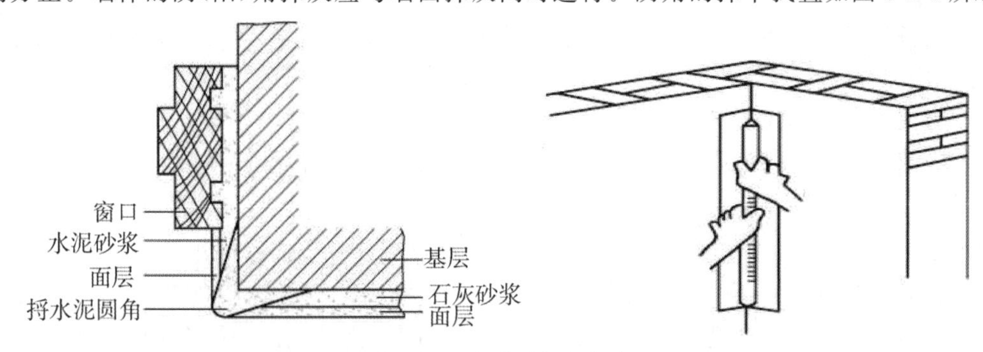

图 3-1-3　阴角的抹平找直

3. 外墙抹灰施工工艺流程

交接验收→基层处理→湿润基层→找规矩→做灰浆饼→做“冲筋”→铺抹底层、中层灰→弹分格线、粘贴分格条→抹面层灰→起分格条、修整→养护。

4. 外墙抹灰质量控制要点

（1）交接验收。交接验收是进行内墙抹灰前不可缺少的重要流程，外墙抹灰交接验收是指对上一道工序进行检查验收交接，检验主体结构表面垂直度、平整度、弧度、厚度、尺寸等是否符合设计要求。如果不符合设计要求，应按照设计要求进行修补。

（2）基层处理。基层处理是一项非常重要的工作，处理得如何将影响整个抹灰工程的质量。外墙抹灰基层处理主要做好以下工作：

①主体结构施工完毕，外墙上所有预埋件、嵌入墙体内的各种管道已安装，并符合设计要求，阳台栏杆已装好。

②门窗安装完毕且检查合格，框与墙间的缝隙已经清理，并用砂浆分层分多遍将其堵塞严密；采用大板结构时，外墙的接缝防水已处理完毕。

③砖墙的凹处已用 1∶3 的水泥砂浆填平，凸处已按要求剔凿平整，脚手架孔洞已堵塞填实，墙面污物已经清理，混凝土墙面光滑处已经凿毛。

（3）找规矩。外墙面抹灰与内墙面抹灰一样，也要挂线做标志块、标筋。其找规矩的方法与内墙基本相同，但要在相邻两个抹灰面相交处挂垂线。

（4）挂线、做灰浆饼。由于外墙抹灰面积大，另外还有门窗、阳台、明柱、腰线等，因此，外墙抹灰时找出规矩比内墙更加重要。要在四角先挂好自上而下的垂直线，然后根据抹灰的厚度弹上控制线，再拉水平通线，并弹出水平线做标志块，最后做标筋。标志块和标筋的做法与内墙相同。

（5）弹线黏结分格条。室外抹灰时，为了增加墙面的美观，避免罩面砂浆收缩而产生裂缝，或大面积产生膨胀而空鼓脱落，要设置分格缝，分格缝处粘贴分格条。分格条在使用前要用水泡透，这样既便于施工粘贴，又能防止分格条在使用中变形，同时也有利于本身水分蒸发收缩，易于取出。

水平分格条板应粘贴在平线下口,垂直分格条板应粘贴在垂线的左侧。黏结一条横向或竖向分格条后,应用直尺校正平整,并将分格条两侧用水泥浆抹成八字形斜角。当天抹面的分格条,两侧八字斜角可抹成45°。当天不再抹面的“隔夜条”两侧八字形斜角可抹成60°。分格条要求横平竖直、接头平整,不得有错缝或扭曲现象,分格缝的宽窄和深浅应均匀一致。

(6)抹灰。外墙抹灰层要求有一定的耐久性。若采用水泥石灰混合砂浆,配合比为:水泥∶石灰膏∶砂=1∶1∶6;若采用水泥砂浆,配合比为:水泥∶砂=1∶3。底层砂浆具有一定强度后,再抹中层砂浆,抹时要用木杠、木抹子刮平压实、扫毛、浇水养护。在抹面层时,先用1∶2.5的水泥砂浆薄薄刮一遍;第二遍再与分格条板涂抹齐平,然后按分格条厚度刮平、搓实、压光,再用刷子蘸水按同一方向轻刷一遍,以达到颜色一致,并清刷分格条上的砂浆,以免起出条板时损坏抹面。起出分格条后,随即用水泥砂浆把缝勾齐。

室外抹灰面积比较大,不易压光罩面层的抹纹,所以一般用木抹子搓成毛面。搓平时要用力均匀,先以圆圈形搓抹,再上下抽拉,方向要一致,以使面层纹路均匀。在常温情况下,以抹灰完成24h后,开始淋水养护7d为宜。

外墙抹灰时,在窗台、窗楣、雨篷、阳台、檐口等部位应做流水坡度。设计无要求时,流水坡度以10%为宜,流水坡下面应做滴水槽,滴水槽的宽度和深度均不应小于10mm。要求棱角整齐、光滑平整,起到挡水的作用。

注意:1.抹灰工程施工时,在不同材料接茬处(如砼结构与砌块的接茬)应铺设钢丝网片,因为不同材料热膨胀系数不同,在抹灰后容易在接茬处产生裂缝,而通过钢丝网约束,能使两种材料形成一个整体,降低开裂问题的产生,如图3-1-4所示。

2.抹灰工程施工时,若同材质的墙抹灰总厚度≥35mm,也要附钢丝网片,防止粉刷层龟裂,如图3-1-5所示。

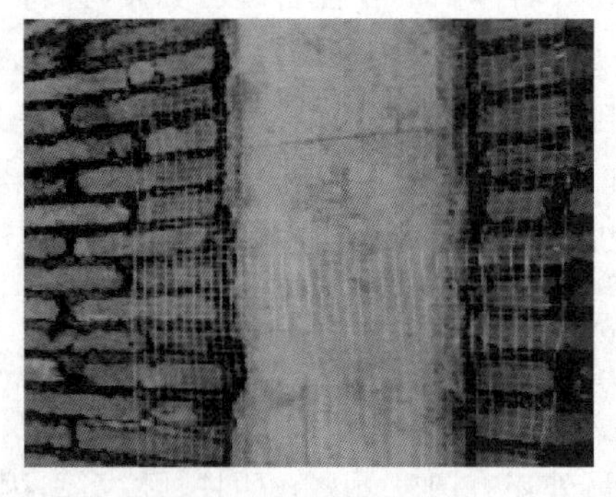
图3-1-4　铺设钢丝网片

图3-1-5　钢丝网片上抹灰

四、组织验收

(一)验收规范

1.主控项目

(1)一般抹灰所用材料的品种和性能应符合设计要求及国家现行标准的有关规定。

检验方法:检查产品合格证书、进场验收记录、性能检验报告和复验报告。

(2)抹灰前基层表面的尘土、污垢和油渍等应清除干净,并应洒水润湿或进行界面处理。

检验方法:检查施工记录。

(3)抹灰工程应分层进行。当抹灰总厚度大于或等于35mm时,应采取加强措施。不同材料基体交接处表面的抹灰,应采取防止开裂的加强措施,当采用加强网时,加强网与各基体的搭接宽度不应小于100mm。

检验方法:检查隐蔽工程验收记录和施工记录。

(4)抹灰层与基层之间及各抹灰层之间应黏结牢固,抹灰层应无脱层和空鼓,面层应无爆灰和裂缝。

检验方法:观察;用小锤轻击检查;检查施工记录。

2. 一般项目

(1)一般抹灰工程的表面质量应符合下列规定:普通抹灰表面应光滑、洁净、接槎平整,分格缝应清晰;高级抹灰表面应光滑、洁净、颜色均匀、无抹纹,分格缝和灰线应清晰美观。

检验方法:观察;手摸检查。

(2)护角、孔洞、槽、盒周围的抹灰表面应整齐、光滑;管道后面的抹灰表面应平整。

检验方法:观察。

(3)抹灰层的总厚度应符合设计要求;水泥砂浆不得抹在石灰砂浆层上;罩面石膏灰不得抹在水泥砂浆层上。

检验方法:检查施工记录。

(4)抹灰分格缝的设置应符合设计要求,宽度和深度应均匀,表面应光滑,棱角应整齐。

检验方法:观察;尺量检查。

(5)有排水要求的部位应做滴水线(槽)。滴水线(槽)应整齐顺直,滴水线应内高外低,滴水槽的宽度和深度应满足设计要求,且均不应小于10mm。

检验方法:观察;尺量检查。

(6)一般抹灰工程质量的允许偏差和检验方法应符合表3-1-1的规定。

表3-1-1　一般抹灰的允许偏差和检验方法

项次	项目	允许偏差/mm		检验方法
		普通抹灰	高级抹灰	
1	立面垂直度	4	3	用2m垂直检测尺检查
2	表面平整度	4	3	用2m靠尺和塞尺检查
3	阴阳角方正	4	3	用直角检测尺检查
4	分格条(缝)直线度	4	3	拉5m线,不足5m拉通线,用钢直尺检查
5	墙裙、勒脚上口直线度	4	3	拉5m线,不足5m拉通线,用钢直尺检查

(二)一般抹灰常见的质量问题及防治措施

1. 抹灰层空鼓

(1)现象:表现为面层与基层,或基层与底层不同程度的空鼓。

(2)原因分析:底层与基层未处理,或处理不认真,清理不干净,或抹灰面未浇水,浇水量不足、不均匀;抹灰层表面过分光滑,又未采取技术措施处理;抹灰层之间的材料强度差异过大。

(3)防治措施:抹灰前必须将脚手眼、支模孔洞填堵密实,对混凝土表面凸出较大的部分要凿平;必须将底层、基层表面清理干净,并于施工前一天将准备抹灰的面浇水润湿;对表面较光滑的混凝土表面,抹底灰前应先凿毛,或掺 107 胶水泥浆,或用界面处理剂处理;抹灰层之间的材料强度要接近。

2. 抹灰层裂缝

(1)现象:表现为非结构性面层的各种裂缝,墙、柱表面的不规则裂缝、龟裂,窗套侧面的裂缝等。

(2)原因分析:抹灰材质不符合要求,主要是水泥强度或安定性差,砂子含粉尘,含泥量过大或砂粒径过细;一次抹灰太厚或各层抹灰间隔时间太短,或表面撒干水泥等而引起收缩裂缝;基层由两种以上的材料组合的拼接部位处理不当或温差而引起裂缝。

(3)防治措施:抹灰用的材料必须符合质量要求,例如水泥的强度与安定性应符合标准;砂不能过细,宜采用中砂,含泥量不大于 3%;白灰要熟透,过滤要认真;基层要分层抹灰,一次抹灰不能厚;各层抹灰间隔时间要视材料与气温不同而合理选定;为防止窗台中间或窗角裂缝,一般可在底层窗台设一道钢筋混凝土梁,或设 3ϕ6 的钢筋砖反梁,伸出窗洞各 330mm。

夏季要避免在日光曝晒下进行抹灰,对重要部位与曝晒的部分应在抹灰后的第二天洒水养护 7d;对基层由两种以上材料组合拼接部位,在抹灰前应视材料情况,采用粘贴胶带纸、布条,钉钢丝网,或留缝嵌条子等方法处理;对抹灰面积较大的墙、柱、檐口等,要设置分格缝,以防抹灰面积过大而引起收缩裂缝。

3. 抹灰层不平整

(1)现象:表现为抹灰层表面接槎明显,或大面呈波浪形,或明显凹凸不平整。

(2)原因分析:基层刮糙未出柱头(冲筋),或未做塌饼;抹灰过程中刮尺使用不当,或长度不足(<2m);面层抹灰后没有适时找平压光,隔天发现不平整,已无法找平压光(实际上是少一道再找平压光工序)。

(3)防治措施:基层刮糙前应弹线出柱头或做塌饼,如果刮糙厚度过大,应掌握“去高、填低、取中间”的原则,适当调整柱头或塌饼的厚度;应严格控制基层的平整度,一般可选用大于 2m 的刮尺,操作时使刮尺作上下、左右转动,使抹灰面(层)平整度的允许偏差为最小。

4. 外墙分格缝不规范

(1)现象:分格缝不平直、深浅不一致,宽度不适中,缝起点或终点上下与左右不统一,缝口缺棱角或粗糙，嵌缝不密实、不光洁。

（2）原因分析：两条分格条镶接时未吻合或不平直，或分格条变形；分格条制作不规范：厚度不一致、宽度不统一，两侧下部未割角；在嵌条面上的砂浆未及时清除，或取条的时间与方法不当。

（3）防治措施：分格条材料要选好，少用木条，宜用塑料条与玻璃条；条子必须顺直，厚度与宽度统一（一般厚为3～5mm，宽为12～20mm），下部应割角；对墙、柱要拉通线，弹出横向水平分格线或竖向垂直分格线；水平分格条一般应粘（贴）在水平线下边，垂直分格条应粘在垂直线右侧；分格条起点与终点上下左右应一致；分格条有固定分格条与取出分格条两种，玻璃条与凹形塑料条为固定不取出的分格条。

分格条取出的时间与方法一般有两种：一是分格条用水泥砂浆固定后，待砂浆达到一定强度后才能取出分格条；二是分格条用水泥砂浆固定后，当天就抹面层（抹罩面灰），等压光或拉毛后，应将分格条上水泥砂浆清刷干净，即可取出分格条。分格缝（指取出分格条）必须用水泥浆嵌密实；刷黑漆时，应用美术笔将缝底涂黑，不能污染缝边，否则会产生视觉差，似乎分格缝不平直。

五、验收成果

一般抹灰检验批质量验收记录

<table>
<tr><td colspan="2">单位（子单位）
工程名称</td><td></td><td>分部（子分部）
工程名称</td><td>建筑装饰装修分部
——抹灰子分部</td><td>分项工程
名称</td><td>一般抹灰分项</td></tr>
<tr><td colspan="2">施工单位</td><td></td><td>项目负责人</td><td></td><td>检验批容量</td><td></td></tr>
<tr><td colspan="2">分包单位</td><td></td><td>分包单位
项目负责人</td><td></td><td>检验批部位</td><td></td></tr>
<tr><td colspan="2">施工依据</td><td colspan="2">《住宅装饰装修工程施工规范》
（GB 50327—2001）</td><td>验收依据</td><td colspan="2">《建筑装饰装修工程质量验收标准》
（GB 50210—2018）</td></tr>
<tr><td colspan="3">验收项目</td><td>设计要求及
规范规定</td><td>最小/实际
抽样数量</td><td>检查记录</td><td>检查
结果</td></tr>
<tr><td rowspan="4">主控项目</td><td>1</td><td>基层表面</td><td>第4.2.2条</td><td>/</td><td>抽查处，合格处</td><td></td></tr>
<tr><td>2</td><td>材料品种和性能</td><td>第4.2.3条</td><td>/</td><td>质量证明文件齐全，试验合格，报告编号</td><td></td></tr>
<tr><td>3</td><td>操作要求</td><td>第4.2.4条</td><td>/</td><td>检验合格，资料齐全</td><td></td></tr>
<tr><td>4</td><td>层黏结及面层质量</td><td>第4.2.5条</td><td>/</td><td>抽查处，合格处</td><td></td></tr>
</table>

续表

<table>
<tr><td colspan="3">验收项目</td><td colspan="2">设计要求及规范规定</td><td>最小/实际抽样数量</td><td>检查记录</td><td>检查结果</td></tr>
<tr><td rowspan="12">一般项目</td><td>1</td><td>表面质量</td><td colspan="2">第 4.2.6 条</td><td>/</td><td>抽查处,合格处</td><td></td></tr>
<tr><td>2</td><td>细部质量</td><td colspan="2">第 4.2.7 条</td><td>/</td><td>抽查处,合格处</td><td></td></tr>
<tr><td>3</td><td>层与层间材料要求层总厚度</td><td colspan="2">第 4.2.8 条</td><td>/</td><td>抽查处,合格处</td><td></td></tr>
<tr><td>4</td><td>分格缝</td><td colspan="2">第 4.2.9 条</td><td>/</td><td>抽查处,合格处</td><td></td></tr>
<tr><td>5</td><td>滴水线(槽)</td><td colspan="2">第 4.2.10 条</td><td>/</td><td>抽查处,合格处</td><td></td></tr>
<tr><td rowspan="7">6</td><td rowspan="2">项目</td><td colspan="2">允许偏差/mm</td><td rowspan="2">最小/实际抽样数量</td><td rowspan="2">实测值</td><td rowspan="2">检查结果</td></tr>
<tr><td>普通抹灰</td><td>高级抹灰</td></tr>
<tr><td>立面垂直度</td><td>4</td><td>3</td><td>/</td><td>抽查处,合格处</td><td></td></tr>
<tr><td>表面平整度</td><td>4</td><td>3</td><td>/</td><td>抽查处,合格处</td><td></td></tr>
<tr><td>阴阳角方正</td><td>4</td><td>3</td><td>/</td><td>抽查处,合格处</td><td></td></tr>
<tr><td>分格条(缝)直线度</td><td>4</td><td>3</td><td>/</td><td>抽查处,合格处</td><td></td></tr>
<tr><td>墙裙勒角上口直线度</td><td>4</td><td>3</td><td>/</td><td>抽查处,合格处</td><td></td></tr>
<tr><td colspan="3">施工单位
检查结果</td><td colspan="5">专业工长：
项目专业质量检查员：
年　月　日</td></tr>
<tr><td colspan="3">监理单位
验收结论</td><td colspan="5">专业监理工程师：
年　月　日</td></tr>
</table>

六、实践项目成绩评定

序号	项目	技术及质量要求	实测记录	项目分配	得分
1	工具准备			10	
2	基层处理			10	
3	施工工艺流程			15	
4	验收工具的使用			10	
5	施工质量			35	
6	文明施工与安全施工			15	
7	完成任务时间			5	
8	合计			100	

任务2 内墙墙砖镶贴施工

瓷砖镶贴墙面是一种传统的装饰工艺和装饰手法。装饰墙面用的瓷砖简称面砖，因其装饰于室内墙面或室外墙面而分为内墙面砖和外墙面砖。瓷砖贴面的基本构造如图3-2-1所示。

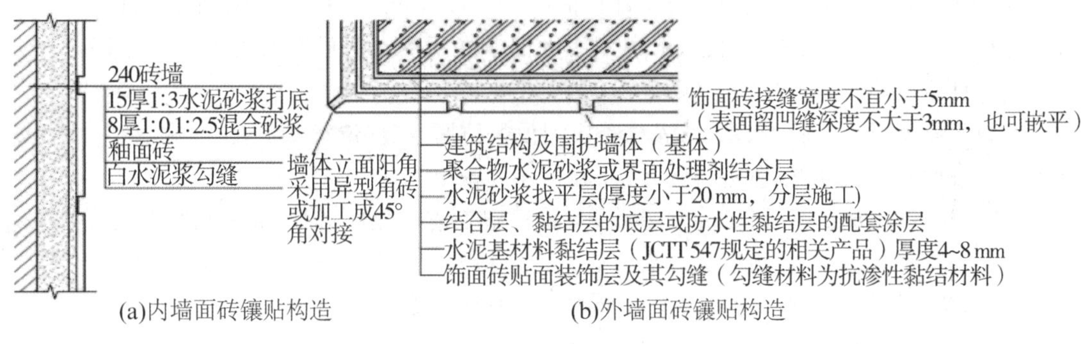

图3-2-1 瓷砖贴面构造

一、施工任务

某小区建筑卫生间墙面采用9mm厚1∶2建筑胶水泥砂浆粘贴300mm×600mm×10mm的墙面砖，白水泥浆擦缝，请根据工程实际情况组织施工，并完成相关报验工作。

二、施工准备

(一)材料准备

(1)瓷砖：应具有产品合格证，各种技术指标应符合有关标准规定。瓷砖表面光洁，质地坚固，尺寸色泽一致。不得有暗痕和裂缝，其性能指标应符合现行国家标准的规定，吸水率小于10%。

瓷砖的质量检查方法：①看：在较强光线下从侧面仔细观看表面的反光，以表面没有或有较少细小砂岩和麻点的最好。②拼：将4块砖拼在一起，尺寸大小一致，边锋小而直的为好，翘曲严重的会影响瓷砖的牢固；③摸：釉面光滑，干净的为好；4)敲：好的瓷砖声音清脆，不好的声音沉闷。

(2)黏结材料：胶泥、强度等级为42.5级的普通硅酸盐水泥、白水泥、砂及中砂，并应用窗纱过筛；其他材料，如石灰膏、108胶等。

(二)机具准备

瓷砖切割机、开孔机、胡桃钳、小灰铲、皮榔头、泥桶、抹子、水平尺、靠尺板、尼龙线、量尺、墨斗、大小水桶、手推车、扫帚等。

(三)作业条件

施工时,必须做好墙面基层处理,浇水充分湿润。在抹底层灰时,根据不同基体采取分层分遍抹灰方法,并严格按配合比计量,掌握适宜的砂浆稠度,按比例加界面剂胶,使各灰层之间黏接牢固。注意及时洒水养护;冬期施工时,应做好防冻保温措施,以确保砂浆不受冻,要求室内温度不得低于5℃,并且寒冷天气不得施工。防止空鼓、脱落和裂缝。应加强对基层打底工作的检查,合格后方可进行下道工序。施工前认真按照图纸尺寸,核对结构施工的实际情况,分段分块弹线,排砖要细,贴灰饼控制点要符合要求。

(1)做好墙面防水层、保护层和地面防水层、混凝土垫层。

(2)安装好门窗框扇,处理好隐蔽部位的防腐、填嵌,并用1∶3水泥砂浆将门窗框、洞口缝隙塞严实,铝合金、塑料门窗、不锈钢门等框边缝所用嵌塞材料及密封材料应符合设计要求,且应塞堵密实,并事先粘贴好保护膜。

(3)脸盆架、镜卡、管卡、水箱、煤气等应埋设好防腐木砖,位置要正确。

(4)按面砖的尺寸、颜色进行选砖,并分类存放备用。

(5)统一弹出墙面上+50cm水平线,大面积施工前应先放大样,并做出样板墙,确定施工工艺及操作要点。样板墙完成后除必须经质检部门鉴定合格外,还要经过设计、甲方和施工单位共同认定验收,方可组织班组按照样板墙壁要求施工。

(6)安装完系统管、线、盒等并经过验收。

三、组织施工

(一)内墙瓷砖粘贴施工工艺流程

基层处理→抹底子灰→选砖→排砖弹线→贴标准点→垫底尺→镶贴→擦缝。

(二)内墙瓷砖粘贴施工控制要点

(1)基层处理。基层表面要求达到净、干、平、实。如果是光滑基层应进行凿毛处理;基层表面砂浆、灰尘及油渍等,应用钢丝刷或清洗剂清洗干净;基层表面凹凸明显的部位,要事先剔平或用水泥砂浆补平。

(2)抹底子灰。抹底子灰应分层进行,第一遍厚度为5mm,抹后扫毛,待六七成干时再抹第二遍,厚度为8～12mm,然后用木杠刮平,木抹搓毛,终凝后浇水养护。

(3)选砖。根据设计要求,对面砖进行分选,先按颜色分选一遍,再用自制套模对面砖大小、厚薄进行分选和归类。

(4)排砖弹线。待底层灰六七成干时,按图纸设计图案要求,结合瓷砖规格进行排砖、弹线。先量出镶贴瓷砖的尺寸,在墙面从上往下弹出若干条水平线,控制水平排数,再按整块瓷砖的尺寸弹出竖直方向的控制线。弹线时要考虑接缝宽度应符合设计要求,并注意水平方向和垂直方向的砖缝一致。

(5)贴标准点。正式镶贴前,用混合砂浆将废瓷砖按粘贴厚度粘贴在基层上作标志块,用托线板上下挂直,横向拉通,用以控制整个镶贴瓷砖表面的平整度。

(6)垫底尺。垫底尺时,应计算好最下一皮砖下口标高,底尺上皮一般比地面低1cm

左右，以此为依据放好底尺，要求水平、安稳。

(7)镶贴。瓷砖应自下向上镶贴.砖接缝宽度一般为1～1.5mm，横竖缝宽一致，或按设计要求确定缝宽。砖背面粘贴层应满抹灰浆，厚度为5mm，四周刮成斜面，砖就位固定后，用橡皮锤轻击砖面，使之压实与邻面齐平，镶贴5～10块后，用靠尺板检查表面平整度及缝隙的宽窄，若缝隙出现不均，应用灰匙子拔缝。阴阳角拼缝，除用塑料和陶瓷的阴阳角条解决拼缝外，也可用切割机将釉面砖边沿切成45°斜角，保证阳角处接缝平直、密实。

(8)擦缝。瓷砖镶贴完毕，自检无空鼓、不平、不直后，用棉丝擦净。然后把白水泥加水调成糊状，用长毛刷蘸白水泥浆在墙砖缝上刷，待水泥浆变稠，用布将缝里的素浆擦匀，砖面擦净。

四、组织验收

(一)验收规范

1. 主控项目

(1)饰面砖的品种、规格、图案、颜色和性能应符合设计要求。

检验方法：观察；检查产品合格证书、进场验收记录、性能检测报告和复验报告。

(2)饰面砖粘贴工程的找平、防水、黏结和勾缝材料及施工方法应符合设计要求及国家现行产品标准和工程技术标准的规定。

检验方法：检查产品合格证书、复验报告和隐蔽工程验收记录。

(3)饰面砖粘贴必须牢固。

检验方法：检查样板件黏结强度检测报告和施工记录。

(4)满粘法施工的饰面砖工程应无空鼓、裂缝。

检验方法：观察；用小锤轻击检查。

2. 一般控制项目

(1)饰面砖表面应平整、洁净、色泽一致，无裂痕和缺损。

检验方法：观察。

(2)阴阳角处的搭接方式、非整砖使用部位应符合设计要求。

检验方法：观察。

(3)墙面突出物周围的饰面砖应整砖套割吻合，边缘应整齐。墙裙、贴脸突出墙面的厚度应一致。

检验方法：观察；尺量检查。

(4)饰面砖接缝应平直、光滑，填嵌应连续、密实；宽度和深度应符合设计要求。

检验方法：观察；尺量检查。

(5)有排水要求的部位应做滴水线(槽)。滴水线(槽)应顺直，流水坡向应正确，坡度应符合设计要求。

(6)饰面砖粘贴的允许偏差和检验方法应符合表3-2-1的规定。

表 3-2-1　饰面砖粘贴的允许偏差和检验方法

项次	项目	允许偏差/mm		检验方法
		外墙面砖	内墙面砖	
1	立面垂直度	3	2	用 2m 垂直检测尺检查
2	表面平整度	4	3	用 2m 靠尺和塞尺检查
3	阴阳角方正	3	3	用 200nm 直角检测尺检查
4	接缝直线度	3	2	拉 5m 线，不足 5m 拉通线，用钢直尺检查
5	接缝高低差	1	1	用钢直尺和塞尺检查
6	接缝宽度	1	1	用钢直尺检查

(二)常见的质量问题与预控

1. 内墙砖墙在起鼓、局部面砖脱落

(1)产生原因：

①基层干燥，浇水润湿不够，使得水泥砂浆失水太快，造成釉面砖与砂浆黏结力低；水泥砂浆或胶黏剂涂刷时间过长，泥浆风干，不起黏结作用。

②基层不平整，使镶贴时砂浆厚薄不匀，砂浆收缩应力不一致。

③釉面砖施工前未浸水湿润，干燥的砖将水泥砂浆中的水分很快吸走，造成砂浆脱水，影响了凝结硬化。或浸泡后未晾干，镶贴后产生浮动下坠。

④基层或釉面砖施工前未清除砖浮土，砖与黏合剂没有结合。

⑤施工时砂浆不饱满形成空鼓。或砂浆过厚，操作中敲打过重，使砂浆沉入，水分上浮，减弱了砂浆黏结力。

⑥砂浆凝固后移动釉面砖纠偏。

(2)处理措施：

①按规定处理基层，浇水湿润墙面。

②釉面砖铺设前除去表面浮土，浸水湿润，放置阴干。

③镶贴时随时随地纠偏，严禁砂浆收水后再纠偏。

④镶贴时，每块釉面砖抹灰均匀、适量，粘贴后不宜多敲。

2. 墙砖裂缝

(1)产生原因：

①釉面砖质量不好，材质松脆、吸水率大，因受潮膨胀，使砖的釉矾产生裂纹。

②使用水泥浆加 108 胶时，抹灰过厚，水泥凝固收缩引起釉面砖变形、开裂。

③釉面砖在运输或操作过程中产生隐伤而裂缝。

④寒冷地区贴于无采暖等处的釉面砖受浆融影响。

(2)处理措施:

①选择质量好的釉面砖,背面材质细密,且吸水率小于18%。

②粘贴前用水浸泡釉面砖,将有隐伤的挑出。

③施工中不要用力敲击砖面,防止产生隐伤。

④水泥砂浆不可过厚或过薄。

3. 表面不平,接缝不直

(1)产生原因:

①釉面砖质量不高,尺寸误差大,挑选釉面砖尺寸时把关不严。

②施工时,挂线贴灰饼、排砖规矩。

③粘贴操作不当。

(2)处理措施:

①购买质量好的釉面砖。施工前按釉面砖标准制作木框进行选砖,将标准尺寸、大于标准尺寸、小于标准尺寸三类分开,同一类砖用在一面墙上。

②认真做好贴灰饼、找标准的工作,并进行釉面砖预排。

③每贴好一行釉面砖,及时用靠尺板校正、找平。避免在砂浆收水后再纠偏移动。

五、验收成果

内墙饰面砖粘贴检验批质量验收记录

单位(子单位)工程名称		分部(子分部)工程名称	建筑装饰装修分部——饰面砖子分部	分项工程名称	内墙饰面砖粘贴分项
施工单位		项目负责人		检验批容量	
分包单位		分包单位项目负责人		检验批部位	
施工依据	住宅装饰装修工程施工规范(GB 50327—2001)		验收依据	《建筑装饰装修工程质量验收标准》(GB 50210—2018)	

验收项目			设计要求及规范规定	最小/实际抽样数量	检查记录	检查结果
主控项目	1	饰面砖品种、规格、质量	第8.3.2条	/	质量证明文件齐全,通过进场验收	√
	2	饰面砖粘贴材料	第8.3.3条	/	质量证明文件齐全,通过进场验收	√
	3	饰面砖粘贴	第8.3.4条	/	抽查处,合格处	√
	4	满粘法施工	第8.3.5条	/	抽查处,合格处	√

续表

<table>
<tr><th colspan="4">验收项目</th><th>设计要求及规范规定</th><th>最小/实际抽样数量</th><th>检查记录</th><th>检查结果</th></tr>
<tr><td rowspan="11">一般项目</td><td>1</td><td colspan="2">饰面砖表面质量</td><td>第 8.3.6 条</td><td>/</td><td>抽查处,合格处</td><td>√</td></tr>
<tr><td>2</td><td colspan="2">阴阳角及非整砖</td><td>第 8.3.7 条</td><td>/</td><td>抽查处,合格处</td><td>√</td></tr>
<tr><td>3</td><td colspan="2">墙面突出物周围</td><td>第 8.3.8 条</td><td>/</td><td>抽查处,合格处</td><td>√</td></tr>
<tr><td>4</td><td colspan="2">饰面砖接缝、填嵌、宽深</td><td>第 8.3.9 条</td><td>/</td><td>抽查处,合格处</td><td>√</td></tr>
<tr><td>5</td><td colspan="2">滴水线(槽)</td><td>第 8.3.10 条</td><td>/</td><td>抽查处,合格处</td><td>√</td></tr>
<tr><td rowspan="6">6</td><td rowspan="6">粘贴允许偏差</td><td>立面垂直度</td><td>2</td><td>/</td><td>抽查处,合格处</td><td>√</td></tr>
<tr><td>表面平整度</td><td>3</td><td>/</td><td>抽查处,合格处</td><td>√</td></tr>
<tr><td>阴阳角方正</td><td>3</td><td>/</td><td>抽查处,合格处</td><td>√</td></tr>
<tr><td>接缝直线度</td><td>2</td><td>/</td><td>抽查处,合格处</td><td>√</td></tr>
<tr><td>接缝高低差</td><td>0.5</td><td>/</td><td>抽查处,合格处</td><td>√</td></tr>
<tr><td>接缝宽度</td><td>1</td><td>/</td><td>抽查处,合格处</td><td>√</td></tr>
<tr><td colspan="4">施工单位
检查结果</td><td colspan="4">主控项目全部合格,一般项目满足规范规定要求;检查评定合格
专业工长:
项目专业质量检查员:
年 月 日</td></tr>
<tr><td colspan="4">监理单位
验收结论</td><td colspan="4">专业监理工程师:
年 月 日</td></tr>
</table>

六、实践项目成绩评定

序号	项目	技术及质量要求	实测记录	项目分配	得分
1	工具准备			10	
2	基层处理			10	
3	施工工艺流程			15	
4	验收工具的使用			10	
5	施工质量			35	
6	文明施工与安全施工			15	
7	完成任务时间			5	
8	合计			100	

任务3　外墙墙砖镶贴施工

陶瓷马赛克的成品按不同图案贴在纸上。用它拼成的图案形似织锦，其原材料为优质瓷土。陶瓷马赛克饰面基本构造如图 3-3-1 所示。

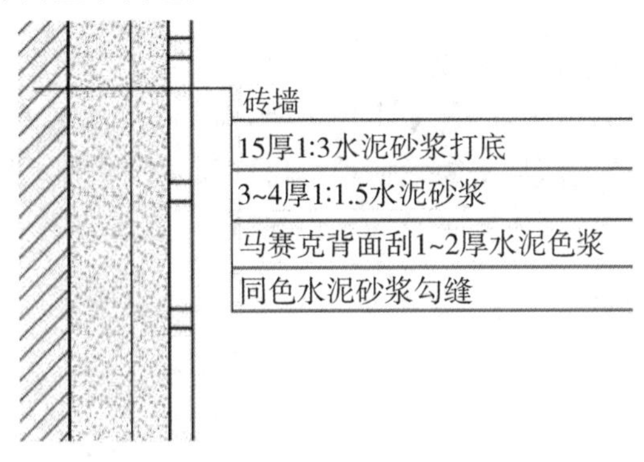

图 3-3-1　外墙墙砖饰面构造

一、施工任务

某小区建筑外墙面采用 9mm 厚 1∶2 建筑水泥胶粘贴 100mm×300mm×10mm 的墙面砖，白水泥浆擦缝，请根据工程实际情况组织施工，并完成相关报验工作。

二、施工准备

(一)材料准备

(1)外墙瓷砖：质地坚硬，色泽多样。为保证接缝平直，镶贴前要逐张对其尺寸、颜色、完整性进行挑选。

(2)建筑水泥胶

(3)水泥：使用 42.5 级或 42.5 级以上的普通硅酸盐水泥，存放时间超过使用期限的水泥不能使用。当采用白色或外墙瓷砖时，应采用白水泥。

(4)砂：粗砂或中砂，含泥量少于 3%，使用前应过筛。

(5)石灰膏：使用前一个月将生石灰焖淋，经过 3mm 孔径筛选，石灰膏内部不应含未熟化的颗粒及杂质。

(二)机具准备

瓷砖切割机、开孔机、胡桃钳、小灰铲、皮榔头、泥桶、抹子、水平尺、靠尺板、尼龙线、量尺、墨斗、大小水桶、手推车、扫帚等。

(三)作业条件

(1)外架子(高层多用吊篮或吊架)应提前支搭和安设好,多层房屋最好选用双排架子,其横、竖杆及拉杆等应离开墙面和门窗口角150～200mm。架子的步高和支搭要符合施工要求和安全操作规程。

(2)阳台栏杆、预留孔洞及排水管等应处理完毕,门窗框扇要固定好,并用1∶3水泥砂浆将缝隙堵塞严实,塑钢窗、铝合金门窗框边缝所用嵌塞材料应符合设计要求,且应塞堵密实,并事先粘贴好保护膜。

(3)墙面基层清理干净,脚手眼、窗台、窗套等事先堵砌好。

(4)按面砖的尺寸、颜色进行选砖,并分类存放备用。

(5)大面积施工前应先放大样,并做出样板墙,确定施工工艺及操作要点,并向施工人员做好交底工作。样板墙完成后必须经监理单位代表和技术人员鉴定合格,共同认定,方可组织班组按照样板墙要求施工。

三、组织施工

(一)施工工艺流程

基层处理→抹底子灰→弹线分格、排砖→浸砖→贴标准点→镶贴面砖→勾缝→清理表面。

(二)施工质量控制要点

(1)基层处理。基层为砖墙,应清理干净墙面上残存的废余砂浆块、灰尘、油污等,并提前一天浇水湿润;基层为混凝土墙,应剔凿胀模的地方,清洗油污。太光滑的墙面要凿毛,或刷界面处理剂。

(2)抹底子灰。先刷一遍素水泥浆,紧跟分遍抹底层砂浆(常温下采用配合比为1∶0.5∶4水泥石灰膏混合砂浆,也可用1∶3水泥砂浆)。第一遍厚度宜为5mm,抹后用扫帚扫毛;待第一遍六七成干时,即可抹第二遍,厚度为8～12mm,随即用木杠刮平,木抹搓毛,终凝后浇水养护。

(3)弹线分格、排砖。待基层砂浆完成终凝且具有强度后,即可根据饰面砖的尺寸和镶贴面积在找平层上进行分段、分格、排砖和弹线。其要求是在同一面墙上饰面砖横、竖排列不能出现一行以上的非整砖,如果确实不能摆开,非整砖只能排在不醒目处。排砖时,遇有突出的管线,要用整砖套割吻合,不能用碎砖片进行拼凑。

(4)浸砖。外墙面砖镶贴前,首先要将面砖清扫干净,放入净水中浸泡2h以上,取出待表面晾干或擦干净后方可使用。

(5)贴标准点。为保证贴砖的质量,镶贴砖前用废面砖片在找平层上贴几个点,然后按废面砖砖面拉线,或用靠尺作为镶贴面砖的标准点。标准点设距以1.5m×1.5m或2.0m×2.0m为宜。贴砖时贴到标准点处将废面砖敲碎拿掉即可。

(6)镶贴面砖。外墙饰面砖镶贴应自上而下顺序进行,并先贴墙柱后贴墙面再贴窗间墙。铺贴用砂浆与内墙要求相同。镶贴时,先按水平线垫平八字尺或直靠尺,再在面砖背面满铺黏结砂浆，粘贴层厚度宜为4～8mm。镶贴后，用小铲柄轻轻敲击，使之与基层粘牢，并随时用直尺找平找方，贴完一行后，需将面砖上的灰浆刮净。对于有设缝要求的饰面，可按设计规定的砖缝宽度制备小十字架，临时卡在每四块砖相邻的十字缝间，以保证缝隙精确；单元式的横缝或竖缝，则可用分隔条；一般情况下只需挂线贴砖。

(7)勾缝。饰面砖镶贴完成后，用刷子扫除表面灰尘，将横竖缝划出来，宽缝一般为8mm以上，用1∶1水泥砂浆勾缝，先勾水平缝再勾竖缝，勾好后要求凹进面砖外表面2～3mm。若横竖缝为干挤缝，或小于3mm者，应用白水泥配颜料进行擦缝处理。

(8)清理表面。勾缝后马上用棉丝擦净砖面，必要时用稀盐酸擦洗后用水冲洗干净。

四、组织验收

(一)主控项目

(1)饰面砖的品种、规格、图案、颜色和性能应符合设计要求。

(2)饰面砖粘贴工程的找平、防水、黏接和勾缝材料及施工方法应符合设计要求及国家现行产品标准和工程技术标准的规定。

(3)饰面砖粘贴必须牢固。

(4)粘贴法施工的饰面砖工程应无空鼓、裂缝。

(二)一般项目

(1)饰面砖表面应平整、洁净，色泽一致，无裂痕和缺损。

(2)阴阳角处搭接方式、非整砖使用部位应符合设计要求。

(3)墙面突出物周围的饰面砖应整砖套割吻合，边缘应整齐吻合。

(4)饰面砖接缝应平直、光滑，填嵌应连续、密实，宽度和深度应符合设计要求。

(5)有排水要求的部位应做滴水线(槽)。滴水线(槽)应顺直，流水坡向应正确，坡度应符合设计要求。

(6)饰面砖粘贴的允许偏差和检验方法应符合表3-3-1所列的规定。

表3-3-1 外墙饰面砖粘贴的允许偏差和检验方法

项次	项目	允许偏差/mm	检验方法
1	立面垂直度	3	用2m垂直检测尺检查
2	表面垂直度	4	用2m靠尺和塞尺检查
3	阴阳角方正	3	用直角检测尺检查
4	接缝直线度	3	拉5m线，不足5m拉通线，用钢直尺检查
5	接缝高低差	1	用钢直尺和寨尺检查
6	接缝宽度	1	用钢直尺检查

(三)常见的质量问题与预控

1. 空鼓、脱落

(1)因冬季气温低，砂浆受冻，到来年春天化冻后容易发生脱落。因此在进行室外贴面砖施工时应保持常温，尽量不在冬季施工。

(2)基层表面偏差较大，基层处理或施工不当，如每层抹灰跟得太紧，面砖勾缝不严，又没有洒水养护，各层之间的黏结强度很差，面层就容易产生空鼓、脱落。

(3)砂浆配合比不准，稠度控制不好，砂子含泥量过大，在同一施工面上采用几种不同配合比的砂浆，因而产生不同的干缩，亦会空鼓。应在贴面砖砂浆中加适量 18 胶，增强黏结，严格按工艺操作，重视基层处理和自检工作，要逐块检查，发现空鼓的应随即返工重做。

2. 墙面不平

这主要原因是结构施工期间，几何尺寸控制不好，造成外墙面垂直、平整偏差大，而装修前对基层处理又不够认真。应加强对基层打底工作的检查，合格后方可进入下道工序。

3. 分格缝不匀、不直

这主要原因是施工前没有认真按照图纸尺寸核对结构施工的实际情况，加上分段弹线、排砖不细、贴灰饼控制点少，以及面砖规格尺寸偏差大、施工中选砖不细、操作不当等造成的。

4. 墙面脏

这主要原因是勾缝后没有及时擦净砂浆以及其他工种污染所致。可用棉丝蘸稀盐酸加 20%水刷洗，然后用自来水冲净。同时应加强成品保护。

五、验收成果

外墙饰面砖粘贴检验批质量验收记录

单位(子单位)工程名称		分部(子分部)工程名称	建筑装饰装修分部——饰面砖子分部	分项工程名称	外墙饰面砖粘贴分项
施工单位		项目负责人		检验批容量	
分包单位		分包单位项目负责人		检验批部位	
施工依据	《住宅装饰装修工程施工规范》(GB 50327—2001)		验收依据	《建筑装饰装修工程质量验收标准》(GB 50210—2018)	

验收项目			设计要求及规范规定	最小/实际抽样数量	检查记录	检查结果
主控项目	1	饰面砖品种、规格、质量	第 8.3.2 条	/	质量证明文件齐全，通过进场验收	√
	2	饰面砖粘贴材料	第 8.3.3 条	/	质量证明文件齐全，通过进场验收	√
	3	饰面砖粘贴	第 8.3.4 条	/	抽查处，合格处	√
	4	满粘法施工	第 8.3.5 条	/	抽查处，合格处	√

续表

<table>
<tr><th colspan="4">验收项目</th><th>设计要求及规范规定</th><th>最小/实际抽样数量</th><th>检查记录</th><th>检查结果</th></tr>
<tr><td rowspan="11">一般项目</td><td>1</td><td colspan="2">饰面砖表面质量</td><td>第 8.3.6 条</td><td>/</td><td>抽查处,合格处</td><td>√</td></tr>
<tr><td>2</td><td colspan="2">阴阳角及非整砖</td><td>第 8.3.7 条</td><td>/</td><td>抽查处,合格处</td><td>√</td></tr>
<tr><td>3</td><td colspan="2">墙面突出物周围</td><td>第 8.3.8 条</td><td>/</td><td>抽查处,合格处</td><td>√</td></tr>
<tr><td>4</td><td colspan="2">饰面砖接缝、填嵌、宽深</td><td>第 8.3.9 条</td><td>/</td><td>抽查处,合格处</td><td>√</td></tr>
<tr><td>5</td><td colspan="2">滴水线(槽)</td><td>第 8.3.10 条</td><td>/</td><td>抽查处,合格处</td><td>√</td></tr>
<tr><td rowspan="6">6</td><td rowspan="6">粘贴允许偏差</td><td>立面垂直度</td><td>3</td><td>/</td><td>抽查处,合格处</td><td>√</td></tr>
<tr><td>表面平整度</td><td>4</td><td>/</td><td>抽查处,合格处</td><td>√</td></tr>
<tr><td>阴阳角方正</td><td>3</td><td>/</td><td>抽查处,合格处</td><td>√</td></tr>
<tr><td>接缝直线度</td><td>3</td><td>/</td><td>抽查处,合格处</td><td>√</td></tr>
<tr><td>接缝高低差</td><td>1</td><td>/</td><td>抽查处,合格处</td><td>√</td></tr>
<tr><td>接缝宽度</td><td>1</td><td>/</td><td>抽查处,合格处</td><td>√</td></tr>
<tr><td colspan="4">施工单位
检查结果</td><td colspan="4">主控项目全部合格,一般项目满足规范规定要求;检查评定合格
专业工长:
项目专业质量检查员:
年　月　日</td></tr>
<tr><td colspan="4">监理单位
验收结论</td><td colspan="4">专业监理工程师:
年　月　日</td></tr>
</table>

六、实践项目成绩评定

序号	项目	技术及质量要求	实测记录	项目分配	得分
1	工具准备			10	
2	基层处理			10	
3	施工工艺流程			15	
4	验收工具的使用			10	
5	施工质量			35	
6	文明施工与安全施工			15	
7	完成任务时间			5	
8	合计			100	

任务 4 石材干挂饰面施工

石材贴挂饰面是指用钢筋网、镀锌钢制锚固件将预先制作好的大规格天然石材板块或人造石板块挂贴固定于墙面的饰面工程。石材贴挂饰面的施工方法主要有湿挂法、干挂法等。

湿挂法是指先在建筑基体上固定好石材板后，再在板材饰面的背面与基层表面所形成的空腔内灌注水泥砂浆或水泥石屑浆，将天然石板整体固定牢固的施工方法。石材湿挂的构造做法如图 3-4-1 所示。

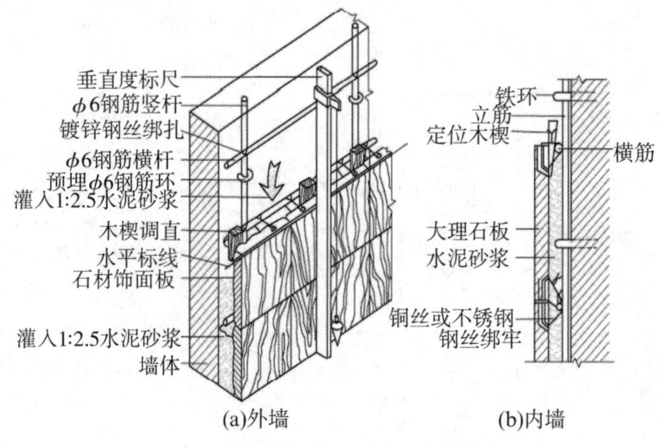

图 3-4-1 石材湿挂构造

干挂法是指通过墙体施工时预埋铁件或金属膨胀螺栓固定不锈钢连接扣件，再用扣件（挂件）钩挂固定已开孔（槽）的饰面板的做法。石材干挂的构造做法如图 3-4-2 所示。

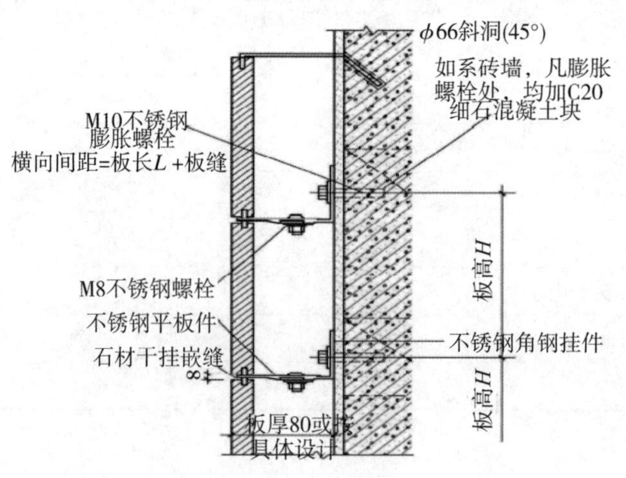

图 3-4-2 石材干挂构造（单位：mm）

一、施工任务

某建筑大厅墙柱采用600mm×600mm×25mm天然大理石进行装饰施工，干挂龙骨采用槽钢做主龙骨+角钢做次龙骨，请根据工程实际情况组织施工，并完成相关报验工作。

二、施工准备

(一)材料准备

大理石饰面板：天然大理石质地均匀细密，硬度较花岗石小，耐磨、耐酸碱、耐腐蚀、不变形；颜色、花纹多样，色泽艳丽，易于裁割和磨光。经加工的大理石制品（大理石平板及装饰线脚）表面光洁如镜、棱角整齐。

(二)机具准备

台钻、无齿切割锯、冲击钻、手枪钻、力矩扳手、开口扳手、嵌缝枪、专用手推车、长卷尺、盒尺、锤子、各种形状的钢凿子、靠尺、铝制水平尺、方尺、多用刀、剪子、勾缝溜子、铅丝、弹线用的粉线民、墨斗、小白线、笤帚、铁锹、开刀、灰槽、灰桶、工具袋、手套、红铅笔等。

(三)作业条件

(1)检查石材的质量及各方性能是否符合设计要求。

(2)搭架子，做隐检。

(3)水电设备及其他预留件已安装完。

(4)门窗工程已完毕。

(5)对参施人员做技术交底。

三、组织施工

(一)干挂法施工工艺流程

基层处理→选板预排→弹线→打孔或开槽→安装支架→饰面板安装→嵌缝→清理。

(二)干挂法施工质量控制要点

(1)基层处理。干挂石板工程的混凝土墙体表面若有影响板材安装的凸出部位，应予凿削修整，墙面平整度一般控制在4mm，墙面垂直偏差控制在$H/1000$或20mm以内，必要时做出灰饼标志以控制板块安装的平整度。

(2)选板预排。对照分块图、节点图检查复核所需板的几何尺寸，并按误差大小分类。同时，检查外观，淘汰不合格产品。然后，可对一片墙或柱的饰面石材进行试拼。试拼的过程是一个“创作”的过程，应注意对花纹进行拼接，对色彩深浅微差进行协调、合理组合，尽可能达到理想的效果。试拼好以后，在每块板的背面编号，便于安装时对号入座而不易出差错。

(3)弹线。在墙面上吊垂线及拉水平线，控制饰面的垂直度、水平度，根据设计要求和施工放样图弹出安装板块的位置线和分块线，最好用经纬仪打出大角两个面的竖向控制线，确保顺利安装。弹线必须准确，一般由墙中心向两边弹放，使墙面误差均匀地分布在板缝中。

(4)打孔、开槽。根据设计尺寸在板块上下端面钻孔，孔径为7mm或8mm，孔深为22～33mm，与所用不锈钢销的尺寸相适应并加适当空隙余量，打孔的平面应与钻头垂直，钻孔位置要准确无误；采用板销固定石材时，可使用手磨机开出槽位。孔槽部位的石屑和尘埃应用气动枪清理干净。

(5)安装支架。饰面板支架和可调节挂件的螺杆、螺母均采用不锈钢机械加工制作。按弹线位置在基层上打孔用M10胀管螺栓固定支架，用特制扳手拧紧。每安装一排支架后，用经纬仪观测调平调直。

(6)饰面板安装。利用托架、垫楔或其他方法将底层石板准确就位并用夹具作临时固定，用环氧树脂类结构胶黏剂灌入下排板块上端的孔眼或开槽，插入 $\phi \geqslant 5$mm 的不锈钢钢销或厚度≥3mm的不锈钢挂件插舌，再于上排板材的下孔、槽内注入胶黏剂后对准不锈钢销或不锈钢舌板插入，然后调整面板的水平和垂直度，校正板块，拧紧调节螺栓。这样，自下而上逐排操作，直至完成石板干挂饰面。对于较大规格的重型板材安装，除采用此法安装外，还需在板块中部端面开槽加设承托扣件，进一步支承板材的自重，以确保安全。

(7)嵌缝。外墙面有用干挂法挂贴饰面板，饰面板之间一般都留缝，竖缝宽为10mm，水平缝宽为20mm。整面墙完工后，用密封胶作防水处理。每隔3～4条竖缝在最下部留一小孔作为排水口。

(8)清理。嵌缝后，将饰面板表面多余的密封胶及时清除干净，并打蜡。

四、组织验收

(一)验收规范

1. 主控项目

(1)石板的品种、规格、颜色和性能应符合设计要求及国家现行标准的有关规定。

检验方法：观察；检查产品合格证书、进场验收记录、性能检验报告和复验报告。

(2)石板孔、槽的数量、位置和尺寸应符合设计要求。

检验方法：检查进场验收记录和施工记录。

(3)石板安装工程的预埋件(或后置埋件)、连接件的材质、数量、规格、位置、连接方法和防腐处理应符合设计要求。后置埋件的现场拉拔力应符合设计要求。石板安装应牢固。

检验方法：手扳检查；检查进场验收记录、现场拉拔检验报告、隐蔽工程验收记录和施工记录。

(4)采用满粘法施工的石板工程，石板与基层之间的黏结料应饱满、无空鼓。石板黏结应牢固。

检验方法：用小锤轻击检查；检查施工记录；检查外墙石板黏结强度检验报告。

2. 一般项目

(1)石板表面应平整、洁净、色泽一致，应无裂痕和缺损。石板表面应无泛碱等污染。

检验方法：观察。

(2)石板填缝应密实、平直，宽度和深度应符合设计要求，填缝材料色泽应一致。

检验方法：观察；尺量检查。

(3)采用湿作业法施工的石板安装工程，石板应进行防碱封闭处理。石板与基体之间的灌注材料应饱满、密实。

检验方法：用小锤轻击检查；检查施工记录。

(4)石板上的孔洞应套割吻合，边缘应整齐。

检验方法：观察。

(5)石板安装的允许偏差和检验方法应符合表 3-4-1 的规定。

表 3-4-1　石板安装的允许偏差和检验方法

<table>
<tr><th rowspan="2">项次</th><th rowspan="2">项目</th><th colspan="3">允许偏差/mm</th><th rowspan="2">检验方法</th></tr>
<tr><th>光面</th><th>剁斧石</th><th>蘑菇石</th></tr>
<tr><td>1</td><td>立面垂直度</td><td>2</td><td>3</td><td>3</td><td>用 2m 垂直检测尺检查</td></tr>
<tr><td>2</td><td>表面平整度</td><td>2</td><td>3</td><td>—</td><td>用 2m 靠尺和塞尺检查</td></tr>
<tr><td>3</td><td>阴阳角方正</td><td>2</td><td>4</td><td>4</td><td>用 200mm 直角检测尺检查</td></tr>
<tr><td>4</td><td>接缝直线度</td><td>2</td><td>4</td><td>4</td><td rowspan="2">拉 5m 线，不足 5m 拉通线，用钢直尺检查</td></tr>
<tr><td>5</td><td>墙裙、勒脚上口直线度</td><td>2</td><td>3</td><td>3</td></tr>
<tr><td>6</td><td>接缝高低差</td><td>1</td><td>3</td><td>—</td><td>用钢直尺和塞尺检查</td></tr>
<tr><td>7</td><td>接缝宽度</td><td>1</td><td>2</td><td>2</td><td>用钢直尺检查</td></tr>
</table>

(二)常见的质量问题与预控

1. 墙面钢架预埋件固定不牢

(1)问题分析：预埋件固定位置离墙角过近，膨胀螺栓直接打在墙体抹灰层上导致墙角破坏。

(2)预防措施：提前检查墙体抹灰层厚度，遇到墙体阳角处。施工员需注意交底，要求预埋件边缘距离墙角保持一定的距离。

2. 墙面钢架焊接不符合规范

(1)问题分析：项目交底不到位，钢架点焊，未满焊，焊渣未清理，未刷防锈漆。

(2)预防措施：施工前对班组详细交底，钢架焊接应先点焊再满焊，防止变形，刷防锈漆前焊渣需清理干净，抢工项目禁止满焊结束立刻涂刷防锈漆，需冷却后再涂刷。

3. 墙面开槽直接预埋挂件，无钢架基层

(1)问题分析：施工班组偷工减料，违规施工，项目部监管不严。

(2)预防措施：严令禁止此类施工方案，项目部加大监管力度，严格按照规范施工，杜绝隐患。

4. 干挂件使用云石胶固定

(1)问题分析:项目部监管不严,未及时交底,施工班组抢进度,云石胶具脆性,后期易脱落。

(2)预防措施:使用AB胶安装固定石材,严格控制配比1∶1,云石胶仅作为临时固定用。

5. 干挂件与钢架焊接固定

(1)问题分析:施工现场缺乏管控,挂件焊接固定降低其承载强度,易失稳脱落。

(2)预防措施:挂件与钢架必须使用螺栓连接,同时配垫片及弹簧垫圈。

6. 挂件安装未加弹簧垫圈

(1)问题分析:干挂件仅用螺帽固定易导致挂件固定不牢,影响板面变形。

(2)预防措施:挂件与钢架必须使用螺栓连接,同时配垫片及弹簧垫圈。

7. 湿区干挂件锈蚀

(1)问题分析:干挂件一般由石材安装班组采购,为节省成本,班组采购非标产品。

(2)预防措施:禁止使用焊接型非标挂件,湿区干挂件必须使用304不锈钢,沿海地区干挂件使用316不锈钢

五、石材安装验收成果

石材安装检验批质量验收记录

<table>
<tr><td colspan="2">单位(子单位)
工程名称</td><td></td><td>分部(子分部)
工程名称</td><td colspan="2">建筑装饰装修分部
——饰面板子分部</td><td>分项工程
名称</td><td colspan="2">石板安装分项</td></tr>
<tr><td colspan="2">施工单位</td><td></td><td>项目负责人</td><td colspan="2"></td><td>检验批容量</td><td colspan="2"></td></tr>
<tr><td colspan="2">分包单位</td><td></td><td>分包单位
项目负责人</td><td colspan="2"></td><td>检验批部位</td><td colspan="2"></td></tr>
<tr><td colspan="2">施工依据</td><td colspan="2">《住宅装饰装修工程施工规范》
(GB 50327—2001)</td><td colspan="2">验收依据</td><td colspan="3">《建筑装饰装修工程质量验收标准》
(GB 50210—2018)</td></tr>
<tr><td colspan="3">验收项目</td><td colspan="2">设计要求及规范规定</td><td>最小/实际
抽样数量</td><td colspan="2">检查记录</td><td>检查
结果</td></tr>
<tr><td rowspan="3">主控项目</td><td>1</td><td>饰面板品种、规格、质量</td><td colspan="2">第8.2.2条</td><td>/</td><td colspan="2"></td><td></td></tr>
<tr><td>2</td><td>饰面板孔、槽、位置、尺寸</td><td colspan="2">第8.2.3条</td><td>/</td><td colspan="2"></td><td></td></tr>
<tr><td>3</td><td>饰面板安装</td><td colspan="2">第8.2.4条</td><td>/</td><td colspan="2"></td><td></td></tr>
</table>

续表

<table>
<tr><td colspan="3">验收项目</td><td colspan="3">设计要求及规范规定</td><td>最小/实际抽样数量</td><td>检查记录</td><td>检查结果</td></tr>
<tr><td rowspan="15">一般项目</td><td>1</td><td colspan="2">饰面板表面质量</td><td colspan="3">第 8.2.5 条</td><td>/</td><td></td><td></td></tr>
<tr><td>2</td><td colspan="2">饰面板嵌缝</td><td colspan="3">第 8.2.6 条</td><td>/</td><td></td><td></td></tr>
<tr><td>3</td><td colspan="2">湿作业施工</td><td colspan="3">第 8.2.7 条</td><td>/</td><td></td><td></td></tr>
<tr><td>4</td><td colspan="2">饰面板孔洞套割</td><td colspan="3">第 8.2.8 条</td><td>/</td><td></td><td></td></tr>
<tr><td rowspan="10">5</td><td rowspan="10">安装允许偏差</td><td rowspan="3">项目</td><td colspan="3">允许偏差/mm</td><td rowspan="3">最小/实际抽样数量</td><td rowspan="3">检查记录</td><td rowspan="3">检查结果</td></tr>
<tr><td colspan="3">石材</td></tr>
<tr><td>光面</td><td>剁斧石</td><td>蘑菇石</td></tr>
<tr><td>立面垂直度</td><td>2</td><td>3</td><td>3</td><td></td><td></td><td></td></tr>
<tr><td>表面平整度</td><td>2</td><td>3</td><td>—</td><td></td><td></td><td></td></tr>
<tr><td>阴阳角方正</td><td>2</td><td>4</td><td>4</td><td></td><td></td><td></td></tr>
<tr><td>接缝直线度</td><td>2</td><td>4</td><td>4</td><td></td><td></td><td></td></tr>
<tr><td>墙裙勒角上口直线度</td><td>2</td><td>3</td><td>3</td><td></td><td></td><td></td></tr>
<tr><td>接缝高低差</td><td>0.5</td><td>3</td><td>—</td><td></td><td></td><td></td></tr>
<tr><td>接缝宽度</td><td>1</td><td>2</td><td>2</td><td></td><td></td><td></td></tr>
<tr><td colspan="3">施工单位
检查结果</td><td colspan="6">专业工长：
项目专业质量检查员：
年　月　日</td></tr>
<tr><td colspan="3">监理单位
验收结论</td><td colspan="6">专业监理工程师：
年　月　日</td></tr>
</table>

六、实践项目与成绩评定

序号	项目	技术及质量要求	实测记录	项目分配	得分
1	工具准备			10	
2	龙骨安装质量			10	
3	施工工艺流程			15	
4	验收工具的使用			10	
5	施工质量			35	
6	文明施工与安全施工			15	
7	完成任务时间			5	
8	合计			100	

任务5 木质罩面板类饰面工程施工

木质罩面板具有纹理和色泽丰富、接触感好的装饰效果,有薄实木板和人造板等种类,既可做成护墙板,也可做成墙裙。它主要由龙骨及面板两部分组成,多采用方木为固定面板的龙骨,以单层或多层胶合板为面板,并配以各种木线和花饰,再对胶合板表面进行油漆、涂刷、裱糊墙纸等处理。其基本构造如图 3-5-1 所示。

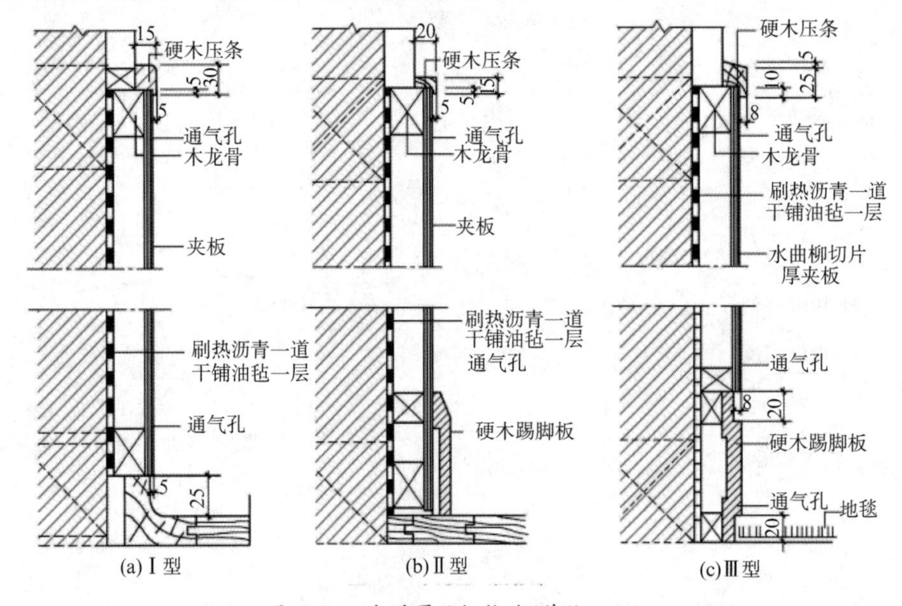

图 3-5-1 木质罩面板构造(单位:mm)

一、施工任务

某小区建筑卫生间墙面采用 9mm 厚 1∶2 建筑胶水泥砂浆粘贴 300mm×600mm×10mm 的墙面砖,白水泥浆擦缝,请根据工程实际情况组织施工,并完成相关报验工作。

二、施工准备

(一)材料准备

(1)木龙骨。木龙骨一般是用杉木或红、白松制成,木龙骨架间距为 400～600mm,具体间距须根据面板规格而定。骨架断面尺寸为(20～45)mm×(40～50)mm,高度及横料长度按设计要求确定,并将大面刨平、刨光。木料含水率不得大于 15%。

(2)饰面板。饰面板的品种、规格和性能应符合建筑装饰设计要求,表面应平整洁净、色泽一致、无裂缝等缺陷。

(3)木装饰线。木装饰线的品种、规格及外形应符合建筑装饰设计要求。从材质上分为硬杂木条、白木条、水曲柳木条、核桃木线、柚木线、桐木线等,长度为2～5m。

(4)胶合剂。胶合剂有白乳胶、脉醛树脂胶或骨胶等。

(二)机具准备

(1)电动工具:小电锯、小台刨、手电钻、电动气泵、冲击钻。

(2)手动工具:木刨、扫槽刨、线刨、锯、斧、锤、螺丝刀摇钻、直钉枪等。

(三)作业条件

(1)混凝土和墙面抹灰完成,基层已按设计要求埋入木砖或木筋,水泥砂浆找平层已抹完并刷冷底子油。

(2)水电及设备,顶墙上预留预埋件已完成。

(3)房间的吊顶分项工程基本完成,并符合设计要求。

(4)房间里的地面分项工程基本完成,并符合设计要求。

(5)对施工人员进行技术交底时,应强调技术措施和质量要求。

(6)调整基层并进行检查,要求基层平整、牢固,垂直度、平整度均符合细木制作验收规范。

三、组织施工

(一)施工工艺流程

弹线分格→检查预埋件→拼装木龙骨架→墙面防潮→固定龙骨→铺钉罩面板→磨光→油漆。

(二)施工质量控制要点

(1)弹线分格。根据设计图、轴线在墙上弹出木龙骨的分挡、分格线。竖向木龙骨的间距应与胶合板等块材的宽度相适应,板缝应在竖向木龙骨上。

(2)检查预埋件。在墙上加木橛或预先砌入木砖。木砖(或木橛)的位置应符合龙骨分挡尺寸。木砖的间距,横竖一般不大于400mm,如木砖位置不适用可补设。

(3)拼装木龙骨架。通常使用25mm×30mm的方木,按分挡加工出凹槽榫,在地面进行拼装,制成木龙骨架。在开凹槽榫之前应先将方木料拼放在一起,刷防腐涂料,待防腐涂料干后,再加工凹槽棒。拼装木龙骨架的方格网规格通常是300mm×300mm或400mm×400mm。对于面积不大的木墙身,可一次拼成木骨架后,安装上墙。对于面积较大的木墙身,可分做几片拼装上墙。

(4)墙面防潮。在木龙骨与墙之间要刷一道热沥青,并干铺一层油毡,以防湿气进入而使木墙裙、木墙面变形。

(5)固定龙骨。立起木龙骨靠在墙面上,用吊垂线或水准尺找垂直度,确保垂直。用水平直线法检查木龙骨架的平整度。待垂直度、平整度都达到要求后,即可用圆钉将木龙骨钉固在木楔上。钉圆钉时应配合校正垂直度和平整度。木龙骨与板的接触面必须表面平整,钉木龙骨时背面要垫实,与墙的连接要牢固。

(6)铺钉罩面板。先在木龙骨上刷胶黏剂,将面板粘在木龙骨上,然后再用射钉枪钉,使面板和木龙骨粘贴牢固。待胶黏剂干后,将小钉拔出。

(7)磨光、油漆。罩面板安装完毕后,应进行全面扩平及严格的质量检查,并对木墙裙进行打磨、批填腻子、刷底漆、磨光滑、涂刷清漆。

四、组织验收

(一)验收规范

1. 主控项目

(1)木饰面板的品种、规格、颜色和性能应符合设计要求及国家现行标准有关规定,木龙骨、木饰面板的燃烧性能等级应符合设计要求。

检验方法:观察;检查产品合格证书、进场验收记录和性能检测报告和复验报告。

(2)木饰面板安装工程的龙骨,连接件的材质、数量、规格、位置、连接方法和防腐处理应符合设计要求。木饰面板安装必须牢固。

检验方法:手扳检查;检查进场验收记录、隐蔽工程验收记录和施工记录。

2. 一般项目

(1)饰面板表面应平整、洁净、色泽一致,应无缺损。

检验方法:观察。

(2)饰面板接缝应平直,宽度应符合设计要求,嵌填材料色泽应一致。

检验方法:观察;尺量检查。

(3)饰面板上的孔洞应套割吻合,边缘应整齐。

检验方法:观察。

(4)木板饰面板安装的允许偏差和检验方法应符合表 3-5-1 的规定。

表 3-5-1 木饰面板安装的允许偏差和检验方法

项次	项目	允许偏差	检验方法
1	立面垂直度	2	用 2m 垂直检测尺检查
2	表面平整度	1	用 2m 靠尺和塞尺检查
3	阴阳角方正	2	用直角检测尺检查
4	接缝直线度	2	拉 5m 线,不足 5m 拉通线,用钢直尺检查
5	墙裙、勒脚上口直线度	2	拉 5m 线,不足 5m 拉通线,用钢直尺检查
6	接缝高低差	1	用钢直尺和塞尺检查
7	接缝宽度	1	用钢直尺检查

(二)常见的质量问题与预控

1. 接缝拼接花纹不顺

(1)原因分析:选用面层材料时不认真。拼接时,大花纹对小花纹或木纹倒用。

(2)预防措施:饰面材料,认真挑选,对接的花纹、切片板的树芯应选一致的;饰面板的颜色应相近,颜色浅的木板安装在光线较暗处,颜色深的木板安装在光线较强处。

2. 表面的钉眼明显

(1)原因分析:所用的钉太粗;固定的螺钉没顺木纹固定;油漆工钉眼没修好。

(2)预防措施:选用合适的固定螺钉;固定螺钉时,螺钉应顺木纹向里打,油漆工应严格按规范要求对板面修好钉眼。

3. 线条粗细、颜色不一致,接头不严密

(1)原因分析:木线条选材不当;施工过于马虎、粗糙,做工不精细。

(2)预防措施:材料进场时,仔细验货,粗细、颜色一致,不合格者坚决予以剔除不用;木质较硬的线条,应先打空,然后再用钉子定牢,以免劈裂。

4. 饰面板的表面和饰面板接缝处不平

(1)原因分析:木材的含水率太大,干燥后易变形;未严格按工艺标准加工;龙骨钉板的一面未刨光;钉板的顺序不当,拼接不严;钉钉时钉距过大。

(2)预防措施:严格选材,含水率不大于12%,并做防腐处理;罩面装饰板应选用同一品牌、同一批号产品,木龙骨钉板的一面应刨光,木龙骨断面尺寸应一致,交接处要平整;固定基层要牢固,面板应从下向上逐块铺钉,并以竖向钉钉为好,阳角处板的接头应做成45°,平接处应在木龙骨上,且两块板接头应刨平、刨直。

五、验收成果

木板安装检验批质量验收记录

单位(子单位)工程名称		分部(子分部)工程名称	建筑装饰装修分部——饰面板子分部	分项工程名称	木板安装分项
施工单位		项目负责人		检验批容量	
分包单位		分包单位项目负责人		检验批部位	
施工依据	《住宅装饰装修工程施工规范》(GB 50327—2001)		验收依据	《建筑装饰装修工程质量验收标准》(GB 50210—2018)	

验收项目			设计要求及规范规定	最小/实际抽样数量	检查记录	检查结果
主控项目	1	饰面板品种、规格、质量	第8.2.2条	/	质量证明文件齐全,试验合格,报告编号	
	2	饰面板孔、槽、位置、尺寸	第8.2.3条	/	抽查处,合格处	
	3	饰面板安装	第8.2.4条	/	抽查处,合格处	

续表

<table>
<tr><td colspan="4">验收项目</td><td>设计要求及规范规定</td><td>最小/实际抽样数量</td><td>检查记录</td><td>检查结果</td></tr>
<tr><td rowspan="12">一般项目</td><td>1</td><td colspan="2">饰面板表面质量</td><td>第 8.2.5 条</td><td>/</td><td>抽查处,合格处</td><td></td></tr>
<tr><td>2</td><td colspan="2">饰面板嵌缝</td><td>第 8.2.6 条</td><td>/</td><td>抽查处,合格处</td><td></td></tr>
<tr><td>3</td><td colspan="2">湿作业施工</td><td>第 8.2.7 条</td><td>/</td><td>抽查处,合格处</td><td></td></tr>
<tr><td>4</td><td colspan="2">饰面板孔洞套割</td><td>第 8.2.8 条</td><td>/</td><td>抽查处,合格处</td><td></td></tr>
<tr><td rowspan="8">5</td><td rowspan="8">木板安装允许偏差</td><td>项目</td><td>允许偏差/mm</td><td>最小/实际抽样数量</td><td>检查记录</td><td>检查结果</td></tr>
<tr><td>立面垂直度</td><td>1.5</td><td>/</td><td>抽查处,合格处</td><td></td></tr>
<tr><td>表面平整度</td><td>1</td><td>/</td><td>抽查处,合格处</td><td></td></tr>
<tr><td>阴阳角方正</td><td>1.5</td><td>/</td><td>抽查处,合格处</td><td></td></tr>
<tr><td>接缝直线度</td><td>1</td><td>/</td><td>抽查处,合格处</td><td></td></tr>
<tr><td>墙裙勒角上口直线度</td><td>2</td><td>/</td><td>抽查处,合格处</td><td></td></tr>
<tr><td>接缝高低差</td><td>0.5</td><td>/</td><td>抽查处,合格处</td><td></td></tr>
<tr><td>接缝宽度</td><td>1</td><td>/</td><td>抽查处,合格处</td><td></td></tr>
<tr><td colspan="4">施工单位
检查结果</td><td colspan="4">专业工长：
项目专业质量检查员：
年　月　日</td></tr>
<tr><td colspan="4">监理单位
验收结论</td><td colspan="4">专业监理工程师：</td></tr>
</table>

六、实践项目与成绩评定

序号	项目	技术及质量要求	实测记录	项目分配	得分
1	工具准备			10	
2	龙骨安装质量			10	
3	施工工艺流程			15	
4	验收工具的使用			10	
5	施工质量			35	
6	文明施工与安全施工			15	
7	完成任务时间			5	
8	合计			100	

任务6 金属薄板饰面施工

金属薄板又称金属墙板，其种类有铝合金饰面板、不锈钢饰面板、铝塑板、钛金板。金属薄板做室内墙体饰面，具有质轻、坚硬、色彩丰富、装饰效果好等特点。金属薄板饰面的基本构造如图3-6-1所示。

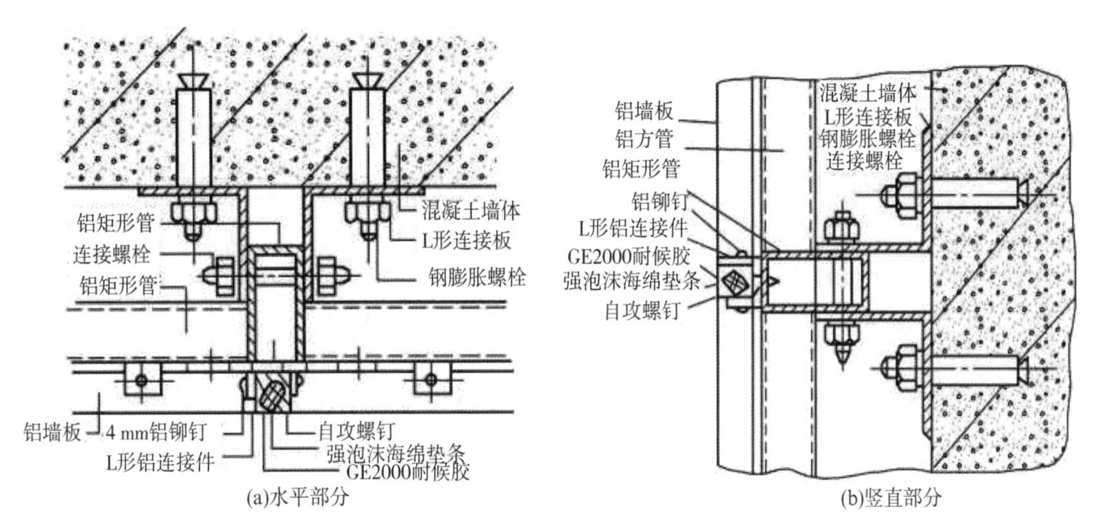

图3-6-1 金属薄板饰面构造

一、施工任务

室内墙面拟采用0.6mm×1220mm×2440mm铝合金内墙板进行装修，请根据工程实际情况组织施工，并完成相关报验工作。

二、施工准备

(一)材料准备

(1)面板、骨架材料和连接件材料，防水密封膏的规格、型号和颜色应符合设计要求。

(2)饰面板表面无划伤。饰面板应分类堆放，防止碰坏变形。检查产品合格证书、性能检测报告和进场验收记录。

(3)曲面板的弧度应用圆弧样板检查是否符合要求。

(二)机具准备

切割机、成型机、弯边机、砂轮机、手提电钻、电锤、手提砂轮、加工操作台、钢板尺、长卷尺、盒尺、小线、钢凿子、铅丝、粉线包、墨斗等。

(三)作业条件

(1)混凝土和墙面抹灰完成,基层已按设计要求埋入木砖或木筋,水泥砂浆找平层已抹完并刷冷底子油。

(2)水电及设备的预留预埋件已完成。

(3)房间的吊顶分项工程基本完成,并符合设计要求。

(4)房间里的地面分项工程基本完成,并符合设计要求。

(5)对施工人员进行技术交底时,应强调技术措施和质量要求。

(6)调整基层并进行检查,要求基层平整、牢固,垂直度、平整度均符合细木制作验收规范。

三、组织施工

(一)施工工艺流程

放线→固定骨架的连接件→固定骨架→骨架安装检查→金属板安装→收口处理。

(二)施工质量控制要点

(1)放线。金属薄板墙面的骨架由横竖杆件拼成,可以是铝合金型材,也可以是型钢。为了保证骨架的施工质量和准确性,首先要将骨架的位置弹到基层上。放线时,应以土建施工单位提供的中心线为依据。

(2)固定骨架的连接件。骨架的横竖杆件通过连接件与结构固定。连接件与结构之间,可以用结构预埋件焊牢,也可以在墙上埋设膨胀螺栓。无论用哪一种固定法,都要尽量减少骨架杆件尺寸的误差,保证其位置的准确性。

(3)固定骨架。当采用木龙骨时,墙面木龙骨可以是木方(30mm×50mm)或厚夹板条,用木楔螺钉法或直接采用水泥钢钉与墙体固定;当采用金属龙骨时,与主体结构的固定可采用膨胀螺栓或射钉通过金属连接件等构造措施。

(4)骨架安装检查。骨架安装质量影响着金属板的安装质量,因此安装完毕,应对中心线、表面标高等影响金属板安装质量的因素作全面的检查。有些高层建筑的大面积外墙板,甚至用经纬仪对横竖杆件进行贯通,从而进一步保证板的安装精度。要特别注意变形缝、沉降缝、变截面的处理,使之满足要求。

(5)金属板安装。根据板的截面类型,可以将板通过螺钉拧到骨架上,也可以将板卡在特制的龙骨上。板与板之间,一般留出一段距离,常用的间隙为10~20mm,至于缝的处理,有的用橡皮条锁住,有的注入硅密封条。金属板安装完毕,在易于污染或碰撞的部位应加强保护。对于污染问题,多用塑料薄膜进行覆盖。而易于划破、碰撞的部位,则设一些安全保护栏杆。

(6)收口处理。各种材料饰面,都有一个如何收口的问题。如水平部位的压顶,端部的收口,伸缩缝、沉降缝的处理,两种不同材料的交接处理等。在金属墙板中,多用特制的金属型板对上述这些部位进行处理。

四、组织验收

(一)验收规范

1. 主控项目

(1)金属饰面板的品种、规格、颜色和性能应符合设计要求及国家现行标准有关规定。

检验方法:观察;检查产品合格证书、进场验收记录和性能检测报告。

(2)金属饰面板安装工程的龙骨,连接件的材质、数量、规格、位置、连接方法和防腐处理应符合设计要求。金属饰面板安装必须牢固。

检验方法:手扳检查;检查进场验收记录、隐蔽工程验收记录和施工记录。

(3)外墙金属板的防雷装置应与主体结构防雷装置可靠接通。

检验方法:隐蔽工程验收记录。

2. 一般项目

(1)金属饰面板表面应平整、洁净、色泽一致,应无缺损。

检验方法:观察。

(2)金属饰面板接缝应平直,宽度应符合设计要求。

检验方法:观察;尺量检查。

(3)金属饰面板上的孔洞应套割吻合,边缘应整齐。

检验方法:观察。

(4)金属饰面板上的孔洞应套割吻合,边缘应整齐。

检验方法:观察。

(5)金属饰面板安装的允许偏差和检验方法应符合表 3-6-1 的规定。

表 3-6-1　金属饰面板安装的允许偏差和检验方法

项次	项目	允许偏差	检验方法
1	立面垂直度	2	用 2m 垂直检测尺检查。
2	表面平整度	3	用 2m 靠尺和塞尺检查
3	阴阳角方正	3	用直角检测尺检查
4	接缝直线度	2	拉 5m 线,不足 5m 拉通线,用钢直尺检查
5	墙裙、勒脚上口直线度	2	拉 5m 线,不足 5m 拉通线,用钢直尺检查
6	接缝高低差	1	用钢直尺和塞尺检查
7	接缝宽度	1	用钢直尺检查

(二)常见的质量问题与预控

1. 常见的质量问题及产生原因

(1)金属条板线型走向与设计不符。产生原因是未按设计要求施工。

(2)条板高低错开、平整度差。产生原因主要是龙骨未调平或安装不稳固;条板固定时受力不均匀;条板平整度差,安装前未作调直处理;块板安装时未放平或卡入不到位。

(3)板条接缝明显,产生原因主要是板头变形或下料切割处理不好。

(4)板面凹凸不平有划伤板面损伤。产生原因主要是运输安装不当、成品保护不好。

2. 预控

(1)施工前必须经过图纸会审,明确设计意图及条板排列方向。明确与其他专业的外露于吊顶饰面设施的布置关系,保证条板走向及吊顶的整体布局的美观。

(2)金属条板安装时,必须严格要求其配套龙骨及饰面板材料的平直度与装配精度,不合要求的,应重新调平,并安装稳固。要选用合格的金属饰面板,边条也应使用配套材料,不平直的条形板应调直后再用,如无法调直应弃之不用。采用搁置式、卡入式、嵌入式安装的饰面板,应放平或捶卡到位牢固。

(3)条板接长时,应选择接头无变形坏损的板,如有变形应调整好再用。条板切割时,应控制切割角度,并对切口部位用锉刀修平,将毛边修整好。安装时用配套的接长件连接好或用相同颜色的胶黏剂将接口部位进行密合。

(4)饰面板在运输、存放过程中应注意防止重压、碰撞。要保证包装。

五、验收成果

金属板安装检验批质量验收记录

03070401　001

单位(子单位)工程名称		分部(子分部)工程名称	建筑装饰装修分部——饰面板子分部	分项工程名称	金属板安装分项
施工单位		项目负责人		检验批容量	
分包单位		分包单位项目负责人		检验批部位	
施工依据	《住宅装饰装修工程施工规范》(GB 50327—2001)		验收依据	《建筑装饰装修工程质量验收标准》(GB 50210—2018)	

验收项目			设计要求及规范规定	最小/实际抽样数量	检查记录	检查结果
主控项目	1	饰面板品种、规格、质量	第8.2.2条	/	质量证明文件齐全,试验合格,报告编号	
	2	饰面板孔、槽、位置、尺寸	第8.2.3条	/	抽查处,合格处	
	3	饰面板安装	第8.2.4条	/	抽查处,合格处	

续表

<table>
<tr><td colspan="4">验收项目</td><td>设计要求及规范规定</td><td>最小/实际抽样数量</td><td>检查记录</td><td>检查结果</td></tr>
<tr><td rowspan="12">一般项目</td><td>1</td><td colspan="2">饰面板表面质量</td><td>第 8.2.5 条</td><td>/</td><td>抽查处,合格处</td><td></td></tr>
<tr><td>2</td><td colspan="2">饰面板嵌缝</td><td>第 8.2.6 条</td><td>/</td><td>抽查处,合格处</td><td></td></tr>
<tr><td>3</td><td colspan="2">湿作业施工</td><td>第 8.2.7 条</td><td>/</td><td>抽查处,合格处</td><td></td></tr>
<tr><td>4</td><td colspan="2">饰面板孔洞套割</td><td>第 8.2.8 条</td><td>/</td><td>抽查处,合格处</td><td></td></tr>
<tr><td rowspan="8">5</td><td rowspan="8">金属板安装允许偏差</td><td>项目</td><td>允许偏差/mm</td><td>最小/实际抽样数量</td><td>检查记录</td><td>检查结果</td></tr>
<tr><td>立面垂直度</td><td>2</td><td>/</td><td>抽查处,合格处</td><td></td></tr>
<tr><td>表面平整度</td><td>3</td><td>/</td><td>抽查处,合格处</td><td></td></tr>
<tr><td>阴阳角方正</td><td>3</td><td>/</td><td>抽查处,合格处</td><td></td></tr>
<tr><td>接缝直线度</td><td>1</td><td>/</td><td>抽查处,合格处</td><td></td></tr>
<tr><td>墙裙勒角上口直线度</td><td>2</td><td>/</td><td>抽查处,合格处</td><td></td></tr>
<tr><td>接缝高低差</td><td>1</td><td>/</td><td>抽查处,合格处</td><td></td></tr>
<tr><td>接缝宽度</td><td>1</td><td>/</td><td>抽查处,合格处</td><td></td></tr>
<tr><td colspan="4">施工单位
检查结果</td><td colspan="4">主控项目全部合格,一般项目满足规范规定要求;检查评定合格
专业工长:
项目专业质量检查员:
年　月　日</td></tr>
<tr><td colspan="4">监理单位
验收结论</td><td colspan="4">专业监理工程师:
年　月　日</td></tr>
</table>

六、实践项目与成绩评定

序号	项目	技术及质量要求	实测记录	项目分配	得分
1	工具准备			10	
2	龙骨安装质量			10	
3	施工工艺流程			15	
4	验收工具的使用			10	
5	施工质量			35	
6	文明施工与安全施工			15	
7	完成任务时间			5	
8	合计			100	

任务7 玻璃装饰板饰面施工

建筑物内墙柱面使用玻璃装饰板进行装饰，可使饰面层显得格外整洁、亮丽。同时，玻璃装饰板还起到了扩大室内空间、反射景物、创造环境气氛的作用。玻璃装饰板饰面基本构造如图3-7-1所示。

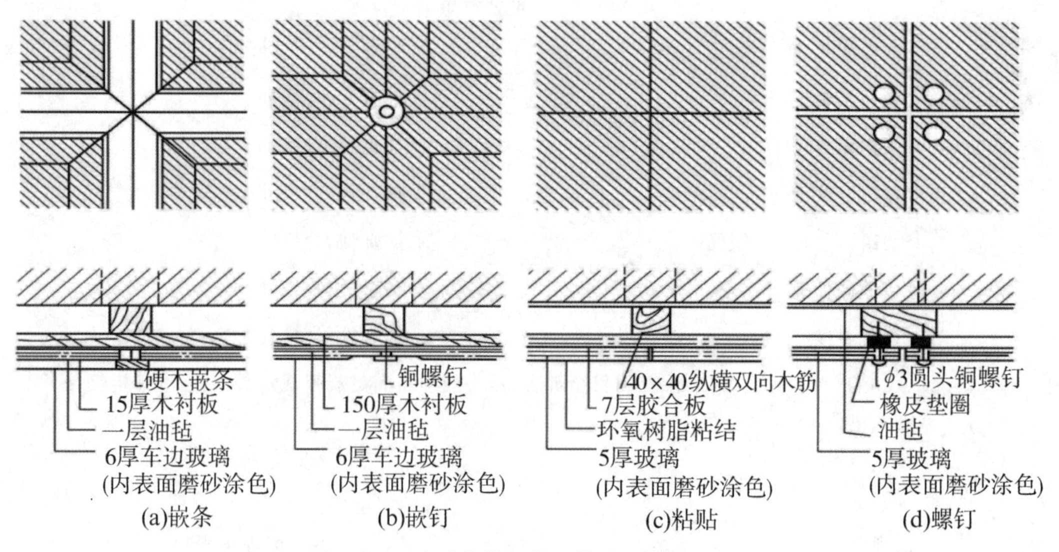

图3-7-1 玻璃装饰板饰面构造(单位：mm)

一、施工任务

室内墙面将采用墙面装修，请根据现场实际情况组织施工并进行报验。

二、施工准备

(一)材料准备

(1)玻璃的品种、规格、性能、图案和颜色应符合设计要求。

(2)玻璃板使用的型钢(角钢、槽钢等)及轻型薄壁槽钢、支撑吊架等金属材料和配套材料，应符合设计要求和有关规定的标准。

(3)使用的膨胀螺栓、玻璃支撑垫块、橡胶配件、金属配件、结构密封胶等其他材料，应符合设计要求和有关规定的标准。

(二)机具准备

电动机具：电焊机、冲击电钻、电钻、切割机、线锯、玻璃吸盘机。

手动工具：玻璃吸盘、小钢锯、直尺、水平尺、卷尺、手锤、扳手、螺丝刀、靠尺、注胶枪等。

(三)作业准备

木龙骨、木栓、板材、方管所用材料品种、规格、颜色以及隔断的构造固定方法，均应符合设计要求；木龙骨和基层板必须完好，不得有损坏、变形、弯曲、翘曲、边角缺陷等现象。并要注意被碰撞和撞击；电器配件的安装，应安装牢固，表面应与罩面板的底面齐平；施工墙面油渍、水泥清理干净。玻璃安装前，应按照明设计要求的尺寸及结合实测尺寸，预先集中裁制，并按不同规格和安装顺序码放在安全地方待用。

三、组织施工

(一)施工工艺流程

弹线定位→固定槽(槽钢、角钢)下料、组装→固定框架，安装固定玻璃的型钢→安装玻璃(支撑垫块)→嵌缝打胶→边框装饰→清洁。

(二)施工质量控制要点

1. 弹线定位

先弹出地面位置线，再用垂直线法弹出墙、柱上的位置线、高度线和沿顶位置线。有框玻璃隔断标出竖框间隔位置和固定点位置。无竖框玻璃隔墙应核对已做好的预埋铁件位置是否正确或划出金属膨胀螺栓位置。

2. 固定槽(槽钢、角钢)下料、组装

下料：型材划线下料时先复核现场实际尺寸，如果实际尺寸与施工图尺寸误差大于5mm时，应按实际尺寸下料。如果有水平横档，则应以竖框的一个端头为准。划出横档位置线，包括连接部位的宽度，以保证连接件安装位置准确和横挡在同一水平线上。下料应使用专用工具(型材切割机)，保证切口光滑、整齐。

组装：组装玻璃隔断的框架可以有两种方式。隔断面积较小时，先在平坦的地面预制组装成形，再整体安装固定；隔断面积较大时，则直接将隔墙的沿地、沿顶型材，靠墙及中间位置的竖向型材按划线位置固定在墙、地、顶上。

3. 固定框架，安装固定玻璃的型钢边框

当结构施工没有预埋铁件，或预埋铁件位置已不符合要求，则应首先设置金属膨胀螺栓。然后将型钢(角钢或薄壁槽钢)按已弹好的位置线安装好，在检查无误后随即与预埋铁件或金属膨胀螺栓焊牢。型钢材料在安装前应刷好防腐涂料，焊好以后在焊接处应再补刷防锈漆。

当较大面积的玻璃隔断采用吊挂式安装时，应先在建筑结构梁或板下做出吊挂玻璃的支撑架并安好吊挂玻璃的夹具及上框。夹具距玻璃边的距离为玻璃宽度的1/4(或根据设计要求)。其上框位置为吊顶标高。

4. 安装玻璃

玻璃就位：在边框安装好后，先将其槽口清理干净，槽口内不得有垃圾或积水，并垫好防震橡胶垫块。用2～3个玻璃吸盘把玻璃吸牢，由2～3人手握吸盘同时抬起玻璃，先将

玻璃竖着插入上框槽口内，然后轻轻垂直落下，放入下框槽口内。如果是吊挂式安装，在将玻璃送入上框时，还应将玻璃放入夹具中。

调整玻璃位置：先将靠墙（或柱）的玻璃就位，使其插入贴墙（柱）的边框槽口内，然后安装中间部位的玻璃。两块玻璃之间接缝时应留 2～3mm 缝隙或留出与玻璃稳定器（玻璃肋）厚度相同的缝，此缝为打胶而准备的，因此玻璃下料时应计算留缝宽度尺寸。如果采用吊挂式安装，这时应将吊挂玻璃的夹具逐块将玻璃夹牢。对于有框玻璃隔墙，用压条或槽口条在玻璃两侧位置夹住玻璃并用自攻螺钉固定在框架上。

5. 嵌缝打胶

玻璃全部就位后，校正平整度、垂直度，同时用聚苯乙烯泡沫嵌条嵌入槽口内使用玻璃与金属槽接合平伏、紧密，然后打硅酮结构胶。注胶时操作顺序应从缝隙的端头开始，一只手托住注胶枪，另一只手均匀用力握挤，同时顺着缝隙移动的速度也要均匀，将结构胶均匀地注入缝隙中，注满后随即用塑料片在玻璃的两面刮平玻璃胶，并清洁溢到玻璃表面的胶迹。

6. 边框装饰

无竖框玻璃隔墙的边框嵌入墙、柱面和地面的饰面层中时，此时只要按相关部位施工方法精细加工墙、柱面和地面的饰面即可，在块材镶贴或安装时与玻璃衔接好。若边框不是嵌入墙、柱或地面时，则按设计要求对边框进行装饰。

7. 清洁

玻璃板安装好后，用棉纱和清洁剂清洁玻璃面的胶迹和污痕。

四、组织验收

（一）验收规范

1. 主控项目

（1）与主体结构连接的预埋件、连接件以及金属框架必须安装牢固，其数量、规格位置、连接方法和防腐处理应符合设计要求；材料的产品合格证书、性能检测报告、进场验收记录和复验报告、隐蔽工程验收记示、施工记录。

（2）玻璃板饰面工程所用材料的品种、规格、等级、颜色、图案、花纹应符合设计要求和国家现行产品标准的规定。单块玻璃大于 1.5m^2 及落地玻璃应使用安全玻璃。

（3）玻璃安装应安全、无松动。玻璃安装位置及安装方法符合设计要求及《建筑玻璃应用技术规程》(JGJ 113—97)的相关规定。

（4）隐框或半隐框玻璃板，每块玻璃下端应设置两个铝合金或不锈钢托条，其长度不应小于 100mm，厚度不应小于 2mm，托条外端应低于玻璃外表面 2mm。

（5）明框玻璃板外边框或压条的安装位置应正确、安装必须牢固。

（6）玻璃板结构胶和密封胶的打注应饱满、密实、连续、均匀、无气泡。

2. 一般项目

（1）玻璃表面应平整、洁净；整幅玻璃应色泽一致；不得有污染和镀膜损坏。隐框玻璃及点支承玻璃应进行磨边处理，拼缝应横平竖直、均匀一致。

（2）镜面玻璃表面应整体、光洁无瑕，映入景物应清晰、保真、无变形。

（3）玻璃安装密封胶应横平竖直、深浅一致、宽窄均匀、光滑顺直、美观。

（4）玻璃规格尺寸允许偏差符合表3-7-1的规定。

表3-7-1　玻璃规格尺寸允许偏差　　单位：mm

厚度	边长度 L		
	$L \leqslant 1000$	$1000 < L \leqslant 2000$	$2000 < L \leqslant 3000$
4 5 6	+1 −2	±3	±4
8 10 12	+2 −3		
15	±4	±4	
19	±5	±5	±6

（5）玻璃的厚度及其允许公差符合表3-7-2的规定。

表3-7-2　玻璃的厚度及其允许公差　　单位：mm

名称	厚度	厚度允许偏差
钢化玻璃	4.0	±0.3
	5.0	
	6.0	
	8.0	±0.6
	10.0	
	12.0	±0.8
	15.0	
	19.0	±1.2

（6）玻璃的孔径允许偏差符合表3-7-3的规定。

表3-7-3　玻璃的孔径允许偏差　　单位：mm

公称孔径	允许偏差
4～50	±1.0
51～100	±2.0
＞100	供需双方商定

(7)平板玻璃外观质量要求符合表 3-7-4 的规定。

表 3-7-4 平板玻璃外观质量

单位:mm

缺陷种类	说明	优等品	一等品	合格品
波筋(包括纹辊子花)	不产生变形的最大和射角	60°	45°50mm 边部,30°	30°50mm 边部,0°
气泡	长度 1mm 的每平方米允许个数	集中的不允许	集中的不允许	不限
	长度大于 1mm 的每平方米允许个数	≤6mm,6	≤8mm,8 ＞8～10mm,2	≤10mm, ＞12～20mm,2 ＞20～25mm,1
划伤	宽 0.1mm 每平方米允许条数	长≤50mm 3	长≤100mm 5	不限
	宽 0.1mm 每平方米允许条数	不许有	宽≤0.4m 长＜100mm	宽≤0.8m 长＜100mm
砂粒	非破坏性的,直径 0.5～2mm,每平方米允许个数	不许有	3	8
疙瘩	非破坏性的疙瘩波及范围直径不大于 3mm,每平方米允许条数	不许有	1	3
线道	正面可以看到的每片玻璃允许条数	不许有	30mm 边部 宽≤0.5mm	宽≤0.5mm 2
麻点	表面呈现的集中麻点	不许有	不许有	每平方米 不超过 3 处
	稀疏的麻点,每平方米允许个数	10	15	30

(一)常见的质量问题与预控

1. 镜面玻璃腐蚀

(1)产生原因:①固定玻璃时,采用有腐蚀性的万能胶或玻璃胶;②镜子放在有腐蚀的环境中,但四周未密封。

(2)预防措施:①采用中性硅胶固定或将万能胶涂抹在镜子的基层板上;②放置有腐蚀环境中的镜子,四周应全部密封。

2. 镜子变形翘角

(1)产生原因:①面层变形;①与基层黏接不牢。

(2)预防措施:①基层材料采用不易变形的实心木板或夹板;②采用好的黏接材料,且使镜子与基层黏接牢固无松动、四周密封。

3. 接缝高低

(1)产生原因:①基面层不平;②黏接材料涂抹不均匀。

(2)预防措施:①基层必须经过验收合格后方可玻璃施工;②接缝处的黏接材料涂抹厚度应保持一致。

4. 特殊玻璃未刨边未满足要求

(1)产生原因:①施工考虑不周全。

(2)预防措施:①所有玻璃定做前,应根据施工规范及使用要求,确定玻璃是否刨边、车边;②特殊要求的玻璃,其间距要满足使用及安全要求。

五、验收成果

玻璃隔墙检验批质量验收记录

03060401　001

单位(子单位)工程名称		分部(子分部)工程名称	建筑装饰装修分部——轻质隔墙子分部	分项工程名称	玻璃隔墙分项
施工单位		项目负责人		检验批容量	
分包单位		分包单位项目负责人		检验批部位	
施工依据	住宅装饰装修工程施工规范(GB 50327—2001)		验收依据	《建筑装饰装修工程质量验收标准》(GB 50210—2018)	

验收项目				设计要求及规范规定		最小/实际抽样数量	检查记录	检查结果
主控项目	1	材料品种、规格、质量		第 7.5.3 条		/	质量证明文件齐全,试验合格,报告编号	
	2	砌筑或安装		第 7.5.4 条		/	抽查处,合格处	
	3	砖隔墙拉结筋		第 7.5.5 条		/	抽查处,合格处	
	4	板隔墙安装		第 7.5.6 条		/	抽查处,合格处	
一般项目	1	表面质量		第 7.5.7 条		/	抽查处,合格处	
	2	接缝		第 7.5.8 条		/	抽查处,合格处	
	3	嵌缝及勾缝		第 7.5.9 条		/	抽查处,合格处	
	4	安装允许偏差	项目	允许偏差/mm		最小/实际抽样数量	实测值	检查结果
				玻璃砖	玻璃板			
			立面垂直度	3	2	/	抽查处,合格处	
			表面平整度	3	—	/	抽查处,合格处	
			阴阳角方正	—	2	/	抽查处,合格处	
			接缝直线度	—	2	/	抽查处,合格处	
			接缝高低差	3	2	/	抽查处,合格处	
			接缝宽度	—	1	/	抽查处,合格处	

续表

施工单位 检查结果	主控项目全部合格，一般项目满足规范规定要求；检查评定合格 专业工长： 项目专业质量检查员： 年 月 日
监理单位 验收结论	专业监理工程师： 年 月 日

六、实践项目成绩评定

序号	项目	技术及质量要求	实测记录	项目分配	得分
1	工具准备			10	
2	龙骨安装质量			10	
3	施工工艺流程			15	
4	验收工具的使用			10	
5	施工质量			35	
6	文明施工与安全施工			15	
7	完成任务时间			5	
8	合计			100	

任务8 乳胶漆水性涂料施工

乳胶漆水性涂料类饰面是指在墙面基层上，经批刮腻子处理使墙面平整，然后将所选定的建筑涂料刷于墙的表面所形成的一种饰面。涂料类饰面与其他种类的饰面相比，具有工期短、工效高、材料用量少、自重轻、造价低等优点，因而应用十分广泛。建筑涂料的品种繁多，较为常用的包括油漆及其新型水性漆、天然岩石漆、乳胶漆等。

一、施工任务

室内内墙墙面装饰采用5厚1∶0.5∶3水泥混合砂浆打底，3厚1∶0.5∶2.5水泥混合砂浆找平，封底漆一道，高级乳胶漆遍，请根据工程实际情况组织施工，并完成相关报验工作。

二、施工准备

(一)材料准备

乳胶漆、胶黏剂、清油、合成树脂溶液、聚醋酸乙烯乳液、白水泥、大白粉、石膏粉、滑石粉等。

室内装修所采用的涂料、胶黏剂、水性处理剂，其苯、游离甲苯、游离甲苯二异氰酸醋(TDI)、总挥发性有机化合物(TVOC)的含量，应符合有关的规定，不应采用聚乙烯醇缩甲醛胶黏剂。

(二)机具准备

滚徐、刷涂施工：涂料滚子、毛刷、托盘、手提电动搅拌器、涂料桶、高凳、脚手板、喷枪、空气压缩机及料勺、木棍、氧气管、铁丝等。

(三)作业条件

(1)墙面应基本干燥，基层含水率不大于10%。

(2)抹灰作业全部完成，过墙管道、洞口、阴阳角等处应提前抹灰找平修整，并充分干燥。

(3)门窗玻璃安装完毕，湿作业的地面施工完毕，管道设备试压完毕。

(4)冬季要求在采暖条件下进行，环境温度不低于5℃。

三、组织施工

(一)施工工艺流程

基层处理→修补腻子→满刮腻子→涂刷第一遍乳胶漆→涂刷第二遍乳胶漆→涂刷第三遍乳胶漆→清扫。

(二)施工质量控制要点

(1)基层处理。将墙面上的灰渣杂物等清理干净，用笤帚将墙面浮灰、尘土等扫净。对于泛碱、析盐的基层应先用3%的草酸溶液清洗，然后用清水冲刷干净或在基层上满刷一遍耐碱底漆。

(2)修补腻子。用配好的石膏腻子，将墙面、窗口角等磕碰破损处，麻面、裂缝、接楼缝隙等分别找平补好，干燥后用砂纸将凸出处打磨平整。

(3)满刮腻子。用橡胶刮板横向满刮，一刮板接着一刮板，接头处不得留搓，每刮一刮板最后收头时，要收得干净利落。腻子配合比(质量比)为聚醋酸乙烯乳液：滑石粉＝1：5或大白粉：水＝1：3.5。待满刮腻子干燥后，用砂纸将墙面上的腻子残渣、斑迹等打磨平整、磨光，然后将墙面清扫干净。

(4)涂刷第一遍乳胶漆。先将墙面仔细清扫干净，用布将墙面粉尘擦净。施涂每面墙面的顺序宜按先左后右、先上后下、先难后易、先边后面的顺序进行，不得乱涂刷，以防漏涂或涂刷过厚，涂刷不均匀等。一般用排笔涂刷，使用新排笔时注意将活动的笔毛理掉。乳胶漆涂料使用前应搅拌均匀，根据基层及环境温度情况，可加10%水稀释，以防头遍涂料施徐不开。干燥后复补腻子，待复补腻子干透后，用1号砂纸磨光并清扫干净。

(5)涂刷第二遍乳胶漆。操作要求同第一遍乳胶漆涂料，涂刷前要充分搅拌，如果不很稠，不宜加水或尽量少加水，以防露底。漆膜干燥后，用细砂纸将墙面小疙瘩和排笔毛打磨掉，磨光滑后用布擦干净。

(6)涂刷第三遍乳胶漆。操作要求同第二遍乳胶漆涂料。由于乳胶漆膜干燥较快，应连续迅速操作，涂刷时从左端开始，逐渐涂刷向另一端，一定要注意上下顺刷、互相衔接，后一排笔紧接前一排笔，避免出现接搓明显而再另行处理。

(7)清扫。清扫飞溅乳胶，清除施工准备时预先覆盖在踢脚板、水、暖、电、卫设备及门窗等部位的遮挡物。

四、组织验收

(一)验收规范

(1)涂料的品牌、颜色符合设计要求。

(2)基层腻子应牢固、坚实、无粉化，表面清洁、无灰尘、不开裂、不掉粉、不起砂、不空鼓、无剥离、无石灰爆裂点、无附着力不良的旧涂层、无油迹、无锈斑、无霉点、无盐类析出物、无青苔等污染、杂物。

(3)基层应表面平整、立面垂直、阴阳角垂直、方正、无缺棱掉角。

(4)乳胶漆应涂饰均匀、黏结牢固、颜色一致、表面平整、手感细腻、整洁无污染。

(5)乳胶漆无漏涂、无刷纹、不起皮、无流坠、无疙瘩、无砂眼、无反锈、不透底、不变色、不咬色、无泛碱、无潮湿发霉等现象。

(6)门、窗四周基层扇灰方正、无大小头，门、窗、踢脚线、开关插座、灯具、消防喷淋、风口等洁净。

(7)涂层与其他装修材料和设备衔接处应吻合，界面清晰，穿墙管、线盒等周边收口细腻、顺直，墙面开孔圆滑，死角位位置扇灰平滑、无瑕疵。

(8)允许偏差：表面平整度≤2mm，阴阳角度垂直≤2mm，阴阳角方正≤2mm，立面垂直度≤3mm。

(9)主控项目：

①水性涂料涂饰工程所用涂料的品种、型号和性能应符合设计要求及国家现行标准的有关规定。

检验方法：检查产品合格证书、性能检验报告、有害物质限量检验报告和进场验收记录。

②水性涂料涂饰工程的颜色、光泽、图案应符合设计要求。

检验方法：观察。

③水性涂料涂饰工程应除饰均匀、黏结牢固，不得漏涂、透底、开裂、起皮和掉粉。

检验方法：观察；手摸检查。

④水性涂料涂饰工程的基层处理应符合标准的规定。

检验方法：观察；手摸检查；检查施工记录。

(10)一般项目：

①薄涂料的涂饰质量和检验方法应符合表 3-8-1 的规定。

表 3-8-1　薄涂料的涂饰质量和检验方法

项次	项目	普通涂饰	高级涂饰	检验方法
1	颜色	均匀一致	均匀一致	观察
2	光泽、光滑	光泽基本均匀，光滑无挡手感	光泽均匀一致，光滑	
3	泛碱、咬色	允许少量轻微	不允许	
4	流坠、疙瘩	允许少量轻微	不允许	
5	砂眼、刷纹	允许少量轻微砂眼、刷纹通顺	无砂眼，无刷纹	

②厚涂料的涂饰质量和检验方法应符合表 3-8-2 的规定。

表 3-8-2　厚涂料的涂饰质量和检验方

项次	项目	普通涂饰	高级涂饰	检验方法
1	颜色	均匀一致	均匀一致	观察
2	光泽	光泽基本均匀	光泽均匀一致	
3	泛碱、咬色	允许少量轻微	不允许	
4	点状分布	—	疏密均匀	

③复层涂料的涂饰质量和检验方法应符合表 3-8-3 的规定。

表 3-8-3　复层涂料的涂饰质量和检验方法

项次	项目	质量要求	检验方法
1	颜色	均匀一致	观察
2	光泽	光泽基本均匀	
3	泛碱、咬色	不允许	
4	喷点疏密程度	均匀，不允许连片	

④涂层与其他装修材料和设备衔接处应吻合，界面应清晰。

检验方法：观察。

⑤墙面水性涂料涂饰工程的允许偏差和检验方法应符合表 3-8-4 的规定。

表 3-8-4　墙面水性涂料涂饰工程的允许偏差和检验方法

项次	项目	允许偏差/mm					检验方法
		薄涂料		厚涂料		复层涂料	
		普通涂饰	高级涂饰	普通涂饰	高级涂饰		
1	立面垂直度	3	2	4	3	5	用 2m 垂直检测尺检查
2	表面平整度	3	2	4	3	5	用 2m 靠尺和塞尺检查
3	明阳角力正	3	2	4	3	4	用 200nm 直角检测尺检查

续表

项次	项目	允许偏差/mm					检验方法
		薄涂料		厚涂料		复层涂料	
		普通涂饰	高级涂饰	普通涂饰	高级涂饰		
4	装饰线、分色线直线度	2	1	2	1	3	拉5m线,不足5m拉通线,用钢直尺检查
5	墙裙、勒脚上口直线度	2	1	2	1	3	拉5m线,不足5m拉通线,用钢直尺检查

(二)常见的质量问题与预控

1. 阴阳角不顺直

处理方法:用激光标线仪弹出水平线,重新修补腻子后,水平度控制在2mm内。

2. 乳胶漆表面粗糙

处理方法:对不合要求的墙面、天花部位进行扇灰、腻子修补、干燥;对新刮腻子以及原粗糙部位用砂纸打磨平整;对面墙、天花重新刷乳胶漆底漆、面漆。

平整度修整:刮腻子、打磨,用2m靠尺检查,平整度控制在2mm内,合格后才能刷面漆。

3. 乳胶漆脱落

处理方法:铲除原有腻子,等基底干燥后重新刮腻子、打磨、刷面漆。

4. 乳胶漆流坠

处理方法:清除流挂部位,然后打磨平整,重新刷油漆。

5. 乳胶漆皱皮

处理方法: 铲掉皱皮,基层处理平整、干燥,打磨后重新刷面漆。

6. 返锈

处理方法:将返锈的涂料及腻子清除,将土建铁钉凿除后,重新补腻子、打磨、刷面漆;将不易清除的,如钢筋,则刷防锈漆。

7. 表面起疙瘩

处理办法:将基底疙瘩凿除,重新补腻子,干燥后,打磨至平整,重新上油漆。

8. 表面起泡、起砂

处理方法:重新补腻子,然后打磨至平整,重新刷面漆。

9. 表面刷痕、涂膜粗糙

处理方法:打磨平整,重新上面漆;换高质量的滚筒,调整好面漆的稠密度,重新上面漆。

10. 乳胶漆污染其他产品

预防方法:面板后装,即等乳胶漆完工验收合格后再装。

已污染后处理方法:把污染的面板清理干净,注意不要损花面板。

五、验收成果

水性涂料涂饰检验批质量验收记录

单位(子单位)工程名称		分部(子分部)工程名称	建筑装饰装修分部——涂饰子分部	分项工程名称	水性涂料涂饰分项
施工单位		项目负责人		检验批容量	
分包单位		分包单位项目负责人		检验批部位	
施工依据	《住宅装饰装修工程施工规范》(GB 50327—2001)		验收依据	《建筑装饰装修工程质量验收标准》(GB 50210—2018)	

验收项目					设计要求及规范规定	最小/实际抽样数量	检查记录	检查结果
主控项目	1	涂料品种、型号、性能			第10.2.2条	/	质量证明文件齐全，试验合格，报告编号	
	2	涂饰颜色和图案			第10.2.3条	/	抽查处，合格处	
	3	涂饰综合质量			第10.2.4条	/	抽查处，合格处	
	4	基层处理			第10.2.5条	/	抽查处，合格处	
一般项目	1	与其他材料和设备衔接处			第10.2.9条	/	抽查处，合格处	
	2	薄涂料涂饰质量允许偏差	颜色	普通涂饰	均匀一致	/	抽查处，合格处	
				高级涂饰	均匀一致	/	抽查处，合格处	
			泛碱、咬色	普通涂饰	允许少量轻微	/	抽查处，合格处	
				高级涂饰	不允许	/	抽查处，合格处	
			流坠、疙瘩	普通涂饰	允许少量轻微	/	抽查处，合格处	
				高级涂饰	不允许	/	抽查处，合格处	
			砂眼、刷纹	普通涂饰	允许少量轻微砂眼、刷纹通顺	/	抽查处，合格处	
				高级涂饰	无砂眼、无刷纹	/	抽查处，合格处	
			装饰线、分色线直线度	普通涂饰	2mm	/	抽查处，合格处	
				高级涂饰	1mm	/	抽查处，合格处	
	3	厚涂料涂饰质量允许偏差	颜色	普通涂饰	均匀一致	/	抽查处，合格处	
				高级涂饰	均匀一致	/	抽查处，合格处	
			泛碱、咬色	普通涂饰	允许少量轻微	/	抽查处，合格处	
				高级涂饰	不允许	/	抽查处，合格处	
			点状分布	普通涂饰	—	/	抽查处，合格处	
				高级涂饰	疏密均匀	/	抽查处，合格处	

续表

<table>
<tr><th colspan="4">验收项目</th><th>设计要求及规范规定</th><th>最小/实际抽样数量</th><th>检查记录</th><th>检查结果</th></tr>
<tr><td rowspan="3">一般项目</td><td rowspan="3">4</td><td rowspan="3">复层涂饰质量允许偏差</td><td>颜色</td><td>均匀一致</td><td>/</td><td>抽查处,合格处</td><td></td></tr>
<tr><td>泛碱、咬色</td><td>不允许</td><td>/</td><td>抽查处,合格处</td><td></td></tr>
<tr><td>喷点疏密程度</td><td>均匀,不允许连片</td><td>/</td><td>抽查处,合格处</td><td></td></tr>
<tr><td colspan="3">施工单位
检查结果</td><td colspan="5">专业工长:
项目专业质量检查员:
年　月　日</td></tr>
<tr><td colspan="3">监理单位
验收结论</td><td colspan="5">专业监理工程师:
年　月　日</td></tr>
</table>

六、实践项目成绩评定

序号	项目	技术及质量要求	实测记录	项目分配	得分
1	工具准备			10	
2	基层处理			10	
3	施工工艺流程			15	
4	验收工具的使用			10	
5	施工质量			35	
6	文明施工与安全施工			15	
7	完成任务时间			5	
8	合计			100	

任务9　真石漆饰施工

天然岩石漆也称为真石漆、石头漆、花岗石漆等,是由天然石料与水性耐候树脂混合加工制成的新产品,是资源再生利用的一种高级水溶性建筑装饰涂料。这种涂料不仅具有凝重、华美和高档的外观效果,而且具有坚硬耐用、防火隔热、防水耐候、耐酸碱、不褪色等优异特点,可用于混凝土、砌筑体、金属、塑料、木材、石膏、玻璃钢等材质表面的涂装,设计灵活，应用自由，施工简易。

一、施工任务

某住宅外墙墙面装饰采用5厚1∶3水泥砂浆打底，3厚1∶2.5水泥砂浆找平，抗裂网一道，柔性防水腻子三遍，真石漆喷涂两遍，请根据工程实际情况组织施工，并完成相关报验工作。

二、施工准备

(一)材料准备

细抹面砂浆、外墙真石漆专用腻子、中和剂、封闭底漆、真石漆、胶带，美纹纸、黏性塑料薄膜、砂布。

(二)机具准备

脚手架或者吊篮、空压机、喷枪、手提式搅拌器、电动打磨机、简便水平器、刷子等。

三、组织施工

(一)施工工艺流程

墙面基层处理→墙面批腻子施工→抗碱封闭底漆施工→主涂层真石漆施工→修理勾缝→透明保护漆施工→清理场地。

(二)施工质量控制要点

(1)墙面基层处理，面要求平整、干燥(有10天以上养护期)，无浮尘、油脂及沥青等油污，墙基pH值<10，含水率<10%，并对整体墙面进行检查，是否有空鼓现象，并对多孔质、粗糙表面进行修补打磨，确保墙面整体效果。

(2)墙面批腻子施工：用外墙专用腻子对墙面进行批刮，先对局部不平整的墙面进行施工，后对整体墙面进行批刮，并用砂纸打磨，直至墙面平整为止。

(3)抗碱封闭底漆施工：待上述工作完成后，采用TER-D-6020抗碱封闭底漆进行施工，最好先滚涂，再用排刷刷一遍，增强墙体与面涂的黏合强度及防水功能，底漆用量约0.1～0.15kg/m^2。

(4)主涂层真石漆施工：待底漆干燥后(25℃/12h)，采用TER-C-801真石漆进行喷涂施工。施工采用专用喷枪进行喷涂施工，调节枪头孔径及气流，喷出所需效果即可。其用量为5～6kg/m^2。

(5)勾缝修整施工：在施工结束后，对不良的墙面及时修整，对分割线进行勾缝，勾缝要求匀直，确保墙面整体美观。

(6)透明保护漆施工：待上述工作全部结束后，采用TER-D-7020金属漆专用罩面漆进行施工，可用辊筒在金属漆表面均匀涂布即可，提高整体墙面的抗污自洁能力及抗水功能，增强整体效果。

(7)清理场地，避免污染墙面。

四、组织验收

(一)验收规范

(1)表面平整、颜色一致、喷涂均匀,厚薄一致、颗粒疏密均匀,分格块横平竖直、方正、不崩角。

(2)不发白、不发花、不漏喷、不露底、不掉砂、不翘岩、不开裂、不积灰、不泛碱、无发黑等现象。

(3)分格线条横平竖直、宽窄一致,分格漆平整、深浅一致,不起漆皮,线条效果清晰。

(4)周围的门窗、玻璃、管道、栏杆、灯具等洁净,无污染。

(5)允许偏差:腻子层平整度凹凸不超过±2mm;墙面垂直度凹凸不超过±2mm;阴阳角方正度误差不超过±3mm。

(6)主控项目

①溶剂型涂料涂饰工程所选用涂料的品种、型号和性能应符合设计要求及国家现行标准的有关规定。

检验方法:检查产品合格证书、性能检验报告、有害物质限量检验报告和进场验收记录。

②溶剂型涂料涂饰工程的颜色、光泽、图案应符合设计要求。

检验方法:观察。

③溶剂型涂料涂饰工程应涂饰均匀、黏结牢固,不得漏涂、透底、开裂、起皮和反锈。

检验方法:观察;手摸检查。

④溶剂型涂料涂饰工程的基层处理应符合标准要求。

检验方法:观察;手摸检查;检查施工记录。

(7)一般项目

①色漆的涂饰质量和检验方法应符合表 3-9-1 的规定。

表 3-9-1　色漆的涂饰质量和检验方法

项次	项目	普通涂饰	高级涂饰	检验方法
1	颜色	均匀一致	均匀一致	观察
2	光泽、光滑	光泽基本均匀, 光滑无挡手感	光泽均匀一致,光滑	观察、手摸检查
3	刷纹	刷纹通顺	无刷纹	观察
4	裹棱、流坠、皱皮	明显处不允许	不允许	观察

②清漆的涂饰质量和检验方法应符合表 3-9-2 的规定。

表 3-9-2　清漆的涂饰质量和检验方法

项次	项目	普通涂饰	高级涂饰	检验方法
1	颜色	基本一致	均匀一致	观察
2	木纹	棕眼刮平，木纹清楚	棕眼刮平，木纹清楚	观察
3	光泽、光滑	光泽基本均匀，光滑无挡手感	光泽均匀一致，光滑	观察、手摸检查
4	刷纹	无刷纹	无刷纹	观察
5	裹棱、流坠、皱皮	明显处不允许	不允许	观察

③涂层与其他装修材料和设备衔接处应吻合，界面应清晰。

检验方法：观察。

④墙面溶剂型涂料涂饰工程的允许偏差和检验方法应符合表 3-9-3 的规定。

表 3-9-3 墙面溶剂型涂料涂饰工程的允许偏差和检验方法

项次	项目	允许偏差/mm				检验方法
		色漆		清漆		
		普通涂饰	高级涂饰	普通涂饰	高级涂饰	
1	立面垂直度	4	3	3	2	用 2m 垂直检测尺检查
2	表面平整度	4	3	3	2	用 2m 靠尺和塞尺检查
3	明阳角力正	4	3	3	2	用 200nm 直角检测尺检查
4	装饰线、分色线直线度	2	1	2	1	拉 5m 线，不足 5m 拉通线，用钢直尺检查
5	墙裙、勒脚上口直线度	2	1	2	1	拉 5m 线，不足 5m 拉通线，用钢直尺检查

(二)常见的质量问题与预控

(1)基底不平整，线条、表面阴阳角不顺直。

处理方法：铲掉表面真石漆，基底重新修补平整、阴阳角方正、验收合格后再喷真石漆。

(2)分格线条宽窄、深浅不一致。

处理方法：返工，分格线做到宽窄、深浅一致。

(3)遮盖力差、厚度不均、喷涂不均匀。

处理方法：返工，重新喷涂，直至达到质量要求。

(4)遇水发白。

处理方法：铲掉发白部位的真石漆，重新处理打磨基层腻子，再整面墙喷真石漆。

(5)分格线中断、不连续。

处理方法：把中断的分格线按质量要求重新完成。

(6)完工后其他工种打凿碰坏。

处理方法:破坏的地方修补好后,需整面墙喷真石漆,而不能只对修补的地方喷真石漆。

(7)后完工部分与先前完工部分衔接不吻合、有色差。

处理方法:需对整面墙喷真石漆。

(8)成品保护不到位,污染其他产品。

处理方法:喷真石漆前做好遮挡措施,把已污染的地方清理干净。

五、验收成果

溶剂型涂料涂饰检验批质量验收记录

<table>
<tr><td>单位(子单位)
工程名称</td><td></td><td>分部(子分部)
工程名称</td><td>建筑装饰装修分部
——涂饰子分部</td><td>分项工程
名称</td><td>溶剂型涂
料涂饰分项</td></tr>
<tr><td>施工单位</td><td></td><td>项目负责人</td><td></td><td>检验批容量</td><td></td></tr>
<tr><td>分包单位</td><td></td><td>分包单位
项目负责人</td><td></td><td>检验批部位</td><td></td></tr>
<tr><td>施工依据</td><td colspan="2">《住宅装饰装修工程施工规范》
(GB 50327—2001)</td><td>验收依据</td><td colspan="2">《建筑装饰装修工程质量验收标准》
(GB 50210—2018)</td></tr>
</table>

<table>
<tr><td colspan="5">验收项目</td><td>设计要求及
规范规定</td><td>最小/实际
抽样数量</td><td>检查记录</td><td>检查
结果</td></tr>
<tr><td rowspan="4">主控项目</td><td>1</td><td colspan="3">涂料品种、型号、性能</td><td>第 10.3.2 条</td><td>/</td><td>质量证明文件齐全,
通过进场验收</td><td></td></tr>
<tr><td>2</td><td colspan="3">颜色、光泽、图案</td><td>第 10.3.3 条</td><td>/</td><td>抽查处,合格处</td><td></td></tr>
<tr><td>3</td><td colspan="3">涂饰综合质量</td><td>第 10.3.4 条</td><td>/</td><td>抽查处,合格处</td><td></td></tr>
<tr><td>4</td><td colspan="3">基层处理</td><td>第 10.3.5 条</td><td>/</td><td>抽查处,合格处</td><td></td></tr>
<tr><td rowspan="13">一般项目</td><td>1</td><td colspan="3">与其他材料、设备衔接处界面应清晰</td><td>第 10.3.8 条</td><td>/</td><td>抽查处,合格处</td><td></td></tr>
<tr><td rowspan="12">2</td><td rowspan="12">色漆涂饰质量及允许偏差</td><td rowspan="2">颜色</td><td>普通涂饰</td><td>均匀一致</td><td>/</td><td>抽查处,合格处</td><td></td></tr>
<tr><td>高级涂饰</td><td>均匀一致</td><td>/</td><td>抽查处,合格处</td><td></td></tr>
<tr><td rowspan="2">光泽、光滑</td><td>普通涂饰</td><td>光泽基本均匀
光滑无挡手感</td><td>/</td><td>抽查处,合格处</td><td></td></tr>
<tr><td>高级涂饰</td><td>光泽均匀一致光滑</td><td>/</td><td>抽查处,合格处</td><td></td></tr>
<tr><td rowspan="2">刷纹</td><td>普通涂饰</td><td>刷纹通顺</td><td>/</td><td>抽查处,合格处</td><td></td></tr>
<tr><td>高级涂饰</td><td>无刷纹</td><td>/</td><td>抽查处,合格处</td><td></td></tr>
<tr><td rowspan="2">裹棱、流坠、皱皮</td><td>普通涂饰</td><td>明显处不允许</td><td>/</td><td>抽查处,合格处</td><td></td></tr>
<tr><td>高级涂饰</td><td>不允许</td><td>/</td><td>抽查处,合格处</td><td></td></tr>
<tr><td rowspan="4">装饰线分色线直线度</td><td>普通涂饰</td><td>2mm</td><td>/</td><td>抽查处,合格处</td><td></td></tr>
<tr><td>高级涂饰</td><td>1mm</td><td>/</td><td>抽查处,合格处</td><td></td></tr>
</table>

续表

<table>
<tr><th colspan="5">验收项目</th><th>设计要求及
规范规定</th><th>最小/实际
抽样数量</th><th>检查记录</th><th>检查
结果</th></tr>
<tr><td rowspan="12">一般项目</td><td rowspan="12">3</td><td rowspan="12">清漆涂饰质量</td><td rowspan="2">颜色</td><td>普通涂饰</td><td>基本一致</td><td>/</td><td>抽查处,合格处</td><td></td></tr>
<tr><td>高级涂饰</td><td>均匀一致</td><td>/</td><td>抽查处,合格处</td><td></td></tr>
<tr><td rowspan="2">木纹</td><td>普通涂饰</td><td>棕眼刮平、木纹清楚</td><td>/</td><td>抽查处,合格处</td><td></td></tr>
<tr><td>高级涂饰</td><td>棕眼刮平、木纹清楚</td><td>/</td><td>抽查处,合格处</td><td></td></tr>
<tr><td rowspan="2">光泽、光滑</td><td>普通涂饰</td><td>光泽基本均匀
光滑无挡手感</td><td>/</td><td>抽查处,合格处</td><td></td></tr>
<tr><td>高级涂饰</td><td>光泽均匀一致光滑</td><td>/</td><td>抽查处,合格处</td><td></td></tr>
<tr><td rowspan="2">刷纹</td><td>普通涂饰</td><td>无刷纹</td><td>/</td><td>抽查处,合格处</td><td></td></tr>
<tr><td>高级涂饰</td><td>无刷纹</td><td>/</td><td>抽查处,合格处</td><td></td></tr>
<tr><td rowspan="2">裹棱、流坠、皱皮</td><td>普通涂饰</td><td>明显处不允许</td><td>/</td><td>抽查处,合格处</td><td></td></tr>
<tr><td>高级涂饰</td><td>不允许</td><td>/</td><td>抽查处,合格处</td><td></td></tr>
<tr><td colspan="5">施工单位
检查结果</td><td colspan="4">专业工长：
项目专业质量检查员：
年　月　日</td></tr>
<tr><td colspan="5">监理单位
验收结论</td><td colspan="4">专业监理工程师：
年　月　日</td></tr>
</table>

六、实践项目成绩评定

序号	项目	技术及质量要求	实测记录	项目分配	得分
1	工具准备			10	
2	基层处理			10	
3	施工工艺流程			15	
4	验收工具的使用			10	
5	施工质量			35	
6	文明施工与安全施工			15	
7	完成任务时间			5	
8	合计			100	

任务10 裱糊饰面工程施工

一、施工任务

室内墙面装饰拟采用0.5m×40m的织物壁纸进行装修，请根据工程实际情况组织施工，并完成相关报验工作。

二、施工准备

(一)材料准备

(1)饰面材料：各种壁纸、墙布。

(2)其他材料：各类胶黏剂。

(二)机具准备

剪刀、裁刀、刮板、油灰铲刀、裱糊刷辊筒、钢卷尺、针筒、钢直尺、砂纸机、粉线包以及裁纸工作台。

(三)作业条件

(1)新建筑物的混凝土或抹灰基层墙面在刮腻子前应涂刷抗碱封闭底漆。

(2)旧墙面在裱糊前应清除疏松的旧装修层，并刷涂界面剂。

(3)水泥砂浆找平层已抹完，经干燥后含水率不大于8%，木材基层含水率不大于12%。

(4)水电及设备、顶墙上预留预埋件已完成。门窗油漆已完成。

(5)房间地面工程已完成，经检查符合设计要求。

(6)房间的木护墙和细木装修底板已完成，经检查符合设计要求。

(7)大面积装修前，应做样板间，经监理单位鉴定合格后，可组织施工。

三、组织施工

(一)施工工艺流程

基层处理→涂底胶→弹线、预拼→测量、裁纸→润纸→刷胶→裱糊→修整。

(二)施工质量控制要点

(1)基层处理。不同材质的基层应有不同的处理方法，具体要求如下：

混凝土及抹灰基层处理。混凝土墙面及用水泥砂浆、混合砂浆、石灰砂浆抹灰墙面、裱糊壁纸、墙布前，要满刮腻子一遍，并用砂纸打磨。这些墙面的基层表面如有麻点、凹凸不平或孔洞时，应增加刮腻子和砂纸打磨的遍数。

处理好的底层应该平整光滑，阴、阳角线通畅、顺直，无裂纹、崩角，无砂眼、麻点。特别是阴角、阳角、窗台下、暖气炉片后、明露管道后及与踢脚连接处应仔细处理到位。

木质基层处理。木质基层要求接缝不显接槎，接缝、钉眼应用腻子补平，并满刮油性腻子两遍，用砂纸磨平。第一遍满刮腻子主要是找平大面，第二遍可用石膏腻子找平，腻子的厚度应减薄，可在该腻子五六成干时，用塑料刮板有规律地压光，最后用干净的抹布轻轻将表面灰粒擦净。

如果是要裱糊金属壁纸，批刮腻子应三遍以上，在找补第二遍腻子时采用石膏粉配猪血料调制腻子，其配合比为 10∶3(质量比)。批刮最后一遍腻子并打平后，用软布擦净。

石膏基层处理。纸面石膏板墙面裱糊塑料壁纸时，板面要先以油性石膏腻子找平。板面接缝处用嵌缝石膏腻子及穿孔纸带进行嵌缝处理；无纸面石膏板墙面裱糊壁纸时，应先在板面满刮一遍乳胶石膏腻子，以确保壁纸与石膏板面的黏结强度。

旧墙基层处理。首先，用相同砂浆修补旧墙表面脱灰、孔洞、空裂等较大缺陷，其次用腻子找补麻点、凹坑、接缝、裂纹，直到填平，然后满刮腻子找平。如果旧墙上有油漆或污渍，应先将其清理干净。注意修补的砂浆应与原基层砂浆同料、同色，避免基层颜色不一致。

不同基层相接处的处理。不同基层材料的相接处，如石膏板与木夹板、水泥抹灰面与木夹板、水泥基面与石膏板之间的对缝，应用棉纸带或穿孔纸带粘贴封口，防止裱糊的壁纸面层被拉裂撕开。

(2)涂底胶。为防止基层吸水过快，用排笔在基层表面先涂刷 1～2 遍胶水(801 胶∶水＝1∶1)或清油做底胶进行封闭处理，涂刷时要均匀、不漏刷。

(3)弹线、预拼。裱糊前应按壁纸的幅宽弹出分格线。分格线一般以阴角做取线位置，先用粉线在墙面上弹出垂直线，两垂线间的宽度应小于壁纸幅宽 10～20mm。每面墙面的第一幅壁纸的位置都要挂垂线找直，作为裱糊时的准线，以确保第一幅壁纸垂直粘贴。有窗口的墙面要在窗口处弹出中线，然后由中线按壁纸的幅宽往两侧分线；如果窗口不在墙面的中间，为保证窗间墙的阳角花纹、图案对称，要弹出窗间墙的中心线，再往其两侧弹出分格线。壁纸粘贴之前，应按弹线的位置进行预拼、试贴，检查拼缝的效果，以便能够准确地决定裁纸的边缘尺寸及花纹、图案的拼接。

(4)测量、裁纸。壁纸裁割前，应先量出墙顶到墙脚的高度，考虑修剪量，两端各留出 30～50mm，然后剪出第一段壁纸。有图案的材料，应将图形自墙的上部开始对花，然后由专人负责，统筹规划小心裁割，并编上号，以便按顺序粘贴。裁纸下刀前应复核尺寸有无出入，确认以后，尺子压紧壁纸后不得再移动，刀刃紧贴尺边，一气呵成，中途不得停顿或变换持刀角度。裁好的壁纸要卷起来放，且不得立放。

(5)润纸。裁下的壁纸不要立即上墙粘贴，由于壁纸遇到水或胶液后，即会开始自由膨胀，为 5～10min 后胀完，干后又自由收缩，自由胀缩的壁纸，其横向膨胀率为 0.5%～1.2%，收缩率为 0.2%～0.8%。因此，要先将裁下的壁纸置于水槽中浸泡几分钟，或在壁纸背面满刷一遍清水，静置至壁纸充分胀开，也可以采取将壁纸刷胶后叠起来静置 10min 让壁纸自身湿润，不然在墙面上会出现大量的气泡、皱褶而达不到裱糊的质量要求。

(6)刷胶。将浸过水的壁纸取出并擦掉纸面上的附着水,将已裁好的壁纸图案面向下铺设在台案上,一端与台案边对齐,平铺后多余部分可垂于台案下,然后分段刷胶黏剂,涂刷时要薄而匀,严防漏刷。

(7)裱糊。裱糊时分幅顺序一般为从垂直线起至墙面阴角收口处止,由上而下,先立面(墙面)后平面(顶棚),先小面(细部)后大面。顶棚梁板有高差时,壁纸裱贴应由低到高进行。须注意每裱糊 2～3 幅壁纸后,都应吊垂线检查垂直度,以避免出现累计误差。有花纹图案的壁纸,则采取将两幅壁纸花饰重叠对准,用合金铝直尺在重叠处拍实,从上而下切割的方法。切去余纸后,对准纸缝粘贴。阴、阳角处应增涂胶黏剂 1～2 遍,阳角要包实,不得留缝,阴角要贴平。与顶棚交接的阴角处应做出记号,然后用刀修齐,如图 3-10-1 所示。每张壁纸粘贴完毕后,应随即用清水浸湿的毛巾将拼缝中挤出的胶液全部擦干净,同时也进一步做好了敷平工作。壁纸的敷平可依靠薄钢片刮板或胶皮刮板由上而下抹刮,对较厚的壁纸则可用胶辐滚压来达到抚平目的。

为了防止使用时碰、划而使壁纸开胶,因而严禁在阳角处甩缝,壁纸要裹过阳角不小于 20mm。阴角壁纸搭缝时,应先裱糊压在里面的壁纸,再粘贴搭在上面的壁纸,搭接面应根据阴角垂直度而定,搭接宽度一般不小于 2～3mm。但搭接的宽度也不宜过大,否则会形成一个不够美观的褶痕。注意保持垂直无毛边。

遇有墙面卸不下来的设备或附件,裱糊壁纸时,可在壁纸上剪口。

顶棚裱糊时,第一张纸通常应从房间长墙与顶棚相交之阴角处开始裱糊,以减少接缝数量,非整幅纸应排在光线不足处。裱糊前应事先在顶棚上弹线分格,并从顶棚与墙顶端交接处开始分排,接缝的方法类似于墙阴角搭接处理。裱糊时,将已刷好胶并按 S 形叠好的壁纸用木板支托起来,依弹线位置裱糊在顶棚上,裱糊一段,展开一段,直至全部裱糊至顶棚后,用滚筒滚压平实赶出空气,如图 3-10-2 所示。

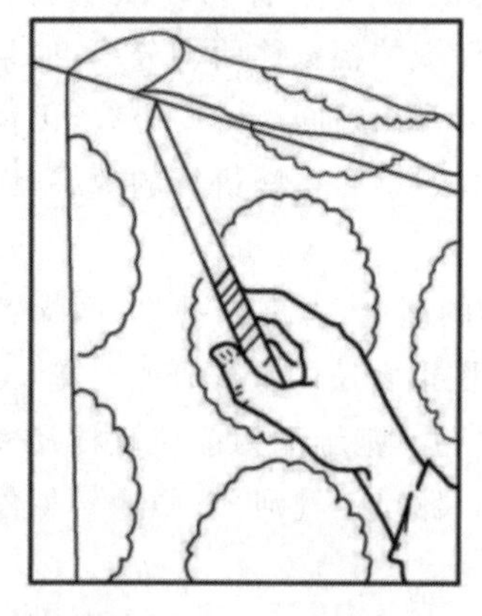

图 3-10-1　顶端修齐

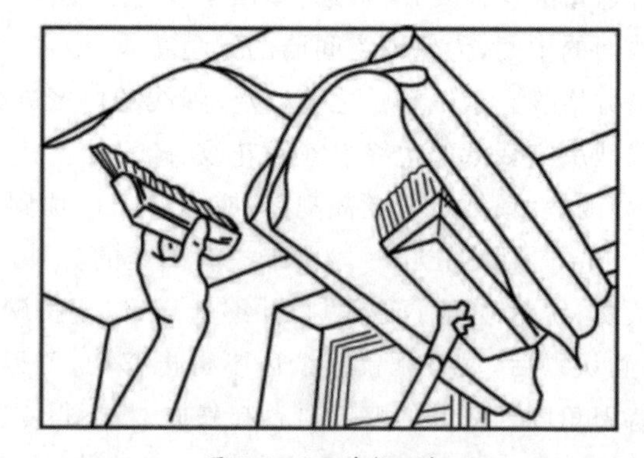

图 3-10-2　裱糊顶棚

(7)修整。壁纸裱糊完毕,应立即进行质量检查,发现不符合质量要求的问题,要采取相应的补救措施。

壁纸局部出现皱纹、死褶时,应趁壁纸未干,用湿毛巾抹湿纸面,使壁纸润湿后,用手慢慢将壁纸舒平,待无皱折时,再用橡胶滚筒或胶皮刮板赶平。若壁纸已干结,则要撕下壁纸，把基层清理干净后，再重新裱贴。

壁纸面层局部出现空鼓，可用壁纸刀切开，补涂胶液重新压复贴牢，小的气泡可用注射器对其放气，然后注入胶液，重新粘牢修理后的壁纸面均需随手将溢出表面的余胶用洁净湿毛巾擦干净。

壁纸翘边、翻角，要翻起卷边的壁纸，查明原因。若查出基层有污物而导致黏结不牢，应立即将基层清理干净后，再补刷胶黏剂重新贴牢；若发现是胶黏剂的黏结力不够，要换用胶黏性大的胶黏剂粘贴。

裱糊施工中碰撞损坏的壁纸，可采取挖空填补的方法，填补时将损坏的部分割去，然后按形状和大小，对好花纹补上，要求补后不留痕迹。

四、组织验收

（一）验收规范

1. 主控项目

（1）壁纸、墙布的种类、规格、图案、颜色和燃烧性能等级应符合设计要求及国家现行标准的有关规定。

检验方法：观察；检查产品合格证书、进场验收记录和性能检验报告。

（2）裱糊工程基层处理质量应符合高级抹灰的要求。

检验方法：检查隐蔽工程验收记录和施工记录。

（3）裱糊后各幅拼接应横平竖直，拼接处花纹、图案应吻合，应不离缝、不搭接、不显拼缝。

检验方法：距离墙面 1.5m 处观察。

（4）壁纸、墙布应粘贴牢固，不得有漏贴、补贴、脱层、空鼓和翘边。

检验方法：观察；手摸检查。

2. 一般项目

（1）裱糊后的壁纸、墙布表面应平整，不得有波纹起伏、气泡、裂缝、皱褶；表面色泽应一致，不得有斑污，斜视时应无胶痕。

检验方法：观察；手摸检查。

（2）复合压花壁纸和发泡壁纸的压痕或发泡层应无损坏。

检验方法：观察。

（3）壁纸、墙布与装饰线、踢脚板、门窗框的交接处应吻合、严密、顺直。与墙面上电气槽、盒的交接处套割应吻合，不得有缝隙。

检验方法：观察。

（4）壁纸、墙布边缘应平直整齐，不得有纸毛、飞刺。

检验方法：观察。

（5）壁纸、墙布阴角处应顺光搭接，阳角处应无接缝。

检验方法：观察。

(6)裱糊工程的允许偏差和检验方法应符合表 3-10-1 的规定。

表 3-10-1 裱糊工程的允许偏差和检验方法

项次	项目	允许偏差/mm	检验方法
1	表面平整度	3	用 2m 靠尺和塞尺检查
2	立面垂直度	3	用 2m 垂直检测尺检查
3	阴阳角方正	3	用 200mm 直角检测尺检查

(二)常见的质量问题与预控

1. 翘边(张嘴)

(1)现象:壁纸边沿脱离开基层而卷翘起来。

(2)原因:

①基层有灰尘、油污等或表面粗糙、干燥或潮湿。

②胶黏剂胶性小,特别在阳角处更易出现翘起。

③胶黏剂局部不均匀或过早干燥。

④阳角处裹过阳角的壁纸少于 2cm,未能克服壁纸的表面张力,也易起翘。

(3)预防措施:

①清理基层。

②壁纸裱糊刷胶黏剂时,一般可在壁纸背面刷胶液,若基层表面较干燥,在壁纸背面和基层同时刷胶黏剂。

③壁纸上墙后,用工具由上至下抹刮,顺序刮平压实,并及时用湿毛巾或棉丝将挤压出的多余的胶液擦净。注意滚压接缝边沿时不要用力过大,以防胶液被挤干失去黏结性。擦余胶的布不可太潮湿,避免水由纸边渗入基层,冲淡胶液,降低黏合强度。

④严禁在阳角处甩缝,壁纸应裹过阳角≥2cm,包角须用黏性强的胶黏剂并压实,不得有气泡。

2. 表面空鼓(气泡)

(1)现象:壁纸表面出现小块凸起,用手按压,有弹性和与基层附着不实的感觉,敲击时有鼓音。

(2)原因:

①白灰或其他基层较松软、强度低,有裂纹空鼓或孔洞、凹陷处未用腻子刮抹找平、填补不坚实。

②基层表面有灰尘、油污或基层潮湿,含水率大。

③赶压不得当,往返挤压胶液次数过多,使胶液干燥失去黏结作用或赶压力量太小,多余的胶液未挤出,形成胶囊状或未将壁纸内部的空气全部挤出而形成气泡。

④涂刷胶液厚薄不匀或漏刷。

(3)预防措施:墙布施工完成后,应阴干 3 天;上胶时使用上胶机上胶;加强培训,增强施工人员的质量意识,施工时要细心,并及时自检。

3. 死褶

(1)现象：在壁纸表面上有皱纹棱脊凸起，影响壁纸的美观。

(2)原因：

①壁纸材质不良或较薄。

②操作技术不佳。

(3)预防措施：

①用材质优良的壁纸，不使用残次品，对优质壁纸也需进行检查，厚薄不匀的要剪掉。

②裱贴时，用手将壁纸舒平后，才可用刮板均匀赶压。在壁纸未展平前，不得使用钢皮刮板硬推压。当壁纸已出现皱褶时，必须轻轻揭起壁纸，慢慢推平，待无皱褶时再赶压平整。

五、验收成果

裱糊检验批质量验收记录

<table>
<tr><td colspan="2">单位(子单位)工程名称</td><td></td><td>分部(子分部)工程名称</td><td colspan="2">建筑装饰装修分部——裱糊与软包子分部</td><td>分项工程名称</td><td colspan="2">裱糊分项</td></tr>
<tr><td colspan="2">施工单位</td><td></td><td>项目负责人</td><td colspan="2"></td><td>检验批容量</td><td colspan="2"></td></tr>
<tr><td colspan="2">分包单位</td><td></td><td>分包单位项目负责人</td><td colspan="2"></td><td>检验批部位</td><td colspan="2"></td></tr>
<tr><td colspan="2">施工依据</td><td colspan="2">《住宅装饰装修工程施工规范》(GB 50327—2001)</td><td colspan="2">验收依据</td><td colspan="3">《建筑装饰装修工程质量验收标准》(GB 50210—2018)</td></tr>
<tr><td colspan="3">验收项目</td><td>设计要求及规范规定</td><td colspan="2">最小/实际抽样数量</td><td colspan="2">检查记录</td><td>检查结果</td></tr>
<tr><td rowspan="4">主控项目</td><td>1</td><td>材料品种、型号、规格、性能</td><td>第 11.2.2 条</td><td colspan="2">/</td><td colspan="2">质量证明文件齐全，试验合格，报告编号</td><td></td></tr>
<tr><td>2</td><td>基层处理</td><td>第 11.2.3 条</td><td colspan="2">/</td><td colspan="2">抽查处，合格处</td><td></td></tr>
<tr><td>3</td><td>各幅拼接</td><td>第 11.2.4 条</td><td colspan="2">/</td><td colspan="2">抽查处，合格处</td><td></td></tr>
<tr><td>4</td><td>壁纸、墙布粘贴</td><td>第 11.2.5 条</td><td colspan="2">/</td><td colspan="2">抽查处，合格处</td><td></td></tr>
<tr><td rowspan="5">一般项目</td><td>1</td><td>裱糊表面质量</td><td>第 11.2.6 条</td><td colspan="2">/</td><td colspan="2">抽查处，合格处</td><td></td></tr>
<tr><td>2</td><td>壁纸压痕及发泡层</td><td>第 11.2.7 条</td><td colspan="2">/</td><td colspan="2">抽查处，合格处</td><td></td></tr>
<tr><td>3</td><td>与装饰线、设备线盒交接</td><td>第 11.2.8 条</td><td colspan="2">/</td><td colspan="2">抽查处，合格处</td><td></td></tr>
<tr><td>4</td><td>壁纸、墙布边缘</td><td>第 11.2.9 条</td><td colspan="2">/</td><td colspan="2">抽查处，合格处</td><td></td></tr>
<tr><td>5</td><td>壁纸、墙布阴、阳角无接缝</td><td>第 11.2.10 条</td><td colspan="2">/</td><td colspan="2">抽查处，合格处</td><td></td></tr>
</table>

续表

施工单位 检查结果	专业工长： 项目专业质量检查员： 年 月 日
监理单位 验收结论	专业监理工程师： 年 月 日

六、实践项目成绩评定

序号	项目	技术及质量要求	实测记录	项目分配	得分
1	工具准备			10	
2	基层处理			10	
3	施工工艺流程			15	
4	验收工具的使用			10	
5	施工质量			35	
6	文明施工与安全施工			15	
7	完成任务时间			5	
8	合计			100	

任务11 软包饰面工程施工

软包饰面是室内高级装饰的一种做法，具有柔软、温馨、消声的特点，适用于多功能厅、KTV间、餐厅、剧院、会议厅（室）等。软包饰面基本构造如图3-11-1所示。

一、施工任务

室内墙面拟采用布艺软包进行装饰施工，请根据工程实际情况组织施工，并完成相关报验工作。

二、施工准备

（一）材料准备

1. 木骨架、木基层材料

木骨架一般采用30mm×50mm～50mm×50mm断面尺寸的木方条，木龙骨钉置于预埋防腐木砖或钻孔打入的木楔上。木砖或木楔的位置，亦即龙骨排布的间距尺寸，可在400～600mm单向或双向布置范围调整，按设计图样的要求进行分格安装，龙骨牢固钉装于木砖或木楔上。

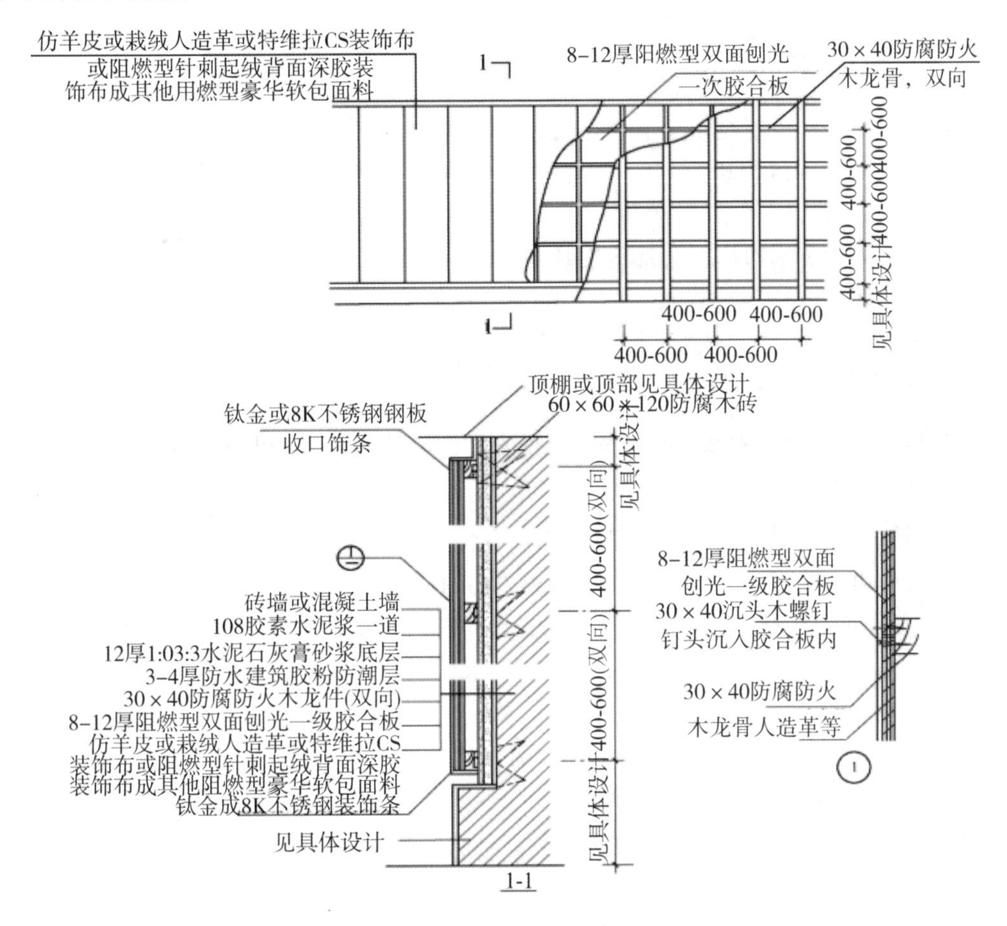

图 3-11-1　软包饰面构造(单位:mm)

基层板一般采用胶合板。其满铺满钉于龙骨上，要求钉装牢固、平整。

2. 软包芯材材料

软包墙面芯材材料，通常采用轻质不燃多孔材料，如玻璃棉、超细玻璃棉、自熄型泡沫塑料、矿渣棉等。

3. 面层材料

软包墙面的面层，必须采用阻燃型高档豪华软包面料。如各种人造革和各种豪华装饰布。但软包墙面的面层，必须用阻燃型，凡未经阻燃处理的软包面料，均不得使用。

(二)机具准备

木工工作台，电锯，电刨，冲击钻，手枪钻，切、裁织物布、革工作台，钢板尺，裁织革刀，毛巾，塑料水桶，塑料脸盆，油工刮板，小辊，开刀，毛刷，排笔，擦布或棉丝，砂纸，长卷尺，盒尺，锤子，各种形状的木工凿子，线锯，铝制水平尺，方尺，多用刀，弹线用的粉线包，墨斗，小白线，笤帚，托线板，线坠，红铅笔，工具袋等。

（三）作业准备

（1）水电及设备的预留预埋件已完成。

（2）房间的吊顶分项工程基本完成，并符合设计要求。

（3）房间里的地面分项工程基本完成，并符合设计要求。

（4）对施工人员进行技术交底时，应强调技术措施和质量要求。

（5）调整基层并进行检查，要求基层平整、牢固，垂直度、平整度均符合细木制作验收规范。

（6）软包周边装饰边框及装饰线安装完毕。

三、组织施工

（一）施工工艺流程

基层或底板处理→弹线、分格→钻孔打入木楔→墙面防潮→装钉木龙骨→铺设胶合板→粘贴面料→线条压边。

（二）施工质量控制要点

（1）基层或底板处理。在结构墙上预埋木砖，抹水泥砂浆找平层。如果是直接铺贴，则应先将底板拼缝用油腻子嵌平密实，满刮腻子 1～2 遍，待腻子干燥后，用砂纸磨平，粘贴前基层表面刷清油一道。

（2）弹线、分格。根据软包面积、设计要求、铺钉的木基层胶合板尺寸，用吊垂线法、拉水平线及尺量的办法，借助＋50cm 水平线确定软包墙的厚度、高度及打眼的位置。分格大小为 300～600mm 见方。

（3）钻孔打入木楔。孔眼位置在墙上弹线的交叉点，用冲击钻头钻孔。木楔经防腐处理后，打入孔中塞实塞牢。

（4）墙面防潮。在抹灰墙面涂刷冷底子油或在砌体墙面、混凝土墙面铺油毡或油纸做防潮层。涂刷冷底子油要满涂、刷匀，不漏涂；铺油毡、油纸要满铺、铺平，不留缝。

（5）装钉木龙骨。将预制好的木龙骨架靠墙直立，用水准尺找平、找垂直，用钢钉钉在木楔上，边钉边找平、找垂直。凹陷较大处应用木楔垫平钉牢。

（6）铺设胶合板。木龙骨架与胶合板接触的一面应平整，不平的要刨光。用气钉枪将三合板钉在木龙骨上。钉固时从板中向两边固定，接缝应在木龙骨上且钉头没入板内，使其牢固、平整。三合板在铺钉前应先在其板背涂刷防火涂料，要涂满、涂匀。

（7）粘贴面料。如采取直接铺贴法施工时，应待墙面细木装修基本完成时，边框油漆达到移交条件方可粘贴面料。

（8）线条压边。在墙面软包部分的四周进行木、金属压线条，盖缝条及饰面板等镶钉处理。

四、组织验收

(一)验收规范

1. 主控项目

(1)软包工程的安装位置及构造做法应符合设计要求。

检验方法:观察;尺量检查;检查施工记录。

(2)软包边框所选木材的材质、花纹、颜色和燃烧性能等级应符合设计要求及国家现行标准的有关规定。

检验方法:观察;检查产品合格证书、进场验收记录、性能检验报告和复验报告。

(3)软包衬板材质、品种、规格、含水率应符合设计要求。

面料及内衬材料的品种、规格、颜色、图案及燃烧性能等级应符合国家现行标准的有关规定。

检验方法:观察;检查产品合格证书、进场验收记录、性能检验报告和复验报告。

(4)软包工程的龙骨、边框应安装牢固。

检验方法:手扳检查。

(5)软包衬板与基层应连接牢固,无翘曲、变形,拼缝应平直,相邻板面接缝应符合设计要求,横向无错位拼接的分格应保持通缝。

检验方法:观察;检查施工记录。

2. 一般项目

(1)单块软包面料不应有接缝,四周应绷压严密。需要拼花的,拼接处花纹、图案应吻合。软包饰面上电气槽、盒的开口位置、尺寸应正确,套割应吻合,槽、盒四周应镶硬边。

检验方法:观察;手摸检查。

(2)软包工程的表面应平整、洁净、无污染、无凹凸不平及皱褶;图案应清晰、无色差,整体应协调美观、符合设计要求。

检验方法:观察。

(3)软包工程的边框表面应平整、光滑、顺直,无色差、无钉眼;对缝、拼角应均匀对称、接缝吻合。清漆制品木纹、色泽应协调一致。其表面涂饰质量应符合《建筑装饰装修工程质量验收标准》(GB 50210—2018)13 章的有关规定。

检验方法:观察;手摸检查。

(4)软包内衬应饱满,边缘应平齐。

检验方法:观察;手摸检查。

(5)软包墙面与装饰线、踢脚板、门窗框的交接处应吻合、严密、顺直。交接(留缝)方式应符合设计要求。

检验方法:观察。

(6)软包工程安装的允许偏差和检验方法应符合表 3-11-1 的规定。

表 3-11-1 软包工程安装的分许偏差和检验方法

项次	项目	允许偏差/mm	检验方法
1	单块软包边框水平度	3	用1m水平尺和塞尺检查
2	单块软包边框垂直度	3	用1m垂直检测尺检查
3	单块软包对角线长度差	3	从框的裁口里角用钢尺检查
4	单块软包宽度、高度	0,-2	从框的裁口里角用钢尺检查
5	分格条(缝)直线度	3	拉5m线,不足5m拉通线,用钢直尺检查
6	裁口线条结合处高度差	1	用直尺和塞尺检查

(二)常见的质量问题与预控

1. 软包饰面整体不平整,接缝不顺直

预防措施如下:

①对结构墙面进行防潮处理,防止软包的基层及饰面材料受潮变形。

②设计无要求时,基层龙骨间距控制在400～600mm,边安装边调平。

③基层板宜采用石膏板或埃特板。铺装用钉的长度大于等于基层板厚加20mm。

④根据设计要求装饰分格、造型、图案等尺寸,在基层板上弹出分格线,严格按照分隔线安装。

⑤对饰面材料进行逐一检查,保证长、宽、厚尺寸统一。

2. 软包饰面变形开裂

预防措施如下:

①软包饰面连续长度过长时,应设置伸缩缝。

②龙骨、基层板受潮变形、松动,会导致软包饰面板开裂,应在横向龙骨上制作贯通的通气孔,以防止龙骨、基层板受潮变形。

3. 软包面层褶皱、不平整

(1)预防措施如下:

①衬板按设计要求选材,设计无要求时,应采用厚度不小于5mm的多层板,按弹好的分格线尺寸进行下料制作。

②制作硬边拼缝预制镶嵌衬板时,在裁好的衬板一面四周钉上木条,木条的规格、倒角形式按设计要求。设计无要求时,木条一般不小于10mm×10mm,倒角不小于5mm×5mm圆角。

③内衬材料(玻璃丝棉等)要按照衬板上所钉木条内侧的实际净尺寸下料,四周与木条之间应吻合、无缝隙,厚度宜高出木条1～2mm,用环保型胶黏剂平整地粘贴在衬板上。

④软包布料定位、对花后,先用马钉和乳胶液将上端固定牢固,然后将下端和两侧位置找好、展平,将面料卷过衬板约50mm并用马钉和乳胶液固定在衬板上,要求固定牢固。软包布面不应有接头,应用整块布料。

4. 阴阳角对接不紧密、不平直

预防措施如下：

①阴角处应提前预制、安装好合适尺寸的衬木。详见节点图 3-11-2。

②阴角处安装实木装饰角，装饰角样式、材质按照设计要求制作。详见节点图3-11-3。

③阳角处安装实木装饰角，装饰角样式、材质按照设计要求制作。详见节点图3-11-4。

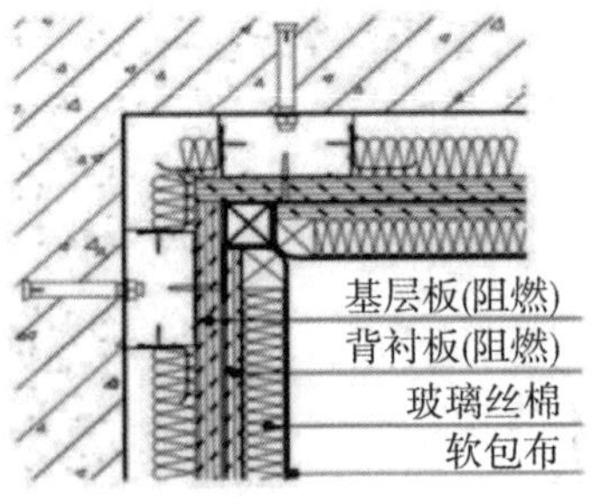

图 3-11-2　软包阴角做法

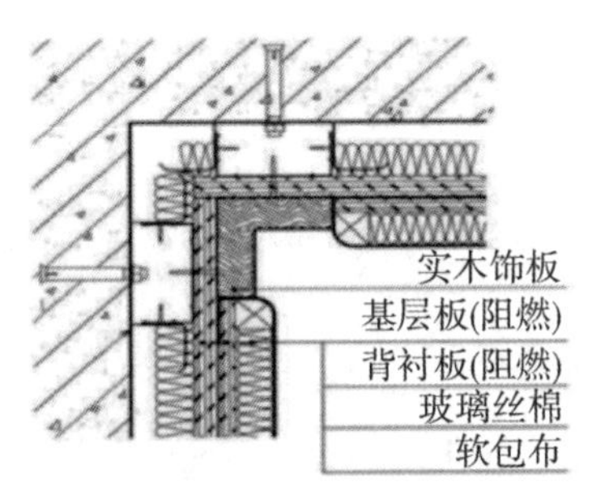

图 3-11-3　软包阴角做法

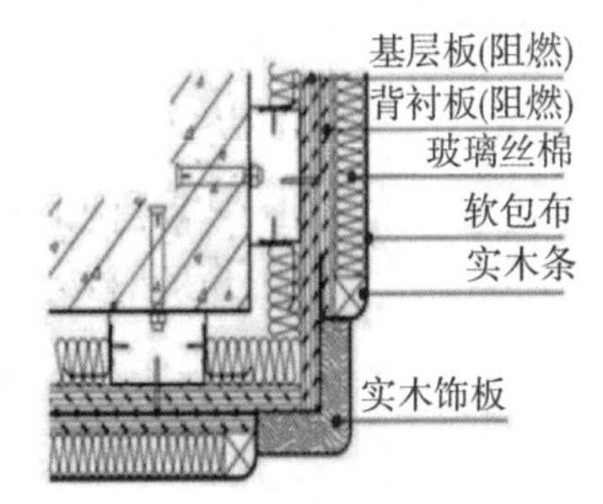

图 3-11-4　软包阳角做法

五、验收成果

软包工程检验批质量验收记录

<table>
<tr><td colspan="3">单位(子单位)
工程名称</td><td></td><td>分部(子分部)
工程名称</td><td>建筑装饰装修
分部——裱糊与
软包子分部</td><td>分项工程
名称</td><td>软包分项</td></tr>
<tr><td colspan="3">施工单位</td><td></td><td>项目负责人</td><td></td><td>检验批容量</td><td></td></tr>
<tr><td colspan="3">分包单位</td><td></td><td>分包单位
项目负责人</td><td></td><td>检验批部位</td><td></td></tr>
<tr><td colspan="3">施工依据</td><td colspan="2">《住宅装饰装修工程施工规范》
(GB 50327—2001)</td><td>验收依据</td><td colspan="2">《建筑装饰装修工程质量验收标准》
(GB 50210—2018)</td></tr>
<tr><td colspan="3">验收项目</td><td>设计要求及
规范规定</td><td>最小/实际
抽样数量</td><td colspan="2">检查记录</td><td>检查
结果</td></tr>
<tr><td rowspan="4">主控项目</td><td>1</td><td>材料质量</td><td>第 11.3.2 条</td><td>/</td><td colspan="2">质量证明文件齐全，试验合格，报告编号</td><td></td></tr>
<tr><td>2</td><td>安装位置、构造做法</td><td>第 11.3.3 条</td><td>/</td><td colspan="2">抽查处，合格处</td><td></td></tr>
<tr><td>3</td><td>龙骨、衬板、边框安装</td><td>第 11.3.4 条</td><td>/</td><td colspan="2">抽查处，合格处</td><td></td></tr>
<tr><td>4</td><td>单块面料</td><td>第 11.3.5 条</td><td>/</td><td colspan="2">抽查处，合格处</td><td></td></tr>
</table>

续表

<table>
<tr><th colspan="4">验收项目</th><th>设计要求及规范规定</th><th>最小/实际抽样数量</th><th>检查记录</th><th>检查结果</th></tr>
<tr><td rowspan="7">一般项目</td><td>1</td><td colspan="2">软包表面质量</td><td>第11.3.6条</td><td>/</td><td>抽查处,合格处</td><td></td></tr>
<tr><td>2</td><td colspan="2">边框安装质量</td><td>第11.3.7条</td><td>/</td><td>抽查处,合格处</td><td></td></tr>
<tr><td>3</td><td colspan="2">清漆涂饰</td><td>第11.3.8条</td><td>/</td><td>抽查处,合格处</td><td></td></tr>
<tr><td rowspan="4">4</td><td rowspan="4">安装允许偏差</td><td>垂直度/mm</td><td>3</td><td>/</td><td>抽查处,合格处</td><td></td></tr>
<tr><td>边框宽度、高度/mm</td><td>0—2</td><td>/</td><td>抽查处,合格处</td><td></td></tr>
<tr><td>对角线长度差/mm</td><td>3</td><td>/</td><td>抽查处,合格处</td><td></td></tr>
<tr><td>裁口、线条接缝高低差/mm</td><td>1</td><td>/</td><td>抽查处,合格处</td><td></td></tr>
<tr><td colspan="4">施工单位
检查结果</td><td colspan="4">专业工长：
项目专业质量检查员：
年　月　日</td></tr>
<tr><td colspan="4">监理单位
验收结论</td><td colspan="4">专业监理工程师：
年　月　日</td></tr>
</table>

六、实践项目成绩评定

序号	项目	技术及质量要求	实测记录	项目分配	得分
1	工具准备			10	
2	龙骨、衬板、边框安装			10	
3	施工工艺流程			15	
4	验收工具的使用			10	
5	施工质量			35	
6	文明施工与安全施工			15	
7	完成任务时间			5	
8	合计			100	

任务12 集成墙面施工

集成墙面是2009年针对家装污染以及工序烦琐等弊端，提出的集成化全屋装修解决方案。集成墙面按材料分共分为5种：第一种材料采用铝锰合金、隔音发泡材料、铝箔三层压制而成；第二种是纳米纤维类，是采取竹木纤维为主材、高温状态挤压成型而成；第三种是实木集成墙面，是采用天然原木进行切割和表面抛光等处理制成的板材。第四种是生态石材集成墙面，是采用天然大理石石粉加入食品级树脂材料共挤形成。第五种是高分子类集成墙面，是以高分子化合物为基础材料，加入增强纤维，应用高科技工艺高温脱模处理而成。表面除了拥有墙纸、涂料所拥有的彩色图案外，其最大特色就是立体感很强，拥有凹凸感的表面。集成墙成的优点有：

(1)集成墙面安装更简易快捷。木工师傅直接在毛坯墙与顶上安装全屋吊顶和集成墙面即可，快速便捷；常规住宅20多天即可速装完毕；一站购齐装好，省时、省心、省事、省力。

(2)集成墙面整装更保温、隔热节能。集成墙面保温隔热，与普通板室内温度相差7℃；相比油漆房室内温度相差10℃。冷热保温能力强，降耗节能。

(3)集成墙面能防腐、防潮、防火、隔音。环保铝材，稳定性强抗老化，耐水侵蚀。集成墙面发泡隔层，隔音高达30分贝，相当于又加了一堵实体墙的隔音效果；生态铝材阻燃发泡隔层，防火耐温。

集成墙面风格多样，时尚亮丽或沉稳大气，梦幻组合；根据设计师设计即可完成。如图3-12-1集成墙面图。

图3-12-1　集成墙面图

一、施工任务

室内墙面拟采用9mm×600mm×2000mm的竹木纤维集成墙板进行装饰施工，请根据工程实际情况组织施工，并完成相关报验工作。

二、施工准备

(一)材料准备

(1)铝合金集成墙面:由铝合金层、发泡层、铝箔三层压制而成,所以铝合金集成墙面会存在金属氧化、金属导电、金属辐射、中间发泡层不防火、铝的软性材料不耐撞击、铝合金不容易造型等缺点。但它具有绿色环保、隔热保温节能、防火防水防潮、隔音等功能性作用。

(2)竹木纤维集成墙面:由竹木纤维在高温状态下挤压成型,整个生产全过程不含任何胶水成分,完全避免了甲醛释放对人体的危害。

(3)生态铝集成墙面:与竹木纤维集成墙面一样采用外置中空的结构,但是其采用纯铝制成,质地坚硬但质量过重。

(4)高分子集成墙面:以高分子化合物为基础材料,加入增强纤维,应用高科技工艺高温脱模处理,具有高致密性及超强抗腐性、防变形、不褪色、不发霉等优越性能。

(5)生态石材集成墙面:采用天然大理石石粉加入食品级树脂材料共挤形成,平整度高,硬度高,柔韧性佳。

(6)木方:主要使用在顶部回光带部位的结构部分。

(7)木工板:主要使用在背景墙部位。

(8)角线:部分边角处收边。

(二)机具准备

台式切割机、研磨机、美工刀、直角尺、卷尺、三角锉刀、曲线锯、3P 气泵、气枪、水泥直钉枪等。

三、组织施工

(一)施工工艺流程

基层处理→分格弹线→安装龙骨→集成墙面安装→各种线条的安装。

(二)施工质量控制要点

(1)基层处理:集成墙面安装前要先清理干净现场建筑垃圾,创造良好安全施工环境;墙面必须保证平整,对于凹凸部位必须填补或铲平整。

(2)分格弹线:根据集成墙面的花形确定龙骨铺设方式,墙面安装则不需要龙骨,应根据设计及建筑物外形尺寸确定起步位置及板缝连接位置,分别弹出水平及垂直线。根据建筑物各部位的外形尺寸与集成墙面长度确定龙骨位置,弹竖直线;龙骨间距,高度大于3 时,一般为 400~500mm,高度小于 3m 时,间距控制在 500~600mm。在阴阳角、窗口、阳台四周挂纵横向控制线。

(3)安装龙骨:如果是墙体安装集成墙面则无须安装龙骨;如果是天花吊顶则需要安装龙骨。按位置安装镀锌龙骨,膨胀螺栓固定;镀锌龙骨安装平整与垂直度允许偏差控制在±2.5mm 以内。

(4)集成墙面安装:按设计图纸及墙面实际尺寸裁切集成墙面,应注意图案拼接缝对齐,根据水平控制线从下而上安装集成墙面,与龙骨固定可采取自攻螺丝或拉铆钉方式,不得遗漏。

(5)各种线条的安装:按图纸安装要求,找到要安装线条的地方,然后再确定该用什么样的线条及颜色。在安装线条时,需要对接拼缝处,缝隙一律按 45°切角,拼接时要保证平滑、上下左右对齐。上墙时要看对角的平行度,缝隙太小在无问题时可用蚊钉、结构胶直接装配。

四、组织验收

(一)验收规范

1. 一般规定

(1)同一品种的装配式墙面工程每 50 间应划分为一个检验批,不足 50 间应划分为一个检验批,大面积房间和走廊可按装配式墙面面积 $30m^2$ 计为 1 间。

(2)每个检验批应至少抽查 20%,并不得少于 6 间,不足 6 间时应全数检查。

(3)复合板装配式墙面工程应对装配式内装所涉及的下列隐蔽工程项目进行验收:预埋件、龙骨安装、连接件、防潮、防火处理、龙骨防腐处理。

2. 主控项目

(1)已施工完成的基体、基层和管线敷设的施工质量应符合设计及相关标准的要求。

检验方法:观察;检查其隐蔽工程验收记录、施工记录、检验批和分项技术资料。

(2)已施工完成的基体、基层和管线敷设的空间尺寸应符合设计、专项施工方案及内装部品对安装的要求。

检验方法:观察;尺量检查,检查施工记录、检验批和分项技术资料。

(3)内装部品的品种、材质、性能、规格、图案和颜色应符合设计、专项施工方案和相关标准的要求。

检验方法:观察;尺量检查;检查质量证明文件、复验报告和进场验收记录。

(4)现场安装连接节点构造应符合设计要求及相关标准的规定。

检验方法:检查其隐蔽工程验收记录、性能检验报告和施工记录。

(5)内装部品的安装应牢固、严密。

检验方法:观察;手扳检查;检查其隐蔽工程验收记录和施工记录。

(6)装配式墙面的空间尺寸、造型、图案和颜色应符合设计要求。

检验方法:观察;尺量检查。

3. 一般项目

(1)安装应平整、洁净、色泽均匀,带纹理饰面板朝向应一致,不应有裂痕、磨痕、翘曲、裂缝和缺损,墙面造型、图案颜色,排布形式和外形尺寸应符合设计要求。

检验方法:观察;尺量检查。

(2)孔洞套割应尺寸准确,边缘整齐、方正,并应与电器口盖交接严密、吻合。

检验方法:观察;尺量检查。

(3)接缝应平直、光滑、宽窄一致,纵横交错处应无明显错位;填嵌应连续、密实;宽度、深度、颜色应符合设计要求。密缝饰面板应无明显缝隙,线缝平直。

检验方法:观察;尺量检查。

(4)钉眼应设于不明显处。

检验方法:观察。

(5)安装的允许偏差和检验方法应符合表 3-12-1 的规定。

表 3-12-1 装配式墙面安装允许偏差和检验方法

项次	项目	允许偏差/mm				检验方法
		石材	陶瓷	软包	装饰膜复合板	
1	立面垂直度	2	2	3	2	用 2m 垂直检测尺检查
2	表面平整度	2	2	3	1	用 2m 靠尺和塞尺检查
3	阴阳角方正	2	2	3	2	用直角检测尺检查
4	接缝直线度	2	2	2	2	拉 5m 线,不足 5m 拉通线,用钢直尺检查
5	压条直线度	2	2	2	2	拉 5m 线,不足 5m 拉通线,用钢直尺检查
6	接缝高低差	1	1	1	1	用钢直尺和塞尺检查
7	接缝宽度	1	1	1	1	用钢直尺检查

(二)常见的质量问题与预控

1. 基层裸露铁件

(1)产生原因:预制板材类基层表面上的五金铁件及安装板材所用的木螺钉和钉子等,会在涂装涂料后生锈。铁锈会影响涂膜,对涂膜产生污染或造成其剥落。安装室内的墙壁和顶棚的板材类的钉子等,也常常由于钉子帽镀锌层被锤击损伤而产生锈蚀污染。

(2)措施:进行涂料工程施工前,先对铁件采取防锈或封闭措施,例如用溶剂型清漆刷涂铁件表面。

2. 模板错位棱

(1)产生原因:影响涂料工程的表面平整度。

(2)措施:用手提式电动砂轮机打磨平整,填平凹处。

3. 板材接缝

(1)产生原因:在涂料涂装后裂缝进一步扩大,使涂膜表面出现较大的裂缝。

(2)措施:根据板材的种类采取不同的措施。

五、验收成果

集成墙面安装检验批质量验收记录

单位（子单位）工程名称		分部（子分部）工程名称	建筑装饰装修分部——饰面板子分部	分项工程名称	木板安装分项
施工单位		项目负责人		检验批容量	
分包单位		分包单位项目负责人		检验批部位	
施工依据	住宅装饰装修工程施工规范（GB 50327—2001）		验收依据	《建筑装饰装修工程质量验收标准》（GB 50210—2018）	

验收项目				设计要求及规范规定	最小/实际抽样数量	检查记录	检查结果
主控项目	1	饰面板品种、规格、质量		第 8.2.2 条	/	质量证明文件齐全，试验合格，报告编号	√
	2	饰面板孔、槽、位置、尺寸		第 8.2.3 条	/	抽查处，合格处	√
	3	饰面板安装		第 8.2.4 条	/	抽查处，合格处	√
一般项目	1	饰面板表面质量		第 8.2.5 条	/	抽查处，合格处	√
	2	饰面板嵌缝		第 8.2.6 条	/	抽查处，合格处	√
	3	湿作业施工		第 8.2.7 条	/	抽查处，合格处	√
	4	饰面板孔洞套割		第 8.2.8 条	/	抽查处，合格处	√
	5	木板安装允许偏差	项目	允许偏差/mm	最小/实际抽样数量	检查记录	检查结果
			立面垂直度	1.5	/	抽查处，合格处	√
			表面平整度	1	/	抽查处，合格处	√
			阴阳角方正	1.5	/	抽查处，合格处	√
			接缝直线度	1	/	抽查处，合格处	√
			墙裙勒角上口直线度	2	/	抽查处，合格处	√
			接缝高低差	0.5	/	抽查处，合格处	√
			接缝宽度	1	/	抽查处，合格处	√
施工单位检查结果				主控项目全部合格，一般项目满足规范规定要求；检查评定合格 专业工长： 项目专业质量检查员： 年　月　日			
监理单位验收结论				专业监理工程师： 年　月　日			

六、实践项目成绩评定

序号	项目	技术及质量要求	实测记录	项目分配	得分
1	工具准备			10	
2	面板安装			15	
3	饰面板孔洞套割			10	
4	施工流程			20	
5	文明施工与安全施工			10	
6	检验方法			10	
7	施工质量			20	
8	完成任务时间			5	
9	合计			100	

思考题

一、选择题(混选)

1.抹灰工程中的硅酸盐水泥应优先用于(　　)的环境。

A.抗碳化　　B.耐腐蚀性要求高

C.耐热　　D.高密度

2.涂料墙柱面基层处理应达到的要求(　　)

A.必须平整　　B.表面颜色应一致

C.光滑　　D.较为粗糙

3.抹灰常用手工工具有(　　)。

A.木杠、方尺、小水桶、压子　　B.水平尺、扳手、线坠、切割机

C.直角尺、墨斗、凿、锤　　D.刮胶抹子、扁铲、方尺、剁斧

4.、常用的涂料施涂机具主要是用于(　　)

A.涂料搅拌　　B.喷涂　　C.刷涂　　D.抹涂

5.水泥砂浆不得直接抹在(　　)上。

A.石灰砂浆　　B.水泥混合砂浆

C.聚合物水泥砂浆　　D.膨胀珍珠岩

6.抹灰饰面工程中,砖、石、混凝土面基层的含水量不得大于(　　)。

A.4%　　B.6%　　C.8%　　D.10%

7.在抹灰类饰面的施工中,每层抹灰的厚度不得大于(　　)。

A.11%　　B.12%　　C.14%　　D.15%

8. 外墙面一般抹灰工程中，抹完后应在常温下(　　)喷水养护。

A. 3h　　B. 7h　　C. 14h　　D. 24h

9. 外墙面一般抹灰工程中，抹完后养护时间一般为(　　)以上。

A. 3d　　B. 7d　　C. 14d　　D. 28d

10. 加气混凝土基层在冲筋完后约(　　)就可以抹底子灰了。

A. 2h　　B. 3h　　C. 4h　　D. 5h

11. 抹灰工程中砂浆选用的砂子一般为(　　)。

A. 河砂　　B. 海砂　　C. 人造砂　　D. 混合砂

12. 涂料饰面的涂膜粗糙的基层要求(　　)。

A. 基层不平处用腻子修补填平　　B. 用砂纸打磨光滑

C. 擦出粉尘后在施涂　　D. 用素水泥浆找平

13. 涂料施工过程中基层处理的清扫内容有(　　)。

A. 基层面上的砂浆　　B. 灰尘

C. 油渍　　D. 污垢

14. 饰面板类施工检验方法中的观察法包括(　　)。

A. 产品合格证　　B. 进场验收记录

C. 性能检测报告　　D. 复验报告

15. 下列属于涂料饰面施工方法的是(　　)。

A. 喷涂　　B. 滚涂　　C. 刷涂　　D. 抹涂

16. 刷封底涂料的目的是(　　)。

A. 让木质含水率稳定

B. 增加涂料的附着力

C. 避免木质密度不同吸油不一致而产生色差

D. 使其光华、美观

17. 涂料饰面的通病有(　　)。

A. 涂料流坠　　B. 涂层颜色不均匀

C. 涂膜开裂　　D. 涂膜起泡、剥落

18. 内墙贴面砖的施工操作要点有(　　)。

A. 弹线　　B. 排砖　　C. 做标志块　　D. 垫底尺

19. 湿作业法铺贴工艺适用于(　　)墙体的铺贴。

A. 砖墙　　B. 混凝土墙　　C. 旧饰面基层　　D. 加气混凝土墙

20. 饰面板工程常用检验方法有(　　)。

A. 观察　　B. 记录　　C. 触摸　　D. 小锤敲击

21. 饰面砖表面的基本要求是(　　)。

A. 平整　　B. 洁净　　C. 色泽一致　　D. 无缺损

22. 在裱糊类饰面装饰施工中，腻子主要用作修补填平基层表面(　　)。

A. 麻点　　B. 坑　　C. 接缝　　D. 钉孔

23. 裱糊工程应该在(　　)做完后再进行。

A. 顶棚喷浆　　B. 门窗油漆　　C. 地面　　D. 墙面抹灰

24. 在裱糊类饰面装饰施工中,混凝土抹灰基层处理主要包括(　　)。

A. 灰尘　　B. 污垢　　C. 溅沫　　D. 有害的碱性

25. 在裱糊类饰面装饰施工中,应根据(　　)进行弹划基准线。

A. 房间大小　　B. 门窗位置　　C. 墙纸宽度　　D. 花纹图案

26. 在裱糊类饰面装饰施工中,每个墙面的第一垂线可确定在小于壁纸幅宽(　　)。

A. 50mm　　B. 90mm　　C. 70mm　　D. 80mm

27. 在裱糊类饰面装饰施工中,基层表面的涂胶宽度应比预贴壁纸宽(　　)。

A. 10mm　　B. 20mm　　C. 25mm　　D. 30mm

28. 在裱糊类饰面装饰施工中,阴角壁纸应搭缝施工,搭接宽度一般可为(　　)。

A. 1.5mm　　B. 2mm　　C. 2.5mm　　D. 3mm

二、填空题

1. 裱糊工程常用材料主要有________、________、________、腻子和基层涂料。

2. 和抹灰类饰面施工一样,裱糊类装饰饰面施工的第一步也是________。

3. 为使壁纸粘贴的花纹、图案、线条纵横连贯,在底胶干后,根据房间大小、门窗位置进行________。

4. 为了使所有材料进行伸缩,以便更好裱糊,在进行裱糊前,应先将壁纸进行________。

5. 基层表面的涂胶宽度应比预贴壁纸宽________mm。

6. 弹线时应该从墙面的________处开始。

7. 裱糊的原则:先________后________,先________后________。

8. 对壁纸墙面有气泡的,可用________将空气抽空。

9. 釉面砖镶贴前,应放入水中充分浸泡,一般需要________时间。

10. 釉面砖铺贴墙面时,应遵循________顺序。

11. 从涂抹水泥浆到镶贴面砖和修整缝隙,全部工作应在________完成。

12. 对于满黏法施工的饰面砖应采取________、________方法检查其是否有空鼓、裂缝。

13. 饰面板的粘贴安装法中第一步施工程序是________。

14. 外墙面一般抹灰工程中,抹完后应在常温下________后喷水养护。

15. 外墙面一般抹灰工程中,抹完后养护时间一般为________以上。

16. 加气混凝土基层在冲筋完后约________就可以抹底子灰。

17. 刷封底涂料时应________、________、顺着木纹来回均匀地涂刷。

18. 涂料饰面的施工方法一般有________、滚涂、________、弹涂、________、刷涂等。

19. 抹灰工具中,用于搓平压实砂浆表面的抹子是________。

三、简答题

1. 腻子层出现粉化现象要如何处理?

2. 外墙面一般抹灰顺序是什么?

3.简述内墙抹灰的施工工艺及操作要点,常见的质量问题、产生原因和处理办法。
4.简述砖砌墙面、混凝土墙面在抹灰时的基层处理方法。
5.建筑装饰涂料有哪些类型?涂料饰面质量的通病是什么?
6.列举混凝土及抹灰墙柱面涂料饰面施工要点。
7.涂料饰面工程中,不同基层应如何处理?
8.简述合成树脂乳液涂料施工工艺。
9.不同材质的基层,裱糊工程施工时有哪些处理方法?
10.简述裱糊和软包工程施工工艺及操作要点。
11.简述饰面板粘贴法施工要点,常见的质量问题、产生原因和处理办法。
12.简述裱糊类墙柱面装饰施工操作方法。
13.简述内墙镶贴面砖饰面施工的程序。
14.内墙抹灰中为什么要对墙体进行甩浆处理?
15.简述贴面类饰面中的砖墙基体基层处理方法。
16.简述贴面类饰面中的混凝土基体处理方法。
17.简述内墙镶贴面铺贴砖时的操作步骤。
18.简述饰面板的质量要求和常用检验方法。

项目四 楼地面装饰施工

知识目标

1. 了解楼地面各类装饰材料及其施工机具。

2. 熟悉楼地面各类装饰施工工艺及操作要点。

3. 掌握楼地面各类装饰施工的质量验收标准及具有处理各类质量通病的技术能力。

能力目标

1. 能正确选用楼地面各类装饰材料及机具的能力。

2. 能对楼地面各类装饰合理组织施工,进行技术交底。

3. 能对楼地面各类装饰施工质量进行管控及验收,具有处理各类质量通病的技术能力。

任务概述

楼地面的构造一般是指楼板层、钢筋混凝土楼板、顶棚、阳台、雨篷等相关构造与组成。

楼地面由基层、垫层和面层三部分组成,可分为四类:整体地面、块料地面、木地面和人造软地面。

任务1 水泥砂浆楼地面施工

整体地面也称为整体面层,是指一次性连续铺筑而成的面层,这种地面的面层直接与人或物接触,是直接承受各种物理和化学作用的建筑地面表面层,其种类很多,常见的主要有水泥砂浆面层、水泥混凝土面层和水磨石面层。水泥砂浆的楼地面构造如图4-1-1所示。

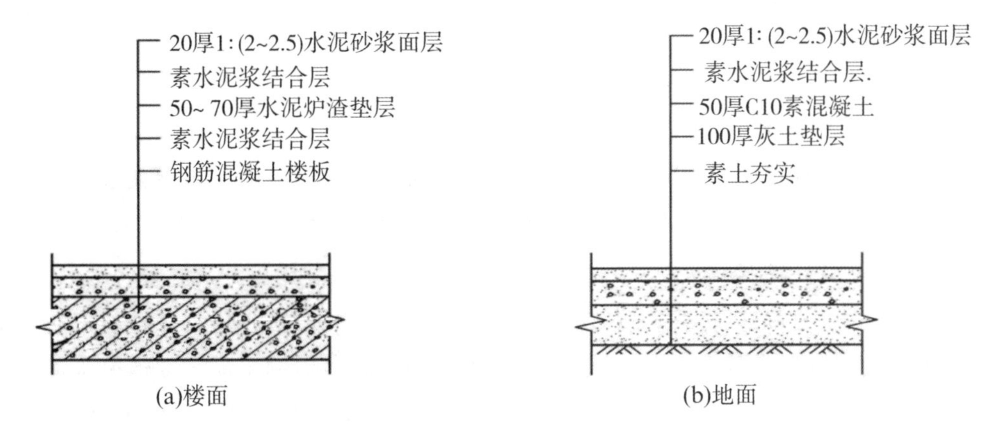

图 4-1-1　水泥砂浆楼地面构造

一、施工任务

室内非机动车车库拟采用 1∶2.5 水泥砂浆进行地面装修施工，请根据工程实际情况组织施工，并完成相关报验工作。

二、施工准备

(一)材料准备

(1)水泥。采用强度等级为 325# 或 425# 普通硅酸盐水泥或矿渣硅酸盐水泥。

(2)砂。应采用中砂或中、粗混合砂，过 8mm 孔径筛子(含泥量 3%以内)。

(3)预拌砂浆。

(二)机具准备

砂浆搅拌机、木抹子、铁抹子、括尺(长 2～4m)、水平尺、喷壶等。

(三)作业准备

(1)建筑主体结构已完毕并经验收，室内墙面上已弹好＋500mm 的水平线，这是进行地面和顶棚施工的依据。

(2)地面或楼面的垫层(基层)已按照设计要求施工完成，混凝土的强度已在 5MPa 以上，预制空心楼板已嵌缝并经养护达到规定的强度。

(3) 建筑室内门框、预埋件、各种管线及地漏等已安装完毕，并经质量检查合格，地漏口已遮盖，并已办理预检和作业层结构的隐蔽验收手续。

(4)建筑室内的各种立管和套管通过楼地面面层的孔洞，已用细石混凝土灌好并封实。

(5)顶棚、墙面的抹灰工程已施工完毕，经质量验收合格，地漏处找好泛水及标高。

(6)地面基层已验收合格，墙面和柱面镶贴工作已完成。对卫生间等有瓷砖的墙面，应留下最下面一皮砖不贴，等地面施工完成后再进行镶贴。

三、组织施工

(一)施工工艺流程

清理基层→弹面层线→贴灰饼—→配制砂浆→铺筑砂浆→表面找平→面层压光→洒水养护。

(二)施工质量控制要点

(1)清理基层。将基层表面上的积灰、泥土、浮浆、油污及杂物清扫干净,明显凹陷处应用水泥砂浆或细石混凝土填平,表面光滑处应凿毛处理并清刷干净。在铺筑水泥砂浆前一天浇水湿润,表面积水应予排除。当表面不平,且低于铺设标高 30mm 的部位,应铺设细石混凝土找平。

(2)弹标高和面层水平线。根据墙面已弹出的+500mm 水平标高线,测量出地面面层的水平线,将其弹在四周的墙面上,并要与房间以外的楼道、楼梯平台、踏步的标高相互一致。

(3)贴灰饼。根据墙面弹出的标高线,用配合比为 1∶2 的干硬性水泥砂浆在基层上做灰饼,灰饼的大小约 50mm 见方,纵横间距约 1.5m。有坡度的地面,为便于排水,应坡向地漏。如局部厚度小于 10mm 时,应调整其厚度或将局部高出的部分凿除。对于面积较大的地面,应用水准仪测出基层的实际标高,并计算出面层的平均厚度,确定面层的标高,然后再按要求做灰饼。

(4)配制水泥砂浆地面面层。水泥砂浆的体积配合比宜为 1∶2(水泥:砂),稠度不大于 35mm,强度等级不应低于 M15。水泥砂浆应用机械进行搅拌,投料完毕后的搅拌时间应不少于 2min,要求拌合均匀,颜色一致。

(5)铺筑水泥砂浆。水泥砂浆面层的厚度应符合设计要求,且不应小于 20mm。在铺筑砂浆前先在基层上均匀刷一遍水泥浆,水泥浆的水灰比为 0.4～0.5,随刷水泥浆随铺筑砂浆。注意水泥砂浆的虚铺厚度宜高于灰饼 3～4mm。

(6)表面找平、第一遍压光。水泥砂浆铺筑后,随即用刮杠按照灰饼的高度,将水泥砂浆刮平,同时把灰饼剔掉,并用水泥砂浆填平。然后用木抹子揉搓压实,用刮杠检查表面平整度。待水泥砂浆收水后,随即用铁抹子进行第一遍抹平压实,抹压时应用力均匀,并向后倒退操作。如局部水泥砂浆过干,可用毛刷稍微洒水;如局部水泥砂浆过稀,可均匀撒一层配合比为 1∶2 的干水泥砂吸水,随手用木抹子用力搓平,使其互相混合并与水泥砂浆结合紧密。

(7)第二遍压光。在水泥砂浆达到初凝后进行第二遍压光,用铁抹子边抹边压,把死坑、砂眼填实压平,使面层表面平整。要求不得有漏压。

(8)第三遍压光。在水泥砂浆达到终凝前进行第三遍压光,即人踩上去稍有脚印时进行。在要求用抹子压光无痕时,用铁抹子把前一遍留的抹纹全部压平、压实、压光。

(9)进行养护。根据水泥砂浆铺筑时的环境温度确定开始养护时间。一般在第三遍压光结束 24h 后,在面层上洒水保持湿润,养护时间不少于 7d。

(10)分格缝的设置。当水泥砂浆面层需分格时，即做成假缝，这应在水泥砂浆初凝后进行弹线分格。宜先用木抹子沿线搓出一条一抹子宽的面层，用铁抹子压光，然后采用分格器进行压缝。分格缝要求平直，深浅一致。大面积水泥砂浆面层的分格缝的一部分位置应与水泥混凝土垫层的缩缝相对齐。

(11)踢脚线施工水泥。混凝土地面面层一般用水泥砂浆做踢脚线，并在地面面层完成后施工。底层和面层砂浆宜分两次抹成。抹底层砂浆前应先清理基层，洒水湿润，然后按标高线量出踢脚线的标高，拉通线确定底层厚度，在适当的位置贴灰饼，抹配合比为1∶3的水泥砂浆，用刮板刮平并搓毛，然后洒水养护。抹面层砂浆应在底层砂浆硬化后，拉线粘贴尺杆，抹配合比为1∶2的水泥砂浆，用刮板紧贴尺杆垂直地面刮平，用铁抹子压光。阴阳角、踢脚线的上口，用角抹子溜直压光。踢脚线的出墙厚度宜为5～8mm。

3. 施工工艺标准(见表4-1-1)

表4-1-1　施工工艺标准

序号	施工步骤	图示说明	质量控制要点	责任人	形成记录
1	施工准备		1.设计图纸确认及施工方案编制	技术负责人	施工方案
			2.技术交底	技术负责人 责任工程师	技术交底记录
			3.砂浆配合比、水泥砂体积比、稠度、砂浆度	责任工程师	配合比试验报告 商品砂浆报
			4.机具准备及作业条件检查		检查记录
			5.墙面弹出+500(1000)mm标高控制线；	测量员	测量放线记录
			6.基层预埋管线验收及管线固定； 7.检查地漏、穿板管线等细部处理； 8.检查预埋地脚螺栓、铁件及预留孔洞； 9.作业层天棚(天花)、墙柱施工完毕	责任工程师	检验批验收记录
2	基层处理		1.浮渣清理、缺陷处理，要求平整洁净； 2.提前湿润但不得有积水及灰泥	责任工程师	隐蔽验收记录

续表

序号	施工步骤	图示说明	质量控制要点	责任人	形成记录
3	刷(刮)素水泥浆结合层		刷水灰比 0.4～0.5 的素水泥浆结合层	责任工程师	隐蔽验收记录
4	铺砂浆面层		1.在两冲筋之间均匀铺上砂浆,比冲筋面略高,然后用刮尺以冲筋为准刮平、拍实; 2.待表面水分稍干后用木抹子搓压打磨,要求把砂眼、凹坑、脚印打磨掉	责任工程师	施工记录
5	面层压光		1.打磨完后即用纯水泥浆均匀满涂在面上,用铁抹子抹光; 2.第二遍压光:初凝后用铁抹子压抹,要求不漏压,凹坑、砂眼和脚印压平压实压光; 3.第三遍压光:终凝前(脚踩有轻微印迹,试抹无抹纹)进行第三遍抹压,把第二遍压光留下的抹纹、细孔等抹平	责任工程师	施工记录
6	养护		1.压光 12h 后覆盖、洒水或喷水养护,每天洒水 3～4 次,必要时蓄水养护,蓄水厚度大于 20mm。 2.养护时间不宜少于 7 天。	责任工程师	养护记录

四、组织验收

(一)验收规范

1.保证项目

(1)水泥、砂的材质必须符合设计要求和施工及验收规范的规定。

(2)砂浆配合比要准确。

(3)地面层与基层的结合必须牢固无空鼓。

2. 基本项目

(1)表面洁净,无裂纹、脱皮、麻面和起砂等现象。

(2)地漏和有坡度要求的地面,坡度应符合设计要求,不倒泛水,无积水,防水地面、楼面无渗漏,抹面与地漏(管道)结合严密平顺。

(3)踢脚板高度一致,出墙厚度均匀,与墙面结合牢固,局部空鼓的长度不大于200mm,且在一个检查范围内不多于两处。

3. 允许偏差项目(见表 4-1-2)。

表 4-1-2　水泥地面的允许偏差

项目	允许偏差/mm	检查方法
表面平整度	4	用 2m 靠尺和楔形塞尺检查
踢脚板上口平直	4	拉 5m 线,不足 5m 拉通线尺量检查
分格缝平直	3	—

(二)常见的质量通病及预控

水泥砂浆地面由于存在设计不周、施工管理不善、违章作业和使用材料不当等多方面的原因,导致水泥砂浆地面常见的质量通病有裂缝、空鼓、起砂、起皮等。

表 4-1-3　水泥砂浆常见的质量通病及预控

序号	质量通病	产生原因	预控措施
1	面层起砂、开裂	1. 原料质量不合格,如水泥强度等级低、安定性不达标、砂过细或含泥量大等; 2. 配合比不当、水灰比过大、表面强度低; 3. 砂浆搅拌不均匀,压光遍数少或操作时机不佳; 4. 面层养护时间不足,覆盖、保湿不到位; 5. 冬季施工保温抗冻措施不到位	1. 控制水泥、砂原材质量,严格按配合比搅拌,控制水灰比。砂浆稠度(以标准圆锥体沉入度计)不宜大于 35mm; 2. 掌握面层压光时间和遍数,地面压光不少于三遍:第一遍随铺随进行,第二遍压光在初凝后终凝前完成,第三遍在终凝前进行,用于消除抹痕和封闭毛细孔,忌在终凝后再抹压; 3. 确保连续养护时间,不宜少于 7 天; 4. 冬季应该采取抗冻保温措施
2	空鼓(起壳)	1. 基层清理不干净或表面酥松、铺浆前未湿润或基层有积水,导致砂浆与基层结合不牢; 2. 基层平整度差异大,砂浆厚薄不一导致收缩失水不一致,造成开裂空鼓; 3. 砂子粒径不达标、水灰比大; 4. 工艺流程不严谨,未做到结合层与砂浆随刷随铺	1. 面层施工前严格处理好基层,包括含水率、平整度、基层强度等; 2. 严格控制砂浆材料品质和水灰比等技术需求; 3. 素水泥浆结合层与砂浆层应同步随刷随铺; 4. 做好成品保护,养护期间严禁堆重物、禁止动荷载碾压

五、验收成果

水泥砂浆面层检验批质量验收记录

单位(子单位)工程名称		分部(子分部)工程名称	建筑装饰装修分部——建筑地面子分部	分项工程名称	整体面层铺设分项
施工单位		项目负责人		检验批容量	
分包单位		分包单位项目负责人		检验批部位	
施工依据	《住宅装饰装修工程施工规范》(GB 50327—2001)		验收依据	《建筑地面工程施工质量验收规范》(GB 50209—2022)	

<table>
<tr><th colspan="4">验收项目</th><th>设计要求及规范规定</th><th>最小/实际抽样数量</th><th>检查记录</th><th>检查结果</th></tr>
<tr><td rowspan="5">主控项目</td><td>1</td><td colspan="2">水泥质量</td><td>第 5.3.2 条</td><td>/</td><td>质量证明文件齐全,试验合格,报告编号</td><td></td></tr>
<tr><td>2</td><td colspan="2">外加剂的技术性能、品种和掺量</td><td>第 5.3.3 条</td><td>/</td><td>质量证明文件齐全,试验合格,报告编号</td><td></td></tr>
<tr><td>3</td><td colspan="2">体积比和强度</td><td>第 5.3.4 条</td><td>/</td><td>试验合格,报告编号</td><td></td></tr>
<tr><td>4</td><td colspan="2">有排水要求的地面</td><td>第 5.3.5 条</td><td>/</td><td>抽查处,合格处</td><td></td></tr>
<tr><td>5</td><td colspan="2">面层与下一层结合</td><td>第 5.3.6 条</td><td>/</td><td>抽查处,合格处</td><td></td></tr>
<tr><td rowspan="10">一般项目</td><td>1</td><td colspan="2">坡度</td><td>第 5.3.7 条</td><td>/</td><td>抽查处,合格处</td><td></td></tr>
<tr><td>2</td><td colspan="2">表面质量</td><td>第 5.3.8 条</td><td>/</td><td>抽查处,合格处</td><td></td></tr>
<tr><td>3</td><td colspan="2">踢脚线与墙面结合</td><td>第 5.3.9 条</td><td>/</td><td>抽查处,合格处</td><td></td></tr>
<tr><td rowspan="4">4</td><td rowspan="4">楼梯、台阶踏步</td><td>踏步尺寸及面层质量</td><td>第 5.3.10 条</td><td>/</td><td>抽查处,合格处</td><td></td></tr>
<tr><td>楼层梯段相邻踏步高度差</td><td>10mm</td><td>/</td><td>抽查处,合格处</td><td></td></tr>
<tr><td>每踏步两端宽度差</td><td>10mm</td><td>/</td><td>抽查处,合格处</td><td></td></tr>
<tr><td>旋转楼梯踏步两端宽度</td><td>5mm</td><td>/</td><td>抽查处,合格处</td><td></td></tr>
<tr><td rowspan="3">5</td><td rowspan="3">面层允许偏差</td><td>表面平整度</td><td>5mm</td><td>/</td><td>抽查处,合格处</td><td></td></tr>
<tr><td>踢脚线上口平直</td><td>4mm</td><td>/</td><td>抽查处,合格处</td><td></td></tr>
<tr><td>缝格平直</td><td>3mm</td><td>/</td><td>抽查处,合格处</td><td></td></tr>
<tr><td colspan="4">施工单位检查结果</td><td colspan="4">专业工长:
项目专业质量检查员:
年 月 日</td></tr>
<tr><td colspan="4">监理单位验收结论</td><td colspan="4">专业监理工程师:
年 月 日</td></tr>
</table>

六、实践项目成绩评定

序号	项目	技术及质量要求	实测记录	项目分配	得分
1	施工准备			10	
2	基层清理			15	
3	施工流程			20	
4	分格缝设置			10	
5	文明施工与安全施工			10	
6	验收工具的使用			10	
7	施工质量			20	
8	操作时间			5	
9	合计			100	

任务 2　地砖楼地面施工

砖地面是由陶瓷马赛克、缸砖、陶瓷地砖和水泥花砖等在水泥砂浆、沥青胶结料或胶黏剂结合层上铺设而成的。砖面层适用于工业及民用建筑铺设缸砖、水泥花砖、陶瓷马赛克面层的地面工程，如有较高清洁要求的车间、工作间、门厅、厕浴间、厨房等。陶瓷地砖地面构造如图 4-2-1 所示。

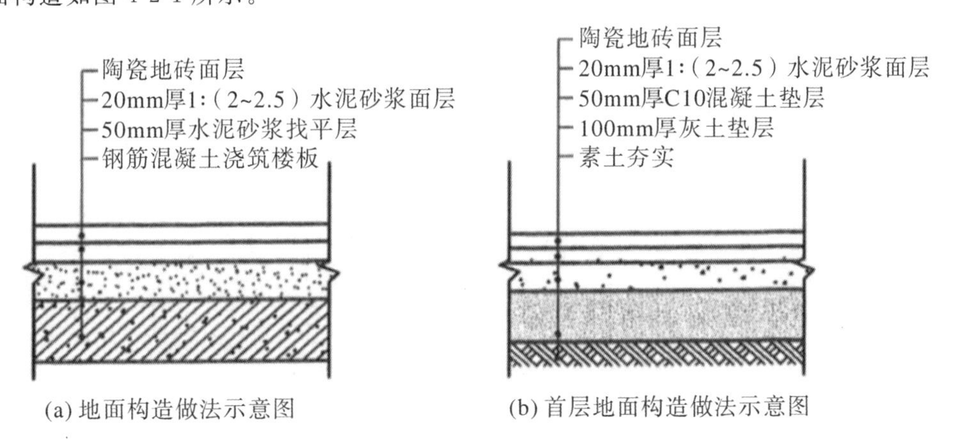

图 4-2-1　陶瓷地砖地面构造

一、施工任务

室内地面拟采用600mm×600mm×10mm抛光砖进行地面装修，试根据工程实际合理组织施工，并完成相关报验工作。

二、施工准备

(一)材料准备

水泥：应采用325#以上硅酸盐水泥、普通硅酸盐水泥和矿渣硅酸盐水泥。

砂：粗砂，含泥量不大于3%。

石子：采用碎石和卵石，其石子最大颗粒粒径不应大于面层厚度的2/3。细石混凝土面层采和的石子粒径不应大于15mm，含泥量不应大于2%。

水：宜采用饮用水。

(二)机具准备

混凝土搅拌机，平板振捣器、运输小车、水桶、扫帚、靠尺、铁滚子、木抹子、铁抹子、平锹、钢丝刷、凿子、锤子。

(三)作业准备

(1)内墙+500mm或+1000mm水平标高线已弹好，并校核无误。

(2)墙面抹灰、屋面防水施工已完成，门框已安装完。

(3)地面垫层以及预埋在地面内的各种管线已做完。穿过楼面的竖管已安完。

(4)地面垫层以及预埋在地面内的各种管线已做完。穿过楼面的竖管已安完。

(5)管洞已堵塞密实，有地漏的房间应找好泛水。

三、组织施工

(一)施工工艺流程

基层处理→刷素水泥浆结合层→摊铺混凝土拌合物→抹平→振捣及施工缝处理→抹平→压光→养护→保护。

(二)施工质量控制要点

(1)基层处理。将基层凿毛，凿毛深度为5～10mm，再将混凝土地面上的杂物清理干净，如有油污，应用10%的火碱水刷净，并用清水及时将其上的碱液冲净。

(2)找标高。根据水平标准线和设计厚度，在四周墙、柱上弹出面层的上水平标高控制线(见图4-2-1)。

(3)铺找平层砂浆。铺砂浆前，基层浇水润湿，刷一道水胶比为0.4～0.5的素水泥浆，随刷随铺1∶(2～3)的干硬性水泥砂浆。有防水要求时，找平层砂浆或水泥混凝土要掺防水剂，或按照设计要求加铺防水卷材。

(4)弹铺砖控制线。在已有一定强度的找平层上弹出与门道口成直角的基准线，弹线应考虑板块间隙，弹出纵横定位控制线。弹线从门口开始，以保证进口处为整砖，非整砖置于阴角或家具下面。

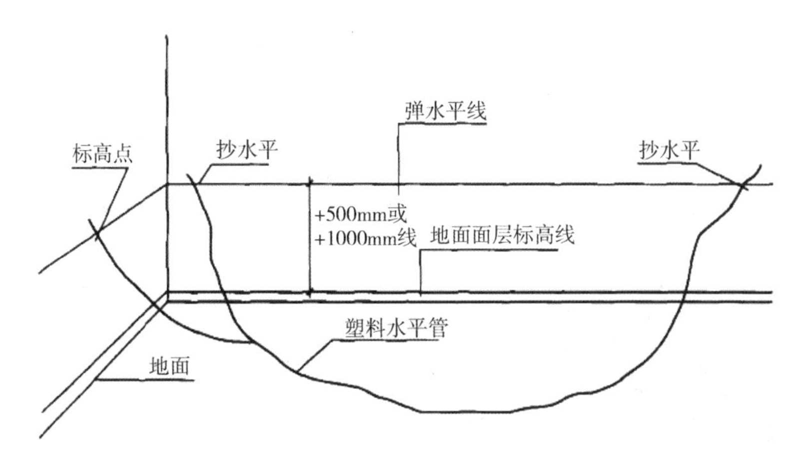

图 4-2-1　找标高弹线

(5)铺地面砖板块。铺砖前将板块浸水润湿，并码好阴干备用。铺砌时切忌板块有明水。铺砌前，按基准板块先拉通线，对准纵横缝按线铺砌。为使砂浆密实，用橡皮锤轻击板块，如有空隙应补浆，有明水时撒少许水泥粉。缝隙、平整度满足要求后，揭开板块，浇一层素水泥浆，正式铺贴。每铺完一条，用 3m 靠尺双向找平。随时将板面多余砂浆清理干净。铺板块应采用后退的顺序铺贴(见图 4-2-2)。

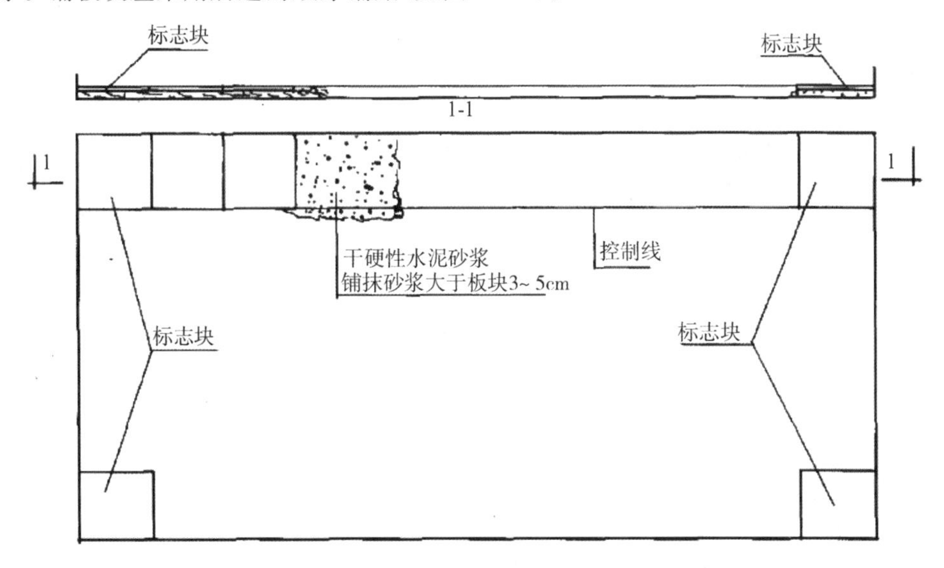

图 4-2-2　地面铺装示意图

(6)压平拔缝。每铺完一段或 8～10 块后用喷壶略洒水，15min 左右后用橡皮锤按铺砖顺序锤铺一遍，不得遗漏。边压实边用水平尺找平。压实后拉通线，先竖缝后横缝调拔缝隙，使缝口平直、贯通。

(7)嵌缝养护。铺贴完 2～3h 后，用白水泥或普通水泥浆擦缝，缝要填充密实、平整光滑，再将表面擦净，擦净后铺撒锯末养护。

3. 施工工艺标准(见表 4-2-1)

表 4-2-1　施工工艺标准

序号	施工步骤	图示说明	质量控制要点	责任人	形成记录
1	施工准备		1.1 施工方案(含深化设计及排砖图)	技术负责人	施工方案 深化设计图
			1.2 技术交底	技术负责人 责任工程师	技术交底
			1.3 原材料复检	试验员	材料检测报告
			1.4 机具准备及检查	责任工程师	
			1.5 墙面弹出 +500mm(或1000mm)标高控制线	责任工程师	测量放线记录
			1.6 基层验收; 1.7 基层预埋管线验收及管线固定; 1.8 检查地漏标高并固定	责任工程师	基层检验批验收记录隐蔽验收记录
2	基层处理		2.1 将杂物浮渣、基层不平整部分及落地灰浆清理干净	责任工程师	隐蔽验收记录
3	抹找平层砂浆		3.1 找平层水泥砂浆体积比不应小于 1∶3 3.2 找平层厚度应符合设计要求,不应小于 20mm	责任工程师	施工记录
4	弹铺砖控制线		4.1 弹房间中心十字线,复核房间方正; 4.2 根据深化设计图,自中心开始向横纵方向试排砖,通过砖缝做适当调整以满足设计要求; 4.3 根据试排砖情况从房间中间向四周弹铺砖控制线(每 4～5 块砖弹 1 根控制线); 4.4 缝宽:密贴缝宽不宜大于 1mm,虚缝铺贴缝宽 5～10mm; 4.5 平行于门口的第一排应为整砖,非整砖用于靠墙为止;垂直于门口方向对称分中,非整砖堆成排布在两墙边。非整砖尺寸不小于整砖边长的 1/3(高档装修不小于 1/2)	测量员	测量放线记录

续表

序号	施工步骤	图示说明	质量控制要点	责任人	形成记录
5	铺砖		5.1 铺贴前将砖浸水湿润，晾干无明水后方可使用； 5.2 基层洒水湿润，随铺贴随刷素水泥浆结合层； 5.3 从门口开始，纵向先铺 2～3 行砖，以此为标筋拉纵横水平标高线； 5.4 按水平标高先铺 1∶4 水泥砂浆，砖背面朝上抹黏结砂浆或胶黏剂，砖上表面略高于水平标高线，找直、找方后用橡皮锤轻敲拍实； 5.5 铺贴顺序：从内向外铺贴，铺完 2～3 行应拉线检查缝格的平直度，拔缝修整，并用橡皮锤拍实	责任工程师	施工记录 检验批验收记录
6	勾缝、擦缝	 	6.1 面层铺贴后 24h 内进行勾缝、擦缝工作，采用同品种、同强度等级、同颜色水泥； 6.2 缝宽 5mm 时用 1∶1 水泥细砂浆勾缝，缝要求成圆弧形，凹近面砖外表面 2～3mm，随勾随清理、擦净水泥砂浆； 6.3 密缝用水泥浆壶灌缝，然后用干水泥撒在缝上，用棉纱团擦揉将缝隙挤满。随擦缝随清理水泥浆	责任工程师	施工记录
7	养护		7.1 砖铺贴完成 24h 后洒水养护，养护时间不少于 7d	责任工程师	养护记录

续表

序号	施工步骤	图示说明	质量控制要点	责任人	形成记录
8	踢脚线镶贴		8.1 踢脚线品种规格一般同地面砖,宜根据设计踢脚线高度在工厂加工成型; 8.2 铺贴时在房间两端阴角各镶贴一块砖,以此砖上皮为标准挂线,踢脚线立缝位置及宽度同地面砖,工艺同地面砖	责任工程师 质检员	检验批验收记施工记录

四、组织验收

(一)验收规范

1. 主控项目

(1)各种面层所用的板块品种、质量必须符合设计要求。

(2)面层与基层的结合(黏结)必须牢固,无空鼓。

2. 一般项目

(1)各种板块面层的表面洁净,图案清晰,色泽一致,接缝均匀,周边顺直,板块无裂纹、掉角和缺楞等现象。

(2)地漏和供排除液体用的地面应带有坡度。坡度应符合设计要求,不倒泛水,无积水,与地漏(管道)结合处严密牢固,无渗漏。

(3)踢脚板表面洁净,接缝平整均匀,高度一致,结合牢固,出墙厚度适宜,基本一致。

(4)楼梯踏步和台阶的铺贴缝隙宽度一致,相邻两步高差不超过 10mm,防滑条顺直。

(5)各种面层邻接处的镶边、用料、尺寸符合设计要求和施工规范的规定,边角整齐、光滑。

(6)地砖铺贴的允许偏差应符合表 4-2-1 的规定。

表 4-2-1　地砖铺贴允许偏差项目

项次	项目	缸砖	检验方法
1	表面平整度	4	用 2m 靠尺和楔形塞尺检查
2	缝格平直	3	拉 5m 线,不足 5m 拉通线和尺量检查
3	接缝高低差	1.5	尺量和楔形塞尺检查
4	踢脚线上口平直	4	拉 5m 线,不足 5m 拉通线和尺量检查
5	板块间隙宽度	≤2	尺量检查

(二)常见的质量通病及预控

序号	常见的质量通病	产生原因	预控措施
1	防止板块空鼓	基层清理不干净,洒水湿润不均匀,砖未浸水湿润,水泥浆结合层铺刷质量不好,上人过早等	严格进行基层和作业条件验收;严格按施工工艺要求做好基层洒水、砖浸水湿润及结合层施工;铺贴完成24h内严禁上人
2	防止边角料过小,砖缝不均	未进行深化设计及排砖设计;施工前未检查房间方正,铺贴时未试铺;铺贴时未带线和及时拔缝修整	1.施工前进行深化设计及排砖设计; 2.铺贴前检查房间方正,通过墙面抹灰调整房间方正; 3.大面积铺贴前先试铺排砖,按照排砖设计图根据现场尺寸进行砖缝微调; 4.每铺贴2～3行进行一次检查及修整
3	防止地面铺贴不平	地砖未挑选,部分砖偏差过大;铺贴时未严格按水平标高线进行控制	1.铺贴前应对进场砖进行选砖,偏差过大的剔除不用于工程施工; 2.砖厚薄偏差可通过砂浆或胶黏剂适当调整厚度,每行砖均要求带水平标高线控制
4	防止房间倒坡	找平层未按设计要求调坡;冲筋未按设计坡度控制	1.在找平层(或回填层)施工时严格按设计坡度找坡; 2.地漏及坡度方向减小冲筋间距,控制坡度
5	防止踢脚线出墙厚度不一致	墙体抹灰垂直度、平整度超出允许偏差	施工前检查墙体抹灰垂直度、平整度和房间方正,修补完成后进行地面及踢脚线砖镶贴

五、验收成果

砖面层检验批质量验收记录

<table>
<tr><td>单位(子单位)
工程名称</td><td></td><td>分部(子分部)
工程名称</td><td>建筑装饰装修分部
——建筑地面子分部</td><td>分项工程
名称</td><td>板块面层铺设
分项</td></tr>
<tr><td>施工单位</td><td></td><td>项目负责人</td><td></td><td>检验批容量</td><td></td></tr>
<tr><td>分包单位</td><td></td><td>分包单位
项目负责人</td><td></td><td>检验批部位</td><td></td></tr>
<tr><td>施工依据</td><td colspan="2">《住宅装饰装修工程施工规范》
(GB 50327—2001)</td><td>验收依据</td><td colspan="2">《建筑地面工程施工质量验收规范》
(GB 50209—2022)</td></tr>
</table>

<table>
<tr><td colspan="4">验收项目</td><td>设计要求及
规范规定</td><td>最小/实际
抽样数量</td><td>检查记录</td><td>检查
结果</td></tr>
<tr><td rowspan="3">主控项目</td><td>1</td><td colspan="2">材料质量</td><td>第 6.2.5 条</td><td>/</td><td>质量证明文件齐全,试验合格,报告编号</td><td></td></tr>
<tr><td>2</td><td colspan="2">板块产品应有放射性限量合格的检测报告</td><td>第 6.2.6 条</td><td>/</td><td>检验合格,资料齐全</td><td></td></tr>
<tr><td>3</td><td colspan="2">面层与下一层的结合</td><td>第 6.2.7 条</td><td>/</td><td>抽查处,合格处</td><td></td></tr>
<tr><td rowspan="19">一般项目</td><td>1</td><td colspan="2">面层表面质量</td><td>第 6.2.8 条</td><td>/</td><td>抽查处,合格处</td><td></td></tr>
<tr><td>2</td><td colspan="2">邻接处镶边用料</td><td>第 6.2.9 条</td><td>/</td><td>抽查处,合格处</td><td></td></tr>
<tr><td>3</td><td colspan="2">踢脚线质量</td><td>第 6.2.10 条</td><td>/</td><td>抽查处,合格处</td><td></td></tr>
<tr><td rowspan="4">4</td><td rowspan="4">楼梯、台阶踏步</td><td>踏步尺寸及面层质量</td><td>第 6.2.11 条</td><td>/</td><td>抽查处,合格处</td><td></td></tr>
<tr><td>楼层梯段相邻踏步高度差</td><td>10mm</td><td>/</td><td>抽查处,合格处</td><td></td></tr>
<tr><td>每踏步两端宽度差</td><td>10mm</td><td>/</td><td>抽查处,合格处</td><td></td></tr>
<tr><td>旋转楼梯踏步两端宽度</td><td>5mm</td><td>/</td><td>抽查处,合格处</td><td></td></tr>
<tr><td>5</td><td colspan="2">面层表面坡度</td><td>第 6.2.12 条</td><td>/</td><td>抽查处,合格处</td><td></td></tr>
<tr><td rowspan="11">6</td><td rowspan="3">表面允许偏差</td><td>缸砖</td><td>4.0mm</td><td>/</td><td>抽查处,合格处</td><td></td></tr>
<tr><td>水泥花砖</td><td>3.0mm</td><td>/</td><td>抽查处,合格处</td><td></td></tr>
<tr><td>陶瓷锦砖、陶瓷地砖</td><td>2.0mm</td><td>/</td><td>抽查处,合格处</td><td></td></tr>
<tr><td colspan="2">缝格平直</td><td>3.0mm</td><td>/</td><td>抽查处,合格处</td><td></td></tr>
<tr><td rowspan="2">接缝高低差</td><td>陶瓷锦砖、陶瓷地砖、水泥花砖</td><td>0.5mm</td><td>/</td><td>抽查处,合格处</td><td></td></tr>
<tr><td>缸砖</td><td>1.5mm</td><td>/</td><td>抽查处,合格处</td><td></td></tr>
<tr><td rowspan="2">踢脚线上口平直</td><td>陶瓷锦砖、陶瓷地砖</td><td>3.0mm</td><td>/</td><td>抽查处,合格处</td><td></td></tr>
<tr><td>缸砖</td><td>4.0mm</td><td>/</td><td>抽查处,合格处</td><td></td></tr>
<tr><td colspan="2">板块间隙宽度</td><td>2.0mm</td><td>/</td><td>抽查处,合格处</td><td></td></tr>
</table>

续表

施工单位 检查结果	专业工长： 项目专业质量检查员： 年　月　日
监理单位 验收结论	专业监理工程师： 年　月　日

六、实践项目成绩评定

序号	项目	技术及质量要求	实测记录	项目分配	得分
1	施工准备			10	
2	基层清理			15	
3	施工流程			20	
4	填缝处理			20	
5	文明施工与安全施工			10	
6	验收工具的使用			10	
7	施工质量			10	
8	操作时间			5	
9	施工准备			100	

任务3　石材楼地面施工

石材按其组成成分可分为两大类：一类是大理石，主要成分为氧化钙，大理石表面图案流畅，但表面硬度不高，耐腐蚀性能较差，一般多用于墙面的装修。另一类是花岗石，主要矿物成分为长石、石英，表面硬度高，抗风化、抗腐蚀能力强，使用期长，因此在地面装饰石材中，主要使用花岗石板材。地面所用石材一般为磨光的板材，板厚约 20mm，目前也有薄板，厚度约为 10mm。

花岗石板材的图案虽然不如大理石流畅，但其色彩极为丰富、自然，各种装修色彩设计都能得到满足，有黑、红、绿、黄等花色，可以根据装修的要求进行选购，如表 4-3-1 所示。

表 4-3-1　石材实例表

大理石种类	图例	花岗岩种类	图例
大花白		白灵芝	
雪花白		梨花白	
宝兴白		川絮红	
金线米黄		浪花白	

常用规格：600mm×600mm、800mm×800mm 等规格。其构造做法如图 4-3-1 所示。

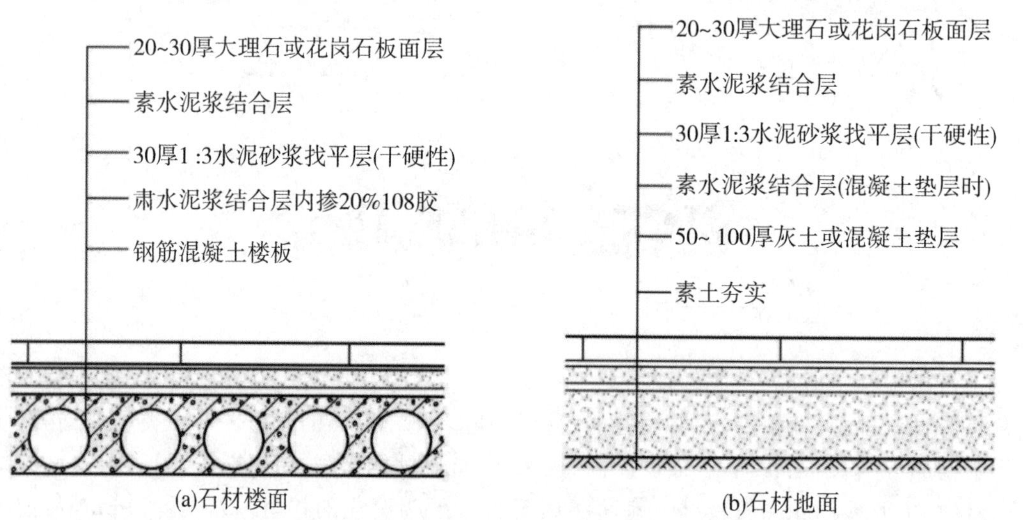

图 4-3-1　石材地面构造(单位：mm)

一、施工任务

某办公楼室内地面拟采用 600mm×600mm 花岗岩及大理石进行地面装修，试根据工程实际合理组织施工，并完成相关报验工作。

二、施工准备

(一)材料准备

(1)天然大理石、花岗石的品种和规格应符合设计要求,技术等级、光泽度、外观质量要求应符合现行国家标准《天然大理石建筑板材》《天然花岗石建筑板材》的规定。

成品饰面石材质量好坏的判定方法通过“一观二量三听四试”来鉴别。

①一观,即肉眼观察石材的表面结构。一般来说,均匀的细料结构的石材具有细腻的质感,为石材之佳品;粗粒及不等粒结构的石材其外观效果较差,机械力学性能也不均匀,质量稍差。另外,天然石材由于地质作用的影响常在其中产生一些细脉、微裂隙,石材最易沿这些部位发生破裂,应注意剔除。至于缺棱少角更是影响美观,选择时尤应注意。

②二量,即量石材的尺寸规格,以免影响拼接,或造成拼接后的图案、花纹、线条变形,影响装饰效果。

③三听,即听石材的敲击声音。一般而言,质量好的、内部致密均匀且无显微裂隙的石材,其敲击声清脆悦耳;相反,若石材内部存在显微裂隙或细脉或因风化导致颗粒间接触变松,则敲击声粗哑。

④四试,即用简单的试验方法来检验石材质量好坏。通常在石材的背面滴上一小滴墨水,如墨水很快四处分散浸出,即表示石材内部颗粒较松或存在显微裂隙,石材质量不好;反之,若墨水滴在原处不动,则说明石材致密、质地好。

(2)水泥:硅酸盐水泥、普通硅酸盐水泥或矿渣硅酸水泥,其标号不宜小于425#。

(3)砂:中砂或粗砂,其含泥量不得大于3%。

(4)矿物颜料(擦缝用)、蜡、草酸。花岗石、大理石板材质量要求如表4-3-1所示。

表4-3-1 花岗石、大理石板材质量要求

种类	允许偏差/mm			外观要求
	长度、宽度	厚度	平整度最大偏差值	
花岗石板材	+0、-1	±2	长度:>400,0.6 长度:>800,0.8	花岗石、大理石板材表面要求光洁、明亮,色泽鲜明,无刀痕旋纹。边角方正,无扭曲、缺角、掉边

(二)机具准备

混凝土搅拌机、石材切割机、小水桶、半裁桶、笤帚、方尺、平锹、铁抹子、大杠、筛子、窄手推车、钢丝刷、喷壶、橡皮锤、小线、云石机、水平尺等。

(三)作业准备

(1)大理石、花岗石板块进场后,应侧立堆放在室内。光面相对、背面垫松木条,并在板下加垫木方。详细核对品种、规格、数量等是否符合设计要求,有裂纹、缺棱、掉角、翘曲和表面有缺陷时,应予剔除。

(2)室内抹灰(包括立门口)、地面垫层、预埋在垫层内的电管及穿通地面的管线均已完成。

(3)房间内四周墙上弹好+50cm水平线。

(4)施工操作前应画出铺设大理石地面的施工大样图。

三、组织施工

(一)施工工艺流程

基层清理→弹线→选料→石材浸水湿润→安装标准块→摊铺水泥砂浆→铺贴石材→擦缝→清洁→养护→上蜡。

(二)施工质量控制要点

(1)基层清理。将地面垫层上杂物清理干净,用钢丝刷刷掉黏结在垫层上的砂浆,并清理干净。

(2)弹线。根据设计要求,并考虑结合层厚度与板块厚度,确定平面标高位置后,在相应立面弹线。再按板块的尺寸及板缝大小放样分块。与走廊直接相通的门口应与走道地面拉通线,板块布置要以十字线对称。在十字线交点处对角安放两块标准块,并用水平尺和角尺校正。

(3)选材。铺贴前将板材进行试拼、对花、对色、编号,以使铺设出的地面花色一致。试拼调试合格后,可在房间主要部位弹相互垂直的控制线并引至墙上,以检查和控制板块位置。

(4)石材浸水湿润。施工前应将石板材浸水湿润,并阴干码好备用,铺贴时,板材的底面以内潮外干为宜。

(5)铺砂浆和石板。根据水平地面弹线,定出地面找平层厚度,铺1∶3干硬性水泥砂浆。砂浆从房间里面往门口处摊铺,铺好后用大杠刮平,再用抹子拍实找平。石材的铺设也是从里向外沿控制线,按照试铺编号铺砌,逐步退至门口用橡皮锤敲击木垫板,振实砂浆到铺设高度。在水泥砂浆找平层上再满浇一层素水泥浆结合层,铺设石板,四角同时向下落下,用橡皮锤轻敲木垫层,水平尺找平。

(6)擦缝。铺板完成2d后,经检查板块无断裂及空鼓现象后方可进行擦缝。要求嵌铜条的地面板材铺贴,先将相邻两块板材铺贴平整,留出嵌条缝隙,然后向缝内灌水泥砂浆,将铜条敲入缝隙内,使其外露部分略高于板面即可,然后擦净挤出的砂浆。

(7)养护。对于不设镶条的地面,应在铺完24h后洒水养护,2d后进行灌浆,灌缝力求达到紧密。

(8)上蜡。板块铺贴完工后,待其结合层砂浆强度达到60%~70%即可打蜡抛光。上蜡前先将石材地面晾干擦净,用干净的布或麻丝沾稀糊状的蜡,涂在石材上,用磨石机压磨,擦打第一遍蜡。随后,用同样方法涂第二遍蜡,要求光亮、颜色一致。

3. 施工工艺标准图

序号	施工步骤	图示说明	质量控制要点	责任人	形成记录
1	检验水泥、砂、大理石和花岗岩质量	—	1.1 水泥:宜采用硅酸盐水泥或普通硅酸盐水泥,其强度等级应在32.5级以上;不同品种、不同强度等级的水泥严禁混用。 1.2 砂:应选用中砂或粗砂,含泥量不得大于3%。 1.3 大理石和花岗岩:规格品种均符合设计要求,外观颜色一致、表面平整,形状尺寸、图案花纹正确,厚度一致并符合设计要求,边角齐整,无翘曲、裂纹等缺陷	责任工程师、质检员	出厂合格证、质量检测报告
2	试拼编号		2.1 在正式铺设前,对每一个房间的石材板块,应按图案、颜色、纹理试拼,将非整块板对称排放在房间靠墙部位,试拼后按两个方向编号排列,然后按编号码放整齐	责任工程师	施工记录
3	找标高		3.1 根据水平标准线和设计厚度,在四周墙、柱上弹出面层的上平标高控制线	责任工程师	施工记录
4	基层处理		4.1 把沾在基层上的浮浆、落地灰等用錾子或钢丝刷清理掉,再用扫帚将浮土清扫干净	责任工程师	施工记录、检验批验收记录
5	铺设结合层砂浆	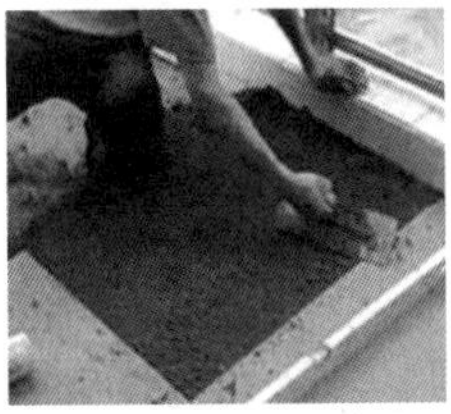	5.1 铺设前应将基底湿润,并在基底上刷一道素水泥浆或界面结合剂,随刷随铺设搅拌均匀的干硬性水泥砂浆	责任工程师	施工记录、检验批验收记录隐蔽验收记录

续表

序号	施工步骤	图示说明	质量控制要点	责任人	形成记录
6	铺大理石或花岗岩		6.1 将大理石或花岗岩放置在干拌料上，用橡皮锤找平，之后将大理石或花岗岩拿起，在干拌料上浇适量素水泥浆，同时在大理石或花岗岩背面涂厚度约 1mm 的素水泥膏，再将大理石或花岗岩放置在找过平的干拌料上，用橡皮锤按标高控制线和方正控制线坐平坐正。 6.2 铺设大理石或花岗岩时应先在房间中间按照十字线铺设十字控制板块，之后按照十字控制板块向四周铺设，并随时用 2m 靠尺和水平尺检查平整度。大面积铺贴时应分段、分部位铺贴。 6.3 如设计有图案要求时，应按照设计图案弹出准确分格线，并做好标记，防止差错	责任工程师	施工日志、工程检验批验收记录
7	养护		7.1 当大理石或花岗岩面层铺贴完应养护，养护时间不得小于 7d	责任工程师	施工日志
8	勾缝		8.1 当大理石或花岗岩面层的强度达到可上人的时候（结合层抗压强度达到 1.2MPa），进行勾缝，用同种、同强度等级、同色的掺色水泥膏或专用勾缝膏。颜料应使用矿物颜料，严禁使用酸性颜料。 8.2 缝要求清晰、顺直、平整、光滑、深浅一致，颜色与石材颜色一致	责任工程师	施工日志

四、组织验收

（一）验收规范

1. 主控项目

（1）花岗岩面层所用板块的品种、规格、颜色和性能应符合设计要求。

（2）面层与下一层应结合牢固，无空鼓。

（3）地面石材铺装完毕后，不得出现反碱、泛湿现象。

2. 一般项目

（1）花岗岩石材面层的表面应洁净、平整、无磨痕，且应图案清晰、色泽一致、接缝均匀、周边顺直、镶嵌正确、板块无裂纹、掉角、缺楞等缺陷。

(2)台阶板块的缝隙宽度应一致、齿角整齐，楼层梯段相邻踏步高度差不应大于10mm。

(3)面层表面的坡度应符合设计要求，不倒泛水、无积水；与地漏、管道结合处应严密牢固，无渗漏。

(4)石材地面的允许偏差和检验方法如表4-3-2所示。

表4-3-2　石材地面铺装允许偏差和检验表

项次	项目	允许偏差/mm	检查方法
1	表面平整度	0.7	用2m靠尺、塞尺检查
2	缝格平直度	0.5	拉5m线尺量检查
3	接缝高低差	0.5	用直尺和塞尺检查
4	板块间隙宽度	0.5	用塞尺量检查(标准2.0mm)

(二)常见的质量问题与预控

序号	质量通病	产生原因	预控措施
1	板面空鼓	混凝土垫层清理不净或浇水湿润不够，刷素水泥浆不均匀或刷的面积过大、时间过长已风干，干硬性水泥砂浆任意加水，大理石板面有浮土未浸水湿润等	严格遵守操作工艺要求，基层必须清理干净，结合层砂浆不得加水，随铺随刷一层水泥浆，大理石板块在铺砌前必须浸水湿润
2	接缝高低不平、缝系宽窄不匀	板块本身有厚薄及宽窄不匀、窜角、翘曲等缺陷，铺砌时未严格拉通线进行控制等	①严格挑选板块，凡是翘曲、拱背、宽窄不方正等块材剔除不予使用； ②铺设标准块后，应向两侧和后退方向顺序铺设，并随时用水平尺和直尺找准，缝隙必须拉通线不能有偏差； ③房间内的标高线要有专人负责引入，且各房间和楼道内的标高必须相通一致
3	过门口处板块易活动	一般铺砌板块时均从门框以内操作，而门框以外与楼道相接的空隙(即墙宽范围内)面积均后铺砌，由于过早上人，易造成此处活动	在进行板块翻样，提加工订货时，应同时考虑此处的板块尺寸，并同时加工，以便铺砌楼道地面板块时同时操作
4	踢脚板不顺直，出墙厚度不一致	墙面平整度和垂直度不符合要求，镶踢脚板时未吊线、未拉水平线，随墙面镶贴所造成	在镶踢脚板前，必须先检查墙面的垂直度、平整度，如超出偏差，应先进行处理后再镶贴

五、验收成果

大理石面层和花岗石面层检验批质量验收记录

<table>
<tr><td>单位(子单位)
工程名称</td><td></td><td>分部(子分部)
工程名称</td><td>建筑装饰装修分部
——建筑地面子分部</td><td>分项工程
名称</td><td>板块面层铺设分项</td></tr>
<tr><td>施工单位</td><td></td><td>项目负责人</td><td></td><td>检验批容量</td><td></td></tr>
<tr><td>分包单位</td><td></td><td>分包单位
项目负责人</td><td></td><td>检验批部位</td><td></td></tr>
<tr><td>施工依据</td><td colspan="2">《住宅装饰装修工程施工规范》
(GB 50327—2001)</td><td>验收依据</td><td colspan="2">《建筑地面工程施工质量验收规范》
(GB 50209—2022)</td></tr>
</table>

<table>
<tr><td colspan="4">验收项目</td><td>设计要求及
规范规定</td><td>最小/实际
抽样数量</td><td>检查记录</td><td>检查
结果</td></tr>
<tr><td rowspan="3">主控项目</td><td>1</td><td colspan="2">材料质量</td><td>第 6.3.4 条</td><td>/</td><td>质量证明文件齐全,试验合格,报告编号</td><td>√</td></tr>
<tr><td>2</td><td colspan="2">板块产品应有放射性限量合格的检测报告</td><td>第 6.3.5 条</td><td>/</td><td>检验合格,资料齐全</td><td>√</td></tr>
<tr><td>3</td><td colspan="2">面层与下一次层结合</td><td>第 6.3.6 条</td><td>/</td><td>抽查处,合格处</td><td>√</td></tr>
<tr><td rowspan="16">一般项目</td><td>1</td><td colspan="2">板块背面侧面防碱处理</td><td>第 6.3.7 条</td><td>/</td><td>抽查处,合格处</td><td>√</td></tr>
<tr><td>2</td><td colspan="2">面层质量</td><td>第 6.3.8 条</td><td>/</td><td>抽查处,合格处</td><td>√</td></tr>
<tr><td>3</td><td colspan="2">踢脚线质量</td><td>第 6.3.9 条</td><td>/</td><td>抽查处,合格处</td><td>√</td></tr>
<tr><td rowspan="4">4</td><td rowspan="4">楼梯、台阶踏步</td><td>踏步尺寸及面层质量</td><td>第 6.3.10 条</td><td>/</td><td>抽查处,合格处</td><td>√</td></tr>
<tr><td>楼层梯段相邻踏步高度差</td><td>10mm</td><td>/</td><td>抽查处,合格处</td><td>√</td></tr>
<tr><td>每踏步两端宽度差</td><td>10mm</td><td>/</td><td>抽查处,合格处</td><td>√</td></tr>
<tr><td>旋转楼梯踏步两端宽度</td><td>5mm</td><td>/</td><td>抽查处,合格处</td><td>√</td></tr>
<tr><td>5</td><td colspan="2">面层表面坡度</td><td>第 6.3.11 条</td><td>/</td><td>抽查处,合格处</td><td>√</td></tr>
<tr><td rowspan="6">6</td><td rowspan="2">表面允许偏差</td><td>大理石面层和花岗石面层</td><td>1mm</td><td>/</td><td>抽查处,合格处</td><td>√</td></tr>
<tr><td>碎拼大理石和碎拼花岗石面层</td><td>3mm</td><td>/</td><td>抽查处,合格处</td><td>√</td></tr>
<tr><td colspan="2">缝格平直</td><td>2mm</td><td>/</td><td>抽查处,合格处</td><td>√</td></tr>
<tr><td colspan="2">接缝高低差</td><td>0.5mm</td><td>/</td><td>抽查处,合格处</td><td>√</td></tr>
<tr><td colspan="2">踢脚线上口平直</td><td>1mm</td><td>/</td><td>抽查处,合格处</td><td>√</td></tr>
<tr><td colspan="2">板块间隙宽度</td><td>1mm</td><td>/</td><td>抽查处,合格处</td><td>√</td></tr>
<tr><td colspan="4">施工单位
检查结果</td><td colspan="4">专业工长:
项目专业质量检查员:
年　月　日</td></tr>
<tr><td colspan="4">监理单位　验收结论</td><td colspan="4">专业监理工程师:　　年　月　日</td></tr>
</table>

六、实践项目成绩评定

序号	项目	技术及质量要求	实测记录	项目分配	得分
1	工具准备			10	
2	弹线试排方法			15	
3	施工流程			20	
4	文明施工与安全施工			10	
5	验收方法			15	
6	施工质量			25	
7	完成任务时间			5	
8	合计			100	

任务 4　实木地板施工

实木地板是天然木材经烘干、加工后形成的地面装饰材料，又名原木地板，是用柏木、杉木、松木、柚木、紫檀等有特色木纹与色彩的木材做成的木地板，材质均匀，无节疤。它具有木材自然生长的纹理，是热的不良导体，能起到冬暖夏凉的作用，脚感舒适，使用安全，是卧室、客厅、书房等地面装修的理想材料。

实木地板楼地面施工，以空铺或实铺方式在基层上铺设而成。实木地板楼地面按照结构构造形式不同，可分粘贴式、实铺式、架空式三种形式。

粘贴式木地板：在混凝土结构层上用 15mm 厚 1∶3 水泥砂浆找平，现在大多采用不着高分子黏结剂，将木地板直接粘贴在地面上。其基本构造如图 4-4-1 所示。

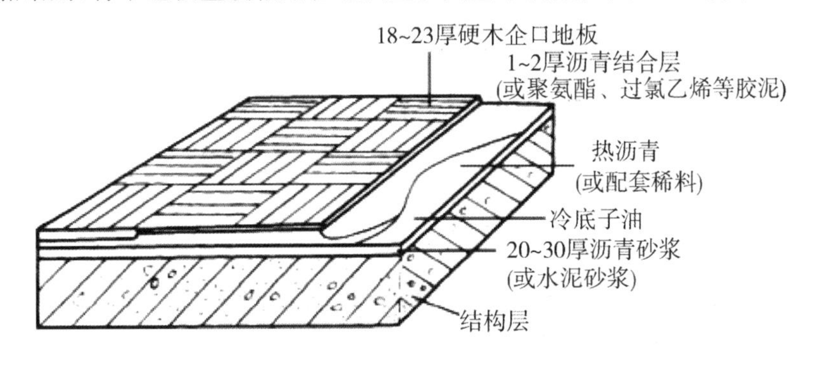

图 4-4-1　粘贴式木地板楼地面构造

实铺式木地板：基层采用梯形截面木搁栅（俗称木楞），木搁栅的间距一般为 400mm，中间可填一些轻质材料，以降低人行走时的空鼓声，并改善保温隔热效果。为增强整体性，木搁栅之上铺钉毛地板，最后在毛地板接缝处接或黏接木地板。在木地板一墙的交接处，要用踢脚板压盖。为散发潮气，可在踢脚板上开孔通风。其基本构造如图 4-4-2 所示。

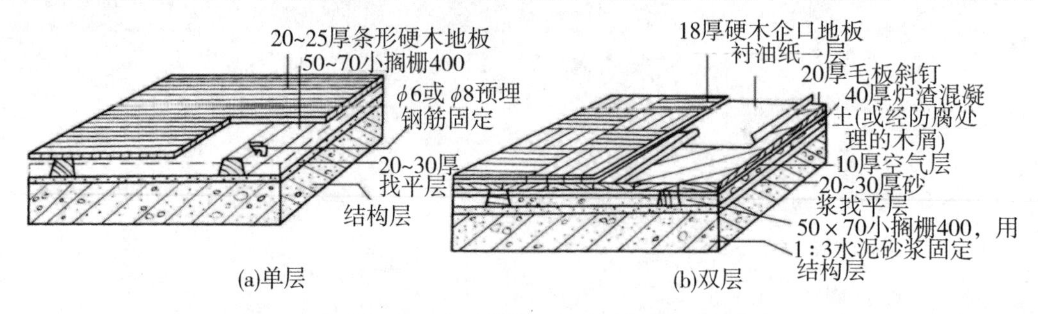

图 4-4-2　实铺式木地板楼地面构造

架空式木地板：是在地面先砌地垄墙，然后安装木搁栅、毛地板、面层地板。因家庭居室高度较低，这种架空式木地板很少在家庭装饰中使用。其基本构造如图 4-4-3 所示。

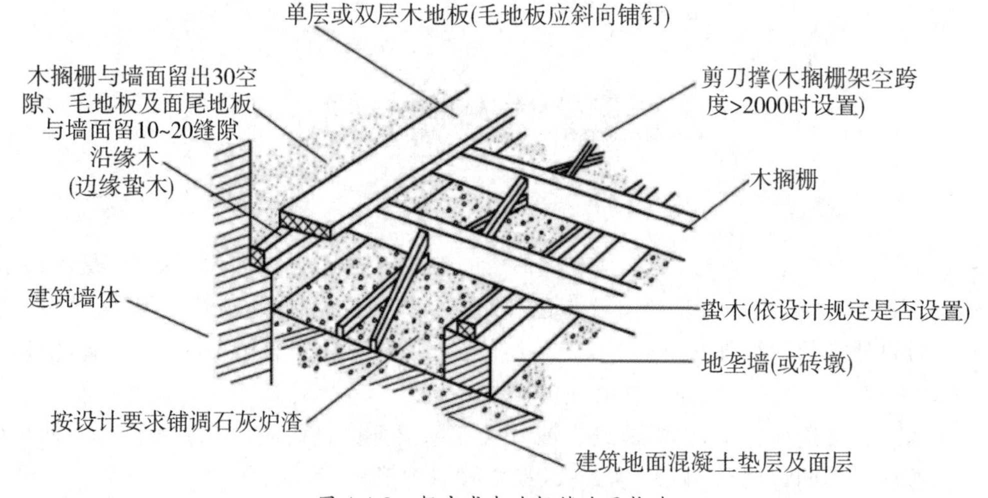

图 4-4-3　架空式木地板楼地面构造

一、施工任务

楼地面室内拟采用 1210mm×146mm×18mm 的菠萝格实木地板进行装修，试根据工程实际合理组织施工，并完成相关报验工作。

二、施工准备

(一)材料准备

(1)毛地板、椽木：采用红白松或杉木不容易变形的树木制作，经干燥和防腐处理后使用，不得变形，含水率不得大于 3%。

(2)实木地板：要求坚硬、耐磨、纹理清晰、美观、不易腐朽、变形、开裂的同批木材制作。花纹及颜色要求一致，木板烘干后含水率不得超过 2%，要求条木厚度、长度一致且宽度不宜大于120mm。

(3)隔热、隔音材料要求使用轻质、耐腐蚀、无毒、无味材料。

(4)砖、石材:用于地垄墙和砖墩的砖强度不低于Mu10。采用石材时,风化石不得使用;凡后期强度不稳定或受潮后会降低强度的人造块材均不得使用。

(5)胶黏剂:可选用环氧沥青、聚氨酯、聚醋酸乙烯等。

(6)其他材料:防潮纸、油漆、地板蜡等。

(二)机具准备

平刨床、磨地板机、刨地板机、裁口机、手电刨、手电钻、木工细抛、凿子、斧子、钳子、钢尺、角尺、墨斗等。

(三)作业准备

(1)施工最大相对湿度不高于80%,且不宜做浴室、卫生间、厨房等潮湿环境的房间。

(2)地板安装前先将地面找平,并且干燥后清理干净。底层地面应作防潮处理。

(3)使用的实本地板的规格应符合现场和设计要求。在使用前需对地板进行挑选,要求地板的纹理、色泽协调。

(4)在墙上弹出50cm水平线。

三、组织施工

(一)施工工艺流程

(1)实铺式粘贴式木地板地面施工工艺流程为:

基层清理→弹线→钉毛地板→涂胶→粘铺地板→镶边→撕衬纸→刨光→打磨→油漆→上蜡。

(2)架空式木地板地面施工工艺流程为:

基层处理→砌地垄墙→弹线、安装龙骨架或木搁栅→钉毛地板→铺设面板→钉踢脚板→刨光、打磨→油漆。

(二)施工质量控制要点

1.实铺木地板地面施工要点

(1)基层清理。基层表面的砂浆、浮灰必须铲除干净,然后用水冲洗、擦拭清洁并干燥。

(2)弹线。按设计图案和块材尺寸进行弹线,先弹房间的中心线,从中心向四周弹出块材方格线及圈边线。方格必须保证方正,不得偏斜。

(3)钉毛地板。铺钉时,使毛地板留缝约为3mm。接头设在龙骨上并留设2～3mm缝隙,接头应错开。铺钉完毕,弹方格网线,按网点抄平,并用刨子修平,达到标准后,方能钉硬木地板。

(4)粘铺地板。按设计要求及有关规范处理基层,粘铺木地板用胶要符合设计要求,并进行试铺,符合要求后再大面积展开施工。铺贴时要用专用刮胶板将胶均匀地涂刮于地面及木地板表面,待胶不粘手时,将地板按定位线就位粘贴,并用小锤轻敲,使地板条与基层粘牢。涂胶时要求涂刷均匀，厚薄一致，不得有漏涂之处。地板条应铺正、铺平、铺齐，并应逐块错缝排紧粘牢。板与板之间不得有任何松动、不平、缝隙及溢胶之处。

(5)撕衬纸。铺正方块时，往往事先将几块小拼花地板整齐地粘贴在一张牛皮纸或其他比较厚实的纸上，按大块地板整联铺贴，待全部铺贴完毕，用湿布在木地板上全面擦湿一次，其湿度以衬纸表面不积水为宜，浸润衬纸渗透后，随即把衬纸撕掉。

(6)刨光。粗刨工序宜用转速较快的电刨地板机进行。由于电刨速度较快，刨时不宜走得太快。电刨停机时，应先将电刨提起，再关电闸，防止刨刀撕裂木纤维，破坏地面。粗刨以后用手推刨，修整局部高低不平之处，使地板光滑平整。

(7)打磨。刨平后应用地板磨光机打磨两遍。磨光时也应顺木纹方向打磨，第一遍用粗砂，第二遍用细砂。现在的木地板由于加工精细，已经不需要进行表面刨平，可直接打磨。

(8)油漆。将地板清理干净，然后补凹坑，批刮腻子、着色，最后刷清漆。木地板用清漆有高档、中档、低档三类。高档清漆为聚酯清漆，其漆膜强韧，光泽丰富，附着力强，耐水，耐化学腐蚀，不需上蜡；中档清漆为聚氨酯清漆；低档清漆为醇酸清漆、酚醛清漆等。

(9)上蜡。地板打蜡时，先将地板清洗干净，完全干燥后开始操作。至少要打三遍蜡，每打完一遍，待其干燥后再用非常细的砂纸打磨表面、擦干净，然后再打第二遍。每次都要用不带绒毛的布或打蜡器摩擦地板以使蜡油渗入木头。每打一遍蜡都要用软布轻擦抛光，以达到光亮的效果。

2. 架空式地板地面施工要点

(1)基层处理。架铺前将基层上的砂浆、垃圾及杂物全部清扫干净。

(2)砌地垄墙。地面找平后，采用 M2.5 的水泥砂浆砌筑地垄墙或砖墩，墙顶面采取涂刷焦油沥青两道或铺设油毡等防潮措施。对于大面积木地板铺装过程的通风构造，应按设计确定其构造层高度、室内通风沟和室外通风窗等的设置。每条地垄墙、暖气沟墙，应按设计要求预留尺寸为 120mm×120mm～180mm×180mm 的通风洞口(一般要求洞口不少于两个且要在一条直线上)，并在建筑外墙上每隔 3～5m 设置尺寸不小于 180mm×180mm 的洞口及其通风窗设施。

(3)安装龙骨架或木搁栅。先将垫木等材料按设计要求作防腐处理。操作前，检查地垄墙或砖墩内预埋木方、地脚螺栓或其他铁件及其位置。依据＋50cm 水平线在四周墙上弹出地面设计标高线。在地垄墙上用钉结、骑马铁件箍定或用镀锌钢丝绑扎等方法对垫木进行固定(垫木可减震并使木龙骨架设稳定)。然后，在压檐木表面划出木搁栅(龙骨)搁置中线，并在搁栅端头也划出中线，再把木搁栅对准中线摆好。木搁栅离墙面应留出不小于 30mm 的缝隙，以利于隔潮通风。

木搁栅安装时要随时用 2m 长的直尺从纵横两个方向对木搁栅表面找平。木搁栅上皮不平时，应用合适厚度的垫板(不准用木楔)垫平或刨平。木搁栅安装后，必须用长为 100mm 圆钉从木搁栅两侧中部斜向呈 45°角与垫木(或压檐木)钉牢。

(4)钉毛地板。在木搁栅顶面，弹与木搁栅成 30°～45°角的铺钉线。人字纹面层，宜与木搁栅垂直铺设。毛地板宽度为 120～150mm，厚度为 25mm 左右，一般采用高低缝拼合，缝宽为2～3mm。铺钉时，接头必须设在木搁栅上，错缝相接，每块板的接头处留设2～3mm的缝隙。板的端头应各钉两颗钉子，与木搁栅相交处钉一颗钉子，钉帽应冲进毛地板面内。钉完后弹方格网点抄平，边刨边用直尺检测.使表面平整度达到控制标准后方能铺钉硬木地板。毛地板采用细木工板或中密度纤维板铺设方法就简单多了，把细木工板 直接钉在木搁栅上，接头留在木搁栅处即可。

(5)铺设面板。面板铺设应采用专用地板钉，钉与表面成45°或60°斜角，从板边企口凸榫侧边的凹角处斜向钉入，钉帽冲进不露面。地板长度不大于300mm时，侧面应钉两枚钉子；长度大于300mm时，每300mm应增加1枚钉子，钉长为板厚的2～3倍。当硬木地板不易直接施钉时，可事先用手电钻在板块施钉位置斜向预钻钉孔（预钻 孔的孔径略小于钉杆直径尺寸），以防钉裂地板。

面板铺设时，先作预拼选，将颜色花纹一致的铺在同一房间，有轻微质量缺陷但不影响使用的，可摆放在床、柜等家具底部使用。地板块铺钉通常从房间较长的一面墙边开始，且使板缝顺进门方向。板与板间应紧密，仅允许个别地方有空隙，其缝宽不得大于0.5～1mm。

(6)钉踢脚板。木地板房间的四周墙脚处应设木踢脚板。木踢脚板一般高度为100～200mm，常采用的高度为150mm，厚度为20～25mm。踢脚板预先刨光，上口刨成线条。为防止翘曲，在靠墙的一面应开成凹槽，当踢脚板高度为100mm时开一条凹槽，150mm时开两条凹槽，超过150mm时开三条凹槽，凹槽深度为3～5mm。为了防潮通风，木踢脚板每隔1～1.5m设一组通风孔，一般采用$\phi 6$孔。在墙内每隔400mm砌入防腐木砖，在防腐木砖外面再钉防腐木垫块。一般木踢脚板与地面转角处应安装木压条或圆角成品木条。

木踢脚板应在木地板刨光后安装，其油漆在木地板油漆之前。木踢脚板接缝处应作暗榫或斜坡压槎，在90°转角处可做成45°斜角接缝。接缝一定要在防腐木块上。安装时木踢脚板应与立墙贴紧，上口要平直，用明钉钉牢在防腐木块上，钉帽要砸扁并冲入板内2～3mm。

(三)施工工艺标准

施工工艺标准的具体内容如表4-1所示。

表4-1　施工工艺标准

序号	施工步骤	图示说明	质量控制要点	责任人	形成记录
1	施工准备	—	1.1 性能检测报告、人造木板甲醛含量复验	责任工程师质检员	出厂合格证、检验报告
			1.2 实木复合地板面层下的各层做法应已按设计要求施工并验收合格	责任工程师质检员	隐蔽验收记录
			1.3 主要机具准备到位	责任工程师	检查记录

续表

序号	施工步骤	图示说明	质量控制要点	责任人	形成记录
2	基层清理	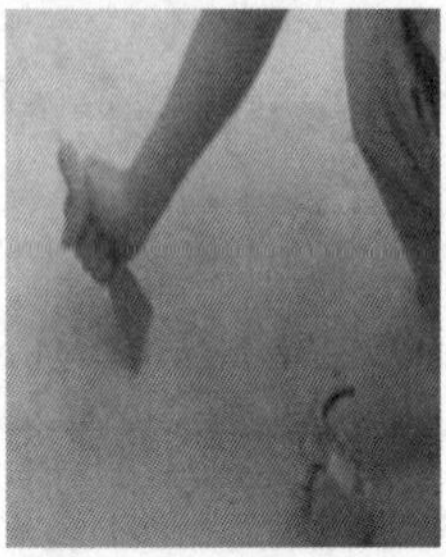	2.1 房间内进行清理，将基层上的浮灰清扫干净。 2.2 施工过程中应注意对已经完成的隐蔽工程管线和机电设备的保护，各工种间搭接合理，同时注意施工环境，不得在扬尘、湿度大等不利条件下作业，基层应干燥	责任工程师	隐蔽验收记录
3	放线定位	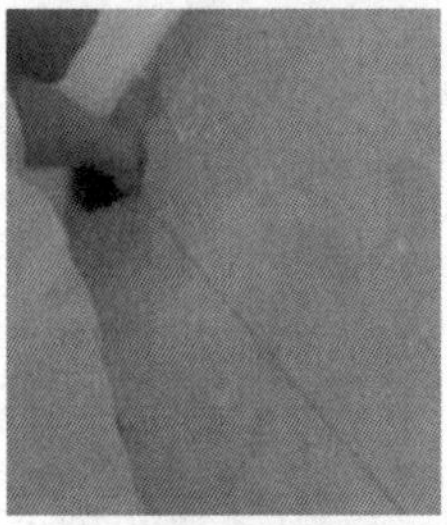	3.1 根据室内＋1000mm 线，在墙、柱上按设计要求弹出地面标高线。要求弹线清楚、准确，其水平允许偏差为±2mm； 3.2 根据房间布置和设计要求，在地面上弹出固定点位置线及木格栅分布线	责任工程师	施工记录
4	安装木格栅	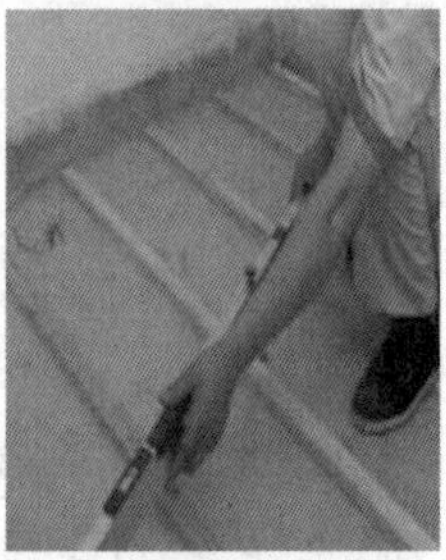	4.1 将格栅(断面梯形，宽面在下)放平、放稳，并找好标高，用膨胀螺栓和角码(角钢上钻孔)把格栅牢固固定在基层上，木格栅下与基层间缝隙应用干硬性砂浆填密实	责任工程师	施工记录、检验批验收记录
5	铺毛地板	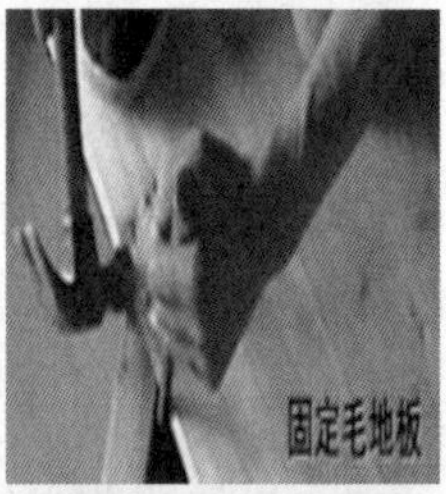  固定毛地板 装上毛地板	5.1 根据木格栅的模数和房间的情况，将毛地板下好料。将毛地板牢固钉在木格栅上，钉法采用直钉和斜钉混用，直钉钉帽不得突出板面。 5.2 毛板可采条板，也可采用整张的细木工板或中密度板等类产品。采用整张板时，应在板上开槽，槽的深度为板厚的 1/3，方向与格栅垂直，间距 200mm 左右	责任工程师	施工记录、检验批验收记录、隐蔽验收记录

续表

序号	施工步骤	图示说明	质量控制要点	责任人	形成记录
6	铺实木（实木复合）地板		6.1 从墙的一边开始铺粘企口实木复合地板，靠墙的一块板应离开墙面 10mm 左右，以后逐块排紧。 6.2 粘法采用点涂或整涂，板间企口也应适当涂胶。 6.3 铺实木复合地板时应从房间内侧退着往外铺设，不符合模数的板块，其不足部分在现场根据实际尺寸将板块切割后镶补，并应用胶黏剂加强固定	责任工程师	施工记录、检验批验收记录、隐蔽验收记录

四、组织验收

(一)验收规范

质量标准主要包括主控项目和一般项目两个方面。

1. 主控项目

(1)实木地板面层所采用的材质和铺设时的木材含水率必须符合设计要求。木格栅、垫木和毛地板等必须做防腐、防蛀处理。

检验方法：观察和检查材质合格证明文件及检验报告。

(2)木格栅安装应牢固、平直，其间距和稳固方法必须符合设计要求。

检验方法：观察、脚踩检验。

(3)面层铺设应牢固，黏结无空鼓。

检验方法：观察、脚踩或用小锤轻击检验。

2. 一般项目

(1)实木地板面层应刨平、磨光、无明显刨痕和毛刺等现象；图案清晰，颜色均匀一致。

检验方法：观察、手摸和脚踩检查。

(2)面层缝隙应严密；接头位置应错开，表面洁净。

检验方法：观察检查。

(3)拼花地板接缝应对齐，粘、钉严密；缝隙宽度均匀一致。表面洁净，胶粘无溢胶。

检验方法：观察检查。

(4)踢脚线表面应光滑，接缝严密，高度一致。

检验方法：观察和钢尺检查。

(5)实木地板面层的允许偏差应符合表 4-4-1 的规定。

表 4-4-1 实木地板面层的允许偏差和检验方法

项次	项目	实木地板面层允许偏差/mm			检验方法
		松木地板	硬木地板	拼花地板	
1	板面缝隙宽度	1	0.5	0.2	用钢尺检查
2	表面平整度	2	2	2	用 2m 靠尺和楔形塞尺检查
3	踢脚线上口平直	2	2	2	拉 5m 通线，不足 5m 拉通线和用钢尺检查
4	板面拼缝平直	3	3	3	拉 5m 通线，不足 5m 拉通线和用钢尺检查
5	相邻板材高差	0.5	0.5	0.5	用钢尺和楔形塞尺检查
6	踢脚线与面层接缝	1	1	1	楔形塞尺检查

(二)常见的质量问题与预控

序号	质量通病	产生原因	预控措施
1	行走有响声	(1)格栅固定不牢固、毛地板与格栅间连接不牢固、面层与毛地板间连接不牢固都会造成走动有声响； (2)地板的平整度不够，格栅或毛地板有凸起的地方； (3)地板的含水率过大，铺设后变形	木格栅必须固定牢固且严格控制垫层平整度，安装面层时，刮胶要均匀密实不得漏刷。在面层安装时发现有凸起地方要及时进行调整，主要是底层出现误差。地板进场后要及时进行封闭保存，避免地板受潮变形
2	地板面不干净出现划伤	施工完毕后未及时对地面进行保护造成后续施工对其破坏	施工完毕后设置禁止进入施工标牌，相关单位要进入施工必须向项目部申请，保护得当后方可施工。采用地板革对地面进行保护，并请专人不定时地进行清理

五、验收成果

实木地板面层检验批质量验收记录

单位(子单位)工程名称		分部(子分部)工程名称	建筑装饰装修分部——建筑地面子分部	分项工程名称	木、竹面层铺设分项
施工单位		项目负责人		检验批容量	
分包单位		分包单位项目负责人		检验批部位	
施工依据	《住宅装饰装修工程施工规范》(GB 50327—2001)		验收依据	《建筑地面工程施工质量验收规范》(GB 50209—2022)	

续表

验收项目				设计要求及规范规定	最小/实际抽样数量	检查记录	检查结果
主控项目	1	材料质量		第 7.2.8 条	/	质量证明文件齐全，通过进场验收	
主控项目	2	材料有害物质限量的检测报告		第 7.2.9 条	/	检验合格，记录编号	
主控项目	3	木搁栅、垫木和垫层地板等应做防腐、防蛀处理		第 7.2.10 条	/	抽查处，合格处	
主控项目	4	木栅栏安装		第 7.2.11 条	/	抽查处，合格处	
主控项目	5	面层铺设应牢固；黏结应无空鼓松动		第 7.2.12 条	/	抽查处，合格处	
一般项目	1	实木地板、实木集成地板面层质量		第 7.2.13 条	/	抽查处，合格处	
一般项目	2	竹地板面层的品种与规格		第 7.2.14 条	/	抽查处，合格处	
一般项目	3	面层缝隙、接头位置和表面		第 7.2.15 条	/	抽查处，合格处	
一般项目	4	采用粘、钉工艺时面层质量		第 7.2.16 条	/	抽查处，合格处	
一般项目	5	踢脚线		第 7.2.17 条	/	抽查处，合格处	
一般项目	6	板面缝隙宽度	拼花地板	0.2mm	/	抽查处，合格处	
一般项目	6	板面缝隙宽度	硬木地板、竹地板	0.5mm	/	抽查处，合格处	
一般项目	6	板面缝隙宽度	松木地板	1.0mm	/	抽查处，合格处	
一般项目	6	表面平整度	拼花、硬木、竹	2.0mm	/	抽查处，合格处	
一般项目	6	表面平整度	松木地板	3.0mm	/	抽查处，合格处	
一般项目	6	踢脚线上口平齐		3.0mm	/	抽查处，合格处	
一般项目	6	板面拼缝平直		3.0mm	/	抽查处，合格处	
一般项目	6	相邻板材高差		0.5mm	/	抽查处，合格处	
一般项目	6	踢脚线与面层接缝		1.0mm	/	抽查处，合格处	
施工单位检查结果				专业工长： 项目专业质量检查员： 年　月　日			
监理单位验收结论				专业监理工程师： 年　月　日			

六、实践项目成绩评定

序号	项目	技术及质量要求	实测记录	项目分配	得分
1	工具准备			10	
2	工具使用			15	
3	实木地板的铺设			20	
4	踢脚线的装法			20	
5	文明施工与安全施工			10	
6	施工流程			10	
7	检验方法			10	
8	完成任务时间			5	
9	合计			100	

任务5 复合木地板施工

复合木地板是用原木经粉碎、添加胶黏剂、防腐处理、高温高压制成的中密度板材，表面刷涂高级涂料，再经过切割、刨槽刻榫等加工制成拼块复合木地板。地板规格比较统一，安装极为方便。复合木地板的构造做法如表4-5-1所示。

表4-5-1

名称	强化复合木地板面层	强化复合双层木地板面层
构造层次	8mm厚强化复合木地板拼接粘铺； 3mm厚聚乙烯(EPE)高弹泡沫垫层； 改性沥青防水涂料一道； 20mm厚1∶3水泥砂浆找平层； 水泥浆水胶比0.4～0.5结合层一道； 100mm厚C10混凝土垫层； 素土夯实基土	8mm厚强化复合木地板拼接粘铺； 3mm厚聚乙烯(EPE)高弹泡沫垫层； 15mm厚松木毛底板，45°斜铺； 改性沥青防水涂料一道； 20mm厚1∶3水泥砂浆找平层； 水泥浆水胶比0.4～0.5结合层一道； 100mm厚C10混凝土垫层； 素土夯实基土
构造图示		

一、施工任务

室内拟采用1233mm×206mm×15mm的三层复合木地板进行地面装修，试根据工程实际合理组织施工，并完成相关报验工作。

二、施工准备

(一)材料准备

(1)实木复合地板：所采用的条材和块材，其技术等级和质量要求应符合设计要求，含水率不应大于12%。

(2)木格栅、垫木和毛地板等必须作防腐、防蛀及防火处理。

(3)胶黏剂：应采用具有耐老化、防水和防菌无毒等性能的材料，或按设计要求选用。胶黏剂应符合现行国家标准《民用建筑工程室内环境污染控制标准》(GB 50325—2020)的规定。

(二)机具准备

木工手刨、电刨、电锯、手提钻、刮刀、橡皮锤、锤子、螺丝刀、量具等。

(三)作业准备

(1)施工最大相对湿度不高于80%，且不宜做浴室、卫生间、厨房等潮湿环境的房间。

(2)地板安装前先将地面找平，并且干燥后清理干净。底层地面应作防潮处理。

(3)使用的强化复合地板的规格符合现场和设计要求。在使用前对地板进行挑选，要求地板的纹理、色泽协调。

(4)在墙上弹出50cm水平线。

三、组织施工

(一)施工工艺流程

基层处理→弹线、找平→铺垫层→试铺预排→铺地板→铺踢脚板→清洗表面。

(二)施工质量控制要点

(1)基层处理。复合木地板的基层处理与前面相同，要求平整度3m内误差不得大于2mm，基层应当干燥。铺贴复合木地板的基层一般有：楼面钢筋混凝土基层、水泥砂浆基层、木地板基层等，不符合要求的要进行修补。木地板基层要求毛板下木龙骨间距要密一些，一般情况下不得大于300mm。

(2)铺设垫层。复合木地板的垫层为聚乙烯泡沫塑料薄膜，其宽度为1000mm卷材，铺设时按房间长度净尺寸加100mm裁切，横向搭接150mm。垫层可增加地板隔潮作用，增加地板的弹性并增加地板稳定性，减少行走时地板产生的噪声。

(3)试铺预排。在正式铺贴复合木地板前，应进行试铺预排。板的长缝隙应顺入射光方向沿墙铺放，槽口对墙，从左至右，两板端头企口插接，直到第一排最后一块板，切下的部分若大于300mm,可以作为第二排的第一块板铺放,第一排最后一块的长度不应小于500mm,否则可将第一排第一块板切去一部分,以保证最后的长度要求。木地板与墙体间应留出8～10mm缝隙,用木楔进行调直,暂不涂胶。拼铺三排进行修整、检查平整度,符合要求后,按排编号拆下放好。

(4)铺地板。按照预排的地板顺序,对缝涂胶拼接,用木槌敲击挤紧。复验平直度,横向用紧固卡带将三排地板卡紧,每隔1500mm左右设置一道卡带,卡带两端有挂钩,卡带可调节长短和松紧度。从第四排起,每拼铺一排卡带移位一次,直至最后一排。每排最后一块地板端部与墙体间仍留8～10mm缝隙。在门的洞口,地板铺至洞口外墙皮与走廊地板平接。如果为不同材料,留出5mm缝隙,用卡口的盖缝条进行盖缝。

(5)铺踢脚板。复合木地板可选用仿木塑料踢脚板、普通木踢脚板和复合木地板。在安装踢脚板时,先按踢脚板的高度弹出水平线,清理地板与墙缝隙中的杂物,标出预埋木砖 的位置,按木砖位置在踢脚板上钻孔,孔径应比木螺钉直径小1～1.2mm,用木螺钉进行 固定。踢脚板的接头尽量设在不明显的地方(见图4-5-1)。

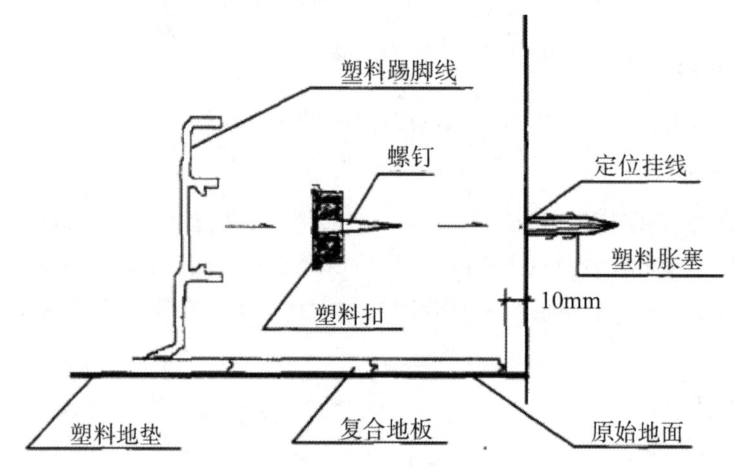

图4-5-1 踢脚板安装示意图

(6)清洗表面。每铺贴完一个房间并等待胶干燥后,对地板表面进行认真清理,扫净杂物、清除胶痕,并用湿布擦净。

四、组织验收

(一)验收规范

1.主控项目

(1)实木复合地板面层所采用的条材和块材,其技术等级及质量要求应符合设计要求。木搁栅、垫木和毛地板等必须做防腐、防蛀处理。

检验方法:观察检查和检查材质合格证明文件及检测报告。

(2)木搁栅安装应牢固、平直。

检查方法:观察、脚踩检查。

(3)面层铺设应牢固;粘贴无空鼓。

检验方法:观察、脚踩或用小锤轻击检查。

2. 一般项目

(1)实木复合地板面层图案和颜色应符合设计要求,图案清晰,颜色一致,板面无翘曲。

检查方法:观察、用 2m 靠尺和楔形塞尺检查。

(2)面层的接头应错开、缝隙严密、表面洁净。

检查方法:观察检查。

(3)踢脚线表面光滑,接缝严密,高度一致。

检查方法:观察和钢尺检查。

(4)实木复合地板面层的允许偏差应符合表 4-5-2 的规定。

表 4-5-2　实木复合地板面层的允许偏差和检验方法

项次	项目	允许偏差	检验方法
		实木复合地板	
1	板面缝隙宽度	0.5	用钢尺检查
2	表面平整度	2.0	用 2m 塞尺和楔形塞尺检查
3	踢脚线上口平齐	3.0	拉 5m 通线,不足 5m 拉通线和用钢尺检查
4	板面拼缝平直	3.0	
5	相邻板材高差	0.5	用钢尺和楔形塞尺检查
6	踢脚线与面层的接缝	1.0	楔形塞尺检查

(二)常见的质量问题与预控

序号	质量通病	产生原因	预控措施
1	行走有响声	(1)格栅固定不牢固、毛地板与格栅间连接不牢固、面层与毛地板间连接不牢固都会造成走动有声响; (2)地板的平整度不够,格栅或毛地板有凸起的地方; (3)地板的含水率过大,铺设后变形	木格栅必须固定牢固且严格控制垫层平整度,安装面层时,刮胶要均匀密实不得漏刷。在面层安装时发现有凸起地方要及时进行调整,主要是底层易出现误差。地板进场后要及时进行封闭保存,避免地板受潮变形
2	地板面不干净出现划伤	施工完毕后未及时对地面进行保护造成后续施工对其破坏	施工完毕后设置禁止进入施工标牌,相关单位要进入施工必须向项目部申请,保护得当后方可施工。采用地板革对地面进行保护,并请专人不定时地进行清理

五、验收成果

实木复合地板面层检验批质量验收记录

<table>
<tr><td>单位(子单位)
工程名称</td><td></td><td>分部(子分部)
工程名称</td><td>建筑装饰装修分部
——建筑地面子分部</td><td>分项工程
名称</td><td>木、竹面层
铺设分项</td></tr>
<tr><td>施工单位</td><td></td><td>项目负责人</td><td></td><td>检验批容量</td><td></td></tr>
<tr><td>分包单位</td><td></td><td>分包单位
项目负责人</td><td></td><td>检验批部位</td><td></td></tr>
<tr><td>施工依据</td><td colspan="2">《住宅装饰装修工程施工规范》
(GB 50327—2001)</td><td>验收依据</td><td colspan="2">《建筑地面工程施工质量验收规范》
(GB 50209—2022)</td></tr>
</table>

<table>
<tr><td colspan="3">验收项目</td><td>设计要求及
规范规定</td><td>最小/实际
抽样数量</td><td>检查记录</td><td>检查
结果</td></tr>
<tr><td rowspan="5">主控项目</td><td>1</td><td>材料质量</td><td>第 7.3.6 条</td><td>/</td><td>质量证明文件齐全,通过进场验收</td><td></td></tr>
<tr><td>2</td><td>材料有害物质限量的检测报告</td><td>第 7.3.7 条</td><td>/</td><td>检验合格,报告编号</td><td></td></tr>
<tr><td>3</td><td>木搁栅、垫木和垫层地板等应做防腐防蛀处理</td><td>第 7.3.8 条</td><td>/</td><td>抽查处,合格处</td><td></td></tr>
<tr><td>4</td><td>木搁栅安装应牢固、平直</td><td>第 7.3.9 条</td><td>/</td><td>抽查处,合格处</td><td></td></tr>
<tr><td>5</td><td>面层铺设</td><td>第 7.3.10 条</td><td>/</td><td>抽查处,合格处</td><td></td></tr>
<tr><td rowspan="10">一般项目</td><td>1</td><td>面层外观质量</td><td>第 7.3.11 条</td><td>/</td><td>抽查处,合格处</td><td></td></tr>
<tr><td>2</td><td>面层接头</td><td>第 7.3.12 条</td><td>/</td><td>抽查处,合格处</td><td></td></tr>
<tr><td>3</td><td>粘、钉工艺时面层质量</td><td>第 7.3.13 条</td><td>/</td><td>抽查处,合格处</td><td></td></tr>
<tr><td>4</td><td>踢脚线</td><td>第 7.3.14 条</td><td>/</td><td>抽查处,合格处</td><td></td></tr>
<tr><td rowspan="6">5</td><td>板面隙宽度</td><td>0.5mm</td><td>/</td><td>抽查处,合格处</td><td></td></tr>
<tr><td>表面平整度</td><td>2.0mm</td><td>/</td><td>抽查处,合格处</td><td></td></tr>
<tr><td>踢脚线上口平齐</td><td>3.0mm</td><td>/</td><td>抽查处,合格处</td><td></td></tr>
<tr><td>板面拼缝平直</td><td>3.0mm</td><td>/</td><td>抽查处,合格处</td><td></td></tr>
<tr><td>相邻板材高差</td><td>0.5mm</td><td>/</td><td>抽查处,合格处</td><td></td></tr>
<tr><td>踢脚线与面层接缝</td><td>1.0mm</td><td>/</td><td>抽查处,合格处</td><td></td></tr>
<tr><td colspan="3">施工单位
检查结果</td><td colspan="4">专业工长:
项目专业质量检查员:
年　月　日</td></tr>
<tr><td colspan="3">监理单位
验收结论</td><td colspan="4">专业监理工程师:
年　月　日</td></tr>
</table>

六、实践项目成绩评定

序号	项目	技术及质量要求	实测记录	项目分配	得分
1	工具准备			10	
2	工具使用			15	
3	复合地板的铺设			20	
4	踢脚线的装法			20	
5	文明施工与安全施工			10	
6	施工流程			10	
7	检验方法			10	
8	完成任务时间			5	
9	合计			100	

任务6　装配式地板施工(活动地板)

活动地板又称装配式地板，它是由各种不同规格、型号和材质的面板块、横梁、可调节支架等组合拼装而成的一种新型架空装饰地面。地面与楼(地)面基层之间的高度，一般有150～250mm。架空空间可以敷设各种管线。

活动地板具有尺寸精度高、防火性能佳、耐磨、耐蚀、防磁与抗静电性能优良、机械性能高、承载力大、不易变形等特点，适用于电子计算机、高铁信号机房、通信机房室、各类实验室、办公室，以及一些线缆比较集中和有防尘防静电要求的场所；也应用于集成电路生产车间、电子仪器厂、装配车间、精密光学仪器制造车间。活动地板地面的基本构造及实物如图4-6-1所示。

图4-6-1　活动地板地面的基本构造及实物

一、施工任务

室内机房拟采用600mm×600mm×40mm全钢陶瓷防静电地板进行地面装修，根据工程实际情况组织施工，并完成相关报验工作。

二、施工准备

(一)材料准备

(1)面层材料常有全钢防静电地板、瓷砖防静电地板、铝合金防静电地板、硫酸钙防静电地板；其规格为600mm×600mm×50mm，不同的防静电环境需要选用不同规格的地板，应按甲方设计需求采购及施工。

(2)辅助材料有可调支架和横梁、地板，如图4-6-2所示。

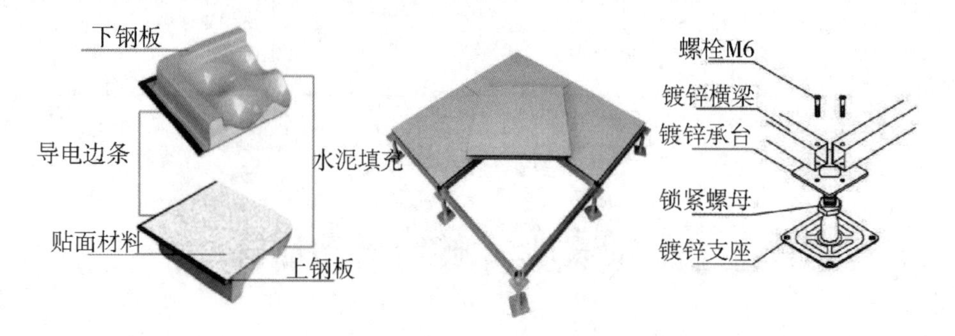

图4-6-2 辅助材料有可调支架和横梁、地板

(二)机具准备

电圆锯、切割锯、电锤、螺机、铝合金靠尺、吸盘、水平仪、水平尺、活动扳手、铅丝、粉线包、墨斗、小白线、錾子、卷尺、方尺、十字螺丝刀、钢丝刷等。

(三)作业条件

(1)按照设计图纸要求，事先把要铺设活动地板的基层做好(大多是水泥地面或现制水磨石地面等)，基层表面应平整、光洁、不起尘，含水率不大于8%。安装前应清扫干净，必要时，在其面上涂刷绝缘脂或油漆。

房间平面若是矩形，其相邻墙体必须相互垂直。

(2)安装活动地板面层，必须待室内各项工程完工和超过地板面承载的设备进入房间预订位置之后，方可进行，不得交叉施工；也不得在房间内加工。相邻房间内部也应全部完工。

(3)架设活动地板面层前，要检查核对地面面层标高，应符合设计要求。将室内四周的墙划出面层标高控制水平线。

(4)大面积架设前，应先放出施工大样，并做样板间，经质检部门鉴定合格后方可组织并按样板间标准要求施工。

三、组织施工

(一)施工工艺流程

基层处理→弹线定位→固定支架和底座→安装横梁→安装面板→表面清理养护。

(二)施工质量控制要点

(1)基层处理。安装活动地板前先将地面清理干净平整、不起灰,含水率不大于8%。安装前可在基层表面涂刷1～2遍清漆或防尘漆,涂漆后不允许有脱皮现象。

(2)弹线定位。测量底座水平标高,按设计要求在墙面四周弹好水平线和标高控制位置。在基层表面上弹出支柱定位方格十字线,标出地板块的安装位置和高度,并标明设备预留部位。

(3)固定支架和底座。先将活动地板各部件组装好,以基准线为准,顺序在方格网交点处安放支架和横梁,固定支架的底座,连接支架和框架,在安装过程中要经常抄平,转动支座螺杆,用水平尺调整每个支座面的高度至全室等高,并尽量使每个支架受力均匀。

(4)安装横梁。在所有的支座柱和横梁构成的框架成为一体后,将环氧树脂注入支架底座与水泥类基层的空隙中,使之连接牢固,也可以采用膨胀螺栓或射钉连接。

(5)安装面板。安装面板前,在横梁上弹出分格线,按线安装面板,调整好尺寸,使之顺直,缝隙均匀且不显高差。调整水平度并保证板块四角接触严密、平整,不得采用加垫的方法。铺板前在横梁上先铺设缓冲胶条,用乳胶与横梁黏结。活动地板不符合模数时,其不足部分可根据实际尺寸将板块切割后镶补,并装配相应的可调支座和横梁。

(6)表面清理养护。当活动地板全部完成后,经检查平整度及缝隙均符合质量要求后即可进行清洗。局部沾污时,可用布沾清洁剂或肥皂水擦净晾干,再用棉丝抹蜡满擦一遍。

四、组织验收

(一)验收规范

1. 主控项目

(1)架空地板的材质、品种、式样、规格应符合设计要求。

(2)架空地板的支座必须位置正确,固定稳妥,横梁连接牢固,无松动。

(3)活动地板面层应无裂纹、掉角和缺楞等缺陷,安装必须牢固。行走无声响,无摆动。

2. 一般项目

(1)活动地板面层应排列整齐、表面平整洁净,色泽一致,接缝均匀,周边顺直,标高准确。

(2)罩面板表面平正、洁净、颜色一致,无污染、反锈等缺陷。架空地板的允许偏差如表4-6-1所示。

表 4-6-1 架空地板的允许偏差

项次	项目	允许偏差/mm	检查方法
1	表面平整度	2	用靠尺,塞尺检查
2	缝格平直度	1	拉 5m 线尺量检查
3	接缝高低差	0.4	用直尺和塞尺检查
4	板块间隙宽度	0.3	用塞尺量检查

(二)常见的质量问题与预控

1. 板面平整度偏差较大

(1)基层的平整度必须符合本工艺标准相关章内容的规定,基层平整度达不到要求会直接影响面层的平整度。

(2)支座和横梁的架设是保证平整度最关键的步骤,应严格按照施工工艺操作。做每个横梁都要控制标高,整体完成后还要再次整体抄平。

2. 板面不洁净

(1)防止地板板面受损伤,避免污染,产品应储存在清洁、干燥的包装箱中,板与板之间应放软垫隔离层,包装箱外应结实耐压。

(2)后续工程在活动地板面层上施工时,必须进行遮盖、支垫,严禁直接在活动地板面上动火、焊接、和灰、调漆、支铁梯、搭脚手架等。

3. 行走有声响、摆动

(1)所有支座柱和横梁构成的框架成为一体后,应用水平仪抄平,然后将环氧树脂注入支架底座与水泥类基层之间的空隙内,使之连接牢固,亦可用膨胀螺栓或射钉连接。经检查,确认无松动后上面板。上板前,不应扰动支座。

(2)在横梁上铺放缓冲胶条时,应采用乳胶液与横梁黏合。四角接触处应平整、严密,但不得采用加垫的方法调整。

五、验收成果

活动地板面层检验批质量验收记录

单位(子单位)工程名称		分部(子分部)工程名称	建筑装饰装修分部——建筑地面子分部	分项工程名称	板块面层铺设分项
施工单位		项目负责人		检验批容量	
分包单位		分包单位项目负责人		检验批部位	
施工依据	《住宅装饰装修工程施工规范》(GB 50327—2001)		验收依据	《建筑地面工程施工质量验收规范》(GB 50209—2022)	

续表

<table>
<tr><th colspan="4">验收项目</th><th>设计要求及规范规定</th><th>最小/实际抽样数量</th><th>检查记录</th><th>检查结果</th></tr>
<tr><td rowspan="2">主控项目</td><td>1</td><td colspan="2">材料质量</td><td>第 6.7.11 条</td><td>/</td><td>质量证明文件齐全，通过进场验收</td><td></td></tr>
<tr><td>2</td><td colspan="2">面层安装质量</td><td>第 6.7.12 条</td><td>/</td><td>抽查处，合格处</td><td></td></tr>
<tr><td rowspan="5">一般项目</td><td>1</td><td colspan="2">面层表面质量</td><td>第 6.7.13 条</td><td>/</td><td>抽查处，合格处</td><td></td></tr>
<tr><td rowspan="4">2</td><td rowspan="4">允许偏差</td><td>表面平整度</td><td>2.0mm</td><td>/</td><td>抽查处，合格处</td><td></td></tr>
<tr><td>缝格平直</td><td>2.5mm</td><td>/</td><td>抽查处，合格处</td><td></td></tr>
<tr><td>接缝高低差</td><td>0.4mm</td><td>/</td><td>抽查处，合格处</td><td></td></tr>
<tr><td>板块间隙宽度</td><td>0.3mm</td><td>/</td><td>抽查处，合格处</td><td></td></tr>
<tr><td colspan="4">施工单位
检查结果</td><td colspan="4">专业工长：
项目专业质量检查员：
年　月　日</td></tr>
<tr><td colspan="4">监理单位
验收结论</td><td colspan="4">专业监理工程师：
年　月　日</td></tr>
</table>

六、实践项目成绩评定

序号	项目	技术及质量要求	实测记录	项目分配	得分
1	工具准备			10	
2	工具使用			15	
3	装配式地板的铺设			20	
4	踢脚线的装法			20	
5	文明施工与安全施工			10	
6	施工流程			10	
7	检验方法			10	
8	完成任务时间			5	
9	合计			100	

任务7 竹、木地板施工

竹地板按用料情况可分为全竹地板和竹木复合地板两类;按结构可分为多层胶合竹地板(平压)和单层侧拼竹地板(侧压)两类;按竹地板表面颜色可分为本色竹地板、炭化竹地板、漂白竹地板、着色竹地板;按用途不同分为普通竹地板、地热竹地板、体育场馆竹地板、公共场所竹地板。

一、施工任务

室内地面装修拟用18mm×140mm×1860mm竹木地板,请根据工程实际组织施工,,并完成相关报验工作。

二、施工准备

(一)材料准备

(1)竹地板:竹地板面层所采用的材料,其技术等级及质量要求必须符合设计要求,木格栅、垫木和毛地板等必须做防腐、防蛀、防火处理。

(2)踢脚板:宽度、厚度、含水率均应符合设计要求,背面应满涂防腐剂,花纹颜色应力求与面层地板相同。

(3)粘胶剂:满足耐老化、防菌、有害物的限量标注。

(二)机具准备

刨地板机、砂带机、手刨、角度刷、螺机、水平仪、方尺、钢尺、水平尺、方尺、钢尺、水平尺、小线、錾子、刷子、钢丝刷等。

(三)作业准备

(1)施工最大相对湿度不高于80%,且不宜做浴室、卫生间、厨房等潮湿环境的房间。

(2)地板安装前先将地面找平,并且干燥后清理干净。底层地面应作防潮处理。

(3)使用的竹地板的规格应符合现场和设计要求。在使用前对地板进行挑选,要求地板的纹理、色泽协调。

(4)在墙上弹出50cm水平线。

三、组织施工

(一)施工工艺流程

检验竹地板质量→技术交底→准备机具设备→防腐、防火、防虫处理→安装木格栅→铺毛地板→铺竹地板→刨光磨平

(二)施工质量控制要点

(1)安装木格栅:先在楼板上弹出个木格栅的安装位置线(间距 300mm 或按设计要求)及标高,将格栅(断面梯形,宽面在下)放平、放稳,并找好标高,用膨胀螺栓和角码(角钢上钻孔)把格栅牢固固定在基层上,木格栅下与基层间缝隙应用干硬性砂浆填密实。

(2)铺毛地板:根据木格栅的模数和房间的情况,将毛地板下好料。将毛地板牢固钉在木格栅上,钉法采用直钉和斜钉混用,直钉钉帽不得突出板面。毛地板可采条板,也可采用整张的细木工板或中密度板等类产品。采用整张板时,应在板上开槽,槽的深度为板厚的 1/3,方向与格栅垂直,间距 200mm 左右。

(3)铺木地板:从墙的一边开始铺钉企口竹地板,靠墙的一块板应离开墙面 10mm 左右,以后逐块排紧。钉法采用斜钉,竹地板面层的接头应按设计要求留置。

(4)铺竹地板时应从房间内退着往外铺设。

(5)刨光磨光:需要刨平磨光的地板应先粗刨后细刨,使面层完全平整后再用砂带机磨光。

四、组织验收

(一)验收规范

1.主控项目

(1)地板面层所采用的材料,其技术等级和质量要求应符合设计要求。木搁栅、毛地板和垫木等应做防腐、防蛀处理。同时应符合《建筑地面工程施工质量验收规范》(GB 50209—2010)第 2 条的规定。

观察检查和检查产品材质证明文件及检测报告。

(2)木搁栅的安装应牢固、平直。

观察、脚踩检查。

(3)面层铺设应牢固;粘贴无空鼓。

观察、脚踩或用小锤轻击检查。

2.一般项目

(1)竹地板面层品种规格应符合设计要求,板面无翘曲。观察检查。

(2)面层缝隙应均匀、接头位置错开,表面清洁。观察检查。

(3)踢脚线表面光滑,接缝均匀,高度一致。观察和用尺量检查。

(4)允许偏差项目见下表 4-7-1。

表 4-7-1　竹地板允许偏差

项次	项目	允许偏差/mm			检验方法
		木搁栅	毛地板	竹地板	
1	板面缝隙宽度	—	3	0.3	尺量检查
2	表面平整度	3	3	2	用 2m 靠尺和塞尺检查

续表

项次	项目	允许偏差/mm			检验方法
		木搁栅	毛地板	竹地板	
3	踢脚线上口平直	—	—	3	拉 5m 线,不足 5m 拉通线检查
4	板面拼缝平直	—	3	3	拉 5m 线,不足 5m 拉通线检查
5	相邻板材高差	—	0.5	0.5	用 2m 靠尺和塞尺检查
6	踢脚线与面层接缝	—	—	1	楔尺检查

(二)常见的质量问题与预控

(1)行走时有响声:龙骨没有垫实、垫平,捆绑不牢有空隙,龙骨间距过大,竹地板弹性大所致。要求在钉毛地板前先检查龙骨的施工质量,人踩在龙骨上检查没响声后,再铺毛地板。

(2)拼缝不严:铺竹地板时企口处要插严、钉牢,施工时严格拼缝。

(3)铺钉时应注意竹板与墙、竹板与竹板之间碰头缝的处理:按规范要求留置,不应顶墙铺钉,防止竹地板受潮后弯拱。

(4)刨竹地板时吃刀不要过深,走刀速度不应过快,防止产生戗茬,刨光机的刨刃应勤磨。

(5)木搁栅与地面和墙接触处应进行防腐处理。

(6)竹地板下填嵌的材料一定要干燥、塞实。

五、验收成果

竹木地板面层检验批质量验收记录

单位(子单位)工程名称		分部(子分部)工程名称	建筑装饰装修分部——建筑地面子分部	分项工程名称	木、竹面层铺设分项
施工单位		项目负责人		检验批容量	
分包单位		分包单位项目负责人		检验批部位	
施工依据	《住宅装饰装修工程施工规范》(GB 50327—2001)		验收依据	《建筑地面工程施工质量验收规范》(GB 50209—2022)	

验收项目			设计要求及规范规定	最小/实际抽样数量	检查记录	检查结果
主控项目	1	材料质量	第 7.3.6 条	/	质量证明文件齐全,通过进场验收	
	2	材料有害物质限量的检测报告	第 7.3.7 条	/	检验合格,报告编号	
	3	木搁栅、垫木和垫层地板等应做防腐防蛀处理	第 7.3.8 条	/	抽查处,合格处	
	4	木搁栅安装应牢固、平直	第 7.3.9 条	/	抽查处,合格处	
	5	面层铺设	第 7.3.10 条	/	抽查处,合格处	

续表

验收项目			设计要求及规范规定	最小/实际抽样数量	检查记录	检查结果
一般项目	1	面层外观质量	第7.3.11条	/	抽查处，合格处	
	2	面层接头	第7.3.12条	/	抽查处，合格处	
	3	粘、钉工艺时面层质量	第7.3.13条	/	抽查处，合格处	
	4	踢脚线	第7.3.14条	/	抽查处，合格处	
	5	板面隙宽度	0.5mm	/	抽查处，合格处	
		表面平整度	2.0mm	/	抽查处，合格处	
		踢脚线上口平齐	3.0mm	/	抽查处，合格处	
		板面拼缝平直	3.0mm	/	抽查处，合格处	
		相邻板材高差	0.5mm	/	抽查处，合格处	
		踢脚线与面层接缝	1.0mm	/	抽查处，合格处	
施工单位检查结果			专业工长： 项目专业质量检查员： 年　月　日			
监理单位验收结论			专业监理工程师： 年　月　日			

六、实践项目成绩评定

序号	项目	技术及质量要求	实测记录	项目分配	得分
1	工具准备			10	
2	工具使用			15	
3	竹木地板的铺设			20	
4	踢脚线的装法			20	
5	文明施工与安全施工			10	
6	施工流程			10	
7	检验方法			10	
8	完成任务时间			5	
9	合计			100	

任务8 金刚砂地面施工

一、施工任务

地下停车场地面拟采用金刚砂地面，结构层45厚C30细石混凝土随捣随抹平（内配ϕ6@200双向钢筋网片），表面撒2～3厚本色金刚砂并打磨（6kg/m^{2}金刚砂），用混凝土密封固化剂抛光，请根据工程实际组织施工，并完成相关报验工作。

二、施工准备

（一）材料准备

（1）混凝土：强度不小于C25。

（2）金刚砂。

（3）特种水泥。

（4）聚合物添加剂。

（二）机具准备

1. 主要工具

混凝土泵送机、地面清渣机、混凝土地面抹平机、平板振捣器、运输小车、小水桶、半截桶、扫帚、2m靠尺、铁滚子、木抹子、平锹、钢丝刷、凿子、锤子、铁抹子。

2. 辅助工具

（1）泌水工具：橡胶管或真空吸水设备。

（2）平整出浆工具：中间灌砂的ϕ150钢管，长度大于地模宽度500mm以上，两端设可转动拉环。

（3）镘光机：加拿大生产，底盘为四叶钢片，可通过调整钢片角度（用于较软面层时角度小，用于较硬面层时角度大）抛光地面面层。

（4）平底胶鞋：混凝土初凝后使用；防水纸质鞋或防水纸袋；面层叶片压光使用。

（三）作业条件

100mm厚C15素混凝土垫层施工要振捣到位、密实，重点控制垫层面标高，确保地坪混凝土厚度均匀一致，垫层混凝土浇筑完要按照分仓缝位置进行割缝处理并灌缝，避免垫层开裂。

三、组织施工

(一)施工工艺流程

基层处理→表层处理→第一次撒布材料→第二次撒布材料→表面抛光→基面养护→地坪养护。

(1)基层处理:混凝土浇筑前要洒水使地基处于湿润状态,混凝土尽可能一次浇筑至标高,局部未达到标高处用混凝土料补齐并振捣,严禁使用砂浆修补。

(2)表层处理:使用加装圆盘的机械镘刀均匀地将混凝土表面的浮浆层去除掉。

(3)第一次撒布材料:将规定用量的 2/3 硬化耐磨地坪材料均匀撒布在初凝的混凝土表面后,用低速抹平机进行打磨处理。

(4)第二次撒布材料:将规定用量的 1/3 硬化耐磨地坪材料均匀散布,用打磨机再次打磨处理,并重复磨光机作业至少两次。磨光机作业时应纵横相交,均匀有序,边角处用抹子进行处理。面层材料硬化至指压稍有下陷时,磨光机的转速及角度应视硬化情况调整。

(5)表面抛光:根据混凝土的硬化情况,调整抛光机上刀片角度,对面层进行抛光作业,确保表面平整度和光洁度。

(6)基面养护:耐磨硬化地坪在施工后的 4～6 小时内,应在表面进行养护,以防止表面水分的急剧蒸发,确保耐磨材料强度的稳定增长。

(7)地坪养护:地坪施工完毕后需养护 7～10 天后方可投入使用,在养护期间,应避免水或其他溶液浸润表面;避免钢轮等硬质材料刮擦;金刚砂耐磨地坪光亮的地坪涂层可定期打蜡保养,日常清洁可用湿抹布擦拭或中性清洁剂清洗。

(二)施工质量控制要点

(1)在进行施工的过程中,刚浇筑的混凝土地面,在进行撒料时,要注意把控时间,过早撒料会在表面泛浆,形成黏稠状,打磨后表面硬化层不纯,颜色发花。过晚撒料,则会造成地坪表面发硬,导致磨不平、磨不均,因此一定要把握好撒料时间。

(2)一定要按照施工工艺进行施工,在撒料的时候,按顺序分 2 次撒料,不要偷工减料的一次到位;否则会导致后期打磨金刚砂地面表面不均匀,颜色不纯。不能为了节省时间或用量就更换施工步骤,造成金刚砂耐磨地坪质量不佳。

(3)撒料后,要进行第一次的机械打磨。如果没有进行打磨就进行第二次撒料,容易导致撒料不均匀,厚薄不一,颜色也不均匀。第二次打磨不到位,则会导致地面表面有痕迹、不平整、不光滑,地面过于粗糙没有光泽,这时需要返工,重新打磨。

(4)金刚砂耐磨地坪在施工的过程中,不宜加入额外的水分,否则可能影响地坪的质量。

(5)彩色金刚砂耐磨地坪收光次数较之水泥本色要少两遍左右。因为收光次数过多,会加深该区域的颜色,容易产生色差。一般水泥本色收光为 5～6 遍,彩色 4～5 遍。

四、组织验收

1. 验收规范

(1)地面装修的面层颜色基本均匀无明显色差。

(2)地坪表面与基层结合牢固,无空鼓、起沙现象。

(3)地坪硬度达到莫氏硬度 6.5 以上。

(4)沙眼率不高于每平方米 3 个。

(5)抗压强度:7 天后:≥70MPa,28 天后:≥80MPa。

(6)允许偏差项目如表 4-8-1 所示。

表 4-8-1 允许偏差

项次	项目	允许偏差/mm	检查方法
1	标高	±5mm	水准仪检查
2	平整度	±5mm	2m 靠尺,塞尺检查
3	分仓缝	±3mm	5m 细线和钢尺检查

2. 常见的质量问题与预控

序号	常见的质量通病	产生原因	预防措施
1	色差	(1)选料问题; (2)未分次撒料,用料不足,厚薄不一; (3)养护问题,采用覆盖塑料薄膜养护方式,导致地面水分挥发不均匀;薄膜与地坪接触的地方颜色泛白,未接触的地方颜色正常	(1)选择产品质量稳定可靠,信誉好的生产厂家; (2)撒料应严格按照交底要求分次进行,用量不低于 $5kg/m^2$; (3)严禁采用塑料薄膜养护,夏季施工可采用分次洒水养护(间隔 2～3h)
2	地面平整度超差	(1)模板支设超差; (2)砼部分未按标准整平; (3)耐磨料撒播不均匀	(1)严格校准标高线,每 2m 左右设钢钎,钢钎标高同纵缝模板上标高,采用水平仪校核; (2)接槎处应预先凿毛剔平,浇筑新砼时与已浇筑地面水平度保持统一,个别低洼处应及时补料填平; (3)耐磨骨料应分两次撒布。第一次用量是全部用量的 2/3,应使拌合物均匀落下,切忌用力抛洒而致骨料和水泥分离。待耐磨材料吸收一定的水分后,再用磨光机碾磨分散并与基层砼浆结合在一起。第二次撒布剩余的 1/3,方向与第一次撒布方向垂直,撒布时先用靠尺或平直刮杆衡量水平度,并调整第一次撒布不平处,撒布后立即抹平磨光,并重复磨光机作业至少两次。磨光机作业时应纵横向交错进行,均匀有序,防止材料聚集。第三次主要是修补处理,对低洼处补料整平,即对磨光机无法顾及的边角处采用人工压平抹光

续表

序号	常见的质量通病	产生原因	预防措施
3	地面裂缝	(1)砼初凝时间未掌握好，在砼含水量较低的情况下撒金刚砂耐磨骨料，容易导致施工完成后产生裂纹。 (2)施工方法不当，耐磨层(金刚砂层)厚度不足、失水过快(施工环境气温过高等情况)，产生体积收缩和线收缩，导致出现裂缝或空鼓。 (3)养护不当，施工完成后没在规定时间内对地面进行养护或淋水保养不够；砼温度较高时，浇冷水养护，也会产生裂纹。 注：当单用金刚砂地坪时，建议采用养护剂(油性，有成膜效果)对地面进行养护；若金刚砂加固化(或环氧)，则直接采用水养护即可。 (4)收缩缝切割时间晚，因热胀冷缩而出现裂纹。一般情况下，金刚砂地面施工完成后24～48h进行伸缩缝切割为宜，如果太晚，随着地面硬度逐步增加，切割时地面就会容易“爆”，出现裂纹。 (5)分格缝间距过大，也会有裂纹产生	(1)严格控制第一次撒料的时间； (2)砼层和耐磨层(金刚砂)同时施工； (3)养护时间不少于14d； (4)合理控制切缝时间； (5)分格缝间距一般应不大于6m×6m
4	地面起砂、起皮或麻面	(1)搓毛、抹光工艺粗糙； (2)养护不到位、养护时间不够； (3)耐磨骨料撒布时间控制不好	(1)用磨光机充分磨平、压实、搓毛不少于3遍，用地坪抹光机对地面充分抹光、找平不少于3遍； (2)养护时间不少于14d； (3)严格控制耐磨料撒布时间。耐磨材料撒布的时机需根据气候、温度、砼配合比等因素而变化。撒布过早，会使耐磨材料沉入砼中而失去效果；撒布太晚，砼因凝固而逐渐失去黏结力，使耐磨材料无法与其充分结合。判别耐磨材料撒布时间，最方便的方法是脚踩地面时，大约下沉5mm，即可开始第一次撒布施工。墙、柱、门和模板等边线处水分消失较快，宜优先撒布施工，以防因失水而降低效果

五、验收成果

金刚砂硬化耐磨面层检验批质量验收记录

<table>
<tr><td>单位(子单位)工程名称</td><td></td><td>分部(子分部)工程名称</td><td>建筑装饰装修分部——建筑地面子分部</td><td>分项工程名称</td><td>整体面层铺设分项</td></tr>
<tr><td>施工单位</td><td></td><td>项目负责人</td><td></td><td>检验批量</td><td></td></tr>
<tr><td>分包单位</td><td></td><td>分包单位项目负责人</td><td></td><td>检验批部位</td><td></td></tr>
<tr><td>施工依据</td><td colspan="2">住宅装饰装修工程施工规范(GB 50327—2001)</td><td>验收依据</td><td colspan="2">《建筑地面工程施工质量验收规范》(GB 50209—2018)</td></tr>
</table>

<table>
<tr><td colspan="4">验收项目</td><td>设计要求及规范规定</td><td>最小/实际抽样数量</td><td>检查记录</td><td>检查结果</td></tr>
<tr><td rowspan="4">主控项目</td><td>1</td><td colspan="2">材料质量</td><td>第 5.5.9 条</td><td>/</td><td></td><td></td></tr>
<tr><td>2</td><td colspan="2">拌合物铺设时,材料质量规定</td><td>第 5.5.10 条</td><td>/</td><td>检验合格,记录编号</td><td></td></tr>
<tr><td>3</td><td colspan="2">硬化耐磨面层的厚度、强度等级、耐磨等级</td><td>第 5.5.11 条</td><td>/</td><td>检验合格,记录编号</td><td></td></tr>
<tr><td>4</td><td colspan="2">面层与基层结合</td><td>第 5.5.12 条</td><td>/</td><td>抽查处,合格处</td><td></td></tr>
<tr><td rowspan="6">一般项目</td><td>1</td><td colspan="2">面层表面坡度</td><td>设计要求</td><td>/</td><td>抽查处,合格处</td><td></td></tr>
<tr><td>2</td><td colspan="2">面层表面质量</td><td>第 5.5.14 条</td><td>/</td><td>抽查处,合格处</td><td></td></tr>
<tr><td>3</td><td colspan="2">踢脚线与墙面结合</td><td>第 5.5.15 条</td><td>/</td><td>抽查处,合格处</td><td></td></tr>
<tr><td rowspan="3">4</td><td rowspan="3">表面允许偏差</td><td>表面平整度</td><td>4mm</td><td>/</td><td>抽查处,合格处</td><td></td></tr>
<tr><td>踢脚线上口平直</td><td>4mm</td><td>/</td><td>抽查处,合格处</td><td></td></tr>
<tr><td>缝格平直</td><td>3mm</td><td>/</td><td>抽查处,合格处</td><td></td></tr>
<tr><td colspan="4">施工单位检查结果</td><td colspan="4">专业工长:
项目专业质量检查员:
年 月 日</td></tr>
<tr><td colspan="4">监理单位验收结论</td><td colspan="4">专业监理工程师:
年 月 日</td></tr>
</table>

六、实践项目成绩评定

序号	项目	技术及质量要求	实测记录	项目分配	得分
1	工具准备			10	
2	工具使用			15	
3	基层处理			20	
4	撒料			20	
5	文明施工与安全施工			10	
6	施工流程			10	
7	验收方法			10	
8	完成任务时间			5	
9	合计			100	

思考题

一、填空题

1. 地面按其构造由________、________和________等部分组成。

2. 水泥砂浆地面一般的做法是在结构层上抹水泥砂浆，有________________之分。

3. 水泥砂浆地面装饰施工中所用的砂宜为____________________。

4. 水泥混凝土是用水泥、砂和________级配而成的。

5. 石材地面是采用________、________及________等铺砌而成的。

6. 木地板施工时，木格栅安装要随时用______从纵横两个方向对木格栅表面找平。复合木地板产品是由________为主要原料。

7. 大理石地面属于________楼地面。

8. 大理石施工中进行基层处理的施工主要进行________，符合要求后将基层表面清扫干净并洒水湿润。

9. 碎拼大理石面层楼地面的施工的基层处理主要是________，符合要求以后将基层表面进行清扫并洒水湿润。

10. 陶瓷锦砖面层楼地面施工中基层处理要达到的要求，则在铺砖前基层应找好________与________。

二、选择题

1. 活动地板面层要求的质量标准(　　)。

A. 面层材质要求符合设计要求的同时，达到耐磨、防潮、阻燃、耐污染、耐老化和防静电的要求。

B. 面层应无裂缝、掉角和缺棱等，行走无响声。

C. 面层排列整齐，表面洁净，色泽一致，接缝均匀，周边顺直。

D. 以上都对。

2. 检查楼地面是否平常使用的工具（　　）。

A. 水平尺　　B. 靠尺　　C. 直尺　　D. 以上都对

3. 卫生间地面防潮处理常用的方法（　　）。

A. 刷沥青三遍　　B. 一毡两油　　C. 加防水涂料　　D. 以上都对

4. 活动地板是由规定型号和材质的面板块（　　）和可调支配等配件组合拼装而成的。

A. 柱　　B. 板　　C. 横梁　　D. 以上都对

5. 活动地板面层要求的质量标准（　　）。

A. 面层材质要求符合设计要求的同时，达到耐磨、防潮、阻燃、耐污染、耐老化和防静电的要求。

B. 面层应无裂缝、掉角和缺棱等，行走无响声。

C. 面层排列整齐，表面洁净，色泽一致，接缝均匀，周边顺直。

D. 以上都对。

6. 检查楼地面是否平整常使用的工具（　　）。

A. 水平尺　　B. 靠尺　　C. 直尺　　D. 以上都对

三、问答题

1. 简述水泥砂浆地面常见的质量问题、产生原因和处理办法。

2. 简述地砖地面的施工工艺、常见的质量问题、产生原因和处理办法。

3. 简述石材地面及碎拼石材地面装饰施工工艺流程。

4. 简述活动地板施工工艺流程、常见的质量问题、产生原因和处理办法。

5. 简述木地板施工工艺、常见的质量问题、产生原因和处理办法。

6. 常见的复合地板施工工艺、常见的质量问题、产生原因和处理办法。

7. 画出有地漏或排水的房间楼地面施工工艺流程图。

8. 画出陶瓷地砖施工楼地面的施工工艺流程图。

9. 用陶瓷地砖铺地面为什么有时会产生空鼓的现象？

10. 为什么陶瓷地砖在铺贴时一定要进行基层处理？

四、综合题

某业主（甲方）有一建筑面积为135m^{2}的三室两厅一厨两卫的住房，现将其发包给建筑装饰施工企业（乙方），装饰设计如下：

1. 厨房、卫生间地面要进行防潮处理，防滑地砖。

2. 三间卧室为木地面，墙为乳胶漆面层.

3. 起居室的地面为花岗石（800mm×800mm），饭厅地面也是花岗石，规格为（800mm×800mm），墙面为乳胶漆面层，吊顶为木龙骨纸面石膏板乳胶漆面层。进门采用活动式隔断，隔扇拼装而成，拼装式隔断面板用木板形成。请你写出：

（1）起居室地面要进行花岗石作面层施工技术交底书；

（2）起卧室地面以木地板为面层施工技术交底书。

项目五 隔墙与隔断装饰施工

知识目标

1. 了解骨架隔墙、板材隔墙、玻璃隔墙(断)、其他隔墙(断)采用的材料及其施工机具。

2. 熟悉骨架隔墙、板材隔墙、玻璃隔墙(断)、其他隔墙(断)等的施工工艺及操作要点。

3. 掌握骨架隔墙、板材隔墙、玻璃隔墙(断)、其他隔墙(断)的质量验收标准以及常见的问题、产生原因和处理办法。

能力目标

1. 能正确选用及验收骨架隔墙、板材隔墙、玻璃隔墙(断)、其他隔墙(断)等的材料,选择适合的机具能力。

2. 能对骨架隔墙、板材隔墙、玻璃隔墙(断)、其他隔墙(断)等组织施工,进行技术交底。

3. 能对骨架隔墙、板材隔墙、玻璃隔墙(断)、其他隔墙(断)等施工质量进行管控及验收,具有处理各类常见质量问题的技术能力。

任务概述

隔墙的主要作用为分隔空间。要求其自重轻,厚度薄,刚度大。有些还要求隔声、耐火、耐温、耐腐蚀以及通风和采光良好、便于拆卸等。隔墙按使用状况分永久性隔墙(适用于公共建筑的隔墙需要)、可拆装隔断墙和可折叠隔断墙三种形式。按构造方式分块材式隔断墙(砖、砌块、玻璃砖等)、主筋式隔断墙(龙骨式隔断墙)和板材式隔断墙(加气混凝土条板砖、石膏板),这些都属于永久性隔断墙。

在当前施工技术及材料科技的发展下,推拉式隔断和多功能活动半隔断墙也是近期发展的新型隔断形式,如多功能活动半隔断是由许多个矮隔断板进行拼装起来的一种新型办公设施,主要适用于大型开放式办公空间等。

任务1 轻钢龙骨纸面石膏板隔墙施工

轻钢龙骨纸面石膏板隔墙具有自重轻、强度高、防腐蚀性好等优点，在建筑装饰中应用非常广泛。其基本构造如图5-1-1所示。

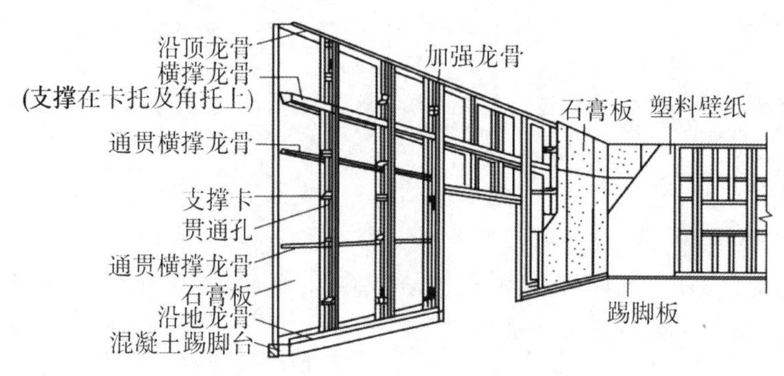

图5-1-1 墙体轻钢龙骨纸面石膏板隔墙基本构造

一、施工任务

室内拟采用C50轻钢龙骨及10mm厚的纸面石膏板做堵隔墙，隔墙主龙骨间距是120cm，而副龙骨之间的距离是40cm，请结合现场情况合理组织施工，并及时报验。

二、施工准备

(一)材料准备

(1)纸面石膏板具有轻质、高强、抗震、防火、防蛀、隔热、保温、隔声性能好、可加工性好等特点。一般施工中使用纸面石膏板。其大致分类为普通纸面石膏板、防火纸面石膏板、防水纸面石膏板等。

(2)隔墙龙骨一般为C型系列，以C50为居多，用于层高3.5m以下的隔墙。对于施工要求及使用需求较高的空间，可以采用C70或C100等主龙骨系列。

(3)固材料：主要通过射钉、膨胀螺钉、自攻螺钉、螺钉等进行连接加固。

(4)垫层材料：橡胶条、填充材料有玻璃棉、矿面板等。

(二)机具准备

电锯，无齿锯，手锯，手刨子，钳子，螺丝刀，搬子，方尺，钢尺，水平尺等。

(三)作业条件

(1)主体结构必须经过相关单位(建筑单位、施工单位、监理单位、设计单位)检验合格。屋面已作完防水层，室内地面、室内抹灰、玻璃等工序已完成。

(2)室内弹出+500mm标高线。

(3)安装各种系统的管、线盒弹线及其他准备工作已到位。安装现场应保持通风且清洁干燥,地面不得有积水、油污等,电气设备末端等半成品和成品必须做好保护措施。

(4)设计要求隔墙有地枕带时,应先将C20细石混凝土枕带施工完毕,强度达到10MPa以上,方可进行龙骨的安装。

(5)根据设计图和提出的备料计划,核查隔墙全部材料,使其配套齐全,并有相应的材料检测报告和合格证。

(6)大面积施工前先做好样板间,经有关质量部门检查鉴定合格后,方可组织班组进行大面积施工。

(7)施工前编制施工方案或技术交底,对施工人员进行全面的交底后方可施工。

(8)安全防护设施经安全部门验收合格后方可施工。

三、组织施工

(一)施工工艺流程

墙位放线→墙垫施工→安装沿地、沿顶及沿边龙骨→安装竖龙骨→固定洞口及门窗框→安装通贯龙骨和横撑龙骨→安装一侧石膏板→安装电线及附墙设备管线→安装另一侧石膏板→接缝处理→连接固定设备、电气→踢脚台施工。

(二)施工质量控制要点

(1)墙位放线。根据设计图纸确定的隔断墙位,在楼地面弹线,并将线引测至顶棚和侧墙。

(2)墙垫施工。先对墙垫与楼、地面接触部位进行清理,然后涂刷界面处理剂一道,随即用C20素混凝土制作墙垫。墙垫上表面应平整,两侧应垂直。

(3)安装沿地、沿顶及沿边龙骨。横龙骨与建筑顶、地连接及竖龙骨与墙、柱连接,一般可选用M5mm×35mm的射钉固定;对于砖砌墙、柱体,应采用金属胀铆螺栓。射钉或电钻打孔时,固定点的间距通常按900mm布置,最大不应超过1000mm。轻钢龙骨与建筑基体表面接触处,一般要求在龙骨接触面的两边各粘贴一根通长的橡胶密封条,以起防水和隔声作用。沿地(顶)和靠墙(柱)龙骨的固定方法,如图5-1-2所示。

(4)安装竖龙骨。竖向龙骨间距按设计要求确定。设计无要求时,可按板宽确定。例如选用90cm、120cm板宽时,间距可定为45cm、60cm。竖龙骨与沿地(顶)龙骨采用拉铆钉方法固定,如图5-1-3所示。

(5)固定洞口及门窗框。门窗洞口处的竖龙骨安装应依照设计要求,采用双根并用或是扣盒子加强龙骨;如果门的尺度大且门扇较重时,应在门框外的上、下、左、右增设斜撑。

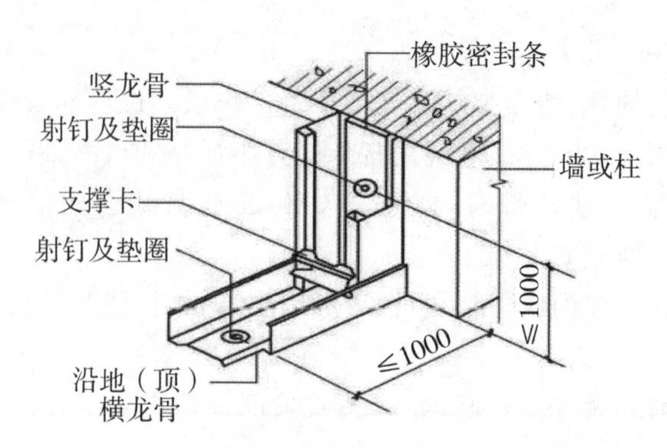

图 5-1-2　沿地(顶)及沿墙(柱)龙骨固定示意图(单位:mm)

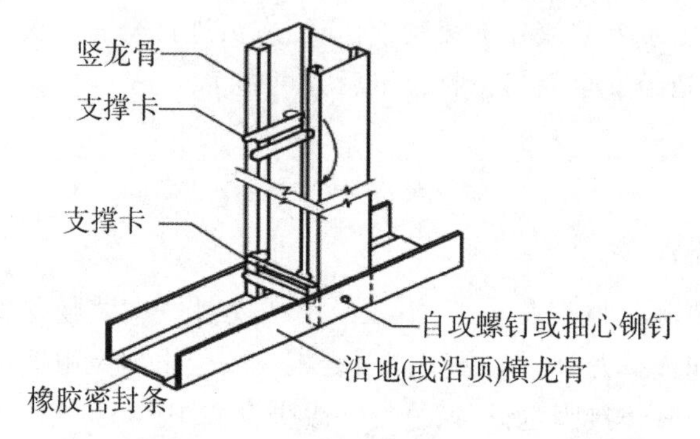

图 5-1-3　竖龙骨与沿地(顶)横龙骨固定示意图

(6)安装通贯龙骨。通贯横撑龙骨的设置，一种是低于 3m 的隔断墙安装 1 道；另一种是 3～5m 的隔断墙安装 2～3 道。对通贯龙骨横穿各条竖龙骨进行贯通冲孔需要接长时应使用其配套的连接件。在竖龙骨开口面安装卡托或支撑卡与通贯横撑龙骨连接锁紧，根据需要在竖龙骨背面可加设角托与通贯龙骨固定。采用支撑卡系列龙骨时，应先将支撑卡安装于竖龙骨开口面，卡距为 400～600mm，与龙骨两端的距离为 20～25mm。

(7)安装横撑龙骨。隔断墙轻钢骨架的横向支撑，除采用通贯龙骨外，有的需设其他横撑龙骨。一般当隔墙骨架超过 3m 的高度，或是罩面板的水平方向板端(接缝)并非落在沿顶沿地龙骨上时，应设横向龙骨对骨架加强，或予以固定板缝。具体做法是，可选用 U 形横龙骨或 C 形竖龙骨作横向布置，利用卡托、支撑卡(竖龙骨开口面)及角托(竖龙骨背面)与竖龙骨连接固定。有的系列产品也可采用其配套的金属嵌缝条作横、竖龙骨的连接固定件。

(8)安装电线及附墙设备管线。按图纸要求施工，安装电气管线时不应切断横、竖向龙骨，也应避免沿墙下端走线。附墙设备安装时，应采取局部措施使之固定牢固。

(9)安装石膏板。

①安装石膏板之前，应检查骨架牢固程度，应对预埋墙中的管道、填充材料和有关附墙设备采取局部加强措施、进行验收并办理隐检手续，经认可后方可封板。

②石膏板安装应用竖向排列，龙骨两侧的石膏板应错缝排列。石膏板用自攻螺钉固定，顺序是从板的中间向两边固定。12mm 厚石膏板用长 25mm 螺钉固定，两层 12mm 厚石膏板用长 35mm 螺钉固定。自攻螺钉在纸面石膏板上的固定位置是：距离纸包边的板

边大于 10mm、小于 16mm，距离切割边的板边至少 15mm。板边的螺钉钉距为 250mm，边中的螺钉钉距为 300mm。钉帽略埋入板内，但不得损坏纸面。

③石膏板对接缝应错开，隔墙两面的板横向接缝也应错开；墙两面的接缝不能落在同一根龙骨上。凡实际上可采用石膏板全长的地方，应避免有接缝，可将板固定好再开孔洞。

④卫生间等湿度较大的房间隔墙应做墙垫并采用防水石膏板，石膏板下端与踢脚间留缝 15mm，并用密封膏嵌严。

(10)接缝处理。

①暗缝接缝处理。首先扫尽缝中浮尘，用小开刀将腻子嵌入缝内与板缝取平。待腻子凝固后，刮约 1mm 厚腻子并粘贴玻璃纤维接缝带，再用开刀从上往下沿一个方向压、刮平，使多余腻子从接缝带网眼中挤出。随即用大开刀刮腻子，将接缝带埋入腻子中，此遍腻子应将石膏板的楔形棱边填满找平。

②明缝接缝处理。明缝接缝处理即为留缝接缝处理。按设计要求在安装罩面纸面石膏板时留出 8～10mm 缝隙，扫尽缝中浮尘后，将嵌缝条嵌入缝隙，嵌平实后用自攻螺钉钉固。

(11)连接固定设备、电气。隔声墙中设置暗管、暗线时，所有管线均不得与相邻石膏板、龙骨(双排龙骨或错位排列龙骨)相碰。在两排龙骨之间至少应留 5mm 空隙，在两排龙骨的一侧翼缘上粘贴 3mm 厚、50mm 宽的毡条。

(12)踢脚台施工。当设计要求设置踢脚台(墙垫)时，应先对楼地面基层进行清理，并涂刷界面处理剂一遍，然后浇筑 C20 素混凝土踢脚台。上表面应平整，两侧面应垂直。踢脚台内是否配置构件钢筋或埋设预埋件，应根据设计要求确定。

四、组织验收

(一)验收规范

1. 主控项目

(1)轻钢龙骨隔墙所用龙骨、配件、墙面板、填充材料及嵌缝材料的品种、规格、性能和木材的含水率应符合设计要求。有隔声、隔热、阻燃、防潮等特殊要求的工程，材料应有相应性能等级的检测报告。

检验方法：观察；检查产品合格证书、进场验收记录、性能检测报告和复验报告。

(2)轻钢龙骨隔墙工程边框龙骨必须与基体结构连接牢固，并应平整、垂直、位置正确。

检验方法：手扳检查；尺量检查；检查隐蔽工程验收记录。

(3)轻钢龙骨隔墙中龙骨间距和构造连接方法应符合设计要求。骨架内设备管线的安装、门窗洞口等部位加强龙骨的安装应牢固、位置正确，填充材料的设置应符合设计要求。

检验方法：检查隐蔽工程验收记录。

(4)轻钢龙骨隔墙的墙面板应安装牢固,无脱层、翘曲、折裂及缺损。

检验方法:观察;手扳检查。

(5)墙面板所用接缝材料的接缝方法应符合设计要求。

检验方法:观察。

2. 一般项目

(1)轻钢龙骨隔墙表面应平整光滑、色泽一致、洁净、无裂缝,接缝应均匀、顺直。

检验方法:观察;手摸检查。

(2)轻钢龙骨隔墙上的孔洞、槽、盒应位置正确、套割吻合、边缘整齐。

检验方法:观察。

(3)轻钢龙骨隔墙内的填充材料应干燥,填充应密实、均匀、无下坠。

检验方法:轻敲检查;检查隐蔽工程验收记录。

(4)轻钢龙骨墙面板之间的缝隙或压条,宽窄应一致,整齐、平直、压条与板接缝严密,安装的允许偏差和检验方法应符合表5-1-1的规定。

表5-1-1 骨架隔墙面板安装的允许偏差和检验方法

项次	项目	纸面石膏板允许偏差/mm	检查方法
1	立面垂直度	3	用2m拖线板检查
2	表面平整度	3	用2m靠尺和塞尺检查
3	阴阳角方正	3	用200mm直角检测尺、塞尺检查
4	接缝高低差	1	用钢直尺和塞尺检查

(二)常见的质量问题与预控

(1)墙体收缩变形及板面裂缝,原因是竖龙骨紧顶上下龙骨,没留伸缩量,超过2m长的墙体未做控制变形缝,造成墙面变形。隔墙周边应留3mm的空隙,这样可以减少因温度和湿度影响产生的变形和裂缝。

(2)轻钢骨架连接不牢固,原因是局部结点不符合构造要求。安装时局部结点应严格按图规定处理。钉固间距、位置、连接方法应符合设计要求。

(3)墙体罩面板不平,多数由两个原因造成:一是龙骨安装横向错位;二是石膏板厚度不一致。

(4)明凹缝不均,原因是纸面石膏板拉缝尺寸不好掌握。施工时应注意板的分档尺寸,保证板间拉缝一致。

五、验收成果

轻钢龙骨隔墙检验批质量验收记录

<table>
<tr><td>单位（子单位）
工程名称</td><td></td><td>分部（子分部）
工程名称</td><td>建筑装饰装修分部
——轻质隔墙子分部</td><td>分项工程
名称</td><td>骨架隔墙分项</td></tr>
<tr><td>施工单位</td><td></td><td>项目负责人</td><td></td><td>检验批容量</td><td></td></tr>
<tr><td>分包单位</td><td></td><td>分包单位
项目负责人</td><td></td><td>检验批部位</td><td></td></tr>
<tr><td>施工依据</td><td colspan="2">《住宅装饰装修工程施工规范》
(GB 50327—2001)</td><td>验收依据</td><td colspan="2">《建筑装饰装修工程质量验收标准》
(GB 50210—2018)</td></tr>
</table>

<table>
<tr><td colspan="4">验收项目</td><td colspan="2">设计要求及
规范规定</td><td>最小/实际
抽样数量</td><td>检查记录</td><td>检查
结果</td></tr>
<tr><td rowspan="6">主控项目</td><td>1</td><td colspan="2">材料品种、规格、质量</td><td colspan="2">第 7.3.3 条</td><td>/</td><td>质量证明文件齐全，
通过进场验收</td><td></td></tr>
<tr><td>2</td><td colspan="2">龙骨连接</td><td colspan="2">第 7.3.4 条</td><td>/</td><td>抽查处，合格处</td><td></td></tr>
<tr><td>3</td><td colspan="2">龙骨间距及构造连接</td><td colspan="2">第 7.3.5 条</td><td>/</td><td>抽查处，合格处</td><td></td></tr>
<tr><td>4</td><td colspan="2">防火、防腐</td><td colspan="2">第 7.3.6 条</td><td>/</td><td>抽查处，合格处</td><td></td></tr>
<tr><td>5</td><td colspan="2">墙面板安装</td><td colspan="2">第 7.3.7 条</td><td>/</td><td>抽查处，合格处</td><td></td></tr>
<tr><td>6</td><td colspan="2">墙面板接缝材料及方法</td><td colspan="2">第 7.3.8 条</td><td>/</td><td>抽查处，合格处</td><td></td></tr>
<tr><td rowspan="11">一般项目</td><td>1</td><td colspan="2">表面质量</td><td colspan="2">第 7.3.9 条</td><td>/</td><td>抽查处，合格处</td><td></td></tr>
<tr><td>2</td><td colspan="2">孔洞、槽、盒</td><td colspan="2">第 7.3.10 条</td><td>/</td><td>抽查处，合格处</td><td></td></tr>
<tr><td>3</td><td colspan="2">填充材料</td><td colspan="2">第 7.3.11 条</td><td>/</td><td>抽查处，合格处</td><td></td></tr>
<tr><td rowspan="8">4</td><td rowspan="8">安装允许偏差</td><td rowspan="2">项目</td><td colspan="2">允许偏差/mm</td><td rowspan="2">小/实际
抽样数量</td><td rowspan="2">实测值</td><td rowspan="2">检查
结果</td></tr>
<tr><td>纸面
石膏板</td><td>人造木板、
水泥纤维板</td></tr>
<tr><td>立面垂直度</td><td>3</td><td>4</td><td>/</td><td>抽查处，合格处</td><td></td></tr>
<tr><td>表面平整度</td><td>3</td><td>3</td><td>/</td><td>抽查处，合格处</td><td></td></tr>
<tr><td>阴阳角方正</td><td>3</td><td>3</td><td>/</td><td>抽查处，合格处</td><td></td></tr>
<tr><td>接缝直线度</td><td>—</td><td>3</td><td>/</td><td>抽查处，合格处</td><td></td></tr>
<tr><td>压条直线度</td><td>—</td><td>3</td><td>/</td><td>抽查处，合格处</td><td></td></tr>
<tr><td>接缝高低差</td><td>1</td><td>1</td><td>/</td><td>抽查处，合格处</td><td></td></tr>
<tr><td colspan="4">施工单位
检查结果</td><td colspan="5">专业工长：
项目专业质量检查员：
年　月　日</td></tr>
<tr><td colspan="4">监理单位
验收结论</td><td colspan="5">专业监理工程师：
年　月　日</td></tr>
</table>

六、实践项目成绩评定

序号	项目	技术及质量要求	实测记录	项目分配	得分
1	工具准备			10	
2	龙骨间距			10	
3	施工工艺流程			15	
4	验收工具的使用			10	
5	施工质量			35	
6	文明施工与安全施工			15	
7	完成任务时间			5	
8	合计			100	

任务2 木龙骨隔墙施工

木龙骨隔墙(隔断)一般采用木方材做骨架,采用木拼板、木条板、胶合板、纤维板、塑料板等作为饰面板。它可以代替刷浆、抹灰等湿作业施工,减轻建筑物自身质量,增强保温、隔热、隔声性能,并可降低劳动强度,加快施工进度。木龙骨轻质罩面板隔墙基本构造如图5-2-1所示。

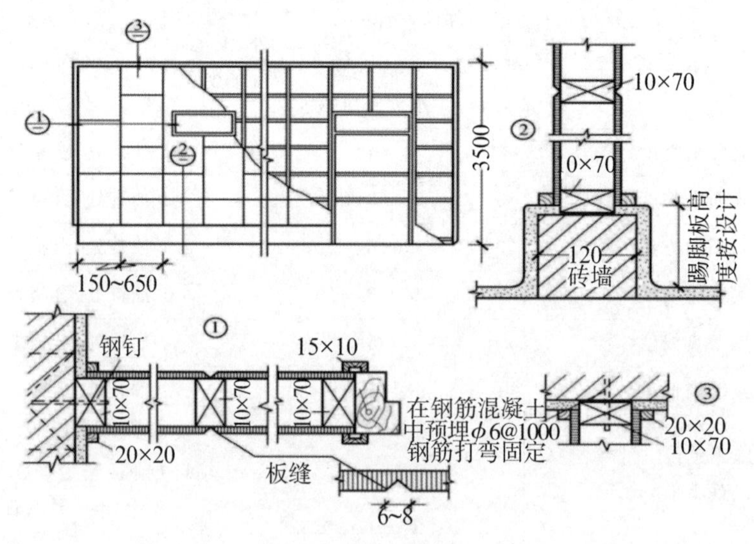

图5-2-1 木龙骨轻质罩面板隔墙构造(单位:mm)

1.下槛;2.上槛;3.横撑;4.立筋

一、施工任务

室内拟采用 50mm×70mm 的落叶松方木为骨架，10 厚的纸面石膏板作为面板，制作一堵隔墙，龙骨间距为 500mm，请结合现场实际组织施工，并及时进行报验。

二、施工准备

（一）材料准备

隔墙木骨架采用的木材、材质等级、含水率以及防腐、防虫、防火处理，必须符合设计要求和《建筑装饰装修工程质量验收标准》(GB 50210—2018)规定。常用骨架木材有落叶松、云杉、硬木松、水曲柳、桦木等。

隔墙木骨架由上槛(沿顶龙骨)、下槛(沿地龙骨)、立筋(立柱、沿墙龙骨、竖龙骨)及横撑(横挡、横龙骨及斜撑)等组成。隔墙木骨架有单层木骨架和双层木骨架两种结构形式。单层木骨架以单层方木为骨架，其厚度一般不小于 100mm；其上、下槛，立柱及横撑的断面可取 50mm×70mm、50mm×100mm、45mm×90mm，立筋间距一般为 400～600mm；横撑的垂直间距为 1200～1500mm。双层木骨架以两层方木组成骨架，骨架之间用横杆进行连接，其厚度一般为 120～150mm。常用 25cm×30cm 带凹槽木方作双层骨架的框体，每片规格为 300mm×300mm 或 400mm×400mm。

木隔墙工程常用罩面板，有纸面石膏板、胶合板、纤维板，以及石膏增强空心条板。

（二）机具准备

空气压缩机、电圆锯、手电钻、手提式电刨、射钉枪、曲线锯、铝合金靠尺、水平尺、墨斗、小白线、卷尺、方尺、线锤等。

三、组织施工

（一）施工工艺流程

弹线分格→木龙骨防火处理→拼装木龙骨架→木龙骨架安装→罩面板安装。

（二）施工质量控制要点

(1)弹线分格。在地面和墙面上弹出墙体位置宽度线和高度线，找出施工的基准点和基准线，使施工过程有所依据。

(2)木龙骨防火处理。隔墙所用木龙骨需进行防火处理。

(3)拼装木龙骨架。对于面积不大的墙身，可一次拼成木龙骨架后，再安装固定在墙面上。对于大面积的墙身，可将木龙骨架分片拼组安装固定。

(4)木龙骨架安装。

①木龙骨架中，上、下槛与立柱的断面多为 50mm×70mm 或 50 mm×100mm，有时也用 45mm×45mm、40mm×60mm 或 45mm×90mm 等规格型号。斜撑与横挡的断面与立柱相同或可稍小一些。立柱与横挡的间距要与罩面板的规格相配合。一般情况下，立柱的间距可取 400mm、450mm 或 455mm，横挡的间距可与立柱的间距相同，也可适当

放大。

②安装立筋时，立筋要垂直，其上下端要顶紧上下槛，分别用钉斜向钉牢，然后在立筋之间钉横撑。横撑可不与立筋垂直，可将其两端头按相反方向锯成斜面，以便楔紧和钉牢。横撑的垂直间距宜为1.2～1.5m。在门樘边的立筋应加大断面或者是双根并用。

③窗口的上、下边及门口的上边应加横楞木，其尺寸应比门窗口大20～30mm，在安装门窗口时同时钉上。门窗框上部宜加钉人字撑。

(5)罩面板安装。

①立筋间距应与板材规格配合，以减少浪费。一般间距取40～60cm，然后在立筋的一面或两面钉板。

②用胶合板罩面时，钉长为25～35mm，钉距为80～150mm，钉帽应打扁，并钉入板面0.5～1mm，钉眼应用油性腻子抹平，以防止板面空鼓、翘曲，钉帽生锈。如用盖缝条固定胶合板，钉距不应大于200mm，钉帽应顺木纹钉入木条面0.5～1mm。

③用硬质纤维板罩面时，在阳角应做护角。纤维板上墙前应用水浸透，晾干后安装。

四、组织验收

(一)验收规范

1. 主控项目

(1)木龙骨隔墙所用龙骨、配件、罩面板、填充材料及嵌缝材料的品种、规格、性能和木材的含水率应符合设计要求。有隔声、隔热、阻燃、防潮等特殊要求的工程，材料应有相应性能等级的检测报告。

检验方法：观察；检查产品合格证书、进场验收记录、性能检测报告和复验报告。

(2)木龙骨隔墙工程边框龙骨必须与基体结构连接牢固，并应平整、垂直、位置正确。

检验方法：手扳检查；尺量检验；检查隐蔽工程验收记录。

(3)木龙骨隔墙中龙骨间距和构造连接方法应符合设计要求。骨架内设备管线的安装、门窗洞口等部位加强龙骨的安装应牢固、位置正确，填充材料的设置应符合设计要求。

检验方法：检查隐蔽工程验收记录。

(4)木龙骨及木墙面板的防火防腐处理必须符合设计要求。

检验方法：检查隐蔽工程验收记录。

(5)木龙骨隔墙的墙面板应安装牢固，无脱层、翘曲、折裂及缺损。

检验方法：观察；手扳检查。

(6)木龙骨隔墙的墙面板所用接缝材料和接缝方法应符合设计要求。

检验方法：观察。

2. 一般项目

(1)木龙骨隔墙表面应平整光滑、色泽一致、洁净、无裂缝，接缝应均匀、顺直。

检验方法：观察；手摸检查。

(2)木龙骨隔墙上的孔洞、槽、盒应位置正确、套割吻合、边缘整齐。

检验方法:观察。

(3)木龙骨隔墙内的填充材料应干燥,填充应密实、均匀、无下坠。

检验方法:轻敲检查;检查隐蔽工程验收记录。

(4)木龙骨隔墙安装的允许偏差和检查方法应符合表5-2-1的规定。

表5-2-1 木龙骨隔墙面板安装的允许偏差和检验方法

项次	项目	允许偏差/mm		检查方法
		纸面石膏板	人造木板、水泥纤维板	
1	立面垂直度	3	4	用2m拖线板检查
2	表面平整度	3	3	用2m靠尺和塞尺检查
3	阴阳角方正	3	3	用200mm直角检测尺、塞尺检查
4	接缝直线度	—	3	拉5m线,不足5m拉通线,用钢直尺检查
5	压条直线度	—	3	拉5m线,不足5m拉通线,用钢直尺检查
6	接缝高低差	1	1	用钢直尺和塞尺检查

(二)常见的质量问题与预控

(1)墙体收缩变形及板面裂缝,原因是竖龙骨紧顶上下龙骨,没留伸缩量,超过2m长的墙体未做控制变形缝,造成墙面变形。隔墙周边应留3mm的空隙,这样可以减少因温度和湿度影响产生的变形和裂缝。

(2)木龙骨架连接不牢固,原因是局部结点不符合构造要求。安装时局部结点应严格按图规定处理。钉固间距、位置、连接方法应符合设计要求。

(3)墙体罩面板不平,多数由两个原因造成:一是龙骨安装横向错位;二是石膏板厚度不一致。

(4)明凹缝不均,原因是纸面石膏板拉缝尺寸不好掌握;施工时注意板的分档尺寸,保证板间拉缝一致。

五、验收成果

木龙骨隔墙检验批质量验收记录

单位(子单位)工程名称		分部(子分部)工程名称	建筑装饰装修分部——轻质隔墙子分部	分项工程名称	骨架隔墙分项
施工单位		项目负责人		检验批容量	
分包单位		分包单位项目负责人		检验批部位	
施工依据	《住宅装饰装修工程施工规范》(GB 50327—2019)	验收依据		《建筑装饰装修工程质量验收标准》(GB 50210—2018)	

验收项目			设计要求及规范规定	最小/实际抽样数量	检查记录	检查结果
主控项目	1	材料品种、规格、质量	第 7.3.3 条	/	质量证明文件齐全,通过进场验收	
	2	龙骨连接	第 7.3.4 条	/	抽查处,合格处	
	3	龙骨间距及构造连接	第 7.3.5 条	/	抽查处,合格处	
	4	防火、防腐	第 7.3.6 条	/	抽查处,合格处	
	5	墙面板安装	第 7.3.7 条	/	抽查处,合格处	
	6	墙面板接缝材料及方法	第 7.3.8 条	/	抽查处,合格处	
一般项目	1	表面质量	第 7.3.9 条	/	抽查处,合格处	
	2	孔洞、槽、盒	第 7.3.10 条	/	抽查处,合格处	
	3	填充材料	第 7.3.11 条	/	抽查处,合格处	

			项目	允许偏差/mm		最小/实际抽样数量	实测值	检查结果
				纸面石膏板	人造木板、水泥纤维板			
一般项目	4	安装允许偏差	立面垂直度	3	4	/	抽查处,合格处	
			表面平整度	3	3	/	抽查处,合格处	
			阴阳角方正	3	3	/	抽查处,合格处	
			接缝直线度	—	3	/	抽查处,合格处	
			压条直线度	—	3	/	抽查处,合格处	
			接缝高低差	1	1	/	抽查处,合格处	

施工单位检查结果	专业工长: 项目专业质量检查员: 年 月 日
监理单位验收结论	专业监理工程师: 年 月 日

六、实践项目成绩评定

序号	项目	技术及质量要求	实测记录	项目分配	得分
1	工具准备			10	
2	龙骨间距、防火			10	
3	施工工艺流程			15	
4	验收工具的使用			10	
5	施工质量			35	
6	文明施工与安全施工			15	
7	完成任务时间			5	
8	合计			100	

任务3　石膏板隔墙施工

石膏板是以建筑石膏($CaSO_4 \cdot 1/2H_2O$)为主要原料生产制成的一种质量轻、强度高、厚度薄、加工方便、隔声、隔热和防火性能较好的建筑材料，是我国常用的石膏空心条板。它是以天然石膏或化学石膏为主要原料，掺加适量水泥或石灰、粉煤灰为辅助胶结料，并加入少量增强纤维，经加水搅拌制成料浆，再经浇筑成型、抽芯、干燥而成。随着科学技术的发展，石膏板在建筑装饰工程中应用越来越广泛，品种也越来越多。如纸面石膏板、装饰石膏板、石膏空心条板、纤维石膏板和石膏复合墙板等。其中，应用最广泛的是石膏空心条板和石膏复合墙板。

一、施工任务

拟采用3000mm×3000mm×70mm的石膏条板将室内分隔成两个空间，请根据图纸与室内情况，选择材料，合理组织施工并及时进行报验。

二、施工准备

(一)材料准备

石膏条板：一般规格，长度为2500～3000mm，宽度为3000～600mm，厚度为60～90mm。石膏条板表面平整光滑，且具有质量较轻(表观密度为600～900kg/m^2)、强度高(抗折强度为2～3MPa)，隔热(热导率为0.22W/(m^2·K))、隔声(隔声指数>300dB)、防火(耐火极限为1～2.25h)、加工性好(可锯、刨、钻)、施工简便等优点。其品种按照原材料不同，可分为石膏粉煤灰硅酸盐空心条板、磷石膏空心条板和石膏空心条板；按照防潮性能不同，可分为普通石膏空心条板和防潮石膏空心条板。

石膏空心条板：一般用单层板作分室墙和隔墙，也可用双层空心条板，内设空气层或矿棉组成分户墙。单层石膏空心板隔墙，也可用割开的石膏板条做骨架。板条宽为150mm，整个条板的厚度约为100mm，墙板的空心部位可穿电线，板面上固定开关及插销等，可按需要钻成小孔，将圆木固定于上。

石膏板复合墙板：按照其面板不同，可分为纸面石膏板与无纸面石膏复合板；按照其隔声性能不同，可分为空心复合板与实心复合板；按照其用途不同，可分为复合板与固定门框复合板。纸面石膏复合板的规格有：长度为1500～3000mm，宽度为800～1200mm，厚度为50～200mm；无纸面石膏复合板的规格有：长度为3000mm，宽度为800～900mm，厚度为74～120mm。

(二)机具准备

板锯、电动剪、电动自攻钻、电动无齿锯、手电钻、射钉枪、电焊机、刮刀、线坠、靠尺。

三、组织施工

(一)施工工艺流程

(1)石膏空心板隔墙的施工工艺流程为：结构墙面、地面和顶面清理找平→墙体位置放线、分档→配板、修补→架立简易支架→安装U形钢板卡(有抗震要求时)→配制胶黏剂→安装隔墙板→安装门窗框→安装设备和电气→板缝处理→板面装修。

(2)石膏板复合板隔墙的安装施工顺序为：墙体位放线→墙基施工→安装定位架→复合板安装、并立门窗口→墙底缝隙填充干硬性细石混凝土。

(二)施工质量控制要点

(1)结构墙面、地面和顶面清理找平。清理隔墙板与顶面、地面、墙体的结合部位，凡凸出墙面的砂浆、混凝土块和其他杂物等必须剔除并扫净，隔墙板与所有的结合部位应找平。

(2)墙体位置放线、分档。在建筑室内的地面、墙面及顶面，根据隔墙的设计位置，弹好隔墙的中心线、两边线及门窗洞口线，并按照板的宽度进行分档。

(3)配板、修补。隔墙所用的石膏空心板应按下列要求进行配板和修补：

①板的长度应按楼层结构净高尺寸减20～30mm。

②计算并测量门窗洞口上部及窗口下部的隔板尺寸，并按该尺寸进行配板。

③当板的宽度与隔墙的长度不适应时，应将部分板预先拼接加宽(或锯窄)成合适的宽度，放置在适当的位置。

④隔板安装前要进行选板，如果有缺棱掉角，应用与板材材性相近的材料进行修补，未经修补的坏板不得使用。

(4)架立简易支架。按照放线位置在墙的一侧(即在主要使用房间墙的一面)架立一个简单木排架，其两根横杠应在同一垂直平面内，作为竖立墙板的靠架，以保证墙体的平整度。简易支架支撑后，即可安装隔墙板。

(5)安装U形钢板卡(有抗震要求时)。当建筑结构有抗震要求时，应按照设计中的具体规定，在两块条板顶端的拼缝处设U形或L形钢板卡，将条板与主体结构连接。U形或L形钢板卡用射钉固定在梁和板上，安板与U形或L形钢板卡同步固定。

(6)配制胶黏剂。条板与条板拼缝、条板顶端与主体结构黏结，宜采用1号石膏型胶黏剂。胶黏剂要随配随用，常温下应在30min内用完，过时不得再加水加胶重新配制和使用。

(7)安装隔墙板。非地震区的条板连接，可采用刚性黏结，如图5-3-1所示；地震地区的条板连接，可采用柔性结合连接，如图5-3-2所示。

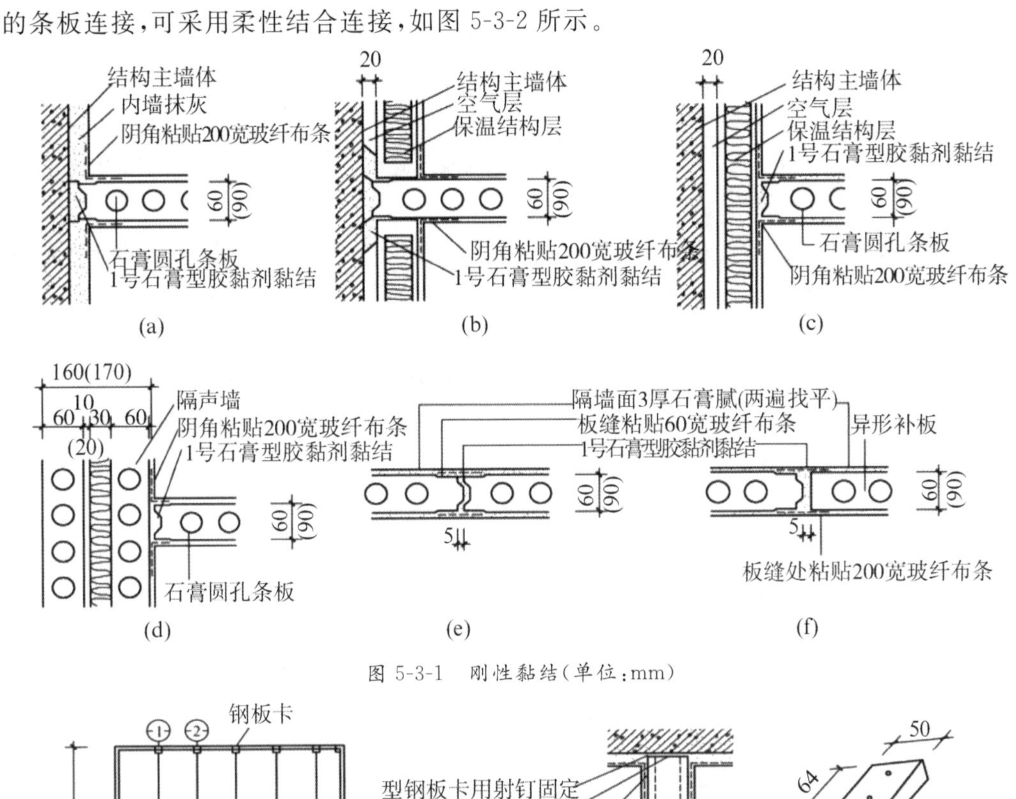

图5-3-1　刚性黏结(单位：mm)

图5-3-2　柔性结合连接(单位：mm)

隔墙板的安装顺序,应从与结构墙体的结合处或门洞口处向两端依次进行安装,安装的步骤如下:

①为使隔墙条板与墙面、顶面和地面黏结牢固,在正式安装条板前,应当认真清刷条板侧面上的浮灰和杂物。

②在结构墙面、顶面、条板顶面、条板侧面涂刷一层1号石膏型胶黏剂,然后将条板立于预定的位置,用木楔(木楔背高为20~30mm)顶在板底两侧各1/3处,再用手平推条板,使条板的板缝冒浆,一人用特制的撬棍(山字夹或脚踏板等)在条板底部向上顶,另一人快速打进木楔,使条板顶部与上部结构底面贴紧。

在条板安装的过程中,应随时用2m靠尺及塞尺测量隔墙面的平整度,同时用2m托线板检查条板的垂直度。

③隔墙条板黏结固定后,在24h后用C20干硬性细石混凝土将条板下口堵严,细石混凝土的坍落度以0~20mm为宜,当细石混凝土的强度达到10MPa以上时,可撤去条板下的木楔,并用同等强度的干硬性水泥砂浆灌实。

④双层板隔断的安装,应先立好一层条板,再安装第二层条板,两层条板的接缝要错开。隔声墙中需要填充轻质隔声材料时,可在第一层条板安装固定后,把吸声材料贴在墙板内侧,然后再安装第二层条板。

(8)安装门窗框。石膏空心板隔墙上的门窗框应按照下列规定进行安装:

①门框安装应在墙条板安装的同时进行,依照顺序立好门框,当板材按顺序安装至门口位置时,应当将门框立好、挤严,缝隙的宽度一般控制在3~4mm,然后再安装门框的另一侧条板。

②金属门窗框必须与门窗洞口板中的预埋件焊接,木质门窗框应采用L形连接件,一端用木螺钉与木框连接,另一端与门窗口板中的预埋件焊接。

③门窗框与门窗口条板连接应严密,它们之间的缝隙不宜超过3mm,如缝隙超过3mm时应加木垫片进行过渡。

④将所有缝隙间的浮灰清理干净,用1号石膏型胶黏剂嵌缝。嵌缝一定要严密,以防止门窗开关时碰撞门窗框而造成裂缝。

(9)安装设备和电气。在石膏空心板隔墙中安装必要的设备和电气是一项不可缺少和复杂的工作,可按照下列要求进行操作:

①安装水暖、煤气管卡。按照水暖和煤气管道安装图,找准其标高和竖向位置,划出管卡的定位线,然后在隔墙板上钻孔扩孔(不允许剔凿孔洞),将孔内的碎屑清理干净,用2号石膏型胶黏剂固定管卡。

②安装吊挂埋件。隔墙板上可以安装碗柜、设备和装饰物,在每一块条板上可设两个吊点,每个吊点的吊重不得大于80kg。先在隔墙板上钻孔扩孔,将孔内的碎屑清理干净,用2号石膏型胶黏剂固定埋件,待完全干燥后再吊挂物体。

③铺设电线管、稳接线盒。按电气安装图找准位置并划出定位线,然后铺设电线管、稳接线盒。所有电线管必须顺着空心石膏板的板孔铺设,严禁横铺和斜铺。稳接线盒,先在板面钻孔(防止猛击),再用扁铲扩孔,孔径应大小适度,孔方正。将孔内的碎屑清理干

净，用 2 号石膏型胶黏剂稳住接线盒。

(10)板缝处理和板面装修。石膏空心板隔墙的板缝处理和板面装修应符合下列要求：

①板缝处理。石膏空心板隔墙条板在安装 10d 后，检查所有的缝隙是否黏结良好，对已黏结良好的板缝、阴角缝，先清理缝中的浮灰，再用 1 号石膏型胶黏剂粘贴 50mm 宽玻璃纤维网格带，转角隔墙在阳角处粘贴 200mm 宽（每边各 100mm）玻璃纤维布层。

②板面装修。用石膏腻子将板面刮平，打磨后再刮第二道腻子，再打磨平整，最后做饰面层。在进行板面刮腻子时，要根据饰面要求选择不同强度的腻子。

③隔墙踢脚处理。先在板的根部刷一道胶液，再做水泥或水磨石踢脚；如做塑料、木踢脚线，可先钻孔打入木楔，再用圆钉钉在隔墙板上。

④粘贴瓷砖。墙面在粘贴瓷砖前，应将板面打磨平整，为加强黏结力，先刷 108 胶水泥浆一道，再用 108 胶水泥砂浆粘贴瓷砖。

(三)石膏复合墙板的安装施工要点

石膏板复合板一般用作分室墙或隔墙，也可用两块复合板中设空气层组成分户墙。隔墙墙体与梁或楼板连接一般常采用下楔法，即墙板下端垫木楔，填干硬性混凝土。隔墙下部构造，可根据工程需要做墙基或不做墙基，墙体和门框的固定，一般固定门框选用复合板，钢木门框固定于预埋在复合板的木砖上，木砖的间距为 500mm，可采用黏结和钢钉固定相结合的固定方法。墙体与门框的固定如图 5-3-3 和图 5-3-4 所示。

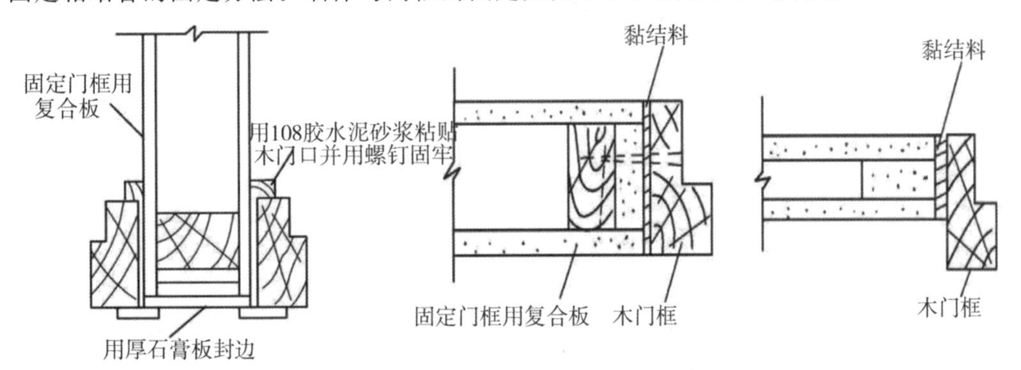

图 5-3-3　石膏板复合板墙与木门框的固定

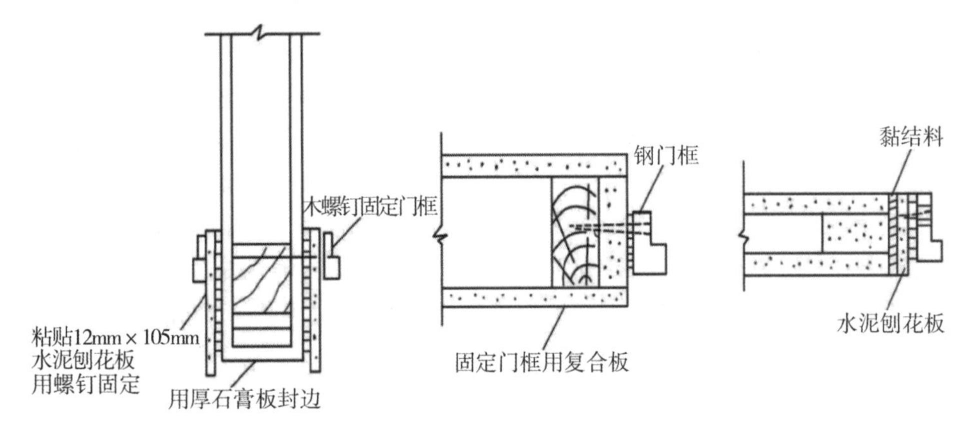

图 5-3-4　石膏板复合板墙部与钢门框固定

石膏板复合墙的隔声标准要按设计要求选定隔声方案。墙体中应尽量避免设电门、插座、穿墙管等，如果必须设置时，则应采取相应的隔声构造（见表 5-3-1）。

表 5-3-1　石膏板复合墙体的隔声、防火和限制高度

类别	墙厚/mm	质量/(kg·m^{-2})	隔声指数/dB	耐火极限/h	墙体限制高度/mm
非隔声墙	50	26.6	—	—	—
	92	27～30	35	0.25	3000
隔声墙	150	53～60	42	1.5	3000
	150	54～61	49	>1.5	3000

石膏板复合板隔墙的安装施工顺序为：墙体位放线→墙基施工→安装定位架→复合板安装并立门窗口→墙底缝隙填充干硬性细石混凝土。

在墙体放线以后，先将楼地面适度凿毛，将浮灰清扫干净，洒水湿润，然后现浇混凝土墙基；复合板安装应当从墙的一端开始排放（按排放顺序进行安装），最后剩余宽度不足整板时，必须按照所缺尺寸补板。补板的宽度大于 450mm 时，在板中应增设一根龙骨，补板时在四周粘贴石膏板条，再在板条上粘贴石膏板；隔墙上设有门窗口时，应先安装门窗口一侧较短的墙板，随即立口，再安装门窗口的另一侧墙板。

一般情况下，门口两侧墙板宜使用边角比较方正的整板，在拐角两侧的墙板也应使用整板，如图 5-3-5 所示。

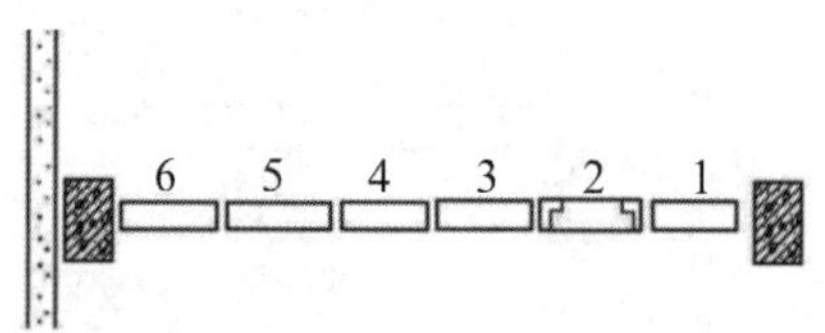

图 5-3-5　石膏板复合板隔墙安装次序示意

1、3. 整板；2. 门口；4、5. 整板；6. 补板

在复合板安装时，在板的顶面、侧面和门窗口外侧面，应清除浮土后均匀涂刷胶黏料成“∧”状，安装时侧向面要严密，上下要顶紧，接缝内胶黏剂要饱满（要凹 5mm 进板面左右）。接缝宽度为 35mm，板底部的空隙不大于 25mm，板下所塞木楔上下接触面应涂抹胶黏料。为保证位置和美观，木楔一般不撤除，但不得外露于墙面。

第一块复合板安装后，要认真检查垂直度。按照顺序进行安装时，必须将板上下靠紧，并用检查尺进行找平，如果发现板面接缝不平，应及时用夹板校正，如图 5-3-6 所示。

双层复合板中间留空气层的墙体，其安装要求为：先安装一道复合板，暴露于房间一侧的墙面必须平整；在空气层一侧的墙板接缝，要用胶黏剂勾严密封。安装另一面复合板前，完成插入电气设备管线的安装工作，第二道复合板的板缝要与第一道墙板缝错开，并使暴露于房间一侧的墙面平整。

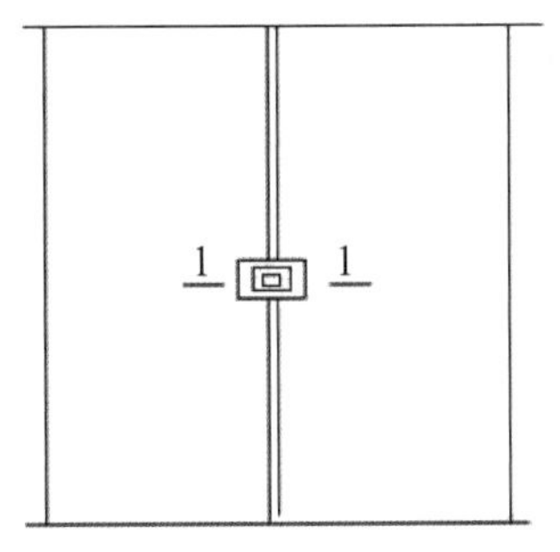

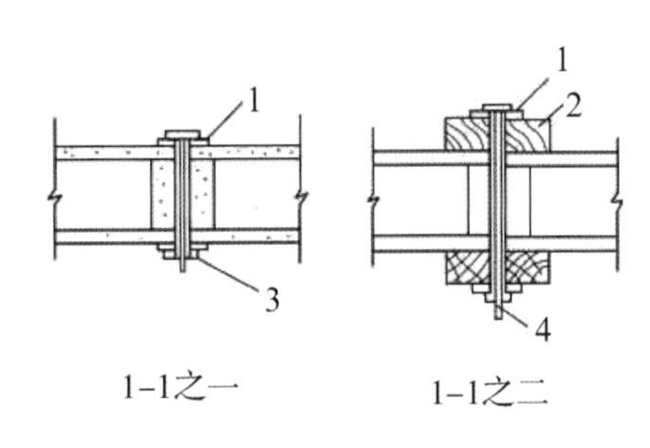

图 5-3-6　复合板墙板板面接缝夹板校正示意

1.垫圈;2.木夹板;3.销子;4.M6 螺栓

四、组织验收

(一)验收规范

1.主控项目

(1)隔墙板材的品种、规格、颜色和性能应符合设计要求。有隔声、隔热、阻燃和防潮等特殊要求的工程,板材应有相应性能等级的检验报告。

检验方法:观察;检查产品合格证书、进场验收记录和性能检验报告。

(2)安装隔墙板材所需预埋件和连接件的位置、数量及连接方法应符合设计要求。

检验方法:观察;尺量检查;检查隐蔽工程验收记录。

(3)隔墙板材安装应牢固。

检验方法:观察;手扳检查。

(4)隔墙板材所用接缝材料的品种及接缝方法应符合设计要求。

检验方法:观察;检查产品合格证书和施工记录。

(5)隔墙板材安装应位置正确,隔墙板材不应有裂缝或缺损。

检验方法:观察;尺量检查。

2.一般项目

(1)板材隔墙表面应光洁、平顺、色泽一致,接缝应均匀、顺直。

检验方法:观察;手摸检查。

(2)隔墙上的孔洞、槽、盒应位置正确、套割方正、边缘整齐。

检验方法:观察。

(3)板材隔墙安装的允许偏差和检验方法应符合表 5-3-2 的规定。

(二)常见的质量问题与预控

(1)墙体收缩变形及板面裂缝,原因是竖龙骨紧顶上下龙骨,没留伸缩量,超过 2m 长的墙体未做控制变形缝,造成墙面变形。隔墙周边应留 3mm 的空隙,这样可以减少因温度和湿度影响产生的变形和裂缝。

表 5-3-2　板材隔墙安装的允许偏差和检验方法

<table>
<tr><th rowspan="3">项次</th><th rowspan="3">项目</th><th colspan="4">允许偏差/mm</th><th rowspan="3">检查方法</th></tr>
<tr><th colspan="2">复合轻质墙板</th><th rowspan="2">石膏
空心板</th><th rowspan="2">增强水泥
板、混凝
土轻质板</th></tr>
<tr><th>金属
夹芯板</th><th>其他
复合板</th></tr>
<tr><td>1</td><td>立面垂直度</td><td>2</td><td>3</td><td>3</td><td>3</td><td>用 2m 垂直检测尺检查</td></tr>
<tr><td>2</td><td>表面平整度</td><td>2</td><td>3</td><td>3</td><td>3</td><td>用 2m 靠尺和塞尺检查</td></tr>
<tr><td>3</td><td>阴阳角方正</td><td>3</td><td>3</td><td>3</td><td>4</td><td>用 200mm 直角检测尺检查</td></tr>
<tr><td>4</td><td>接缝高低差</td><td>1</td><td>2</td><td>2</td><td>3</td><td>用钢直尺和塞尺检查</td></tr>
</table>

(2)石膏骨架连接不牢固,原因是局部结点不符合构造要求,安装时局部结点应严格按图规定处理。钉固间距、位置、连接方法应符合设计要求。

(3)墙体罩面板不平,多数由两个原因造成:一是龙骨安装横向错位;二是石膏板厚度不一致。

(4)明凹缝不均,原因是纸面石膏板拉缝尺寸不好掌握;施工时注意板的分档尺寸,保证板间拉缝一致。

五、验收成果

板材隔墙检验批质量验收记录

<table>
<tr><td>单位(子单位)
工程名称</td><td></td><td>分部(子分部)
工程名称</td><td>建筑装饰装修分部
——轻质隔墙子分部</td><td>分项工程
名称</td><td colspan="2">板材隔墙分项</td></tr>
<tr><td>施工单位</td><td></td><td>项目负责人</td><td></td><td>检验批容量</td><td colspan="2"></td></tr>
<tr><td>分包单位</td><td>/</td><td>分包单位
项目负责人</td><td>/</td><td>检验批部位</td><td colspan="2"></td></tr>
<tr><td>施工依据</td><td colspan="2">《住宅装饰装修工程施工规范》
(GB 50327—2001)</td><td>验收依据</td><td colspan="3">《建筑装饰装修工程质量验收标准》
(GB 50210—2018)</td></tr>
<tr><td colspan="2">验收项目</td><td colspan="2">设计要求及规范规定</td><td>最小/实际
抽样数量</td><td>检查记录</td><td>检查
结果</td></tr>
<tr><td rowspan="4">主
控
项
目</td><td>1　板材品种、规格、质量</td><td colspan="2">第 7.2.3 条</td><td>/</td><td>质量证明文件齐全,通过进场验收</td><td></td></tr>
<tr><td>2　预埋件、连接件</td><td colspan="2">第 7.2.4 条</td><td>/</td><td>抽查处,合格处</td><td></td></tr>
<tr><td>3　安装质量</td><td colspan="2">第 7.2.5 条</td><td>/</td><td>抽查处,合格处</td><td></td></tr>
<tr><td>4　接缝材料、方法</td><td colspan="2">第 7.2.6 条</td><td>/</td><td>质量证明文件齐全,通过进场验收</td><td></td></tr>
</table>

续表

<table>
<tr><th colspan="4">验收项目</th><th colspan="4">设计要求及规范规定</th><th>最小/实际抽样数量</th><th>检查记录</th><th>检查结果</th></tr>
<tr><td rowspan="9">一般项目</td><td>1</td><td colspan="2">安装位置</td><td colspan="4">第7.2.7条</td><td>/</td><td>抽查处,合格处</td><td></td></tr>
<tr><td>2</td><td colspan="2">表面质量</td><td colspan="4">第7.2.8条</td><td>/</td><td>抽查处,合格处</td><td></td></tr>
<tr><td>3</td><td colspan="2">孔洞、槽、盒</td><td colspan="4">第7.2.9条</td><td>/</td><td>抽查处,合格处</td><td></td></tr>
<tr><td rowspan="6">4</td><td rowspan="6">安装允许偏差/mm</td><td rowspan="2">项目</td><td colspan="2">复合轻质墙板</td><td rowspan="2">石膏空心板</td><td rowspan="2">钢丝网水泥</td><td rowspan="2">最小/实际抽样数量</td><td rowspan="2">检查记录</td><td rowspan="2">检查结果</td></tr>
<tr><td>金属板夹板</td><td>其他复合板</td></tr>
<tr><td>立面垂直度</td><td>2</td><td>3</td><td>3</td><td>3</td><td>/</td><td>抽查处,合格处</td><td></td></tr>
<tr><td>表面平整度</td><td>2</td><td>3</td><td>3</td><td>3</td><td>/</td><td>抽查处,合格处</td><td></td></tr>
<tr><td>阴阳角方正</td><td>3</td><td>3</td><td>3</td><td>4</td><td>/</td><td>抽查处,合格处</td><td></td></tr>
<tr><td>接缝高低差</td><td>1</td><td>2</td><td>2</td><td>3</td><td>/</td><td>抽查处,合格处</td><td></td></tr>
<tr><td colspan="4">施工单位
检查结果</td><td colspan="7">专业工长：
项目专业质量检查员：
年　月　日</td></tr>
<tr><td colspan="4">监理单位
验收结论</td><td colspan="7">专业监理工程师：
年　月　日</td></tr>
</table>

六、实践项目成绩评定

序号	项目	技术及质量要求	实测记录	项目分配	得分
1	工具准备			10	
2	预埋件、连接件			10	
3	接缝材料、方法			10	
4	施工工艺流程			15	
5	验收工具的使用			10	
6	施工质量			25	
7	文明施工与安全施工			15	
8	完成任务时间			5	
9	合计			100	

任务4 加气混凝土条板隔墙施工

加气混凝土条板是以钙质材料(水泥、石灰)、含硅材料(石英砂、尾矿粉、粉煤灰、粒化高炉矿渣、页岩等)和加气剂作为原料,经过磨细、配料、搅拌、浇筑、切割和蒸压养护等工序制成的一种多孔轻质墙板。条板内配有适量的钢筋,钢筋宜预先经过防锈处理,并用点焊加工成网片。加气混凝土条板可以做室内隔墙,也可作为非承重的外墙板。由于加气混凝土能利用工业废料,产品成本比较低,能大幅度降低建筑物的自重,生产效率较高,保温性能较好,因此具有较好的技术经济效果。

一、施工任务

室内拟采用3000mm×600mm×100mm加气混凝土条板分隔成两个空间,请根据现场实际,合理组织施工并及时报验。

二、施工准备

(一)材料准备

加气混凝土条板按照其原材料不同,可分为水泥—矿渣—砂、水泥—石灰—砂和水泥—石灰—粉煤灰加气混凝土条板;加气混凝土隔墙条板的规格:厚度为75mm、100mm、120mm、125mm;宽度一般为600mm;长度根据设计要求而定。条板之间黏结砂浆层的厚度,一般为2~3mm,要求砂浆饱满、均匀,以使条板与条板黏结牢固。条板之间的接缝可做成平缝,也可做成倒角缝。

(二)机具准备

电动吊装机、小型切割机、手推车、运输车、移动脚手架、人字梯、射钉枪、检测尺、激光射线仪、磨砂板、橡皮锤、搅拌机。

三、组织施工

(一)施工工艺流程

定位放线→板材就位安装→安装专用连接件→垂直度→平整度调整→板缝处理→清理→验收。

(二)施工质量控制要点

(1)定位放线:根据工程平面布置图和现场定位轴线,由总包技术人员确定板材墙体安装位置线,一般是弹出墙板上下的边线。标出楼层的建筑标高,安装门窗洞口处的墙板时需要。

(2)板材就位安装:板材立起前应将板缝间满抹黏接砂浆,砂浆不可过稀过稠,将板材用人工立起后移至安装位置,板材上下端用木楔临时固定,下端留缝隙 10～20mm,上端留缝隙 10～20mm。缝隙用聚合物砂浆塞填。板材安装时宜从门洞边开始向两侧依次进行。洞口边与墙的阳角处应安装未经切割的完好整齐的板材,有洞口处的隔墙应从洞口处向两边安装;无洞口隔墙应从墙的一端向另一端顺序安装。施工中切割过的板材即拼板宜安装在墙体阴角部位或靠近阴角的整块板材间。拼板宽度一般不宜小于 200mm。

(3)安装专用连接件:板材就位后,按照弹好的墙体位置线安装 U 形卡或单向管卡,每块板板顶板底各用一只卡件用射钉与砼连接,射钉不少于两个。

(4)垂直度、平整度调整:用 2m 靠尺检查墙体平整度,用线锤和 2m 靠尺吊垂直度,用橡皮锤敲打上下端木楔调整板材直至合格为止,校正好后固定配件。

(5)板缝处理:板材下端与楼面处缝隙用专用聚合物黏结砂浆嵌填密实,板材上端与梁底缝隙用聚合物砂浆嵌填密实。板材与柱墙连接处用聚合物砂浆填充并使用专用耐碱玻纤网格布黏结砂浆找平;板材之间凸起两侧挂满黏结砂浆,将板推挤凹槽挤浆至饱满度100%以上。表面用专用修补砂浆补平;板材与板材之间拼缝抗裂槽用耐碱玻纤网格布黏结砂浆找平。

(6)清理及验收:每完成一个房间都要及时清理卫生,达到现场文明施工要求,杜绝完成一个单元或是一层后再去清理卫生。对于业主方、监理及总包方提出的整理现场卫生的要求,要第一时间无条件地按时完成。如果施工单位不清理,现场管理人员可立即安排人员清理,费用从工程款中扣除。清理施工现场和已施工完成的板墙,报总包、监理、业主验收。

四、组织验收

(一)验收规范

1. 主控项目

(1)隔墙板材的品种、规格、颜色和性能应符合设计要求。有隔声、隔热、阻燃和防潮等特殊要求的工程,板材应有相应性能等级的检验报告。

检验方法:观察;检查产品合格证书、进场验收记录和性能检验报告。

(2)安装隔墙板材所需预埋件和连接件的位置、数量及连接方法应符合设计要求。

检验方法:观察;尺量检查;检查隐蔽工程验收记录。

(3)隔墙板材安装应牢固。

检验方法:观察;手扳检查。

(4)隔墙板材所用接缝材料的品种及接缝方法应符合设计要求。

检验方法:观察;检查产品合格证书和施工记录。

(5)隔墙板材安装应位置正确,隔墙板材不应有裂缝或缺损。

检验方法:观察;尺量检查。

2. 一般项目

(1)隔墙板材表面应光洁、平顺、色泽一致,接缝应均匀、顺直。

检验方法:观察;手摸检查。

隔墙上的孔洞、槽、盒应位置正确、套割方正、边缘整齐。

检验方法:观察。

(2)板材隔墙安装的允许偏差和检验方法应符合表5-4-1的规定。

表5-4-1 板材隔墙安装的允许偏差和检验方法

项次	项目	允许偏差/mm				检查方法
		复合轻质墙板		石膏空心板	增强水泥板、混凝土轻质板	
		金属夹芯板	其他复合板			
1	立面垂直度	2	3	3	3	用2m垂直检测尺检查
2	表面平整度	2	3	3	3	用2m靠尺和塞尺检查
3	阴阳角方正	3	3	3	4	用200mm直角检测尺检查
4	接缝高低差	1	2	2	3	用钢直尺和塞尺检查

(二)常见的质量问题与预控

(1)墙体收缩变形及板面裂缝,原因是竖向龙骨紧顶上下龙骨,没留伸缩量,超过2m长的墙体未做控制变形缝,造成墙面变形。隔墙周边应留3mm的空隙,这样可以减少因温度和湿度影响产生的变形和裂缝。

(2)石膏骨架连接不牢固,原因是局部结点不符合构造要求,安装时局部结点应严格按图规定处理。钉固间距、位置、连接方法应符合设计要求。

(3)墙体罩面板不平,多数由两个原因造成:一是龙骨安装横向错位;二是石膏板厚度不一致。

(4)明凹缝不均,原因是纸面石膏板拉缝尺寸不好掌握;施工时注意板块分档尺寸,保证板间拉缝一致。

五、验收成果

板材隔墙检验批质量验收记录

单位(子单位)工程名称		分部(子分部)工程名称	建筑装饰装修分部——轻质隔墙子分部	分项工程名称	板材隔墙分项
施工单位		项目负责人		检验批容量	
分包单位	/	分包单位项目负责人	/	检验批部位	
施工依据	《住宅装饰装修工程施工规范》(GB 50327—2001)		验收依据	《建筑装饰装修工程质量验收标准》(GB 50210—2018)	

续表

<table>
<tr><td colspan="4">验收项目</td><td colspan="4">设计要求及规范规定</td><td>最小/实际抽样数量</td><td>检查记录</td><td>检查结果</td></tr>
<tr><td rowspan="4">主控项目</td><td>1</td><td colspan="2">板材品种、规格、质量</td><td colspan="4">第 7.2.3 条</td><td>/</td><td>质量证明文件齐全，通过进场验收</td><td></td></tr>
<tr><td>2</td><td colspan="2">预埋件、连接件</td><td colspan="4">第 7.2.4 条</td><td>/</td><td>抽查处，合格处</td><td></td></tr>
<tr><td>3</td><td colspan="2">安装质量</td><td colspan="4">第 7.2.5 条</td><td>/</td><td>抽查处，合格处</td><td></td></tr>
<tr><td>4</td><td colspan="2">接缝材料、方法</td><td colspan="4">第 7.2.6 条</td><td>/</td><td>质量证明文件齐全，通过进场验收</td><td></td></tr>
<tr><td rowspan="9">一般项目</td><td>1</td><td colspan="2">安装位置</td><td colspan="4">第 7.2.7 条</td><td>/</td><td>抽查处，合格处</td><td></td></tr>
<tr><td>2</td><td colspan="2">表面质量</td><td colspan="4">第 7.2.8 条</td><td>/</td><td>抽查处，合格处</td><td></td></tr>
<tr><td>3</td><td colspan="2">孔洞、槽、盒</td><td colspan="4">第 7.2.9 条</td><td>/</td><td>抽查处，合格处</td><td></td></tr>
<tr><td rowspan="6">4</td><td rowspan="6">安装允许偏差/mm</td><td rowspan="2">项目</td><td colspan="2">复合轻质墙板</td><td rowspan="2">石膏空心板</td><td rowspan="2">钢丝网水泥</td><td rowspan="2">最小/实际抽样数量</td><td rowspan="2">检查记录</td><td rowspan="2">检查结果</td></tr>
<tr><td>金属板夹板</td><td>其他复合板</td></tr>
<tr><td>立面垂直度</td><td>2</td><td>3</td><td>3</td><td>3</td><td>/</td><td>抽查处，合格处</td><td></td></tr>
<tr><td>表面平整度</td><td>2</td><td>3</td><td>3</td><td>3</td><td>/</td><td>抽查处，合格处</td><td></td></tr>
<tr><td>阴阳角方正</td><td>3</td><td>3</td><td>3</td><td>4</td><td>/</td><td>抽查处，合格处</td><td></td></tr>
<tr><td>接缝高低差</td><td>1</td><td>2</td><td>2</td><td>3</td><td>/</td><td>抽查处，合格处</td><td></td></tr>
<tr><td colspan="4">施工单位检查结果</td><td colspan="7">专业工长：
项目专业质量检查员：　年　月　日</td></tr>
<tr><td colspan="4">监理单位验收结论</td><td colspan="7">专业监理工程师：　年　月　日</td></tr>
</table>

六、实践项目成绩评定

序号	项目	技术及质量要求	实测记录	项目分配	得分
1	工具准备			10	
2	预埋件、连接件			10	
3	接缝材料、方法			10	
4	施工工艺流程			15	
5	验收工具的使用			10	
6	施工质量			25	
7	文明施工与安全施工			15	
8	完成任务时间			5	
9	合计			100	

任务5 聚苯颗粒夹芯板隔墙施工

聚苯颗粒夹芯板可适用于各类型建筑内外墙，如写字楼、住宅、酒店、厂房等。

一、施工任务

室内拟采用2440mm×1220mm×100mm聚苯颗粒水泥夹芯复合条板进行分隔，请根据现场实际合理组织施工并及时报验。

二、施工准备

(一)材料准备

主料为聚苯颗粒水泥夹芯复合条板隔墙，常用规格：板长2440mm，宽1220mm，常规厚度有75mm、90mm、100mm、120mm、150mm，多种厚度可定制。隔墙外观长度尺寸允许偏差值要求在±3～±5mm，宽度及厚度尺寸为±1～±2mm，板面平整度≤(2～3)mm，板的对角线长度偏差≤10mm。

辅料为聚合物黏结砂浆；锚固采用钢筋进行加固处理，规格为Φ6×250mm；抗裂加强带使用玻纤网格布；加固采用热镀锌方钢，规格为40mm×60mm×3mm；隔墙板与顶板、墙体连接加固使用U形卡件，U形卡件为定制镀锌钢卡，无生锈风险；膨胀螺栓规格为M10(金属)。

(二)机具准备

电动砂轮机、型材切割机、电动圆锯、自攻螺钉钻、钢卷尺、铝合金靠尺、放线仪、射钉枪、无齿锯、手刨子、钳子、螺丝刀、手锤、活扳手。

三、组织施工

(一)施工工艺流程

测量放线→上浆→装板→锯板→固定→加固→校对→勾缝处理。

(二)施工质量控制要点

(1)放线。在墙板安装部位弹基线与楼板底或梁底基线垂直，保证安装墙板平整度和垂直度等，并标识门洞位置(需提供各部位预留门洞尺寸)。

(2)上浆。上浆前要先除灰，用湿布或专业工具抹干净墙板凹凸槽的表面粉尘，并刷水湿润。再将专业填缝聚合物砂浆抹在墙板的凹槽和地板基线内，使墙面平整。

(3)装板。将墙板搬到上好砂浆的装拼位置上，将ϕ6mm×250mm的钢筋以45°斜插型打入隔墙板，用钢筋与方钢立柱进行焊接。用铁橇将墙板从底部撬起，用力使板与板之间靠紧，使多余的砂浆聚合物从接缝处挤出，然后刮去凸出墙板面的浆料，一定要保证板与板之间接缝浆饱满。

测量尺寸后切割墙板进行安装，刮灰浆黏合，利用木楔调整位置，使墙板垂直平整到位，再单边打入 ϕ6mm×250mm 的钢筋固定。前块墙板安装后，再进行下一块墙板的安装，按拼装次序对准楔槽拼装，连接处挤满灰浆黏合。ϕ6mm×250mm 的钢筋斜插加以固定。

(4)锯板。墙板的整板规格为宽度 610mm，长度 2440mm，当墙板端宽度或高度不足一块整板时，应使用补板，补板不小于 200mm。根据要求用手提机切割出所需补板的宽度和高度。把锯好的墙板安装到所需位置上，然后用木楔将其临时固定。

(5)固定。安装校正后，用木楔临时固定墙板与楼板顶部和底部相邻两块墙板，墙板上下连接用聚合物水泥砂浆黏结。墙板与主体墙、楼顶板采用 U 形钢卡固定，竖向间距 1000mm，水平间距 600mm。隔墙板与方钢立柱连接采用钢筋插入加固，间距 800mm。

(6)校对。墙板初步拼装好后，要用专业铁锹进行调校正，用 2m 的直靠尺检查平整、垂直度。

(7)勾缝处理。在用上接缝料安装好墙板后要刮去突出墙板面接缝砂浆，并勾出接缝口，板与板之间接缝浆饱满，一般不低于板面 4～5mm，让墙板与墙板之间的接缝更加平整牢固。

四、组织验收

(一)验收规范

1. 主控项目

(1)隔墙板材的品种、规格、颜色和性能应符合设计要求。有隔声、隔热、阻燃和防潮等特殊要求的工程，板材应有相应性能等级的检验报告。

检验方法：观察；检查产品合格证书、进场验收记录和性能检验报告。

(2)安装隔墙板材所需预埋件、连接件的位置、数量及连接方法应符合设计要求。

检验方法：观察；尺量检查；检查隐蔽工程验收记录。

(3)隔墙板材安装应牢固。

检验方法：观察；手扳检查。

(4)隔墙板材所用接缝材料的品种及接缝方法应符合设计要求。

检验方法：观察；检查产品合格证书和施工记录。

(5)隔墙板材安装应位置正确，板材不应有裂缝或缺损。

检验方法：观察；尺量检查。

2. 一般项目

(1)隔墙板材表面应光洁、平顺、色泽一致，接缝应均匀、顺直。

检验方法：观察；手摸检查。

(2)隔墙上的孔洞、槽、盒应位置正确、套割方正、边缘整齐。

检验方法：观察。

(3)板材隔墙安装的允许偏差和检验方法应符合表 5-5-1 的规定。

(二)常见的质量问题与预控

(1)墙体收缩变形及板面裂缝，原因是竖向龙骨紧顶上下龙骨，没留伸缩量，超过 2m

长的墙体未做控制变形缝，造成墙面变形。隔墙周边应留 3mm 的空隙，这样可以减少因温度和湿度影响产生的变形和裂缝。

表 5-5-1　板材隔墙安装的允许偏差和检验方法

项次	项目	允许偏差/mm				检查方法
		复合轻质墙板		石膏空心板	增强水泥板、混凝土轻质板	
		金属夹芯板	其他复合板			
1	立面垂直度	2	3	3	3	用 2m 垂直检测尺检查
2	表面平整度	2	3	3	3	用 2m 靠尺和塞尺检查
3	阴阳角方正	3	3	3	4	用 200mm 直角检测尺检查
4	接缝高低差	1	2	2	3	用钢直尺和塞尺检查

(2)石膏骨架连接不牢固，原因是局部结点不符合构造要求，安装时局部结点应严格按图规定处理。钉固间距、位置、连接方法应符合设计要求。

(3)墙体罩面板不平，多数由两个原因造成：一是龙骨安装横向错位；二是石膏板厚度不一致。

(4)明凹缝不均，原因是纸面石膏板拉缝尺寸不好掌握；施工时注意板的分档尺寸，保证板间拉缝一致。

五、验收成果

板材隔墙检验批质量验收记录

单位(子单位)工程名称		分部(子分部)工程名称	建筑装饰装修分部——轻质隔墙子分部	分项工程名称	板材隔墙分项
施工单位		项目负责人		检验批容量	
分包单位	/	分包单位项目负责人	/	检验批部位	
施工依据	《住宅装饰装修工程施工规范》(GB 50327—2001)		验收依据	《建筑装饰装修工程质量验收标准》(GB 50210—2018)	

验收项目			设计要求及规范规定	最小/实际抽样数量	检查记录	检查结果
主控项目	1	板材品种、规格、质量	第 7.2.3 条	/	质量证明文件齐全，通过进场验收	
	2	预埋件、连接件	第 7.2.4 条	/	抽查处，合格处	
	3	安装质量	第 7.2.5 条	/	抽查处，合格处	
	4	接缝材料、方法	第 7.2.6 条	/	质量证明文件齐全，通过进场验收	

续表

<table>
<tr><td colspan="4">验收项目</td><td colspan="4">设计要求及规范规定</td><td>最小/实际抽样数量</td><td>检查记录</td><td>检查结果</td></tr>
<tr><td rowspan="9">一般项目</td><td>1</td><td colspan="2">安装位置</td><td colspan="4">第 7.2.7 条</td><td>/</td><td>抽查处,合格处</td><td></td></tr>
<tr><td>2</td><td colspan="2">表面质量</td><td colspan="4">第 7.2.8 条</td><td>/</td><td>抽查处,合格处</td><td></td></tr>
<tr><td>3</td><td colspan="2">孔洞、槽、盒</td><td colspan="4">第 7.2.9 条</td><td>/</td><td>抽查处,合格处</td><td></td></tr>
<tr><td rowspan="6">4</td><td rowspan="6">安装允许偏差/mm</td><td rowspan="2">项目</td><td colspan="2">复合轻质墙板</td><td rowspan="2">石膏空心板</td><td rowspan="2">钢丝网水泥</td><td rowspan="2">最小/实际抽样数量</td><td rowspan="2">检查记录</td><td rowspan="2">检查结果</td></tr>
<tr><td>金属板夹板</td><td>其他复合板</td></tr>
<tr><td>立面垂直度</td><td>2</td><td>3</td><td>3</td><td>3</td><td>/</td><td>抽查处,合格处</td><td></td></tr>
<tr><td>表面平整度</td><td>2</td><td>3</td><td>3</td><td>3</td><td>/</td><td>抽查处,合格处</td><td></td></tr>
<tr><td>阴阳角方正</td><td>3</td><td>3</td><td>3</td><td>4</td><td>/</td><td>抽查处,合格处</td><td></td></tr>
<tr><td>接缝高低差</td><td>1</td><td>2</td><td>2</td><td>3</td><td>/</td><td>抽查处,合格处</td><td></td></tr>
<tr><td colspan="4">施工单位检查结果</td><td colspan="7">主控项目全部合格,一般项目满足规范规定要求;检查评定合格
专业工长:
项目专业质量检查员:
年　月　日</td></tr>
<tr><td colspan="4">监理单位验收结论</td><td colspan="7">专业监理工程师:
年　月　日</td></tr>
</table>

六、实践项目成绩评定

序号	项目	技术及质量要求	实测记录	项目分配	得分
1	工具准备			10	
2	预埋件、连接件			10	
3	接缝材料、方法			10	
4	施工工艺流程			15	
5	验收工具的使用			10	
6	施工质量			25	
7	文明施工与安全施工			15	
8	完成任务时间			5	
9	合计			100	

任务6 陶粒隔墙板隔墙施工

陶粒隔墙板材料由厂家按照设计图纸加工，其在工厂预制完毕，达到强度，质量检查合格后，再进场施工。

一、施工任务

室内拟采用 12mm×60mm×7000mm PX 陶粒隔墙板进行室内分隔，请根据现场实际合理组织施工并及时报验。

二、施工准备

(一)材料准备

(1)陶粒隔墙板材料：由专业厂家生产的成品陶粒隔墙板，其材料合格证、准用证及检验报告均符合要求，板上的木砖及埋件已预留。

(2)胶黏剂：水泥类胶黏剂，用于陶粒隔墙板与基体结构的固定、板缝处理、板缝及墙面转角处玻纤布的黏结。

(3)耐碱涂塑玻纤布：用于板缝的处理。

(4)固定件：L 形及 U 形铁卡子。

(二)机具准备

电动砂轮机、型材切割机、电动圆锯、自攻螺钉钻、钢卷尺、铝合金靠尺、放线仪、射钉枪、无齿锯、手刨子、钳子、螺丝刀、手锤、活扳手。

三、组织施工

(一)施工工艺流程

地面清理弹线→固定 U 形卡→打顶头灰→安装找正→木楔暂时固定→封堵板缝→板缝粘贴玻纤布。

(二)施工质量控制要点

(1)地面清理弹线。先将构造板面、与隔墙接触的墙面清理干净，由测量组负责将隔墙位置线放出。

(2)固定 U 形卡。安装隔墙板由两侧主体构造墙开始向折角处安装，在隔墙板顶端固定 U 形钢板卡，钢板卡用射钉固定在顶板上。

(3)打顶头灰。用水泥和界面剂配备胶黏剂，在安装陶粒隔板顶头和侧面打上顶头灰。

(4)安装找正。安装隔板普通需2～3人配合。按照隔板安装位置时,将隔板扶正,然后,1人用撬棍从板底用力撬起,并用木楔垫好,在用靠尺找垂直、平整,找正后将木楔背牢。用腻刀将板缝挤出胶黏剂刮平。在安装时随时检查隔墙板是否垂直平整。

(5)木楔暂时固定。按照此法依次将隔墙板固定,注意隔墙中配电管预留位置,可以用切割机提前切割出来,在板上线槽待隔板安装好后,粘贴板缝前由安装电工自行完成。所有隔墙板安装完毕后,用C20豆石混凝土将板下口填实,混凝土达到强度后除去木楔。二次用干硬性水泥砂浆填实。如晚上环境温度低于0℃时需按规定给混凝土添加防冻剂,且防冻剂用量为水泥用量的3.5%。

(6)板缝粘贴玻纤布。待安装完毕7d后,观测板缝黏接良好与否,有无裂缝,线管开槽后修补有无缺陷。有缺陷的话,清理修补完好,在所有板缝、阴阳角和线管修补部位用胶黏剂粘贴玻纤布。平面板缝玻纤布宽50mm,阴阳角部位玻纤布宽200mm。相邻两面墙每边粘贴100mm宽。贴好后用水泥腻子刮平。

四、组织验收

(一)验收规范

1.主控项目

(1)隔墙板材的品种、规格、颜色和性能应符合设计要求。有隔声、隔热、阻燃和防潮等特殊要求的工程,板材应有相应性能等级的检验报告。

检验方法:观察;检查产品合格证书、进场验收记录和性能检验报告。

(2)安装隔墙板材所需预埋件和连接件的位置、数量及连接方法应符合设计要求。

检验方法:观察;尺量检查;检查隐蔽工程验收记录。

(3)隔墙板材安装应牢固。

检验方法:观察;手扳检查。

(4)隔墙板材所用接缝材料的品种及接缝方法应符合设计要求。

检验方法:观察;检查产品合格证书和施工记录。

(5)隔墙板材安装应位置正确,板材不应有裂缝或缺损。

检验方法:观察;尺量检查。

2.一般项目

(1)板材隔墙表面应光洁、平顺、色泽一致,接缝应均匀、顺直。

检验方法:观察;手摸检查。

(2)隔墙上的孔洞、槽、盒应位置正确、套割方正、边缘整齐。

检验方法:观察。

(3)板材隔墙安装的允许偏差和检验方法应符合表5-6-1的规定。

表 5-6-1　板材隔墙安装的允许偏差和检验方法

项次	项目	允许偏差/mm				检查方法
		复合轻质墙板		石膏空心板	增强水泥板、混凝土轻质板	
		金属夹芯板	其他复合板			
1	立面垂直度	2	3	3	3	用 2m 垂直检测尺检查
2	表面平整度	2	3	3	3	用 2m 靠尺和塞尺检查
3	阴阳角方正	3	3	3	4	用 200mm 直角检测尺检查
4	接缝高低差	1	2	2	3	用钢直尺和塞尺检查

(二)常见的质量问题与预控

1. 常见的问题

(1)人工安装方式过于粗放。目前的陶粒轻质墙板安装，都是采用人工立板方式，不仅安全系数低、施工效率低，而且劳动强度大、几何尺寸差距大。

(2)接缝处理方式五花八门。工人在施工过程中为了便于操作，常常会在调制接缝剂或嵌缝剂时多加水泥或胶粉，有的干脆使用净水泥加胶粉，不掺加沙子，其结果不仅是增加了成本，而且用这样的材料安装的墙板、处理的接缝，岂有不裂缝之理，这大概是陶粒轻质墙板生产、安装企业和有现场施工管理经历的人都共同感到头疼的问题。

(3)由于管线、门窗过梁安装方式不科学，导致影响墙体整体强度和隔声效果，墙体和门窗过梁易产生裂缝等问题更不鲜见。

(4)目前大多数轻质墙板都不是定型生产，在施工现场还需要进行切割，工人在墙板切割过程中，将产生大量灰尘，污染环境

2. 预控

(1)以标准化、机械化安装解决墙板安装难、质量控制难的问题。

(2)现场施工时使用统一配制的专用接缝剂、嵌缝剂，控制了工人在施工过程中自行调配接缝剂、嵌缝剂的随意性；局部改变墙体、门窗过梁安装结构。

采用以上两种方法，不仅成功地解决了墙体和门窗过梁裂缝问题，而且不损墙体强度和隔声效果。

(3)采用清洁化施工方案，解决了安装工人在墙板切割过程中灰尘大、污染重的问题。清洁化施工目前主要有两种解决方案。

①在墙板切割过程中淋水，虽然解决了灰尘问题，但要两人配合操作，增加了人工成本；切割机电机容易因进水或灰浆凝结超负荷运作而被烧坏。

②配置同步吸尘器。在墙板切割过程中吸尘器自动启动，将灰尘吸入吸尘器。

3. 质量通病的处理办法

陶粒板缝开裂是质量通病，避免通病的办法是使用建筑胶规定的品种，而且质量要合格。严格工艺操作，即待板缝干燥后再粘贴玻纤布。

五、验收成果

板材隔墙检验批质量验收记录

单位(子单位)工程名称		分部(子分部)工程名称	建筑装饰装修分部——轻质隔墙子分部	分项工程名称	板材隔墙分项
施工单位		项目负责人		检验批容量	
分包单位	/	分包单位项目负责人	/	检验批部位	
施工依据	《住宅装饰装修工程施工规范》(GB 50327—2001)	验收依据	《建筑装饰装修工程质量验收标准》(GB 50210—2018)		

验收项目			设计要求及规范规定	最小/实际抽样数量	检查记录	检查结果
主控项目	1	板材品种、规格、质量	第7.2.3条	/	质量证明文件齐全,通过进场验收	
	2	预埋件、连接件	第7.2.4条	/	抽查处,合格处	
	3	安装质量	第7.2.5条	/	抽查处,合格处	
	4	接缝材料、方法	第7.2.6条	/	质量证明文件齐全,通过进场验收	
一般项目	1	安装位置	第7.2.7条	/	抽查处,合格处	
	2	表面质量	第7.2.8条	/	抽查处,合格处	
	3	孔洞、槽、盒	第7.2.9条	/	抽查处,合格处	

一般项目		项目	复合轻质墙板		石膏空心板	钢丝网水泥	最小/实际抽样数量	检查记录	检查结果
			金属板夹板	其他复合板					
4	安装允许偏差/mm	立面垂直度	2	3	3	3	/	抽查处,合格处	
		表面平整度	2	3	3	3	/	抽查处,合格处	
		阴阳角方正	3	3	3	4	/	抽查处,合格处	
		接缝高低差	1	2	2	3	/	抽查处,合格处	

施工单位检查结果	专业工长： 项目专业质量检查员： 年　月　日
监理单位验收结论	专业监理工程师： 年　月　日

六、实践项目成绩评定

序号	项目	技术及质量要求	实测记录	项目分配	得分
1	工具准备			10	
2	预埋件、连接件			10	
3	接缝材料、方法			10	
4	施工工艺流程			15	
5	验收工具的使用			10	
6	施工质量			25	
7	文明施工与安全施工			15	
8	完成任务时间			5	
9	合计			100	

任务7 轻质水泥发泡夹芯板隔墙施工

轻质水泥发泡夹芯板是国家推广使用的新型节能轻质、环保建材之一，是国家墙改节能政策大力扶持的产品，是国家大力推广墙体材料换代的新型墙体材料。

一、施工任务

室内拟采用100mm×600mm×3000mm轻质水泥发泡夹芯板进行分隔，请根据现场实际合理组织施工并及时报验。

二、施工准备

(一)材料准备

轻质水泥发泡夹芯板、界面剂、网格布、胀钉、饰面砂浆。

(二)机具准备

电锤、电动搅拌器、水桶、铁锹、锯齿抹子、阴阳角槽抹子、手锤、墨斗、皮尺、线垂、水平管、经纬仪、放线工具、折叠式靠尺、水平尺、钢尺等。

(三)作业条件

(1)主体构造施工及与轻隔墙接触部位墙面基层验收完成，在墙地面及顶面已弹出墨线。

(2)水、暖、电气设备安装应先放线定点,钻孔黏结预埋件或开关插座,留出板孔或运用板孔敷设做暗埋管线。

(3)操作地点环境温度不得低于5℃。

三、组织施工

(一)施工工艺流程

基层墙体处理→弹基准线、安装底座托架→涂刷界面砂浆→粘贴发泡水泥板→铺压网布→安装锚固件→伸缩缝处理、抹面砂浆→验收。

(二)施工质量控制要点

(1)弹基准线。在外墙各大角(阳角、阴角)及其他必要处挂垂直基准线,在每个楼层的适当位置挂水平线,以控制水泥发泡板的垂直度和水平度。

(2)涂刷界面砂浆。黏结砂浆和抹面砂浆均为单组分材料,水灰比应按材料供应商产品说明书配制,用砂浆搅拌机搅拌均匀,搅拌时间自投料完毕后不小于5min,一次配制用量以4h内用完为宜(夏季施工时间宜控制在2h内)。

(3)抹面砂浆施工。发泡水泥板大面积铺贴结束后,视气候条件24～48h后,进行抹面砂浆的施工。施工前用2m靠尺在发泡水泥板平面上检查平整度,对凸出的部位应刮平,并在清理发泡水泥板表面碎屑后,方可进行抹面砂浆的施工。抹面砂浆施工时,同时在檐口、窗台、窗楣、雨篷、阳台、压顶以及凸出墙面的顶面做出坡度,下面应做出滴水槽或滴水线。

(4)铺压网布。用铁抹子将抹面砂浆粉刷到水泥发泡板上,厚度应控制在3～5mm,先用大杠刮平,再用塑料抹子搓平,随即用铁抹子将事先剪好的网布压入抹面砂浆表面,网布平面之间的搭接宽度不应小于50mm,阴阳角处的搭接不应小于200mm,铺设要平整无褶皱。在洞口处应沿45°方向增贴一道300mm×400mm网布。首层墙面宜采用三道抹灰法施工,第一道抹面砂浆施工后压入网布,待其稍干硬,进行第二道抹灰施工后压入加强型网布(加强型网布对接即可,不宜搭接),第三道抹灰将网布完全覆盖。

(5)安装锚固件。锚固件(ϕ8mm×100mm)锚固应在第一遍抹面砂浆(并压入网布)初凝时进行。使用电钻在发泡水泥板的角缝处打孔,将锚固件插入孔中并将塑料圆盘的平面拧压到抹面砂浆中,有效锚固深度:混凝土墙体不小于30mm;加气混凝土等轻质墙体不小于50mm。墙面高度在20m以下每平方米设置4～5个锚拴,20m以上每平方米设置7～9个锚栓。锚栓固定后抹第二遍抹面砂浆,第二遍抹面砂浆厚度应控制在2～3mm。

(6)伸缩缝:

①施工时,预先用墨斗弹出伸缩缝的位置线,并用水准仪或注满水的塑料管进行校核伸缩缝的水平度。

②抹第一遍面层聚合物抗裂砂浆

③在确定表面砂浆晾干后进行第一遍面层聚合物砂浆施工。面层厚度控制在2～3mm,不得漏抹。

④第一遍聚合物抗裂砂浆在滴水槽处抹至滴水槽口边即可，槽内暂不抹聚合物砂浆。

⑤伸缩缝内发泡板端部及窗口发泡板通槽侧壁位置要抹聚合物砂浆，以粘贴翻包网格布。

四、组织验收

(一)验收规范

1. 主控项目

(1)隔墙板材的品种、规格、颜色和性能应符合设计要求。有隔声、隔热、阻燃和防潮等特殊要求的工程，板材应有相应性能等级的检验报告。

检验方法：观察；检查产品合格证书、进场验收记录和性能检验报告。

(2)安装隔墙板材所需预埋件和连接件的位置、数量及连接方法应符合设计要求。

检验方法：观察；尺量检查；检查隐蔽工程验收记录。

(3)隔墙板材安装应牢固。

检验方法：观察；手扳检查。

(4)隔墙板材所用接缝材料的品种及接缝方法应符合设计要求。

检验方法：观察；检查产品合格证书和施工记录。

(5)隔墙板材安装应位置正确，板材不应有裂缝或缺损。

检验方法：观察；尺量检查。

2. 一般项目

(1)隔墙板材表面应光洁、平顺、色泽一致，接缝应均匀、顺直。

检验方法：观察；手摸检查。

(2)隔墙上的孔洞、槽、盒应位置正确、套割方正、边缘整齐。

检验方法：观察。

(3)隔墙板材安装的允许偏差和检验方法应符合表5-7-1的规定。

表5-7-1　板材隔墙安装的允许偏差和检验方法

项次	项目	允许偏差/mm				检查方法
		复合轻质墙板		石膏空心板	增强水泥板、混凝土轻质板	
		金属夹芯板	其他复合板			
1	立面垂直度	2	3	3	3	用2m垂直检测尺检查
2	表面平整度	2	3	3	3	用2m靠尺和塞尺检查
3	阴阳角方正	3	3	3	4	用200mm直角检测尺检查
4	接缝高低差	1	2	2	3	用钢直尺和塞尺检查

(二)常见的质量问题与预控

1. 常见的质量问题

开裂是轻质水泥发泡夹芯板墙常见质量通病。

2. 产生的原因

(1)主体结构变形。①主体结构存在地基沉降不均匀而导致主体的梁、板、墙出现扭曲、开裂等问题;②高层住宅楼房受风力影响会产生侧向摆动,会牵动楼内墙体出现扭动,都会诱发发泡轻质隔墙板后期开裂。

(2)材料性质不稳。进场安装之前在加工过程中水分已经基本挥发完,吸水率和湿胀率刚刚稳定,在后期施工的墙体灌浆墙面石膏腻子粉刷施工中又受到一次水分影响;风干过程中必然会出现干缩,它的先天特性也决定了它容易受到外界湿度、温度变化的影响。

(3)安装质量太差。由于发泡轻质隔墙板的纤维水泥板是用高强度的自攻螺钉固定在龙骨上,固定的自攻螺钉数量较多,不可避免地会出现固定强度不一致的情况,从而导致固定在同一根竖向龙骨上的板缝位置出现松紧不一致而造成墙面出现裂缝。

(4)板缝处理不当。处理板缝位置的材料质量和施工水平也将对板缝产生直接的影响。嵌缝必须选用高强石膏或高强腻子,以抵消板与板之间的拉结系数,从而保证缝隙的严密性;缝隙外面粘贴抗裂绷带,不得使用石膏粘贴,板缝外面抗裂绷带的粘贴质量也是影响因素之一。

3. 预防措施

(1)确保建筑主体稳定。在主体结构未完成或者主体结构沉降稳定之前不要组织进行发泡混凝土墙体安装;发泡轻质隔墙板尽量和建筑的门窗外墙施工同步进行,以形成建筑的整体性。

(2)保证材料性能稳定。材料必须选用优质材料;在板材运输和存放过程中要注意存放环境的影响,不能暴露在露天环境下;避免由于风吹日晒雨淋等因素而影响板材日后的湿胀变化。

(3)严格把控施工质量。安装过程中要严格把控施工质量;针对容易出现的质量通病,提前制定一份专项方案;对现场参与施工的管理人员和施工人员进行深入的技术交底。

4. 开裂的处理办法

严格工艺操作,待板缝干燥后再粘贴玻纤布。

五、验收成果

板材隔墙检验批质量验收记录

<table>
<tr><td>单位（子单位）
工程名称</td><td></td><td>分部（子分部）
工程名称</td><td>建筑装饰装修分部
——轻质隔墙子分部</td><td>分项工程
名称</td><td>板材隔墙分项</td></tr>
<tr><td>施工单位</td><td></td><td>项目负责人</td><td></td><td>检验批容量</td><td></td></tr>
<tr><td>分包单位</td><td>/</td><td>分包单位
项目负责人</td><td>/</td><td>检验批部位</td><td></td></tr>
<tr><td>施工依据</td><td colspan="2">《住宅装饰装修工程施工规范》
（GB 50327—2001）</td><td>验收依据</td><td colspan="2">《建筑装饰装修工程质量验收标准》
（GB 50210—2018）</td></tr>
</table>

<table>
<tr><td colspan="4">验收项目</td><td colspan="4">设计要求及规范规定</td><td>最小/实际
抽样数量</td><td>检查记录</td><td>检查
结果</td></tr>
<tr><td rowspan="4">主控项目</td><td>1</td><td colspan="2">板材品种、规格、质量</td><td colspan="4">第 7.2.3 条</td><td>/</td><td>质量证明文件齐全，通过进场验收</td><td></td></tr>
<tr><td>2</td><td colspan="2">预埋件、连接件</td><td colspan="4">第 7.2.4 条</td><td>/</td><td>抽查处，合格处</td><td></td></tr>
<tr><td>3</td><td colspan="2">安装质量</td><td colspan="4">第 7.2.5 条</td><td>/</td><td>抽查处，合格处</td><td></td></tr>
<tr><td>4</td><td colspan="2">接缝材料、方法</td><td colspan="4">第 7.2.6 条</td><td>/</td><td>质量证明文件齐全，通过进场验收</td><td></td></tr>
<tr><td rowspan="9">一般项目</td><td>1</td><td colspan="2">安装位置</td><td colspan="4">第 7.2.7 条</td><td>/</td><td>抽查处，合格处</td><td></td></tr>
<tr><td>2</td><td colspan="2">表面质量</td><td colspan="4">第 7.2.8 条</td><td>/</td><td>抽查处，合格处</td><td></td></tr>
<tr><td>3</td><td colspan="2">孔洞、槽、盒</td><td colspan="4">第 7.2.9 条</td><td>/</td><td>抽查处，合格处</td><td></td></tr>
<tr><td rowspan="6">4</td><td rowspan="6">安装允许偏差/mm</td><td rowspan="2">项目</td><td colspan="2">复合轻质墙板</td><td rowspan="2">石膏空心板</td><td rowspan="2">钢丝网水泥</td><td rowspan="2">最小/实际
抽样数量</td><td rowspan="2">检查记录</td><td rowspan="2">检查
结果</td></tr>
<tr><td>金属板夹板</td><td>其他复合板</td></tr>
<tr><td>立面垂直度</td><td>2</td><td>3</td><td>3</td><td>3</td><td>/</td><td>抽查处，合格处</td><td></td></tr>
<tr><td>表面平整度</td><td>2</td><td>3</td><td>3</td><td>3</td><td>/</td><td>抽查处，合格处</td><td></td></tr>
<tr><td>阴阳角方正</td><td>3</td><td>3</td><td>3</td><td>4</td><td>/</td><td>抽查处，合格处</td><td></td></tr>
<tr><td>接缝高低差</td><td>1</td><td>2</td><td>2</td><td>3</td><td>/</td><td>抽查处，合格处</td><td></td></tr>
<tr><td colspan="4">施工单位
检查结果</td><td colspan="7">专业工长：
项目专业质量检查员：
年　月　日</td></tr>
<tr><td colspan="4">监理单位
验收结论</td><td colspan="7">专业监理工程师：
年　月　日</td></tr>
</table>

六、实践项目成绩评定

序号	项目	技术及质量要求	实测记录	项目分配	得分
1	工具准备			10	
2	预埋件、连接件			10	
3	接缝材料、方法			10	
4	施工工艺流程			15	
5	验收工具的使用			10	
6	施工质量			25	
7	文明施工与安全施工			15	
8	完成任务时间			5	
9	合计			100	

任务 8　玻璃隔墙工程施工

玻璃隔墙(断)外观光洁、明亮,并具有一定的透光性。可根据需要选用彩色玻璃、刻花玻璃、压花玻璃、玻璃砖等,或采用夹花、喷漆等工艺。

玻璃隔断有底部带挡板、带窗台及落地等几种。其基本构造如图 5-8-1 所示。

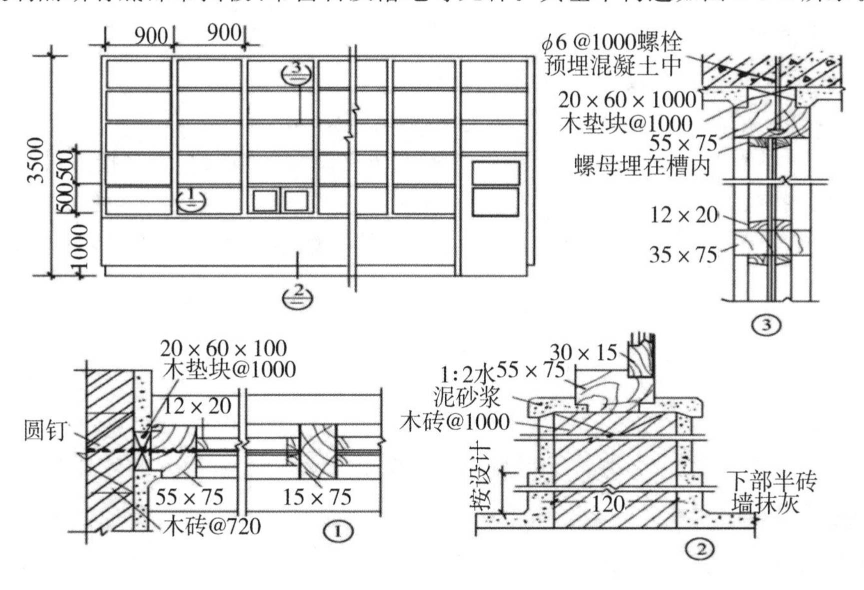

图 5-8-1　玻璃隔断基本构造(单位:mm)

一、施工任务

室内采用平板玻璃分隔成两个空间，玻璃隔墙的长度为4m、高度为3m，请结合现场实际选择合适的材料、组织施工，并及时报验。

二、施工准备

(一)材料准备

玻璃隔墙按玻璃所占比例又可以分半玻璃及全玻型。

玻璃隔墙的主要材料准备：平板玻璃、磨砂玻璃、压花玻璃、彩绘玻璃。

(1)平板玻璃又称白片玻璃或净片玻璃，是建筑中使用最多、应用最广泛的玻璃。主要有普通平板玻璃和浮法玻璃两种。

(2)钢化玻璃是普通玻璃经热处理制成的，其强度比未处理的玻璃提高3～4倍，具有良好的抗冲击、抗折和耐急冷性能。钢化玻璃使用安全，当玻璃破碎时，不含尖锐的锐角，极大地减少了玻璃碎片对人体产生伤害的可能性，提高了使用安全性。

钢化玻璃一旦制成，就不能再进行任何冷加工处理，因此玻璃的成型、打孔，必须在钢化前完成，钢化前尺寸为最终产品尺寸。

(3)镜面玻璃也叫涂层玻璃或镀膜玻璃，有单层涂和双面涂。常用的有金色、银色、灰色、古铜色等。这种玻璃具有视线的单向穿透性，即视线只能从有镀层的一侧观向无镀层的一侧。

(4)其他装饰玻璃，主要有压花玻璃、磨砂玻璃和彩绘玻璃3种。

(二)机具准备

电动气泵、小电锯、小台刨、手电钻、冲击钻、扫槽刨、线刨、锯、斧、刨、锤、螺丝刀、直钉枪、摇钻、线坠、靠尺、钢卷尺、玻璃吸盘、胶枪等。

(三)作业准备

(1)主体结构完成及交接验收，并清理现场。

(2)砌墙时应根据顶棚标高在四周墙上预埋防腐木砖。

(3)木龙骨必须进行防火处理，并应符合有关防火规范的规定。直接接触结构的木龙骨应预先刷防腐漆。

(4)做隔断房间需在地面的湿作业工程前将直接接触结构的木龙骨安装完毕，并做好防腐处理。

三、组织施工

(一)施工工艺流程

弹线放样→木龙骨、金属龙骨下料组装→固定框架→安装玻璃→ 嵌缝打胶。

(二)施工质量控制要点

(1)弹线放样。先弹出地面位置线，再用垂直线法弹出墙、柱上的位置线、高度线和沿顶位置线。

(2)木龙骨、金属龙骨下料组装。按施工图样尺寸与实际情况,用专业工具对木龙骨、金属龙骨采割与组装。

(3)固定框架。木质框架与墙、地面固定可通过预埋木砖或定木楔使框架与之固定。铝合金框架与墙、地面固定可通过铁脚件完成。

(4)安装玻璃。用玻璃吸盘把玻璃吸牢,再将玻璃插入上框槽口内,然后轻轻落下,放入下框槽口内。如多块玻璃组装,玻璃之间接缝时应留 2～3mm 缝隙或留出与玻璃肋厚度相同的缝。

(5)缝打胶。玻璃就位后,校正平整度、垂直度,同时用聚苯乙烯泡沫条嵌入槽口内,使玻璃与金属槽结合平伏、紧密,然后打硅酮结构胶。

四、组织验收

(一)验收规范

1. 主控项目

(1)玻璃隔墙工程所用材料的品种、规格、图案、颜色和性能应符合设计要求。玻璃板隔墙应使用安全玻璃。

检验方法:观察;检查产品合格证书、进场验收记录和性能检验报告。

(2)玻璃板安装及玻璃砖砌筑方法应符合设计要求。

检验方法:观察。

(3)有框玻璃板隔墙的受力杆件应与基体结构连接牢固,玻璃板安装橡胶垫位置应正确。玻璃板安装应牢固,受力应均匀。

检验方法:观察;手推检查;检查施工记录。

(4)无框玻璃板隔墙的受力爪件应与基体结构连接牢固,爪件的数量、位置应正确,爪件与玻璃板的连接应牢固。

检验方法:观察;手推检查;检查施工记录。

(5)玻璃门与玻璃墙板的连接、地弹簧的安装位置应符合设计要求。

检验方法:观察;开启检查;检查施工记录。

(6)玻璃砖隔墙砌筑中埋设的拉结筋应与基体结构连接牢固,数量、位置应正确。

检验方法:手扳检查;尺量检查;检查隐蔽工程验收记录

2. 一般项目

(1)玻璃隔墙表面应色泽一致、平整洁净、清晰美观。

检验方法:观察。

(2)玻璃隔墙接缝应横平竖直,玻璃应无裂痕、缺损和划痕。

检验方法:观察。

(3)玻璃板隔墙嵌缝及玻璃砖隔墙勾缝应密实平整、均匀顺直、深浅一致。

检验方法:观察。

(4)玻璃隔墙安装的允许偏差和检验方法应符合表 5-8-1 的规定。

表 5-8-1　玻璃隔墙安装的允许偏差和检验方法

项次	项目	允许偏差/mm		检查方法
		玻璃板	玻璃砖	
1	立面垂直度	2	3	用2m垂直检测尺检查
2	表面平整度	—	3	用2m靠尺和塞尺检查
3	阴阳角方正	2	—	用200mm直角检测尺检查
4	接缝直线度	2	—	拉5m线,不足5m拉通线,用钢直尺检查
5	接缝高低差	2	3	用钢直尺和塞尺检查
6	接缝宽度	1	—	用钢直尺检查

(二)常见的质量问题与预控

1.常见的问题

(1)玻璃隔墙发白

玻璃隔墙表面出现白色雾状气体或斑点,严重影响美观。

①产生原因:玻璃不干净,表面积存灰尘、油污等杂质;玻璃密封不良,内部空气流通不畅;含有过多的碳酸钙、铁和钾等杂质。

②解决方法:定期清洁玻璃表面;对于新玻璃隔墙,应在安装前进行擦拭、干燥和密封处理;选购质量好、含杂质少的玻璃材料。

(2)玻璃隔墙龟裂

玻璃隔墙表面或内部出现裂纹,严重时会发生龟裂。

①产生原因:玻璃质量问题,如强度不够、裂纹已存在;安装不牢固,挂载不到位或设备缺陷;环境问题,如玻璃与室内温度差、环境震动等因素。

②解决方法:选购质量好、强度高的玻璃材料;安装时应采用专业工具和固定设备;对于大面积玻璃隔墙的安装,需要考虑隔墙整体消除之后的应力释放问题。

(3)玻璃隔墙渗水

玻璃隔墙出现渗水问题,导致墙面发霉、腐烂等。

①产生原因:玻璃密封不良,导致雨水渗入;墙体结构设计不合理,墙体材料内部出现裂缝或孔洞等缺陷;存在老化或损坏的隔墙密封胶条等密封材料。

②解决方法:安装时应采用优质密封胶条及耐水腐蚀的密封材料;实施正确的墙体结构防水设计;定期对玻璃隔墙的密封材料进行维护和更换。

(4)玻璃隔墙噪声大

玻璃隔墙声音不隔绝,导致噪声大,影响生活和工作。

①产生原因:隔音玻璃没有选择好;玻璃隔墙与地面、墙面安装方式不正确;环境噪声来源严重。

②解决方法:选用优质隔音玻璃材料,并注意玻璃材料的摆放方式;玻璃隔墙的安装需要管控安装质量,确保固定牢固;从源头控制环境噪声来源。

五、验收成果

玻璃隔墙检验批质量验收记录

<table>
<tr><td>单位(子单位)
工程名称</td><td></td><td>分部(子分部)
工程名称</td><td>建筑装饰装修分部
——轻质隔墙子分部</td><td>分项工程
名称</td><td>玻璃隔墙分项</td></tr>
<tr><td>施工单位</td><td></td><td>项目负责人</td><td></td><td>检验批容量</td><td></td></tr>
<tr><td>分包单位</td><td></td><td>分包单位
项目负责人</td><td></td><td>检验批部位</td><td></td></tr>
<tr><td>施工依据</td><td colspan="2">《住宅装饰装修工程施工规范》
(GB 50327—2001)</td><td>验收依据</td><td colspan="2">《建筑装饰装修工程质量验收标准》
(GB 50210—2018)</td></tr>
</table>

<table>
<tr><td colspan="4">验收项目</td><td colspan="2">设计要求及
规范规定</td><td>最小/实际
抽样数量</td><td>检查记录</td><td>检查
结果</td></tr>
<tr><td rowspan="4">主控项目</td><td>1</td><td colspan="2">材料品种、规格、质量</td><td colspan="2">第 7.5.3 条</td><td>/</td><td>质量证明文件齐全，试验合格，报告编号</td><td></td></tr>
<tr><td>2</td><td colspan="2">砌筑或安装</td><td colspan="2">第 7.5.4 条</td><td>/</td><td>抽查处，合格处</td><td></td></tr>
<tr><td>3</td><td colspan="2">砖隔墙拉结筋</td><td colspan="2">第 7.5.5 条</td><td>/</td><td>抽查处，合格处</td><td></td></tr>
<tr><td>4</td><td colspan="2">板隔墙安装</td><td colspan="2">第 7.5.6 条</td><td>/</td><td>抽查处，合格处</td><td></td></tr>
<tr><td rowspan="11">一般项目</td><td>1</td><td colspan="2">表面质量</td><td colspan="2">第 7.5.7 条</td><td>/</td><td>抽查处，合格处</td><td></td></tr>
<tr><td>2</td><td colspan="2">接缝</td><td colspan="2">第 7.5.8 条</td><td>/</td><td>抽查处，合格处</td><td></td></tr>
<tr><td>3</td><td colspan="2">嵌缝及勾缝</td><td colspan="2">第 7.5.9 条</td><td>/</td><td>抽查处，合格处</td><td></td></tr>
<tr><td rowspan="8">4</td><td rowspan="8">安装允许偏差</td><td rowspan="2">项目</td><td colspan="2">允许偏差/mm</td><td rowspan="2">最小/实际
抽样数量</td><td rowspan="2">实测值</td><td rowspan="2">检查
结果</td></tr>
<tr><td>玻璃砖</td><td>玻璃板</td></tr>
<tr><td>立面垂直度</td><td>3</td><td>2</td><td>/</td><td>抽查处，合格处</td><td></td></tr>
<tr><td>表面平整度</td><td>3</td><td>—</td><td>/</td><td>抽查处，合格处</td><td></td></tr>
<tr><td>阴阳角方正</td><td>—</td><td>2</td><td>/</td><td>抽查处，合格处</td><td></td></tr>
<tr><td>接缝直线度</td><td>—</td><td>2</td><td>/</td><td>抽查处，合格处</td><td></td></tr>
<tr><td>接缝高低差</td><td>3</td><td>2</td><td>/</td><td>抽查处，合格处</td><td></td></tr>
<tr><td>接缝宽度</td><td>—</td><td>1</td><td>/</td><td>抽查处，合格处</td><td></td></tr>
<tr><td colspan="4">施工单位
检查结果</td><td colspan="5">专业工长：
项目专业质量检查员：
年　月　日</td></tr>
<tr><td colspan="4">监理单位
验收结论</td><td colspan="5">专业监理工程师：
年　月　日</td></tr>
</table>

六、实践项目成绩评定

序号	项目	技术及质量要求	实测记录	项目分配	得分
1	工具准备			10	
2	玻璃板安装			10	
3	接缝			10	
4	施工工艺流程			15	
5	验收工具的使用			10	
6	施工质量			25	
7	文明施工与安全施工			15	
8	完成任务时间			5	
9	合计			100	

任务9 玻璃砖隔墙施工

图 5-9-1 玻璃砖隔墙构造

一、施工任务

室内采用 300mm×300mm×100mm 的玻璃砖分隔成两个空间，玻璃砖隔墙的长度为 4m、高度为 3m，请结合现场实际选择合适的材料组织施工，并完成报验。

二、施工准备

(一)材料准备

(1)玻璃砖。实心玻璃砖一般厚度在 20mm 以上。其规格多为 100mm×100mm×

100mm 和 300mm×300mm×100mm。空心玻璃砖是由两块玻璃在高温下封接制成，中间充以干燥的空气，具有优良的保温隔热、抗压耐磨、透光折光等性能，有正方形、矩形及各种异形产品。玻璃砖的尺寸可按需要加工，以 115mm、145mm、240mm、300mm 居多。

(2)水泥。宜用 325# 级或以上白水泥。

(3)砂子。选用筛余的白色砂砾，不含泥及其他颜色的杂质。

(4)掺合料。白灰膏、石膏粉、胶黏剂。

(5)其他材料。墙体水平钢筋、玻璃丝毡、槽钢等。

(二)机具准备

电锤、电动搅拌器、水桶、铁锹、锯齿抹子、阴阳角槽抹子、手锤、墨斗、皮尺、线垂、水平管、经纬仪、放线工具、折叠式靠尺、水平尺、钢尺等。

(三)作业条件

(1)砌墙时应根据顶棚标高在四周墙面上预埋防腐木砖。

(2)木龙骨必须进行防火处理，并应符合有关防火规范的规定。直接接触结构的木龙骨应预先刷防腐漆。

(3)做隔断房间需在地面湿作业前将直接接触结构的木龙骨安装完毕，并做好防腐处理。

(4)玻璃砖隔墙要根据需砌筑的玻璃砖墙地面积和形状，来计算玻璃砖的数量和排次序。

(5)根据玻璃砖的排列按设计要求做出基础底脚，底脚略小于玻璃砖厚度。

(6)与玻璃砖隔墙相接的建筑墙面的侧边等完成抹灰并整修平整垂直。

(7)如果玻璃砖是砌筑在木质或金属框架中，则应先将框架做好。

三、组织施工

(一)施工工艺流程

选砖排砖→做基础底脚→扎筋→砌砖→做饰边→表面清理。

(二)施工质量控制要点

(1)选砖排砖。根据弹好的位置线，先认真核对玻璃砖墙长度尺寸是否符合排砖模数。玻璃砖应挑选棱角整齐、规格相同、对角线基本一致、表面无裂痕和磕碰的砖。

(2)做基础底脚。根据需要砌筑的玻璃砖墙尺寸，计算玻璃砖的数量和排列，两玻璃砖对缝砌筑的留缝间距为 5～10mm，根据排砖作出基础底脚，它应略小于玻璃砖墙的厚度。

(3)扎筋。室内玻璃砖隔墙的高度和长度均超过 1.5m 时，应在垂直方向上每 2 层空心玻璃砖水平布 2 根 ϕ6mm(或 ϕ8mm)的钢筋(当只有隔墙的高度超过 1.5m 时，放 1 根钢筋)，在水平方向上每 3 个缝至少垂直布 1 根钢筋(错缝砌筑时除外)。

(4)砌砖。砌砖时，应按上、下层对缝的方式，自下而上砌筑，两玻璃砖之间的砖缝不得小于 10mm，也不得大于 30mm。玻璃砖砌筑用砂浆按白水泥∶细砂＝1∶1 或白水泥∶

108胶＝100∶7(质量比)的比例调制。白水泥浆要有一定稠度,以不流淌为好。每层玻璃砖在砌筑之前,宜在玻璃砖上放置垫木块,其长度有两种:玻璃砖厚度为50mm时,木垫块长35mm左右;玻璃砖厚度为80mm时,木垫块长60mm左右。每块玻璃砖上放2块垫木块,卡在玻璃砖的凹槽内。砌筑时,将上层玻璃砖压在下层玻璃砖上,同时使玻璃砖的中间槽卡在木垫块上,两层玻璃砖的间距为5～8mm,每砌筑完一层后,用湿布将玻璃砖面上沾着的水泥浆擦去。水泥砂浆铺砌时,水泥砂浆应铺得稍厚一些,慢慢挤揉,立缝灌砂浆一定要捣实。缝中承力钢筋间隔小于650mm,伸入竖缝和横缝,并与玻璃砖上下、两侧的框体和结构体牢固连接。玻璃砖墙宜以1.5m高为一个施工段,待下部施工段胶结料达到设计强度后,再进行上部施工。当玻璃砖墙面积过大时,应增加支撑。最上层的空心玻璃砖应深入顶部的金属型材框中,深入尺寸不得小于10mm且不得大于25mm。空心玻璃砖与顶部金属型材框的腹面之间应用木楔固定。砌筑完毕应进行表面勾缝,先勾水平缝,再勾垂直缝,缝面应平滑,深度应一致,表面应擦拭干净。

(5)做饰边。玻璃砖墙若无外框,则需作饰边。饰边通常有木饰边和不锈钢饰边。木饰边可根据设计要求做成各种线形,常见的形式如图5-9-2所示。不锈钢饰边常用的有单柱饰边、双柱饰边、不锈钢钢板槽饰边等,如图5-9-3所示。

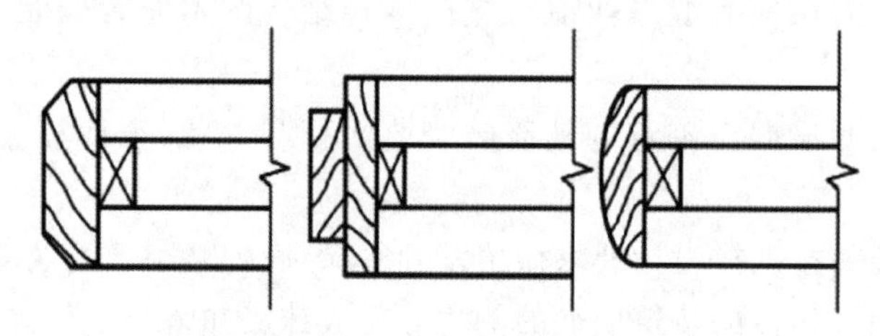

图5-9-2　玻璃砖墙常见木饰边

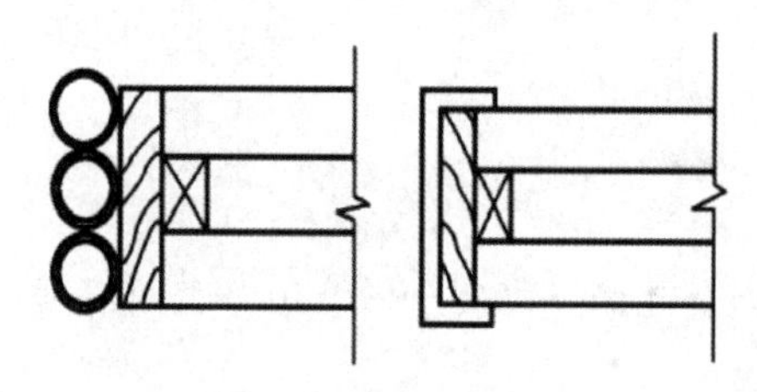

图5-9-3　不锈钢饰边常见形式

(6)表面清理。玻璃砖隔墙安装完成后,应对其表面进行清洁,不得留有油灰、浆灰、密封膏、涂料等斑污。

四、组织验收

(一)验收规范

1.主控项目

(1)玻璃隔墙工程所用材料的品种、规格、图案、颜色和性能应符合设计要求。玻璃板隔墙应使用安全玻璃。

检验方法:观察;检查产品合格证书、进场验收记录和性能检验报告。

(2)玻璃板安装及玻璃砖砌筑方法应符合设计要求。

检验方法:观察。

(3)有框玻璃板隔墙的受力杆件应与基体结构连接牢固,玻璃板安装橡胶垫位置应正确。玻璃板安装应牢固,受力应均匀。

检验方法:观察;手推检查;检查施工记录。

(4)无框玻璃板隔墙的受力爪件应与基体结构连接牢固,爪件的数量、位置应正确,爪件与玻璃板的连接应牢固。

检验方法:观察;手推检查;检查施工记录。

(5)玻璃门与玻璃墙板的连接、地弹簧的安装位置应符合设计要求。

检验方法:观察;开启检查;检查施工记录。

(6)玻璃砖隔墙砌筑中埋设的拉结筋应与基体结构连接牢固,数量、位置应正确。

检验方法:手扳检查;尺量检查;检查隐蔽工程验收记录。

2. 一般项目

(1)玻璃隔墙表面应色泽一致、平整洁净、清晰美观。

检验方法:观察。

(2)玻璃隔墙接缝应横平竖直,玻璃应无裂痕、缺损和划痕。

检验方法:观察。

(3)玻璃板隔墙嵌缝及玻璃砖隔墙勾缝应密实平整、均匀顺直、深浅一致。

检验方法:观察。

(4)玻璃隔墙安装的允许偏差和检验方法应符合表 5-9-1 的规定。

表 5-9-1　玻璃隔墙安装的允许偏差和检验方法

项次	项目	允许偏差/mm		检查方法
		玻璃板	玻璃砖	
1	立面垂直度	2	3	用 2m 垂直检测尺检查
2	表面平整度	—	3	用 2m 靠尺和塞尺检查
3	阴阳角方正	2	—	用 200mm 直角检测尺检查
4	接缝直线度	2	—	拉 5m 线,不足 5m 拉通线,用钢直尺检查
5	接缝高低差	2	3	用钢直尺和塞尺检查
6	接缝宽度	1	—	用钢直尺检查

(二)常见的质量问题与预控

(1)表面色泽不一致、平整不符合验标要求。

(2)隔墙接缝不横平竖直,玻璃有裂痕、缺损和划痕。

(3)勾缝密实不够、不平整、均匀顺直、深浅不一致。

五、验收成果

玻璃隔墙检验批质量验收记录

<table>
<tr><td colspan="3">单位(子单位)
工程名称</td><td></td><td colspan="2">分部(子分部)
工程名称</td><td>建筑装饰装修分部
——轻质隔墙子分部</td><td>分项工程
名称</td><td>玻璃隔墙分项</td></tr>
<tr><td colspan="3">施工单位</td><td></td><td colspan="2">项目负责人</td><td></td><td>检验批容量</td><td></td></tr>
<tr><td colspan="3">分包单位</td><td></td><td colspan="2">分包单位
项目负责人</td><td></td><td>检验批部位</td><td></td></tr>
<tr><td colspan="3">施工依据</td><td colspan="3">《住宅装饰装修工程施工规范》
(GB 50327—2019)</td><td>验收依据</td><td colspan="2">《建筑装饰装修工程质量验收标准》
(GB 50210—2018)</td></tr>
<tr><td colspan="4">验收项目</td><td colspan="2">设计要求及
规范规定</td><td>最小/实际
抽样数量</td><td>检查记录</td><td>检查
结果</td></tr>
<tr><td rowspan="4">主控项目</td><td>1</td><td colspan="2">材料品种、规格、质量</td><td colspan="2">第 7.5.3 条</td><td>/</td><td>质量证明文件齐全,试验合格,报告编号</td><td></td></tr>
<tr><td>2</td><td colspan="2">砌筑或安装</td><td colspan="2">第 7.5.4 条</td><td>/</td><td>抽查处,合格处</td><td></td></tr>
<tr><td>3</td><td colspan="2">砖隔墙拉结筋</td><td colspan="2">第 7.5.5 条</td><td>/</td><td>抽查处,合格处</td><td></td></tr>
<tr><td>4</td><td colspan="2">板隔墙安装</td><td colspan="2">第 7.5.6 条</td><td>/</td><td>抽查处,合格处</td><td></td></tr>
<tr><td rowspan="11">一般项目</td><td>1</td><td colspan="2">表面质量</td><td colspan="2">第 7.5.7 条</td><td>/</td><td>抽查处,合格处</td><td></td></tr>
<tr><td>2</td><td colspan="2">接缝</td><td colspan="2">第 7.5.8 条</td><td>/</td><td>抽查处,合格处</td><td></td></tr>
<tr><td>3</td><td colspan="2">嵌缝及勾缝</td><td colspan="2">第 7.5.9 条</td><td>/</td><td>抽查处,合格处</td><td></td></tr>
<tr><td rowspan="8">4</td><td rowspan="8">安装允许偏差</td><td rowspan="2">项目</td><td colspan="2">允许偏差/mm</td><td rowspan="2">最小/实际
抽样数量</td><td rowspan="2">实测值</td><td rowspan="2">检查
结果</td></tr>
<tr><td>玻璃砖</td><td>玻璃板</td></tr>
<tr><td>立面垂直度</td><td>3</td><td>2</td><td>/</td><td>抽查处,合格处</td><td></td></tr>
<tr><td>表面平整度</td><td>3</td><td>—</td><td>/</td><td>抽查处,合格处</td><td></td></tr>
<tr><td>阴阳角方正</td><td>—</td><td>2</td><td>/</td><td>抽查处,合格处</td><td></td></tr>
<tr><td>接缝直线度</td><td>—</td><td>2</td><td>/</td><td>抽查处,合格处</td><td></td></tr>
<tr><td>接缝高低差</td><td>3</td><td>2</td><td>/</td><td>抽查处,合格处</td><td></td></tr>
<tr><td>接缝宽度</td><td>—</td><td>1</td><td>/</td><td>抽查处,合格处</td><td></td></tr>
<tr><td colspan="4">施工单位
检查结果</td><td colspan="5">专业工长:
项目专业质量检查员:
年 月 日</td></tr>
<tr><td colspan="4">监理单位
验收结论</td><td colspan="5">专业监理工程师:
年 月 日</td></tr>
</table>

六、实践项目成绩评定

序号	项目	技术及质量要求	实测记录	项目分配	得分
1	工具准备			10	
2	玻璃砖安装			10	
3	拉结筋设置			10	
4	施工工艺流程			15	
5	验收工具的使用			10	
6	施工质量			25	
7	文明施工与安全施工			15	
8	完成任务时间			5	
9	合计			100	

任务 10　铝合金隔墙(断)工程施工

铝合金隔墙使用铝合金框架为装饰和固定材料，同时将整块玻璃(单层或双层)安装在铝合金框架内，从而形成整体隔墙的效果。工程实践证明，铝合金和钢化玻璃墙体组合极具现代风格，体现简约、时尚、大气的风格。钢化玻璃的采光性极好，能实现室内明亮、通透的效果，并可灵活组成任意角度。

一、施工任务

室内采用铝合金龙骨及玻璃分隔成两个空间，隔墙的长度为 4m、高度为 3m，请结合现场实际选择合适的材料组织施工，并及时报验。

二、施工准备

(一)材料准备

铝合金型材是在纯铝中加入锰、镁等合金元素经轧制而成，具有质轻、耐蚀、耐磨、美观、韧性好等诸多特点。铝合金型材表面经氧化着色处理后，可得到银白色、金色、青铜色和古铜色等几种颜色，其色泽雅致，造型美观，经久耐用，具有制作简单、连接牢固等优点。其主要适合于写字楼办公室间隔、厂房间隔和其他隔断墙体。

铝合金隔墙与隔断常用的铝合金型材有大方管、扁管、等边槽和等边角四种。

(二)机具准备

电动砂轮机、型材切割机、电动圆锯、自攻螺钉钻、钢卷尺、铝合金靠尺、放线仪、射钉枪、无齿锯、手刨子、钳子、螺丝刀、手锤、活扳手。

作业条件:

(1)主体结构必须经过相关单位(建筑单位、施工单位、监理单位、设计单位)检验合格。屋面已做完防水层,室内地面、室内抹灰、玻璃等工序已完成。

(2)室内弹出+500mm标高线。

(3)安装各种系统的管、线盒弹线及其他准备工作已到位。安装现场应保持通风且清洁干燥,地面不得有积水、油污等,电气设备末端等半成品必须做好半成品和成品保护措施。

(4)设计要求隔墙有地枕带时,应先将C20细石混凝土枕带施工完毕,强度达到10MPa以上,方可进行龙骨的安装。

(5)根据设计图和提出的备料计划,核查隔墙全部材料,使其配套齐全,并有相应的材料检测报告、合格证。

(6)大面积施工前先做好样板间,经有关质量部门检查鉴定合格后,方可组织班组进行大面积施工。

(7)施工前编制施工方案或技术交底,对施工人员进行全面的交底后方可施工。

(8)安全防护设施经安全部门验收合格后方可施工。

三、组织施工

(一)施工工艺流程

弹线定位→画线下料→安装固定→安装饰面板及玻璃。

(二)施工质量控制要点

(1)弹线定位。弹线定位的顺序为:弹出地面位置线→垂直法弹出墙面位置和高度线→检查与铝合金隔墙相接墙面的垂直度→标出竖向型材的间隔位置和固定点位置。

(2)画线下料。铝合金龙骨的画线下料是要求非常细致的一项工作,画线的准确度要求很高,其长度要求误差为±0.5mm。画线时,通常在地面上铺一张干净的木夹板,将铝合金型材放在木夹板上,用钢尺和钢针对型材画线且注意不要碰伤型材表面。画线下料应注意以下几点:

①应先从隔断墙中最长的型材开始,逐步到最短的型材,并应将竖向型材与横向型材分开画线。

②画线前,应注意复核一下实际所需尺寸与施工图中所标注的尺寸是否有误差。如果误差小于5mm,则可按施工图尺寸下料;如果误差较大,则应按实量尺寸施工。

③在进行铝合金龙骨画线时,要以沿顶部和沿地面所用型材的一个端头为基准,画出与竖向型材的各连接位置线,以保证顶、地之间竖向型材安装的垂直度和对位准确性。要

以竖向型材的一个端头为基准，画出与横向型材各连接位置线，以保证各竖向龙骨之间横挡型材安装的水平度。在画连接位置线时，必须画出连接部位的宽度，以便在连接宽度范围内安置连接铝角。

④铝合金型材的切割下料，主要用专门的铝材切割机，切割时应夹紧铝合金型材，锯片缓缓与铝合金型材接触，切不可猛力下锯。切割时应根据画线切割，或留出线痕，以保证尺寸的准确。在切割中，进刀要用力均匀才能使切口平滑。在快要切断时，进刀用力要轻，以保证切口边部的光滑。

(3)安装固定。半高铝合金隔断墙，通常是先在地面组装好框架后，再竖立起来固定；全封铝合金隔断墙通常是先固定竖向型材，再安装横挡型材来组装框架。铝合金型材相互连接主要是用铝角和自攻螺钉。铝合金型材、铝合金框架与地面、墙面的连接则主要是用铁脚固定法。

(4)安装饰面板和玻璃。铝合金型材隔墙在1m以下的部分，通常采用铝合金饰面板，其余部分通常是安装安全玻璃。

四、组织验收

(一)验收规范

1. 主控项目

(1)铝合金隔墙所用龙骨、配件、墙面板、填充材料及嵌缝材料的品种、规格、性能和木材的含水率应符合设计要求。有隔声、隔热、阻燃和防潮等特殊要求的工程，材料应有相应性能等级的检验报告。

检验方法：观察；检查产品合格证书、进场验收记录、性能检验报告和复验报告。

(2)铝合金隔墙地梁所用材料、尺寸及位置等应符合设计要求。骨架隔墙的沿地、沿顶及边框龙骨应与基体结构连接牢固。

检验方法：手扳检查；尺量检查；检查隐蔽工程验收记录。

(3)铝合金隔墙中龙骨间距和构造连接方法应符合设计要求。骨架内设备管线的安装、门窗洞口等部位加强龙骨的安装应牢固、位置正确。填充材料的品种、厚度及设置应符合设计要求。

检验方法：检查隐蔽工程验收记录。

(4)铝合金隔墙的墙面板应安装牢固，无脱层、翘曲、折裂及 缺损。

检验方法：观察；手扳检查。

(5)墙面板所用接缝材料的接缝方法应符合设计要求。

检验方法：观察。

2. 一般项目

(1)铝合金隔墙表面应平整光滑、色泽一致、洁净、无裂缝，接缝应均匀、顺直。

检验方法：观察；手摸检查。

(2)铝合金隔墙上的孔洞、槽、盒应位置正确、套割吻合、边缘整齐。

检验方法:观察。

(3)铝合金隔墙内的填充材料应干燥,填充应密实、均匀、无下坠。

检验方法:轻敲检查;检查隐蔽工程验收记录。

(4)铝合金隔墙安装的允许偏差和检验方法应符合表5-9-1的规定。

表5-9-1 铝合金隔墙安装的允许偏差和检验方法

项次	项目	允许偏差/mm		检验方法
		纸面石膏板	人造木板、水泥纤维板	
1	立面垂直度	3	4	用2m垂直检测尺检查
2	表面平整度	3	3	用2m靠尺和塞尺检查
3	阴阳角方正	3	3	用200mm直角检测尺检查
4	接缝直线度		3	拉5m线,不足5m拉通线,用钢直尺检查
5	压条直线度		3	拉5m线,不足5m拉通线,用钢直尺检查
6	接缝高低差	1	1	用钢直尺和塞尺检查

(二)常见的质量问题与预控

1.接槎明显,拼接处裂缝

板材拼接处接槎明显,或出现裂缝。预控措施如下:

(1)板材拼接应选择合理的接点构造。一般有两种做法:一是在板材拼接前先倒角,或沿板边20mm刨去宽40mm左右、厚3mm左右;在拼接时板材间应保持一定的间距,一般以2~3mm为宜,清除缝内杂物,将腻子批嵌至倒角边,待腻子初凝时,再刮一层较稀的厚约1mm的腻子,随即贴布条或贴网状纸带,贴好后应相隔一段时间,待其终凝硬结后再刮一层腻子,将纸带或布条罩住,然后把接缝板面找平;二是在板材拼缝处嵌装饰条或勾嵌缝腻子,用特制小工具把接缝勾成光洁清晰的明缝。

(2)选用合适的勾、嵌缝材料。勾、嵌缝材料应与板材成分一致或相近,以减少其收缩变形。

(3)采用质量好、制作尺寸准确、收缩变形小、厚薄一致的侧角板材,同时应严格操作程序,确保拼接严密、平整,连接牢固。

(4)房屋底层做石膏板隔断墙,应在地面上先砌三皮砖(1/2砖),再安装石膏板,这样既可防潮,又可方便粘贴各类踢脚线。

2.门框固定不牢固

门框安装后出现松动或镶嵌的灰浆腻子脱落。预控措施如下:

(1)门框安装前,应将槽内杂物清理干净,刷108胶稀溶液1~2道;槽内放小木条以防黏结材料下坠;安装门框后,沿门框高度钉 3 枚钉子,以防外力碰撞门框导致移位。

(2)尽量不采用后塞门框的做法,应先把门框临时固定,龙骨与门框连接,门框边应增设加强筋,固定牢固。

(3)为使墙板与结构连接牢固,边龙骨预粘木块时,应控制其厚度不得超过龙骨翼缘;安装边龙骨时,翼缘边部顶端应满涂掺 108 胶水的水泥砂浆,使其黏结牢固;梁底或楼板底应按墙板放线位置增贴 92mm 宽石膏垫板,以确保墙面顶端密实。

3. 细部做

隔断墙与原墙、平顶交接处不顺直,门框与墙板面不交圈,接头不严、不平;装饰压条、贴面制作粗糙,见钉子印。预控措施如下:

(1)施工前质量交底应明确,严格要求操作人员做好装饰细部工程。

(2)门框与隔墙板面构造处理应根据墙面厚度而定,墙厚等于门框厚度时,可钉贴面;小于门框厚度时应加压条。贴面与压条应制作精细,切实起到装饰条的作用。

(3)为防止墙板边沿翘起,应在墙板四周接缝处加钉盖缝条,或根据不同板材,采取四周留缝的做法,缝宽 10mm 左右。

五、验收成果

铝合金骨架隔墙检验批质量验收记录

03060201　001

单位(子单位)工程名称		分部(子分部)工程名称	建筑装饰装修分部——轻质隔墙子分部	分项工程名称	骨架隔墙分项
施工单位		项目负责人		检验批容量	
分包单位		分包单位项目负责人		检验批部位	
施工依据	住宅装饰装修工程施工规范(GB 50327—2001)		验收依据	《建筑装饰装修工程质量验收标准》(GB 50210—2018)	

验收项目			设计要求及规范规定	最小/实际抽样数量	检查记录	检查结果
主控项目	1	材料品种、规格、质量	第 7.3.3 条	/	质量证明文件齐全,通过进场验收	
	2	龙骨连接	第 7.3.4 条	/	抽查处,合格处	
	3	龙骨间距及构造连接	第 7.3.5 条	/	抽查处,合格处	
	4	防火、防腐	第 7.3.6 条	/	抽查处,合格处	
	5	墙面板安装	第 7.3.7 条	/	抽查处,合格处	
	6	墙面板接缝材料及方法	第 7.3.8 条	/	抽查处,合格处	

续表

<table>
<tr><td colspan="4">验收项目</td><td colspan="2">设计要求及
规范规定</td><td>最小/实际
抽样数量</td><td>检查记录</td><td>检查
结果</td></tr>
<tr><td rowspan="11">一
般
项
目</td><td>1</td><td colspan="2">表面质量</td><td colspan="2">第 7.3.9 条</td><td>/</td><td>抽查处,合格处</td><td></td></tr>
<tr><td>2</td><td colspan="2">孔洞、槽、盒</td><td colspan="2">第 7.3.10 条</td><td>/</td><td>抽查处,合格处</td><td></td></tr>
<tr><td>3</td><td colspan="2">填充材料</td><td colspan="2">第 7.3.11 条</td><td>/</td><td>抽查处,合格处</td><td></td></tr>
<tr><td rowspan="8">4</td><td rowspan="8">安
装
允
许
偏
差</td><td rowspan="2">项目</td><td colspan="2">允许偏差/mm</td><td rowspan="2">最小/实际
抽样数量</td><td rowspan="2">实测值</td><td rowspan="2">检查
结果</td></tr>
<tr><td>纸面石
膏板</td><td>人造木板、
水泥纤维板</td></tr>
<tr><td>立面垂直度</td><td>3</td><td>4</td><td>/</td><td>抽查处,合格处</td><td></td></tr>
<tr><td>表面平整度</td><td>3</td><td>3</td><td>/</td><td>抽查处,合格处</td><td></td></tr>
<tr><td>阴阳角方正</td><td>3</td><td>3</td><td>/</td><td>抽查处,合格处</td><td></td></tr>
<tr><td>接缝直线度</td><td>—</td><td>3</td><td>/</td><td>抽查处,合格处</td><td></td></tr>
<tr><td>压条直线度</td><td>—</td><td>3</td><td>/</td><td>抽查处,合格处</td><td></td></tr>
<tr><td>接缝高低差</td><td>1</td><td>1</td><td>/</td><td>抽查处,合格处</td><td></td></tr>
<tr><td colspan="4">施工单位
检查结果</td><td colspan="5">主控项目全部合格，一般项目满足规范规定要求;检查评定合格
专业工长:
项目专业质量检查员:
年　月　日</td></tr>
<tr><td colspan="4">监理单位
验收结论</td><td colspan="5">专业监理工程师:
年　月　日</td></tr>
</table>

六、实践项目成绩评定

序号	项目	技术及质量要求	实测记录	项目分配	得分
1	工具准备			10	
2	龙骨间距及构造连接			10	
3	施工工艺流程			15	
4	验收工具的使用			10	
5	施工质量			35	
6	文明施工与安全施工			15	
7	完成任务时间			5	
8	合计			100	

任务 11　活动隔墙(断)工程施工

活动式隔墙(断)使用灵活,在关闭时同其他隔墙一样能够满足限定空间、隔墙和遮挡视线等要求。有些活动式隔墙(断),大面积或局部镶嵌玻璃,又具有一定的透光性,能够限定空间、隔声,而不遮挡视线。活动隔墙按照操作方式不同,主要分为拼装式活动隔墙、直滑式活动隔墙和折叠式活动隔墙。

内部结构详图

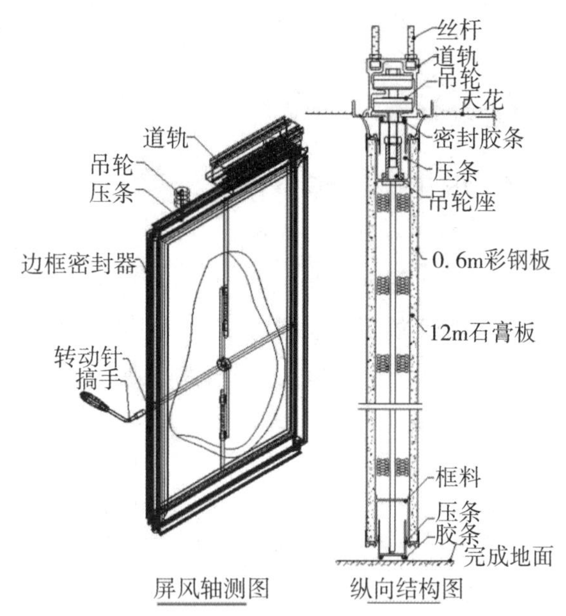

屏风轴测图　纵向结构图

图 5-11-1　活动式隔断构造

一、施工任务

室内采用中纤板及导轨分隔成两个活动式空间,隔墙的长度为 8m、高度为 3m,请结合现场实际选择合适的材料组织施工,并及时报验。

二、施工准备

(一)材料准备

(1)活动隔墙施工中所用的板材应根据设计要求选用,各种板材的技术指标应符合现行国家和行业标准中的相关规定。

(2)活动隔墙施工中所用的导轨槽、滑轮及其他五金配件应配套齐全,各种产品均应具有出厂合格证。

(3)活动隔墙施工中所用的防腐材料、填缝材料、密封材料、防锈漆、水泥、砂子、连接铁脚、连接板等，均应符合设计要求和现行标准的规定。

(二)机具准备

电锯、木工手锯、手提电钻、电动冲击钻、射钉枪、量尺、角尺、水平尺、线坠、钢丝刷、小灰槽、靠尺、托线板、撬棍、扳手、螺钉旋具、剪钳、橡皮锤、木楔、钻、扁铲等

(三)作业条件

(1)结构已验收，屋面防水层已施工完毕。墙面弹出+50cm标高线。

(2)顶棚、墙体抹灰已完成，基底含水率在12%以下；如果有地枕，地枕应达到设计强度值。

(3)如果使用木龙骨，必须进行防火处理，并应符合有关防火规范的规定，直接接触结构的木龙骨应预先刷防腐漆。

(4)正式安装之前，先试安装样板墙一道，经鉴定合格后再正式安装。

三、组织施工

(一)施工工艺流程

定位放线→隔墙板两侧壁龛施工→上轨道安装→隔扇制作→隔扇安放、连接及密封条安装。

(二)施工质量控制要点

(1)定位放线。按照设计确定活动隔墙的位置，在楼地面上进行弹线，并将线引测至顶棚和侧面墙上，作为活动隔墙的施工依据。

(2)隔墙板两侧壁龛施工。为便于隔扇的安装和拆卸，活动隔墙一端要设一个槽形的补充构件，这样也有利于隔扇安装后掩盖住端部隔扇与墙面之间的缝隙。

(3)上导轨安装。为便于隔扇的装拆，隔墙的上部有一个通长的上槛(有槽形和T形两种)，用螺钉或钢丝固定在平顶上。

(4)隔扇制作。按设计要求进行隔扇的制作。

(5)隔扇安装。分别将隔扇两端嵌入上下槛导轨槽内。

(6)隔扇间连接。利用活动卡子连接固定隔扇，同时拼装成隔墙。

(7)密封条安装。隔扇底下应安装隔声密封条，靠隔扇的自重将密封条紧紧地压在楼地面上。

(8)活动隔墙调试。安装后，应进行隔墙的调试，保证隔墙推拉平稳、灵活、无噪声，不得有弹跳、卡阻现象。

四、组织验收

(一)验收规范

(1)导轨安装时应水平、顺直，无倾斜、扭曲变形。所用五金配件应坚固灵活，防止隔墙推拉不灵活。

(2)活动隔墙安装过程中，应与墙、顶、地面层施工密切配合，并采取构造做法和固定

方法，防止轨道与周围装饰面层间产生裂缝。

(3)严格控制制作隔墙的木料含水率不大于12%，并在存放、安装过程中妥善管理，防止隔墙翘曲变形。

(4)活动隔墙与结构连接的预埋件、木框、钢框、型钢骨架、金属连接件应做防腐处理。木骨架、木框等隐蔽木作应做防火、防腐处理。使用的防腐剂和防火剂应符合相关规定的要求。

(5)主控项目

①活动隔墙所用墙板、轨道、配件等材料的品种、规格、性能以及人造木板甲醛释放量和燃烧性能应符合设计要求。

检验方法：观察；检查产品合格证书、进场验收记录、性能检验报告和复验报告。

②活动隔墙轨道应与基体结构连接牢固，并应位置正确。

检验方法：尺量检查；手扳检查。

③活动隔墙用于组装、推拉和制动的构配件应安装牢固、位置正确，推拉应安全、平稳、灵活。

检验方法：尺量检查；手扳检查；推拉检查。

④活动隔墙的组合方式、安装方法应符合设计要求。

检验方法：观察。

(6)一般项目

①活动隔墙表面应色泽一致、平整光滑、洁净，线条应顺直、清晰。

检验方法：观察；手摸检查。

②活动隔墙上的孔洞、槽、盒应位置正确、套割吻合、边缘整齐。

检验方法：观察；尺量检查。

③活动隔墙推拉应无噪声。

检验方法：推拉检查。

④活动隔墙安装的允许偏差和检验方法应符合表5-11-1的规定。

表5-11-1　活动隔墙安装的允许偏差和检验方法

项次	项目	允许偏差/mm	检查方法
1	立面垂直度	3	用2m垂直检测尺检查
2	表面平整度	2	用2m靠尺和塞尺检查
3	接缝直线度	3	拉5m线，不足5m拉通线，用钢直尺检查
4	接缝高低差	2	用钢直尺和塞尺检查
5	接缝宽度	2	用钢直尺检查

(二)常见的质量问题与预控

活动隔墙与吊顶连接处易开裂。

预防措施：导轨安装应符合设计要求，轨道安装应水平、顺直，不应倾斜、扭曲变形；活动隔墙轨道严禁与吊顶体系连接，防止轨道振动时吊顶板开裂；吊顶内的轨道，安装时与室内吊顶应留有10mm空隙，用护角保护或密封胶收缝。

五、验收成果

活动隔墙检验批质量验收记录

单位(子单位)工程名称		分部(子分部)工程名称	建筑装饰装修分部——轻质隔墙子分部	分项工程名称	活动隔墙分项
施工单位		项目负责人		检验批容量	
分包单位		分包单位项目负责人		检验批部位	
施工依据	《住宅装饰装修工程施工规范》(GB 50327—2001)		验收依据	《建筑装饰装修工程质量验收标准》(GB 50210—2018)	

<table>
<tr><th colspan="4">验收项目</th><th>设计要求及规范规定</th><th>最小/实际抽样数量</th><th>检查记录</th><th>检查结果</th></tr>
<tr><td rowspan="4">主控项目</td><td>1</td><td colspan="2">材料品种、规格、质量</td><td>第7.4.3条</td><td>/</td><td>质量证明文件齐全，试验合格，报告编号</td><td></td></tr>
<tr><td>2</td><td colspan="2">轨道安装</td><td>第7.4.4条</td><td>/</td><td>抽查处，合格处</td><td></td></tr>
<tr><td>3</td><td colspan="2">构配件安装</td><td>第7.4.5条</td><td>/</td><td>抽查处，合格处</td><td></td></tr>
<tr><td>4</td><td colspan="2">制作方法，组合方式</td><td>第7.4.6条</td><td>/</td><td>抽查处，合格处</td><td></td></tr>
<tr><td rowspan="8">一般项目</td><td>1</td><td colspan="2">表面质量</td><td>第7.4.7条</td><td>/</td><td>抽查处，合格处</td><td></td></tr>
<tr><td>2</td><td colspan="2">孔洞、槽、盒</td><td>第7.4.8条</td><td>/</td><td>抽查处，合格处</td><td></td></tr>
<tr><td>3</td><td colspan="2">隔墙推拉</td><td>第7.4.9条</td><td>/</td><td>抽查处，合格处</td><td></td></tr>
<tr><td rowspan="5">4</td><td rowspan="5">允许偏差</td><td>立面垂直度/mm</td><td>3</td><td>/</td><td>抽查处，合格处</td><td></td></tr>
<tr><td>表面平整度/mm</td><td>2</td><td>/</td><td>抽查处，合格处</td><td></td></tr>
<tr><td>接缝直线度/mm</td><td>3</td><td>/</td><td>抽查处，合格处</td><td></td></tr>
<tr><td>接缝高低差/mm</td><td>2</td><td>/</td><td>抽查处，合格处</td><td></td></tr>
<tr><td>接缝宽度/mm</td><td>2</td><td>/</td><td>抽查处，合格处</td><td></td></tr>
<tr><td colspan="4">施工单位检查结果</td><td colspan="4">专业工长：
项目专业质量检查员：
年　月　日</td></tr>
<tr><td colspan="4">监理单位验收结论</td><td colspan="4">专业监理工程师：
年　月　日</td></tr>
</table>

六、实践项目成绩评定

序号	项目	技术及质量要求	实测记录	项目分配	得分
1	工具准备			10	
2	轨道安装			10	
3	施工工艺流程			15	
4	验收工具的使用			10	
5	施工质量			35	
6	文明施工与安全施工			15	
7	完成任务时间			5	
8	合计			100	

任务 12　ALC 蒸压轻质混凝土施工

ALC 轻质隔墙板也称蒸压加气轻质混凝土板，属于新型建筑节能产品。其具有容重轻、隔音保温效果好、造价低廉、安装工艺简单、工期要求较低、生产工业化和标准化、安装产业化等优点，目前在高层框架建筑以及工业厂房的内外墙体建造中获得了广泛的应用，如图5-12-1所示。

图 5-12-1　ALC 轻质隔墙

一、施工任务

室内隔墙采用 2380mm×600mm×100mm ALC 板进行施工，请根据工程实际组织施工，并完成相关报验工作。

二、施工准备

(一)材料准备

ALC 板、耐碱玻纤网格布、U 形铁件。

(二)机具准备

导向支撑撬棒、木楔、抹灰板、拖线板、切割机、钢卡、射钉枪等

(三)作业准备

(1)施工操作人员先测放隔墙板边线，安装人员再根据翻样图，对号依次进行。

(2)ALC 墙板运至现场并验收完成，质量合格，资料齐全。

(3)ALC 墙板安装地点清理干净，墙边线测放且验收完成。

(4)ALC 墙板安装辅助材料：导向支撑撬棒、木楔、抹灰板、拖线板、切割机、钢卡、射钉枪等相关工机具准备就绪。

三、组织施工

(一)施工工艺流程

轻隔墙与结构墙面、楼面接触部位基层清理→测放墙面板边线→弹出门窗、洞口、管线及预留孔洞→钉隔墙钢卡→安装隔墙板→处理门窗洞口→拼接缝处理。

(二)施工质量控制要点

1. 清理

对即将安装隔墙板的顶板、楼板面及结构墙面进行彻底清理，必须保证隔墙板安装接触的混凝土结构面平整、密实。

2. 放线

根据设计施工图纸，测放出隔墙板边线，作为安装依据。

3. 固定

根据排板图，在条板拼缝的上端，预先将 U 形钢板卡用射钉固定在顶板上。

4. 隔墙板安装

(1)先固定整体墙板，后固定门窗洞口墙板，先整板后补板。安装墙板时应将其顶端和侧边缘黏结面处涂满黏合剂，涂刮应均匀，不得漏刮，黏合剂涂刮厚度不应少于 5mm。墙板竖起时用撬棒用力挤紧就位，校正垂直度和相邻板面平整度，保证接缝密合顺直，随即在墙板顶头部用木楔顶紧，缝隙不宜大于 5mm，挤出的砂浆及时刮平补齐，用靠尺和托

线板将墙面找平找垂直。

(2)补板制作应根据排板实际尺寸,在整板上划线,用切割机切割,竖向切口处应用水泥砂浆封闭填平,拼接时表面仍应涂满黏合剂。

(3)如果遇厨卫间墙根部应按图纸要求浇筑混凝土,止水反坎后方可安装施工。

(4)门头板宽度大于 1200mm 底下第一孔穿筋混凝土灌实,门边板第一孔用混凝土灌实,墙板安装后 5～7 天后才可进行下一道工序施工。

(5)暗管做法:

①开槽:不宜横向开槽,可延板长方向开槽;宜避开主要受力钢筋;开槽时应弹线,并采用专用工具开槽。

②敷设管线:需要时可用管件将管线固定在墙上。

③填槽:敷设管线后应用专用修补材料补平并作防裂措施。

5. 堵缝

(1)一道隔墙安装完毕,经检验平整度、垂直度合格后,将板底缝用 1∶3 砂浆或细石混凝土塞严堵实,待达到强度后,撤出木楔,再用同样砂浆堵实。严禁未达到强度时撤出木楔。

(2)墙板与墙板连接,墙板与主体结构连接处必须至坐灰并挤出浆为止,一定要做到满缝满浆。

6. 隔墙板拼缝处理

为防止安装后的墙面开裂,板与板、板与主体结构的垂直缝用 100mm 的玻璃纤维网布条黏接。网布粘贴要整齐,目测端正。

7. 主要节点的做法

具体如图 5-12-4 至图 5-12-10 所示。

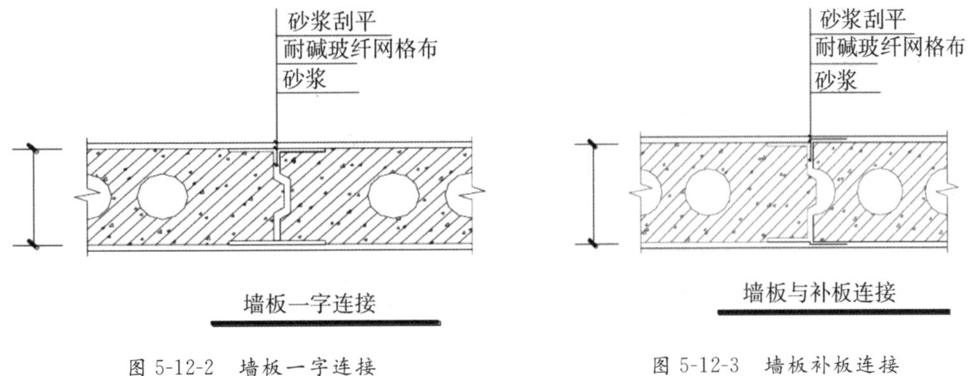

图 5-12-2　墙板一字连接　　　　图 5-12-3　墙板补板连接

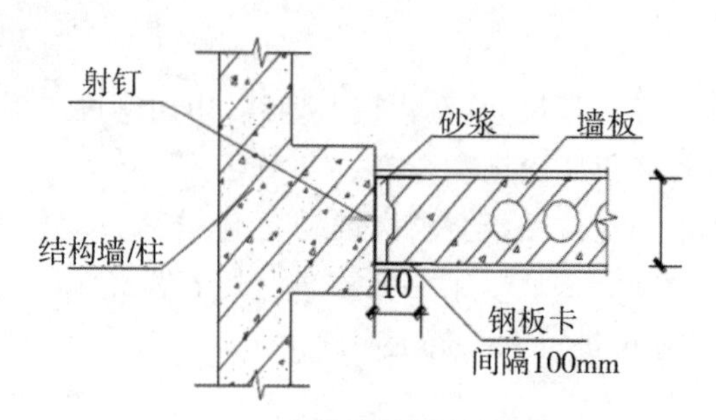

图 5-12-4 墙板与结构墙/柱连接

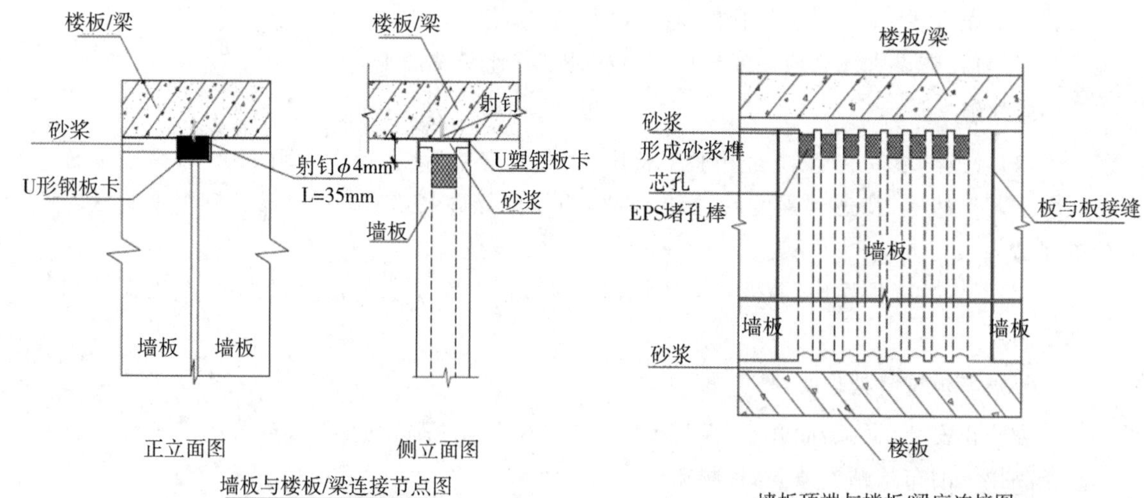

图 5-12-5 墙板与楼板/梁连接 1

图 5-12-6 墙板与楼板/梁连接 2

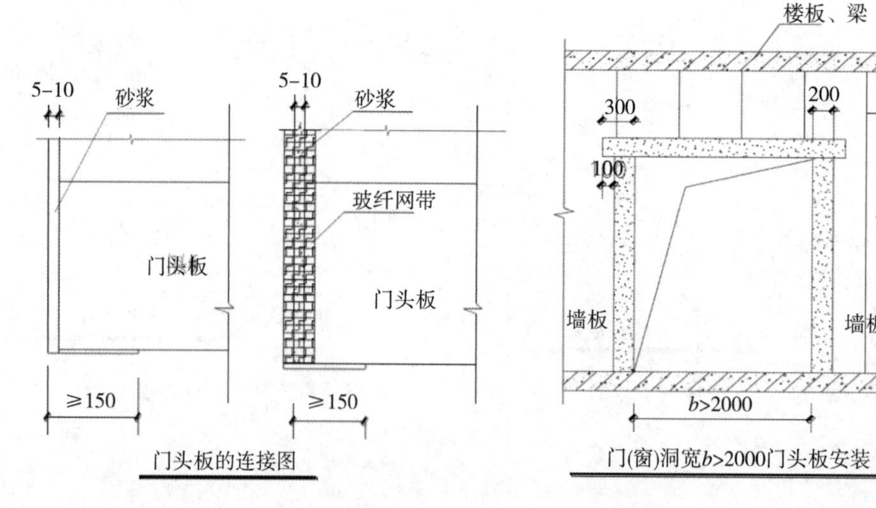

图 5-12-7 门头安装(单位:mm)

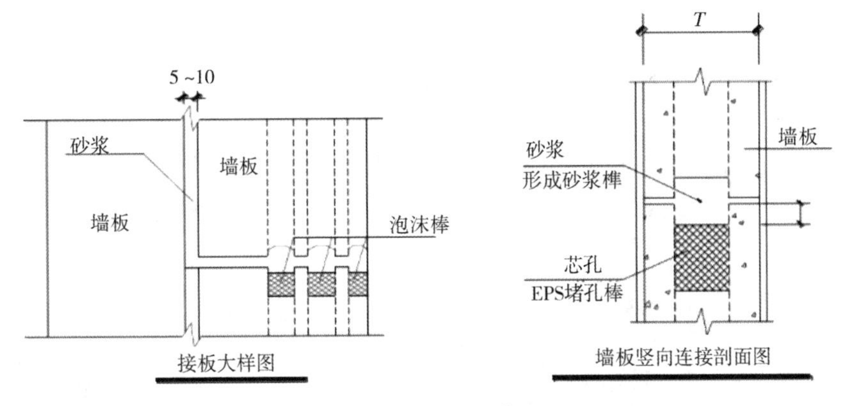

图 5-12-8　接板大样图

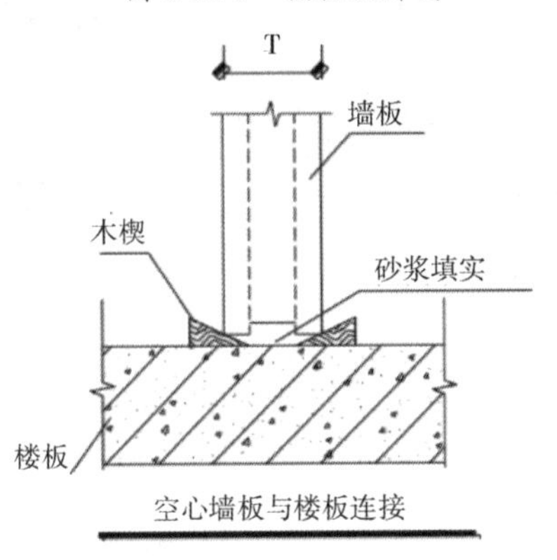

图 5-12-9　墙板与地面连接

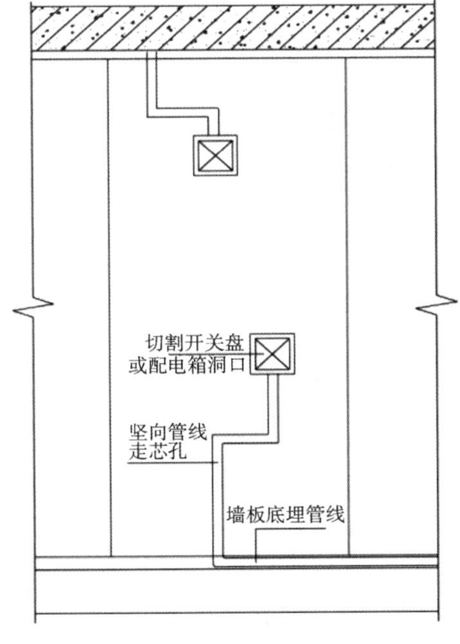

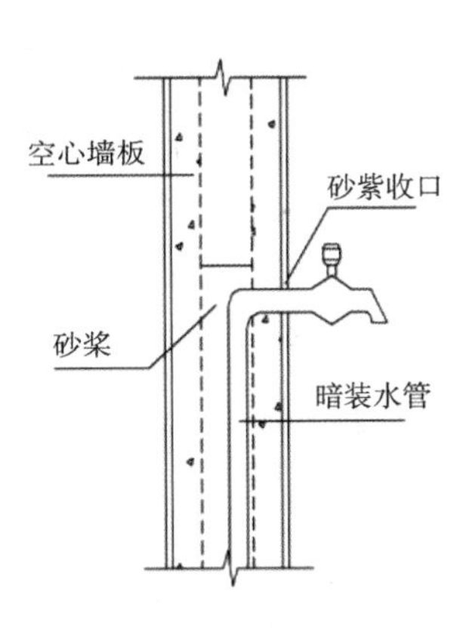

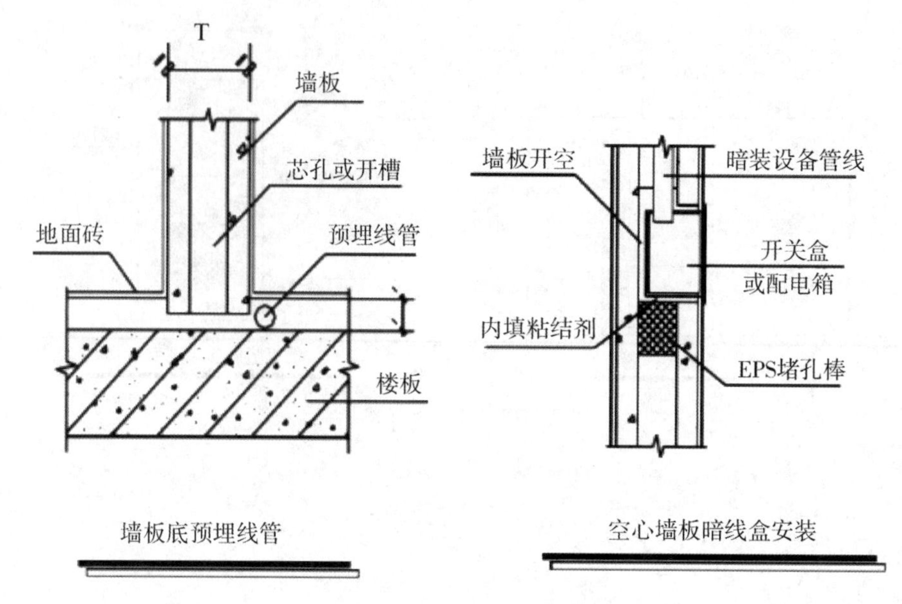

图 5-12-10 水电安装节点

四、组织验收

(一)验收规范

1. 主控项目

(1)隔墙板材的品种、规格、颜色和性能应符合设计要求。有隔声、隔热、阻燃和防潮等特殊要求的工程,板材应有相应性能等级的检验报告。

检验方法:观察;检查产品合格证书、进场验收记录和性能检验报告。

(2)安装隔墙板材所需预埋件、连接件的位置、数量及连接方法应符合设计要求。

检验方法:观察;尺量检查;检查隐蔽工程验收记录。

(3)隔墙板材安装应牢固。

检验方法:观察;手扳检查。

(4)隔墙板材所用接缝材料的品种及接缝方法应符合设计要求。

检验方法:观察;检查产品合格证书和施工记录。

(5)隔墙板材安装应位置正确,板材不应有裂缝或缺损。

检验方法:观察;尺量检查。

2. 一般项目

(1)板材隔墙表面应光洁、平顺、色泽一致,接缝应均匀、顺直。

检验方法:观察;手摸检查。

(2)隔墙上的孔洞、槽、盒应位置正确、套割方正、边缘整齐。

检验方法:观察。

(3)板材隔墙安装的允许偏差和检验方法应符合表 5-12-1 的规定。

表 5-12-1　板材隔墙安装的允许偏差和检验方法

项次	项目	允许偏差/mm				检验方法
		复合轻质墙板		石膏空心板	增强水泥板、混凝土轻质板	
		金属其他夹芯板复合板				
1	立面垂直度	2	3	3	3	用 2m 垂直检测尺检查
2	表面平整度	2	3	3	3	用 2m 靠尺和塞尺检查
3	阴阳角方正	3	3	3	4	用 200mm 直角检测尺检查
4	接缝高低差		2	2	3	用钢直尺和塞尺检查

(二)常见的问题与预控

(1)该材料在运输和安装过程中容易损坏。

解决方法:尽量减少搬运次数,轻拿轻放,用绷带安装(严禁用钢丝绳捆绑吊装)。

(2)维修部位容易脱落。

解决方法:控制混凝土结构尺寸;切割前检查现场实际尺寸,以减少间隙;使用修补材料,根据温度等情况添加 108 胶水或其他添加剂。

(3)工程涂装后,接缝处出现细小的垂直裂缝。

解决办法:接缝处裂缝多为竖向裂缝。

主要原因是填充墙为刚性结构,不能与混凝土结构共同变形;另外,由于钢筋混凝土结构与加气混凝土结构的线膨胀温度系数不同,温度变化后会产生变形差异。减小钢筋混凝土结构温差变形对已建工程是不现实的。

处理办法:在 ALC 隔墙板与混凝土结构之间做一道宽约 5～6cm、深约 2cm 的垂直缝,然后再加两层防裂网布,然后再涂腻子和涂料。其实际效果良好。另外,在此处做沟槽竖缝和变形缝,使之与地砖缝、天棚缝保持一样,以减少产生裂缝的可能性。

(4)抹灰层容易空鼓。

解决办法:抹灰采用强度等级不低于 32.5 的硅酸盐水泥或普通硅酸盐水泥;水泥砂浆配合比为 1∶3;清水和中砂,含泥量不大于 3%,使用前应进行筛分。抹灰程序为:清理表面→喷一层 EC 处理剂→抹底灰一次→喷一层抗裂剂→中层底粗灰。

抹灰应分层进行,底层抹灰层厚约 10mm(以预埋钢丝为准)。下一层厚度为 8～10mm,只能在一侧进行。一边施工,另一边支撑结实。不允许轻质墙不平。另一侧抹灰应在 48h 后进行,抹灰后应及时进行养护。

(5)低耐撞性。解决方案:叉车等车辆经常出入的门两侧应设置防撞柱。

(6)为了方便门窗安装,ALC 隔墙板的门窗洞口尺寸通常是通过门窗框每边增加 20～25mm 来预留的,所以造成门窗框与面板之间存在缝隙。缝隙通常用表面胶填充岩棉来处理。在以后的使用过程中,受到密封胶本身质量的影响和人为的损坏,导致外观不好看。

五、验收成果

板材隔墙检验批质量验收记录

03060101 001

单位(子单位)工程名称		分部(子分部)工程名称	建筑装饰装修分部——轻质隔墙子分部	分项工程名称	板材隔墙分项
施工单位		项目负责人		检验批容量	
分包单位	/	分包单位项目负责人	/	检验批部位	
施工依据	《住宅装饰装修工程施工规范》(GB 50327—2001)	验收依据		《建筑装饰装修工程质量验收标准》(GB 50210—2018)	

验收项目			设计要求及规范规定	最小/实际抽样数量	检查记录	检查结果
主控项目	1	板材品种、规格、质量	第 7.2.3 条	/	质量证明文件齐全，通过进场验收	√
	2	预埋件、连接件	第 7.2.4 条	/	抽查处,合格处	√
	3	安装质量	第 7.2.5 条	/	抽查处,合格处	√
	4	接缝材料、方法	第 7.2.6 条	/	质量证明文件齐全，通过进场验收	√
一般项目	1	安装位置	第 7.2.7 条	/	抽查处,合格处	√
	2	表面质量	第 7.2.8 条	/	抽查处,合格处	√
	3	孔洞、槽、盒	第 7.2.9 条	/	抽查处,合格处	√

一般项目			项目	复合轻质墙板		石膏空心板	钢丝网水泥	最小/实际抽样数量	检查记录	检查结果
				金属板夹板	其他复合板					
	4	安装允许偏差/mm	立面垂直度	2	3	3	3	/	抽查处,合格处	√
			表面平整度	2	3	3	3	/	抽查处,合格处	√
			阴阳角方正	3	3	3	4	/	抽查处,合格处	√
			接缝高低差	1	2	2	3	/	抽查处,合格处	√

施工单位检查结果	主控项目全部合格，一般项目满足规范规定要求；检查评定合格 专业工长： 项目专业质量检查员： 年　月　日
监理单位验收结论	专业监理工程师： 年　月　日

六、实践项目成绩评定

序号	项目	技术及质量要求	实测记录	项目分配	得分
1	施工准备			10	
2	轴线位置			10	
3	墙面垂直度			10	
4	板缝垂直度			10	
5	板缝水平度			10	
6	表面平整度(包括拼缝高差)			10	
7	洞口偏移			10	
8	墙顶标高			10	
9	施工质量			20	
10	合计			100	

思考题

一、填空题

1. ________是以薄壁镀锌钢带或薄壁冷轧退火卷带为原料，经冲压或冷弯而成的轻质隔墙板支撑骨架材料。

2. 石膏龙骨隔墙一般都用纸面石膏板作为面板，固定面板的方法，一是________；二是________。

3. 石膏板是以________为主要原料生产制成的一种质量轻、强度高、厚度薄、加工方便、隔声、隔热和防火性能较好的建筑材料。

4. 轻质式隔墙的分类________、________、________。

5. 石棉水泥板是以________与________为主要原料，经制坯、压制、养护而制成的薄型建筑装饰板材。

6. 骨架式隔墙中常用的饰面板是胶合板、纤维板、石膏板、水泥刨花板、石棉水泥板、金属薄板和玻璃板，厚度一般都在________以下。

二、选择题(混选)

1. 石膏龙骨石膏板隔墙面需要设置吊挂措施时，单层石膏板隔墙可采用挂钩吊挂，吊挂质量限于(　　)kg 以内。

A. 5　　B. 10　　C. 15　　D. 20

2. 板材隔墙安装检查的项目有(　　)。

A. 立面垂直度　　B. 表面平整度

C. 阴阳度方正　　D. 接缝高低差

3. 板材隔墙安装的检验方法主要是(　　)。

A. 观察　　B. 尺量检查

C. 手扳检查　　D. 检查隐藏工程记录等文件

4. 石棉水泥板的堆放高度不得超过(　　)m。

A. 1.2　　B. 1.5　　C. 2　　D. 2.2

5. 骨架式隔墙龙骨与饰面板连接的方式(　　)。

A. 用 108 胶黏结　　B. 钉子钉

C. 射钉钉　　D. 用 108 胶黏结与射钉钉

6. 骨架式隔墙中面板与龙骨的连接方式有(　　)。

A. 粘　　B. 钉　　C. 专用卡具　　D. 以上都对

7. 在骨架式隔墙中,采用双层纸面石膏板作饰面板时,可以用自攻丝螺钉直接将其钉在金属龙骨上,两层板的接缝一定要(　　)。

A. 错开　　B. 形成通缝　　C. 以上都对　　D. 以上都不对

8. 在骨架式隔墙中,以纸面石膏板作饰面层,为了防止石膏板吸水变形,石膏板安装后应立即作(　　)处理。

A. 隔声处理　　B. 隔潮处理　　C. 隔热处理　　D. 保温处理

9. 木板隔墙与结构或骨架固定不牢的主要现象是(　　)。

A. 门框活动脱开,隔墙松动,严重者不能使用

B. 隔墙活动

C. 隔墙与外力作用时有响声

D. 以上都不是

三. 问答题

1. 轻钢龙骨纸面石膏板隔墙施工时,如何进行石膏板的安装?

2. 轻质隔墙装饰工程的质量要求与检验方法是什么?

3. 木龙骨隔墙施工时,如何进行罩面板安装?

4. 轻质隔墙装饰工程中常出现的质量通病与防治措施是什么?

5. 石膏板隔墙所用的石膏空心板应如何进行配板和修补?

6. 石膏空心板隔墙上的门窗框应如何进行安装?

7. 加气混凝土条板隔墙安装应符合哪些要求?

8. 板材隔墙装饰工程中,安装隔墙板材所需预埋件和连接件的位置、数量与方法是否符合设计要求,检验方法是什么?

9. 隔墙板材所用接缝材料的品种及缝的质量的检验方法是什么?

10. 板材式隔墙装饰工程一般控制的工程质量内容是什么?

11. 加气混凝土板隔墙表面不平整的原因是什么?

12. 写出铝合金玻璃隔墙的施工工艺流程。

13. 板材隔墙中为了保证工程质量,应如何严格按照施工操作过程进行?

四、综合题

某火锅城（甲方），为了更好地发展业务，对火锅城进行装饰，现将此业务发包给装修公司（乙方），设计如下：

1. 一楼面积（20m×30m）的地面用花岗石（800mm×800mm）地面，顶棚为轻钢龙骨纸面石膏板吊顶乳胶漆，墙柱面高 1.8m 以下为大理石装饰面板，采用湿挂法安装；1.8m 以上为乳胶漆墙面，为散席区。

2. 二楼面积（20m×30m）的地面用花岗石（800mm×800mm）地面，顶棚为轻钢龙骨纸面石膏板吊顶乳胶漆，墙柱面高 1.8m 以下为大理石装饰面板，采用湿挂法安装；1.8m 以上为乳胶漆墙面，大多为雅间。

请你写出：(1)雅间用轻钢龙骨纸面石膏板隔墙的技术交底书。

(2)大厅进门屏风隔断的技术交底书。

(3)雅间用玻璃屏风隔断的技术交底书。

项目六 幕墙工程施工

知识目标

1. 了解玻璃幕墙、金属幕墙、石材幕墙等的材料特性及其施工机具。

2. 熟悉玻璃幕墙、金属幕墙、石材幕墙等的施工工艺及操作要点。

3. 掌握玻璃幕墙、金属幕墙、石材幕墙等的质量验收标准及常见问题的产生原因及处理办法。

能力目标

1. 能正确选用及验收玻璃幕墙、金属幕墙、石材幕墙等的材料，具备选择合适机具的能力。

2. 能对玻璃幕墙、金属幕墙、石材幕墙等组织施工，进行技术交底。

3. 能对玻璃幕墙、金属幕墙、石材幕墙等的施工质量进行管控及验收，具有处理各类常见质量问题的技术能力。

任务概述

幕墙工程是现代建筑外墙非常重要的装饰工程，它新颖耐久、美观时尚、装饰感强，与传统装饰技术相比，具有施工速度快、工业化和装配化程度高、便于维修等特点，它是融建筑技术、建筑功能、建筑艺术、建筑结构为一体的建筑装饰构件。通过模块学习，能够进行玻璃幕墙、金属幕墙和石材幕墙装饰施工材料的选择，并能够按照设计图纸组织施工，处理工程各类质量问题，完成工程的编写。

任务1 玻璃幕墙工程施工

玻璃幕墙是现代建筑装饰中有着重要影响的饰面，具有质感强烈、形式造型性强和建筑艺术效果好等特点，但玻璃幕墙造价高，抗风、抗震性能较弱，能耗较大，对周围环境可能形成光污染。

一、施工任务

建筑室外装饰采用全明框玻璃幕墙的铝合金立柱和横梁均使用6063-T5材质，6(Low-E)+12A+6中空钢化玻璃，竖向龙骨及横梁：150A系列铝合金明框立柱，65系列明框横梁，150系列铝合金明框立柱套芯，$L=260$mm，铝合金明框装饰扣盖01(立柱横梁通用，通长设置)，铝合金明框压板01(立柱横梁通用，通长设置)，明框横梁套芯01，$L=80$mm×2，10＃热镀锌槽钢转接件，(4～30)mm×30mm×4mm热镀锌方垫片，两边对角点焊，根据现场情况合理组织施工，并完成报验工作。

二、施工准备

(一)材料准备

玻璃幕墙材料包括骨架及连接材料、幕墙玻璃和其他相关辅助材料，如建筑密封材料、发泡双面胶带、填充材料、隔热保温材料、防水防潮材料、硬质有机材料垫片、橡胶片等，如图6-1-1所示。

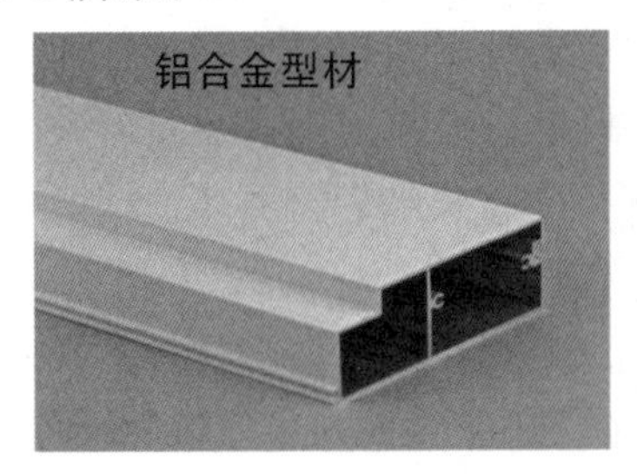

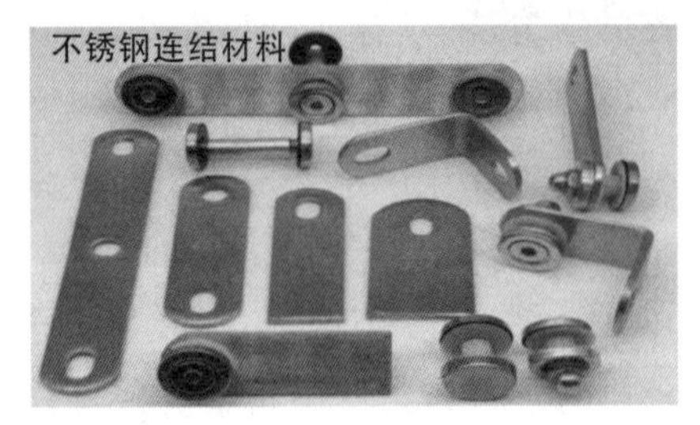

图6-1-1　玻璃幕墙材料

1. 骨架和连接材料

常见的璃幕墙骨架材料有铝合金型材、型钢型材、不锈钢材料、紧固件和连接件等。

(1)铝合金型材一般为经特殊挤压成型的铝合金型材，常常用作立柱(竖向杆件)和横挡(横向杆件)。铝合金型材应进行表面阳极氧化处理。铝合金型材的品种、级别、规格、颜色、断面形状、表面阳极氧化膜厚度等，必须符合设计要求，其合金成分及机械性能应有生产厂家的合格证明，并应符合现行国家有关标准。进入现场要进行外观检查，要平直规方，表面无污染、麻面、凹坑、划痕、翘曲等缺陷，并分规格、型号分别码放在室内木方垫上。

(2)型钢型材应符合国家现行标准要求。采用钢绞线做点支撑玻璃幕墙拉杆时，钢绞线应进行镀锌处理；钢管应为镀锌的无缝钢管。

(3)不锈钢材料应符合国家现行标准要求。点支撑玻璃幕墙,拉杆、钢爪应为不锈钢制品。

(4)紧固件主要有膨胀螺栓、螺母、钢钉、铝铆钉与射钉等。为了防止腐蚀,紧固件表面须镀锌处理;紧固件与预埋在混凝土梁、柱、墙面上埋件固定时,应采用不锈钢或镀锌螺栓;紧固件的规格尺寸应符合设计要求,并有出厂证明。

(5)连接件通常由角钢、槽钢或钢板加工而成。幕墙随不同的结构类型、骨架形式及安装部位而有所不同。连接件均要在厂家预制加工好,材质及规格尺寸要符合设计要求。

2. 幕墙玻璃

常见的幕墙玻璃有热反射镀膜玻璃、中空玻璃、夹层玻璃、夹丝玻璃等。另外,还使用普通平板玻璃、浮法玻璃、钢化玻璃、吸热平板玻璃等。幕墙玻璃的外观质量和光学性能应符合现行的国家标准。此外,幕墙玻璃还应满足抗风压、采光、隔热、隔声等性能要求。所有幕墙玻璃均应进行边缘处理。

热反射镀膜玻璃应采用真空磁控阴极油射镀膜玻璃或在线热喷薄涂镀膜玻璃。玻璃幕墙的中空玻璃应采用双道密封;明框幕墙的中空玻璃的密封胶应采用聚硫密封胶和丁基密封腻子;半隐框幕墙的中空玻璃的密封胶应采用结构硅酮密封胶和丁基密封腻子;玻幕墙中空玻璃的干燥剂宜采用专用设备装填。玻璃幕墙采用夹层玻璃时,应采用聚乙烯醇缩丁醛(PVB)胶片干法加工合成的夹层玻璃。玻璃幕墙采用夹丝玻璃时,裁割后玻璃的边缘应及时进行修理和防腐处理。当加工成中空玻璃时夹丝玻璃应朝室内一侧。

要根据设计要求选用玻璃类型,制作厂家对玻璃幕墙应进行风压计算,要提供出厂质量合格证明及必要的试验数据;玻璃进场后要开箱抽样检查外观质量,玻璃要颜色一致,表面平整,无污染、翘曲,镀膜层均匀,不得有划痕和脱膜。整箱进场要有专用钢制靠架,如拆箱后存放,要立式放在室内特制的靠架上。

3. 幕墙辅助材料

幕墙辅助材料很多,如建筑密封材料、发泡双面胶带、填充材料、隔热保温材料、防水防潮材料、硬质有机材料垫片、橡胶片等。

(1)建筑密封材料。通常说的建筑密封胶多指聚硫密封胶、氯丁密封胶和硅密封胶,是保证幕墙具有防水性能、气密性能和抗震性能的关键。其材料必须有很好的防渗透、抗老化、抗腐蚀性能,并具有能适应结构变形和温度胀缩的弹性,因此应有出厂证明和防水试验记录。

玻璃幕墙一般采用三元乙丙橡胶、氯丁橡胶密封材料;密封胶条应挤出成型,橡胶块应压模成型。若用聚硫密封胶,其应具有耐水、耐溶剂和耐大气老化性,并应有低温弹性与低透气性等特点。耐候硅酮密封胶应是中性胶,凡是用在半隐框、隐框玻璃幕墙上与结构胶共同工作时,都要进行建筑密封胶与结构胶之间相容性试验,由胶厂出示相容性试验报告,经允许方可使用。点式玻璃幕墙密封胶为单组分酸性硅酮结构密封胶。聚硫密封胶与硅酮胶结构胶相容性能差,不宜配合使用。硅酮结构密封胶应采用高模数中性胶;硅酮结构密封胶应在有效期内使用,过期的硅酮密封结构胶不得使用。

(2)发泡双面胶带。通常根据玻璃幕墙的风荷载、高度和玻璃的大小,可选用低发泡间隔双面胶带。

(3)填充材料。主要用于幕墙型材凹槽两侧间隙内的底部,起填充作用。聚乙烯发泡材料作填充材料,其密度不应大于0.037g/cm,也可用橡胶压条。一般还应在填充料上部使用橡胶密封材料和硅酮系列的防水密封胶。

(4)隔热保温材料。岩棉、矿棉、玻璃棉、防火板等不燃烧性或是难燃烧性材料作隔热保温材料。隔热保温材料的导热系数、防水性能和厚度要符合设计要求。

(5)防水防潮材料。一般用铝箔或塑料薄膜包装的复合材料作防水和防潮材料。

(6)硬质有机材料垫片。主体结构与玻璃幕墙构件之间耐热的硬质有机材料垫片。

(7)橡胶片。玻璃幕墙立柱与横梁之间的连接处的橡胶片等。应有耐老化阻燃性能试验出厂证明,尺寸符合设计要求,无断裂现象。

(二)机具准备

玻璃幕墙施工的主要机具:垂直运输机、电焊机、砂轮切割机、电锤、电动改锥、焊钉枪、氧气切割设备、电动真空吸盘、手动吸盘、热压胶带电炉、电动吊篮、经纬仪、水准仪、激光测试仪等。

(三)作业条件

(1)玻璃幕墙的施工需要在气温适宜的时候进行,一般来说在5℃以上的天气才能进行施工。

(2)施工现场需要有足够的空间来存放和组装玻璃幕墙的材料和设备。

(3)施工现场需要保持平整,干燥并且没有明显的障碍物,确保施工的安全和顺利进行。

(4)玻璃幕墙施工时,应配备必要的安全可靠的起重吊装工具和设备。

(5)应在主体结构施工时控制和检查固定幕墙的各层楼(屋)面的标高、边线尺寸和预埋件位置的偏差,并在幕墙施工前应对其进行检查与测量。当结构边线尺寸偏差过大时,应先对结构进行必要的修正;当预埋件位置偏差过大时,应调整框料的间距或修改连结件与主体结构的连接方式。

(6)施工前需要对现场进行全面的安全检查,确保施工人员的安全和施工质量。

(7)施工需要符合国家相关标准和规定,如《建筑装饰装修工程质量验收标准》(GB 50210—2018)等。

三、组织施工

(一)施工工艺流程

(1)隐框玻璃幕墙安装施工工艺流程

施工准备→测量放线→立柱、横梁的安装→玻璃组件的安装→玻璃组件间的密封及周边收口处理→清理。

(2)半隐框玻璃幕墙安装施工工艺流程

测量放线→立柱、横梁装配→楼层紧固件安装→安装立柱并抄平、调整一安装横梁→安装保温镀锌钢板→安装层间保温矿棉→安装楼层封闭镀锌板→安装单层玻璃窗密封条、卡→安装单层玻璃→安装双层中空玻璃密封条、卡→安装双层中空玻璃→安装侧压力板→镶嵌密封条→安装玻璃幕墙铝盖条→清理。

(3)挂架式玻璃幕墙安装施工工艺流程

测量放线→安装上部承重钢结构→安装上部和侧边边框→安装玻璃→玻璃密封→清理。

(二)施工质量控制要点

1.隐框玻璃幕墙安装施工要点

(1)施工准备。对主体结构的质量(如垂直度、水平度、平整度及预留孔洞、埋件等)进行检查,做好记录,如有问题应提前进行剔凿处理。根据检查的结果,调整幕墙与主体结构的间隔距离。

(2)测量放线

①确定立面分格定位线。依靠立面控制网测出各楼层每转角的实际与理论数据并准确做好记录,再与建设施工图标尺寸相对照,即可得出实际与理论的偏差数值。同时以幕墙立面分格图为依据,用钢卷尺测量,对各个立面进行排版分格并用墨线标识。

②建立幕墙立面沿控制线。将立面控制网平移至施工所在立面外墙,由此可统一确定各楼层的墙面位置并做标记。各层立面以此标记为分辨率,并用钢丝连线确定立面位置,立柱型材即可以立面位置为准进行安装。

③确立水平基准线。以±0基准点为依据,用长卷尺测出各层的标高线,再用水平仪在同一层抄平,并做出标记,利用此标记即可控制埋件及立柱的安装水平度。

(3)立柱、横梁的安装。立柱先与连接件连接,然后连接件再与主体结构埋件连接,立柱安装就位、调整后应及时紧固。横梁(即次龙骨)两端的连接件及弹性橡胶垫,要求安装牢固,接缝严密,应准确安装在立柱的预定位置。同一楼层横梁应由上而下安装,安装完一层应及时检查、调整、固定。

①立柱常用的固定方法有两种:一种是将骨架立柱型钢连接件与预埋铁件依弹线位置焊牢;另一种是将立柱型钢连接件与主体结构上的膨胀螺栓锚固。

采用焊接固定时,焊缝高度不小于7mm,焊接质量应符合现行国家标准《钢结构工程施工质量验收标准》(GB 50205—2020)的有关规定。焊接完毕后应进行二次复核。相邻两根立柱安装标高偏差不应大于3mm;同层立柱的最大柱高偏差不应大于5mm;相邻两根立 柱固定点的距离偏差不应大于2mm。采用膨胀螺栓锚固时,连接角钢与立柱连接的螺孔中心线的位置应达到规定要求,最后拧紧螺栓,连接件与立柱间应设绝缘垫片。

立柱与连接件(支座)接触面之间必须加防腐隔离柔性垫片。上、下立柱之间应留有不小于15mm的缝隙,闭口形材可采用长度不小于250mm的芯柱连接,芯柱与立柱应紧密配合。

立柱安装牢固后,必须取掉上、下两立柱之间用于定位伸缩缝的标准块,并在伸缩缝处打密封胶。

②横梁杆件型材的安装,如果是型钢,可焊接,也可用螺栓连接。焊接时,因幕墙面积较大、焊点多,要排定一个焊接顺序,防止幕墙骨架的热变形。固定横梁的另一种办法是:用一个穿插件将横梁穿担在穿插件上,然后将横梁两端与穿插担件固定,并保证横梁、立柱间有一个微小间隙,便于温度变化伸缩。穿插件用螺栓与立柱固定。

同一根横梁两端或相邻两根横梁的水平标高偏差不应大于1mm。同层水平标高偏差:当一幅幕墙宽度≤35m时,不应大于5mm;当一幅幕墙宽度>35m时,不应大于7mm。横梁的水平标高应与立柱的嵌玻璃凹槽一致,其表面高低差不大于1mm。

(4)玻璃组件的安装。安装玻璃组件前,要对组件结构认真检查。结构胶固化后的尺寸要符合设计要求,同时要求胶缝饱满、平整、连续、光滑,玻璃表面不应有超标准的损伤及脏物。玻璃组件的安装方法如下:

①在玻璃组件放置到主梁框架后,在固定件固定前要逐块调整好组件相互间的齐平及间隙的一致。

②板间表面的齐平采用刚性的直尺或铝方通料来进行测定,不平整的部分应调整固定块的位置或加入垫块。

③板间间隙的一致。可采用半硬材料制成标准尺寸的模块,插入两板间的间隙,确保间隙一致。

④在组件固定后取走插入的模块,以保证板间有足够的位移空间。

⑤在幕墙整幅沿高度或宽度方向尺寸较大时,注意安装过程中的积累误差,适时进行调整。

(5)玻璃组件间的密封及周边收口处理。玻璃组件间的密封是确保隐框幕墙密封性能的关键,密封胶表面处理是隐框幕墙外观质量的主要衡量标准,必须正确放置好组件位置和防止密封胶污染玻璃。逐层实施组件间的密封工序前,检查衬垫材料的尺寸是否符合设计要求。

(6)清理。要密封的部位必须进行表面清理工作。先要清除表面的积灰,然后用挥发性能强的溶剂擦除表面的油污等脏物,最后用干净布再清擦一遍,保证表面清理干净。

2.半隐框玻璃幕墙安装施工要点

(1)测量放线。对主体结构的垂直度、水平度、平整度及预留孔洞、埋件等进行检查,做好记录,如有问题应提前进行剔凿处理。根据检查的结果,调整幕墙与主体结构的间隔距离。校核建筑物的轴线和标高,依据幕墙设计施工图纸,弹出玻璃幕墙安装位置线。

(2)立柱、横梁的装配。安装前应装配好立柱紧固件之间的连接件、横梁的连接件,安装镀锌钢板、立柱之间接头的内套管、外套管以及防水胶等,然后装配好横梁与立柱连接的配件及密封橡胶垫等。

(3)立柱安装。立柱先与连接件连接,然后连接件与主体预埋件进行预安装,自检合格后需报质检人员进行抽检,抽检合格后方可正式连接。立柱的安装施工要点同前述隐框玻璃幕墙安装施工中立柱的安装施工要点。

(4)横梁安装。横梁的安装施工要点同前述隐框玻璃幕墙安装施工中横梁杆件型材的安装施工要点。

(5)幕墙其他主要附件安装。有热工要求的幕墙,保温部分宜从内向外安装。当采用内衬板时,四周应套装弹性橡胶密封条,内衬板与构件接缝应严密;内衬板就位后,应进行密封处理。固定防火保温材料应锚钉牢固,防火保温层应平整,拼接处不应留缝隙。冷凝水排出管及附件应与水平构件预留孔连接严密,与内衬板出水孔连接处应设橡胶密封条。其他通气留槽孔及雨水排出口等应按设计施工,不得遗漏。

(6)玻璃安装。由于骨架结构有不同的类型,玻璃的固定方法也有差异。型钢骨架,因型钢没有镶嵌玻璃的凹槽,一般要将玻璃安装在铝合金窗框上,然后再将窗框与型钢骨架连接。铝合金型材骨架在生产成型的过程中,已将玻璃固定的凹槽同整个截面一次挤压成型,其玻璃安装工艺与铝合金窗框安装一样。立柱安装玻璃时,先在内侧安上铝合金压条,然后将玻璃放入凹槽内,再用密封材料密封。横梁装配玻璃与立柱在构造上不同,横梁支承玻璃的部分呈倾斜状,要排除因密封不严流入凹槽内的雨水,外侧须用一条盖板封住。

3. 挂架式玻璃幕墙安装施工要点

(1)测量放线。幕墙定位轴线的测量放线必须与主体结构的主轴线平行或垂直,其误差应及时调整,不得积累,以免幕墙施工和室内外装饰施工发生矛盾,造成阴、阳角不方正和装饰面不平行等缺陷。

(2)安装上部承重钢结构。上部承重钢结构安装时,应注意检查预埋件或锚固钢板的牢固性,选用的锚栓质量要可靠,锚栓位置不宜靠近钢筋混凝土构件的边缘,钻孔孔径和深度要符合锚栓厂家的技术规定。每个构件安装位置和高度都应严格按照放线定位与设计图纸要求进行。内金属扣夹安装必须通顺、平直,要用分段拉通线校核,对焊接造成的偏位要调直。外金属扣夹要按编号对号入座并试拼装,同样要求平直。内外金属扣夹的间距应均匀一致,尺寸符合设计要求。所有钢结构焊接完毕后,应进行防腐处理。

(3)安装上部和侧边边框。安装时,要严格按照放线定位和设计标高施工,所有钢结构表面和焊缝刷防锈漆。将下部边框内的灰土清理干净,在每块玻璃的下部都要放置不少于两块氯丁橡胶垫块,垫块宽度同槽口宽度,长度不应小于100mm。

(4)安装玻璃。采用吊架自上而下地安装玻璃,并用挂件固定。安装前应清洁镶嵌槽;中途暂停施工时,应对槽口采取保护措施。安装过程中应随时检测和调整面板、玻璃肋的水平度和垂直度,使墙面安装平整。每块玻璃的吊夹应位于同一平面,吊夹的受力应均匀。玻璃两边嵌入槽口的深度及预留空隙应符合设计要求,左右空隙尺寸宜相同。玻璃宜采用机械吸盘安装,并应采取必要的安全措施。

(5)玻璃密封。用硅胶进行每块玻璃之间的缝隙密封处理,及时清理余胶。

四、组织验收

(一)验收规范

1. 主控项目

(1)玻璃幕墙工程所使用的各种材料、构件和组件的质量,应符合设计要求及国家现行产品标准和工程技术规范的规定。

检验方法：检查材料、构件、组件的产品合格证书、进场验收记录、性能检测报告和材料的复验报告。

(2)玻璃幕墙的造型和立面分格应符合设计要求。

检验方法：观察；尺量检查。

(3)玻璃幕墙使用的玻璃应符合下列规定：

①幕墙应使用安全玻璃，玻璃的品种、规格、颜色、光学性能及安装方向应符合设计要求。幕墙玻璃的厚度不应小于6.0mm，全玻璃幕墙肋玻璃的厚度不应小于12mm。

②幕墙的中空玻璃应采用双道密封。明框幕墙叠的中空玻璃应采用聚硫密封胶及丁基密封胶；隐框和半隐框幕墙的中空玻璃应采用硅酮结构密封胶及丁基密封胶；镀膜面应在中空玻璃的第二或第三面上。

③幕墙的夹层玻璃应采用聚乙烯醇缩丁醛(PVB)胶片干法加工合成的夹层玻璃。点支撑玻璃幕墙夹层玻璃的夹层胶片(PVB)厚度不应小于0.76mm。

④钢化玻璃表面不得有损伤；8.0mm以下的钢化玻璃应进行引爆处理。

检验方法：观察；尺量检查；检查施工记录。

(4)玻璃幕墙与主体结构连接的各种预埋件、连接件、紧固件必须安装牢固，其数量、规格、位置、连接方法和防腐处理应符合设计要求。

检验方法：观察；检查隐蔽工程验收记录和施工记录。

(5)各种连接件、紧固件的螺栓应有防松动措施；焊接连接应符合设计要求和焊接规范的规定。

检验方法：观察；检查隐蔽工程验收记录和施工记录。

(6)隐框或半隐框玻璃幕墙，每块玻璃下端应设置两个铝合金或不锈钢托条，其长度不应小于100mm，厚度不应小于2mm，托条外端应低于玻璃外表面2mm。

检验方法：观察；检查施工记录。

(7)明框玻璃幕墙的玻璃安装应符合下列规定：

①玻璃槽口与玻璃的配合尺寸应符合设计要求和技术标准的规定。

②玻璃与构件不得直接接触，玻璃四周与构件凹槽底部应保持一定的空隙，每块玻璃下部应至少放置两块宽度与槽口宽度相同、长度不小于100mm的弹性定位垫块；玻璃两边嵌入量及空隙应符合设计要求。

③玻璃四周橡胶条的材质、型号应符合设计要求，镶嵌应平整，橡胶条长度应比边框内槽长1.5%～2.0%，橡胶条在转角处应斜面断开，并应用黏结剂黏结牢固后嵌入槽内。

检验方法：观察；检查施工记录。

(8)高度超过4m的全玻幕墙应吊挂在主体结构上，吊夹具应符合设计要求，玻璃与玻璃、玻璃与玻璃肋之间的缝隙，应采用硅酮结构密封胶填嵌严密。

检验方法：观察；检查隐蔽工程验收记录和施工记录。

(9)点支撑玻璃幕墙应采用带万向头的活动不锈钢爪，其钢爪间的中心距离应大于250mm。

检验方法:观察;尺量检查。

(10)玻璃幕墙四周、玻璃幕墙内表面与主体结构之间的连接节点、各种变形缝、墙角的连接节点应符合设计要求和技术标准的规定。

检验方法:观察;检查隐蔽工程验收记录和施工记录。

(11)玻璃幕墙应无渗漏。

检验方法:在易渗漏部位进行淋水检查。

(12)玻璃幕墙结构胶和密封胶的打注应饱满、密实、连续、均匀、无气泡,宽度和厚度应符合设计要求和技术标准的规定。

检验方法:观察;尺量检查;检查施工记录。

(13)玻璃幕墙开启窗的配件应齐全,安装应牢固,安装位置和开启方向、角度应正确;开启应灵活,关闭应严密。

检验方法:观察;手扳检查;开启和关闭检查。

(14)玻璃幕墙的防雷装置必须与主体结构的防雷装置可靠连接。

检验方法:观察;检查隐蔽工程验收记录和施工记录。

2. 一般项目

(1)玻璃幕墙表面应平整、洁净;整幅玻璃的色泽应均匀一致;不得有污染和镀膜损坏。

检验方法:观察。

(2)每平方米玻璃的表面质量和检验方法应符合表 6-1-1 的规定。

表 6-1-1 每平方米玻璃的表面质量和检验方法

项次	检验项目	质量要求	检验方法
1	明显划伤和长度＞100mm 的轻微划伤	不允许	观察
2	长度＜100mm 的轻微划伤	≤8 条	用钢尺检查
3	擦伤总面积	≤$500mm^2$	用钢尺检查

(3)一个分格铝合金型材的表面质量和检验方法应符合表 6-1-2 的规定。

表 6-1-2 一个分格铝合金型材的表面质量和检验方法

项次	检验项目	质量要求	检验方法
1	明显划伤和长度＞100mm 的轻微划伤	不允许	观察
2	长度的轻微划伤	≤2 条	用钢尺检查
3	擦伤总面积	≤$500mm^2$	用钢尺检查

(4)明框玻璃幕墙的外露框或压条应横平竖直,颜色、规格应符合设计要求,压条安装应牢固。单元玻璃幕墙的单元拼缝或隐框玻璃幕墙的分格玻璃拼缝应横平竖直、均匀一致。

检验方法:观察;手扳检查;检查进场验收记录。

(5)玻璃幕墙的密封胶缝应横平竖直、深浅一致、宽窄均匀、光滑顺直。

检验方法:观察;手摸检查。

(6)防火与保温材料填充应饱满、均匀,表面应密实、平整。

检验方法:检查隐蔽工程验收记录。

(7)玻璃幕墙隐蔽节点的遮封装修应牢固、整齐、美观。

检验方法:观察;手扳检查。

(8)明框玻璃幕墙安装的允许偏差和检验方法应符合表 6-1-3 的规定。

表 6-1-3　明框玻璃幕墙安装的允许偏差和检验方法

项次	检验项目		允许偏差/mm	检验方法
1	幕墙垂直度	幕墙高度＜30m	10	用经纬仪检查
		30mm＜幕墙高度≤60m	15	
		60m＜幕墙高度≤90m	20	
		幕墙高度＞90m	25	
2	幕墙水平度	幕墙幅宽≤35m	5	用水平仪检查
		幕墙幅宽＞35m	7	
3	构件直线度		2	用 2m 靠尺和塞尺检查
4	构件水平度	构件长度≤2m	2	用水平仪检查
		构件长度＞2m	3	
5	相邻构件错位		1	用钢尺检查
6	分格框对角线	对角线长度≤2m	3	用钢尺检查

(9)隐框、半隐框玻璃幕墙安装的允许偏差和检验方法应符合表 6-1-4 的规定。

表 6-1-4　隐框、半隐框玻璃幕墙安装的允许偏差和检验方法

项次	检验项目		允许偏差/mm	检验方法
1	幕墙垂直度	幕墙高度＜30m	10	用经纬仪检查
		30mm＜幕墙高度≤60m	15	
		60m＜幕墙高度≤90m	20	
		幕墙高度＞90m	25	
2	幕墙水平度	层高≤3m	3	用水平仪检查
		层高＞3m	5	
3	幕墙表面平整度		2	用 2m 靠尺和塞尺检查
4	板材立面垂直度		2	用垂直检测尺检查
5	板材上沿水平度		2	用 1m 水平尺和钢直尺检查
6	相邻板材板角错位		1	用钢直尺检查

续表

项次	检验项目	允许偏差/mm	检验方法
7	阳角方正	2	用直角检测尺检查
8	接缝直线度	3	拉 5m 线,不足 5m 拉通线。用钢直尺检查
9	接缝高低差	1	用钢直尺和塞尺检查
10	接缝宽度	1	用钢直尺检查

(二)常见的质量问题与预控

1.玻璃幕墙施工质量通病

(1)预埋件安装。预埋件尺寸不一,安装位置欠准确,偏差超出规范控制要求。

(2)立柱与主体连接。

①采用膨胀螺栓打入主体结构,再与玻璃幕墙立柱相连。

②同一根玻璃幕墙立柱两端固定或下端固定,没有按规范要求将立柱锚固悬挂在主体结构上,使其处于受拉工作状态。

(3)铝框架安装。铝框架安装时,不按规范操作,没有抓好质量,水平度、垂直度、对角线差和直线度超标,直接影响幕墙的物理性能。

(4)不同金属接触。玻璃幕墙不同金属材料接触处未采取防腐措施,如立柱与连接件之间等未设置绝缘垫片或采取其他防腐蚀措施。

(5)主柱与横梁连接。玻璃幕墙的主柱与横梁接触处,未按要求设置具有压缩性的软质橡胶垫片。

(6)结构胶与密封胶。隐框玻璃幕墙的玻璃结构胶打注在施工现场进行,少数工程甚至将玻璃直接用结构胶粘于立柱、横梁上。对密封胶施工条件不重视,雨季强行露天施工耐候密封胶,无法保证密封质量。耐候硅酮密封胶施工不密实,封堵不严或长宽比不符合规范要求,会导致雨水从嵌填的空隙和裂隙渗入。密封胶条尺寸不符或采用劣质材料,很快松脱或老化,失去密封防水功能。

(7)幕墙缝隙。玻璃幕墙四周与主体结构之间的缝隙、与每层楼板和隔墙处的缝隙仅用普通装饰材料进行封闭,没有采用防火保温材料进行填塞,未能满足消防要求,如楼层发生火灾时不能有效对火势进行隔断。

(8)幕墙玻璃。玻璃幕墙的玻璃未能采用安全玻璃(钢化玻璃、夹层玻璃、夹丝玻璃及组合成的中空玻璃),或热反射镀膜玻璃安装反向。

(9)幕墙清洁。没有及时清除幕墙表面的污染物,或清除幕墙表面的污染物时使用了金属利器刮铲和使用有腐蚀性的清洗剂清洗。

2.玻璃幕墙施工质量问题防治措施

(1)预埋件安装。主体施工过程中要及时、准确地安置预埋件,预埋件应埋设牢固、位置准确。幕墙安装前必须做好对已建建筑物和预埋件的复测检查,预埋件应全数检查,并根据检查结果调整幕墙分格和对偏差进行调整。如发现偏差必须按设计出具的修改方案图进行施工。要求每个预埋件的偏差控制在标高不大于10mm，位置偏差不大于20mm。

(2)幕墙与预埋件连接。

①玻璃幕墙立柱必须通过连接件和主体结构中预埋件的相连，不得采用膨胀螺栓打入主体结构来连接。

②安装的连接件、绝缘片，紧固的材质、规格、数量必须符合设计要求。

③连接件应安装牢固，不松动，螺栓应有防松脱措施。焊缝饱满、不咬肉、无焊渣。

④连接件防锈和调节范围应符合设计要求。

⑤角码连接应有三维调节构造。

⑥连接件与预埋件之间位置偏差采用焊接调整时，焊缝长度应符合设计要求。

(3)立柱安装。

①连接立柱的芯管材质、规格应符合设计要求。

②芯管伸入上下立柱的长度分别不宜小于200mm。

③上下立柱之间的间距应不小于10mm，并用密封胶密封。

④立柱应为受拉构件，其上端应与主体结构固定连接，下端为可上下活动的连接。

⑤立柱与连接件采用不同金属材料时，应采用绝缘片分隔。

(4)横梁安装。

①连接固定横梁的连接件、螺栓(钉)的材质、规格、品种、数量必须符合设计要求，螺钉应有防松脱的措施。同一个连接处的连接螺栓(钉)不应少于两个，且不应采用自攻螺栓。

②弹性垫片安装位置正确，不松脱。

③梁、柱连接不松动，其接缝间隙不大于1mm，并以密封胶密封。

(5)结构胶和密封胶。注意控制密封胶的使用环境，严禁下雨天露天施工耐候硅酮密封胶。结构胶的施工车间要求清洁无尘土，保持操作环境清洁，室内温度不宜高于27℃，相对湿度不宜低于50%，通风良好。在现场装配打胶时，基材表面温度不得超过60℃。结构硅酮密封胶、耐候硅酮密封胶和墙边胶注胶前，注胶部位必须做好净化工作，应先将铝框、玻璃或缝隙上的尘埃、油渍、松散物和其他脏物清除干净，注胶后应嵌填密实、表面平整，加强养护，防止手摸、水冲等。

必须选用优质结构硅酮密封胶、耐候硅酮密封胶、墙边胶，而且要加强检验，防止过期使用。结构硅酮密封胶应打注饱满，其厚度和宽度必须符合规范规定和设计要求。不得使用过期的结构硅酮密封胶和耐候硅酮密封胶。组件应待结构硅酮密封胶完全固化后才可挪动。养护14～21d后方可运往现场组装。结构硅酮密封胶必须在非受力状态下固化；否则必须先用机械方式固定。用机械方式固定时，待结构硅酮密封胶完全固化后才能拆除机械固定材料。

(6)幕墙缝隙。幕墙四周与主体结构之间的缝隙应采用防火保温材料填塞，内、外表面应采用密封胶连续封闭，接缝严密、不渗漏。

(7)幕墙玻璃。玻璃幕墙的玻璃必须采用安全玻璃，热反射玻璃的镀膜面应朝室内，中空玻璃镀膜应在第二面上。

(8)成品保护。要注意安装完毕后的产品保护，型材表面的保护膜应在装饰施工完毕后方可剥除，并及时清除幕墙表面的污染物。清除幕墙表面的污染物时，不得使用金属利器刮铲。当用清洗剂时，应采用对幕墙无腐蚀性的清洗剂清洗。

五、验收成果

玻璃幕墙安装检验批质量验收记录

单位(子单位)工程名称		分部(子分部)工程名称	建筑装饰装修分部——幕墙子分部	分项工程名称	玻璃幕墙分项
施工单位		项目负责人		检验批容量	
分包单位		分包单位项目负责人	/	检验批部位	
施工依据	《住宅装饰装修工程施工规范》(GB 50327—2001)		验收依据	《建筑装饰装修工程质量验收标准》(GB 50210—2018)	

验收项目			设计要求及规范规定	最小/实际抽样数量	检查记录	检查结果
主控项目	1	各种材料、构件、组件	第 9.2.2 条	/	质量证明文件齐全,试验合格,报告编号	
	2	造型和立面分格	第 9.2.3 条	/	抽查处,合格处	
	3	玻璃	第 9.2.4 条	/	质量证明文件齐全,试验合格,报告编号	
	4	与主体结构连接件	第 9.2.5 条	/	抽查处,合格处	
	5	连接件紧固件螺栓	第 9.2.6 条	/	抽查处,合格处	
	6	玻璃下端托条	第 9.2.7 条	/	抽查处,合格处	
	7	明框幕墙玻璃安装	第 9.2.8 条	/	抽查处,合格处	
	8	超过 4m 高全玻璃幕墙安装	第 9.2.9 条	/	抽查处,合格处	
	9	点支承幕墙安装	第 9.2.10 条	/	抽查处,合格处	
	10	细部	第 9.2.11 条	/	抽查处,合格处	
	11	幕墙防水	第 9.2.12 条	/	抽查处,合格处	
	12	结构胶、密封胶打注	第 9.2.13 条	/	抽查处,合格处	
	13	幕墙开启窗	第 9.2.14 条	/	抽查处,合格处	
	14	防雷装置	第 9.2.15 条	/	抽查处,合格处	
一般项目	1	幕墙表面质量	第 9.2.16 条	/	抽查处,合格处	
	2	玻璃表面质量	第 9.2.17 条	/	抽查处,合格处	
	3	铝合金型材表面质量	第 9.2.18 条	/	抽查处,合格处	
	4	明框外露框或压条	第 9.2.19 条	/	抽查处,合格处	
	5	密封胶缝	第 9.2.20 条	/	抽查处,合格处	
	6	防火保温材料	第 9.2.21 条	/	抽查处,合格处	
	7	隐蔽节点	第 9.2.22 条	/	抽查处,合格处	

续表

<table>
<tr><th colspan="5">验收项目</th><th>设计要求及规范规定</th><th>最小/实际抽样数量</th><th>检查记录</th><th>检查结果</th></tr>
<tr><td rowspan="26">一般项目</td><td rowspan="12">8</td><td rowspan="12">明框幕墙安装允许偏差/mm</td><td rowspan="4">幕墙垂直度</td><td>幕墙高度≤30m</td><td>10</td><td>/</td><td>抽查处,合格处</td><td></td></tr>
<tr><td>30m＜幕墙高度≤60m</td><td>15</td><td>/</td><td>抽查处,合格处</td><td></td></tr>
<tr><td>60m＜幕墙高度≤90m</td><td>20</td><td>/</td><td>抽查处,合格处</td><td></td></tr>
<tr><td>幕墙高度＞90m</td><td>25</td><td>/</td><td>抽查处,合格处</td><td></td></tr>
<tr><td rowspan="2">幕墙水平</td><td>幕墙幅宽≤35m</td><td>5</td><td>/</td><td>抽查处,合格处</td><td></td></tr>
<tr><td>幕墙幅宽＞35m</td><td>7</td><td>/</td><td>抽查处,合格处</td><td></td></tr>
<tr><td colspan="2">构件直线度</td><td>2</td><td>/</td><td>抽查处,合格处</td><td></td></tr>
<tr><td rowspan="2">构件水平度</td><td>构件长度≤2m</td><td>2</td><td>/</td><td>抽查处,合格处</td><td></td></tr>
<tr><td>构件长度＞2m</td><td>3</td><td>/</td><td>抽查处,合格处</td><td></td></tr>
<tr><td colspan="2">相邻构件错位</td><td>1</td><td>/</td><td>抽查处,合格处</td><td></td></tr>
<tr><td rowspan="2">分格框对角线长度差</td><td>对角线长度≤2m</td><td>3</td><td>/</td><td>抽查处,合格处</td><td></td></tr>
<tr><td>对角线长度＞2m</td><td>4</td><td>/</td><td>抽查处,合格处</td><td></td></tr>
<tr><td rowspan="14">9</td><td rowspan="14">隐框、半隐框玻璃幕墙安装允许偏差/mm</td><td rowspan="4">幕墙垂直度</td><td>幕墙高度≤30m</td><td>10</td><td>/</td><td>抽查处,合格处</td><td></td></tr>
<tr><td>30m＜幕墙高度≤60m</td><td>15</td><td>/</td><td>抽查处,合格处</td><td></td></tr>
<tr><td>60m＜幕墙高度≤90m</td><td>20</td><td>/</td><td>抽查处,合格处</td><td></td></tr>
<tr><td>幕墙高度＞90m</td><td>25</td><td>/</td><td>抽查处,合格处</td><td></td></tr>
<tr><td rowspan="2">幕墙水平度</td><td>层高≤3m</td><td>3</td><td>/</td><td>抽查处,合格处</td><td></td></tr>
<tr><td>层高＞3m</td><td>5</td><td>/</td><td>抽查处,合格处</td><td></td></tr>
<tr><td colspan="2">幕墙表面平整度</td><td>2</td><td>/</td><td>抽查处,合格处</td><td></td></tr>
<tr><td colspan="2">板材立面垂直度</td><td>2</td><td>/</td><td>抽查处,合格处</td><td></td></tr>
<tr><td colspan="2">板材上沿水平度</td><td>2</td><td>/</td><td>抽查处,合格处</td><td></td></tr>
<tr><td colspan="2">相邻板材板角错位</td><td>1</td><td>/</td><td>抽查处,合格处</td><td></td></tr>
<tr><td colspan="2">阳角方正</td><td>2</td><td>/</td><td>抽查处,合格处</td><td></td></tr>
<tr><td colspan="2">接缝直线度</td><td>3</td><td>/</td><td>抽查处,合格处</td><td></td></tr>
<tr><td colspan="2">接缝高低差</td><td>1</td><td>/</td><td>抽查处,合格处</td><td></td></tr>
<tr><td colspan="2">接缝宽度</td><td>1</td><td>/</td><td>抽查处,合格处</td><td></td></tr>
<tr><td colspan="5">施工单位
检查结果</td><td colspan="4">专业工长：
项目专业质量检查员：
年　月　日</td></tr>
<tr><td colspan="5">监理单位
验收结论</td><td colspan="4">专业监理工程师：
年　月　日</td></tr>
</table>

六、实践项目成绩评定

序号	项目	技术及质量要求	实测记录	项目分配	得分
1	工具准备			10	
2	与主体结构连接件			10	
3	连接件紧固件螺栓			10	
4	施工工艺流程			15	
5	验收工具的使用			10	
6	施工质量			25	
7	文明施工与安全施工			15	
8	完成任务时间			5	
9	合计			100	

任务2 金属幕墙工程施工

金属幕墙一般悬挂在承重骨架的外墙面上。它具有典雅庄重、质感丰富以及坚固、耐久、易拆卸等优点，适用于各种工业与民用建筑。

金属幕墙的基本构造如图6-2-1所示。

一、施工任务

建筑室外采用铝板幕墙立柱使用80mm×60mm×5mm热浸镀锌钢方管，横梁使用*L*50mm×5mm热浸镀锌角钢，铝单板厚度为3mm厚，表面氟碳喷涂，铝板采用3mm厚铝单板，请根据工程实际合理组织施工，并完成报验。

二、施工准备

(一)材料准备

1.幕墙材料

(1)板材

板材有铝合金单板(简称单层铝板)、铝塑复合板、铝合金蜂窝板(简称蜂窝铝板)。铝合金板材应达到国家相关标准及设计的要求，并应有出厂合格证，如图6-2-2所示。

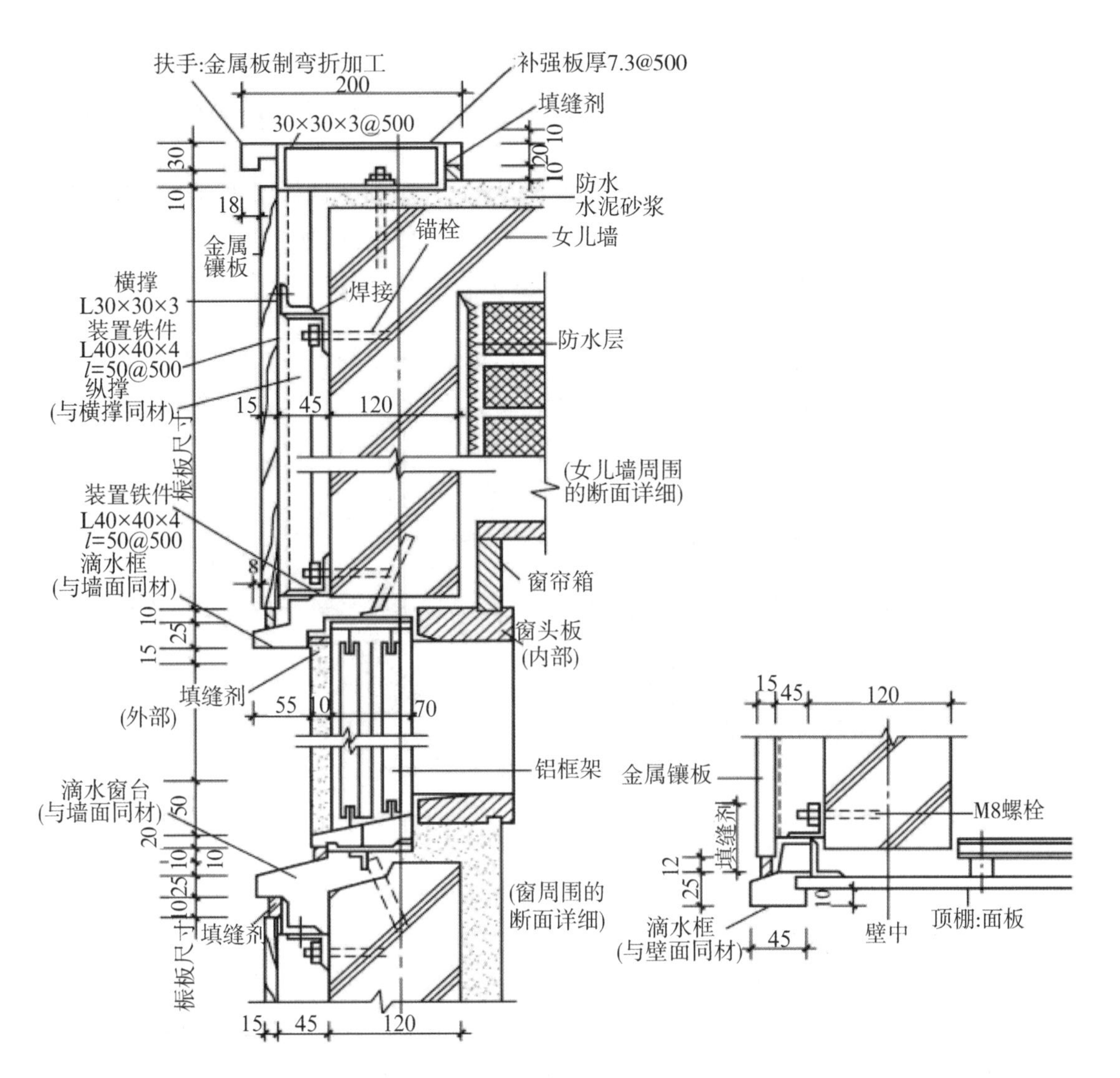

图 6-2-1　金属幕墙的基本构造(单位:mm)

图 6-2-2　铝板类型

①铝塑复合板是由内外两层均为 0.5mm 厚的铝板中间夹持 2～5mm 厚的聚乙烯或硬质聚乙烯发泡板构成，板面涂有氟碳树脂涂料，形成一种坚韧、稳定的膜层，附着力和耐久性非常强，色彩丰富，板的背面涂有聚酯漆以防止可能出现的腐蚀。铝复合板是金属幕

墙早期出现时常用的面板材料。

②单层招板采用 2.5mm 或 3mm 厚招合金板，外幕墙用单层招板，其表面与铝复合板正面涂膜材料一致，膜层坚韧、稳定，附着力和耐久性完全一致。单层铝板是复合板之后的又一种金属幕墙常用面板材料，而且应用越来越多。

③蜂窝铝板是两块铝板中间加蜂窝芯材粘贴成的一种复合材料，根据幕墙的使用功能和耐久年限的要求可分别选用厚度为 10mm、12mm、15mm、20mm 和 25mm 的蜂窝铝板。幕墙用蜂窝铝板的应为铝蜂窝，蜂窝的形状有正六角形、扁六角形、长方形、正方形、十字形、扁方形等，蜂窝芯材要经特殊处理，否则其强度低、寿命短，如对铝箔进行化学氧化，其强度及耐蚀性能会有所增加。蜂窝芯材除铝箔外还有玻璃钢蜂窝和纸蜂窝，但实际中使用得不多。由于蜂窝铝板的造价很高，所以用量不大。图 6-2-3 为蜂窝铝板构造。

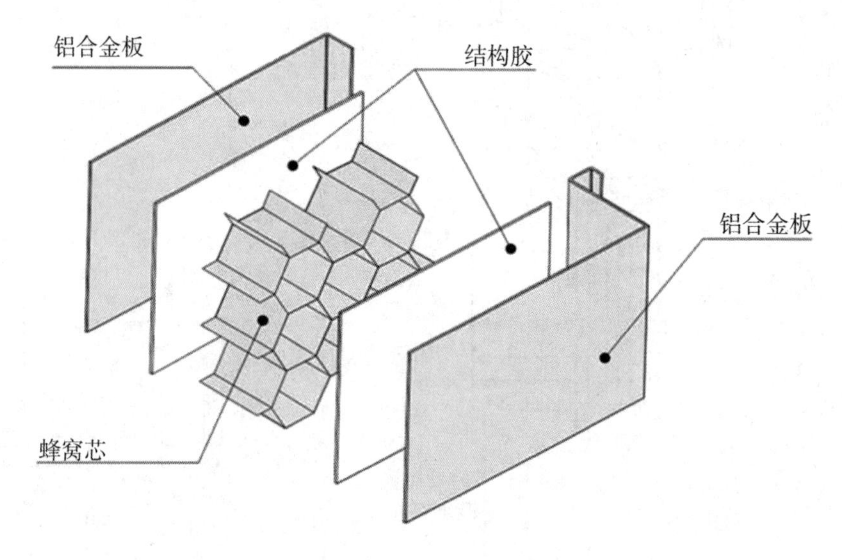

图 6-2-3　蜂窝铝板构造

铝合金板材（单层铝板、铝塑复合板、蜂窝铝板）表面进行氟碳树脂处理时，应符合下列规定.氟碳树脂含量不应低于 75%；海边及严重酸雨地区，可采用三道或四道氟碳树脂涂层，其厚度应大于其他地区，可采用两道氟碳树脂涂层，其厚度应大于 25μm。氟碳树脂涂层应无起泡、裂纹、剥落等现象。幕墙用单层铝板厚度不应小于 2.5mm。铝塑复合板的上下两层铝合金板的厚度均应为 0.5mm，铝合金板与夹心层的剥离强度标准值应大于 7N/mm。蜂窝铝板应符合设计要求。厚度为 10mm 的蜂窝铝板应由 1mm 厚的正面铝合金板、0.5～0.82mm 厚的背面铝合金板及铝蜂窝黏结而成；厚度在 10mm 以上的蜂窝铝板，其正背面铝合金板厚度均应为 1mm。

夹芯保温铝板与铝蜂窝板和铝复合板形式类似，只是中间的芯层材料不同，夹芯保温铝板芯层采用的是保温材料（岩棉等）。

不锈钢板有镜面不锈钢板、亚光不锈钢板、钛金板等。不锈钢板的耐久性、耐磨性非常好，但过薄的钢板会鼓凸，过厚的自重和价格又非常高，所以不锈钢板幕墙使用得不多，只是在幕墙的局部装饰上发挥着较大的作用。

彩涂钢板是一种带有有机涂层的钢板，具有耐蚀性好、色彩鲜艳、外观美观、加工成型方便及具有钢板原有的强度等优点，而且成本较低。彩涂钢板的基板为冷轧基板、热镀锌基板和电镀锌基板。涂层种类可分为聚酯、硅改性聚酯、偏聚二氟乙烯和塑料溶胶。彩涂钢板的表面状态可分为涂层板、压花板和印花板，彩涂钢板广泛用于建筑家电和交通运输等行业，对于建筑业主要用于钢结构厂房、机场、库房和冷冻等工业及商业建筑的屋顶墙面和门等，民用建筑采用彩钢板的较少。

珐琅钢板其基材是厚度为 1.6mm 的极低碳素钢板，它与珐琅层釉料的膨胀系数接近，烧制后不会产生因胀应力造成的翘曲和鼓凸现象，同时也提高了轴质与钢板的附着强度。珐琅钢板兼具钢板的强度与玻璃质的光滑和硬度，却没有玻璃质的脆性，玻璃质混合料可调制成各种色彩、花纹。

(2)骨架材料

金属幕墙骨架是由横竖杆件拼成，主要材质为铝合金型材或型钢等。因型钢较便宜，强度高，安装方便，所以多数工程采用角钢或槽钢。但骨架应预先进行防腐处理。

幕墙采用的不锈钢宜采用奥氏体不锈钢材，其技术要求应符合设计要求和国家现行标准的规定。钢结构幕墙高度超过 40m 时，钢构件宜采用高耐候结构钢，并应在其表面涂刷防腐涂料。钢构件采用冷弯薄壁型钢时壁厚不得小于 3.5mm。

铝合金型材应符合设计要求和现行国家标准《铝合金建筑型材》(GB/T 5237.1—2019)中有关高精级的规定；铝合金的表面处理层厚度和材质应符合现行国家标准《铝合金建筑型材》(GB/T 5237.2～5237.5)的有关规定。

固定骨架的连接件主要有膨胀螺栓、铁垫板、垫圈、螺母及与骨架固定的各种设计和安装所需要的连接件，应符合设计要求，并应有出厂合格证；同时应符合现行国家标准《紧固件机械性能螺栓、螺钉和螺柱》(GB/T 3098.1—2010)和《紧固件机械性能不锈钢螺母》(GB/T 3098.15—2000)的规定。

(3)建筑密封材料

幕墙采用的橡胶制品宜采用三元乙丙橡胶、氯丁橡胶；密封胶条应为挤出成型，橡胶块应为压模成型。密封胶条的技术性能方法应符合设计要求和国家现行标准的规定。幕墙应采用中性硅酮耐候密封胶，同一幕墙工程应采用同一品牌的硅酮结构密封胶和硅酮耐候密封胶配套使用。其性能应符合有关规定。

(4)硅酮结构密封胶

幕墙应采用中性硅酮结构密封胶；硅酮结构密封胶分单组分和双组分，其性能应符合现行国家标准《建筑用硅酮结构密封胶》(GB 16776—2005)的规定。同一幕墙工程应采用同一品牌的单组分或双组分的硅酮结构密封胶，并应有保质年限的质量证书和无污染的试验报告。同一幕墙工程应采用同一品牌的硅酮结构密封胶和硅酮耐候密封胶配套使用。

2. 机具准备

金属幕墙施工主要机具：切割机、成型机、弯边机具、砂轮机、电钻、冲击钻等。

3. 作业条件

(1)安装金属板幕墙的主体结构(钢结构、钢筋混凝土结构工程等)均已完工,并符合有关结构施工质量验收规范的要求。

(2)预埋件在主体结构施工时,已按设计要求埋设牢固,位置准确,其偏差不应大于2mm。对于位置偏差过大或未设预埋件时,应制订补救措施或连接方案,经与建设方结构施工单位和设计单位洽商同意后实施。

(3)金属板幕墙安装所用的垂直运输机具、脚手架搭设、吊篮设置、安全防护网应符合现行规范要求,安装用电源分布配置齐全、安全保障措施完善、消防措施到位、安装场地和施工面障碍物已拆除。

(4)成立施工现场项目部门组成现场管理领导小组,设立各岗位责任人员。建立施工现场质量保障体系、施工操作的各种措施及应急办法。

(5)工程项目经理围绕施工图及现场条件编制施工方案及玻璃幕墙安装作业指导书。根据总包方要求制订施工进度安装计划。

(6)完善各种管理体系及各种防范措施,申请确认各种施工现场报批手续。工程项目经理、质检员、安全员、材料员、施工员、特殊岗位人员必须持证上岗。

三、组织施工

(一)施工工艺流程

施工准备→安放预埋件→测量放线→对偏移铁件处理→立柱安装→横梁安装→幕墙防火、防雷→金属板安装→注胶密封→清理。

(二)施工质量控制要点

1. 施工准备

施工前,应详细核查施工图纸和现场实测尺寸,以确保设计加工的完善,同时认真与结构图纸及其他专业图纸进行核对,以及时发现其不相符的部位,尽早采取有效措施修正。另外,应及时搭设脚手架或安装吊篮,并将金属板及配件用塔式起重机、外用电梯等垂直运输设备运至各施工面层上。

2. 安装预埋件

埋设预埋件前要熟悉图纸上幕墙的分格尺寸。根据工程实际定位轴线定位点后,应复核精度,如误差超过规范要求,应与设计协商解决。水平分割前应对误差进行分摊,误差在每个分格间分摊值不大于2mm,否则应书面通知设计室。为防止预埋铁件在浇捣混凝土的过程中移位,对预埋件应采用拉、撑、焊接等措施进行加固。

混凝土拆模板后,应找出预埋铁件。如有超过要求的偏位,应书面通知设计室,采取补救措施;对未镀锌的预埋件暴露在空气中的部分,要进行防腐处理。

3. 测量放线

由土建单位提供基准线(50cm线)及轴线控制点;复测所有预埋件的位置尺寸;根据

基准线在底层确定墙的水平宽度和出入尺寸;经纬仪向上引数条垂线,以确定幕墙转角位置和立面尺寸;根据轴线和中线确定立面的中线;测量放线时应控制分配误差,不使误差积累;测量放线应在风力不大于4级的情况下进行;放线后应定时校核,以保证幕墙垂直度及立柱位置的正确性。

4. 立柱安装

立柱安装标高偏差不应大于3mm,轴线前后偏差不应大于2mm,左右偏差不应大于3mm。相邻两根立柱安装标高偏差不应大于3mm,同层立柱的最大标高偏差不应大于5mm,相邻两根立柱的距离偏差不应大于2mm。

5. 横梁安装

应将横梁两端的连接件及垫片安装在立柱的预定位置且安装牢固,其接缝应严密。相邻两根横梁的水平标高偏差不应大于1mm。同层标高偏差为:当一幅幕墙宽度小于或等于35m时,不应大于5mm;当一幅幕墙宽度大于35m时,不应大于7mm。

6. 幕墙防火、防雷

幕墙防火应采用优质防火棉,抗火期要达到设计要求。防火棉用镀锌钢板固定,应使防火棉连续地密封于楼板与金属板之间的空位上,形成一道防火带,中间不得有空隙。

幕墙设计上应考虑使整片幕墙框架具有连续而有效的电传导性,并可按设计要求提供足够的防雷保护接合端。一般要求防雷系统直接接地,不与供电系统合用接地地线。

7. 金属板安装

将分放好的金属板分送至各楼层适当位置。检查铝(钢)框对角线及平整度,并用清洁剂将金属板靠室内面一侧及铝合金(型钢)框表面清洁干净。按施工图将金属板放置在铝合金(型钢)框架上,将金属板用螺栓与铝合金(型钢)骨架固定。金属板与板之间的间隙应符合设计要求,一般为10～20mm,用密封胶或橡胶条等弹性材料封堵,在垂直接缝内放置衬垫棒。

8. 注胶密封及清理

填充硅酮耐候密封胶时,需先将该部位基材表面用清洁剂清洗干净,密封胶须注满,不能有空隙或气泡。清洁中所使用的清洁剂应对金属板、铝合金(钢)型材等材料无任何腐蚀作用。

四、组织验收

(一)验收规范

1. 主控项目

(1)金属幕墙工程所使用的各种材料和配件,应符合设计要求及国家现行产品标准和工程技术规范的规定。

检验方法:检查产品合格证书、性能检测报告、材料进场验收记录和复验报告。

(2)金属幕墙的造型和立面分格应符合设计要求。

检验方法：观察；尺量检查。

(3)金属面板的品种、规格、颜色、光泽及安装方向应符合设计要求。

检验方法：观察；检查进场验收记录。

(4)金属幕墙主体结构上的预埋件和后置埋件的数量、位置及后置埋件的拉拔力必须符合设计要求。

检验方法：检查拉拔力检测报告和隐蔽工程验收记录。

(5)金属幕墙的金属框架立柱与主体结构预埋件的连接、立柱与横梁的连接、金属面板的安装必须符合设计要求，安装必须牢固。

检验方法：手扳检查；检查隐蔽工程验收记录。

(6)金属幕墙的防火、保温、防潮材料的设置应符合设计要求，并应密实、均匀、厚度一致。

检验方法：检查隐蔽工程验收记录。

(7)金属框架及连接件的防腐处理应符合设计要求。

检验方法：检查隐蔽工程验收记录和施工记录。

(8)金属幕墙的防雷装置必须与主体结构的防雷装置可靠连接。

检验方法：检查隐蔽工程验收记录。

(9)各种变形缝、墙角的连接节点应符合设计要求和技术标准的规定。

检验方法：观察；检查隐蔽工程验收记录。

(10)金属幕墙的板缝注胶应饱满、密实、连接均匀、无气泡，宽度和厚度应符合设计要求和技术标准的规定。

检验方法：观察；尺量检查；检查施工记录。

(11)金属幕墙应无渗漏。

检验方法：在易渗漏部位进行淋水检查。

2. 一般项目

(1)金属表面应平整、洁净、接口严密、安装牢固。

检验方法：观察。

(2)金属幕墙的压条应平直、洁净、接口严密、安装牢固。

检验方法：观察；手扳检查。

(3)金属幕墙的密封胶缝应横平竖直、深浅一致、宽窄均匀、光滑顺直。

检验方法：观察。

(4)金属幕墙上的滴水线、流水坡应方向正确、顺直。

检验方法：观察；用水平尺检查。

(5)每平方米金属板的表面质量和检验方法应符合表 6-2-1 的规定。

表 6-2-1　每平方米金属板的表面质量和检验方法

项次	检验颂目	质量要求	检验方法
1	明显划伤和长度＞100mm 的轻微划伤	不允许	观察
2	长度≤100mm 的轻微划伤	≤8 条	用钢尺检查
3	擦伤总面积	≤500m^2	用钢尺检查

(6)金属幕墙安装的允许偏差和检验方法应符合表 6-2-2 的规定。

表 6-2-2　金属幕墙安装的允许偏差和检验方法

项次	检验项目		允许偏差/mm	检验方法
1	幕墙垂直度	幕墙闻度≤30m	10	用经纬仪检查
		30m＜幕墙高度≤60m	15	
		60m＜幕墙高度≤90m	20	
		幕墙高度＞90m	25	
2	幕墙水平度	层高≤3m	3	用水平仪检查
		层高＞3m	5	
3	幕墙表面平整度		2	用 2m 靠尺和塞尺检查
4	板材立面垂直度		3	用垂直检测尺检查
5	板材上沿水平度		2	用 1m 水平尺和钢直尺检查
6	相邻板材板角错位		1	用钢直尺检查
7	阳角方正		2	用直角检测尺检查
8	接缝直线度		3	拉 5m 线，不足 5m 拉通线；用钢直尺检查
9	接缝高低差		1	用钢直尺和塞尺检查
10	接缝宽度		1	用钢直尺检查

(二)常见的质量问题与预控

1. 板面不平整、接缝不平齐

(1)产生原因

①连接码件固定不牢，产生偏移。

②码件安装不平直。

③金属板本身不平整。

(2)防治措施

为确保连接件的固定，应在码件固定时放通线定位，且在安装板前严格检查金属板的质量。

2. 开胶开裂而产生气体渗透或雨水渗漏

(1)产生原因

①注胶部位不洁净。

②胶缝深度过大,造成三面黏结。

③胶在未完全黏结前受到灰尘沾染或其他污浊损伤。

(2)防治措施

①充分清洁板材间隙(尤其是黏结面),并加以干燥。

②在较深的胶缝中填充聚氯乙烯发泡材料(小圆棒),使胶形成两面粘贴,保证其嵌缝深度。

③注胶后认真养护,直至完全硬化。

3. 预埋件位置不准致使横、竖龙骨很难与其固定连接

(1)产生原因

①预埋件安放时偏离安装基准线。

②预埋件与模板、钢筋的连接不牢,使其在浇筑混凝土时位置变动。

(2)防治措施

①预埋件放置前,认真校核安装基准线,确定其准确安装位置。

②采用适当方法将预埋件板、钢筋牢固连接(如绑扎、焊接等)。

(3)补救措施

若结构施工完毕后已出现较大预埋件偏差或个别漏放,则需及时进行补救。

①预埋件面向内凹入超过允许偏差范围,采用加长铁码补救。

②预埋件面向外凸出超过允许偏差范围,采用缩短铁码或剔去原预埋件,改用膨胀螺栓将铁码紧固于混凝土结构上。

③预埋件向上或向下偏移超出允许偏差范围,则修改竖框连接孔或采用膨胀螺栓调整连接位置。

以上修补方法须经设计部门认可签字后方可实施。

4. 胶缝不平滑充实、胶线不平直

(1)产生原因

打胶时,挤胶用力不均匀,胶枪角度不正确,刮胶时不连续。

(2)防治措施

做到连续均匀挤胶,保证正确的角度,将注胶注满后用专用工具将其刮平,表面应平整、光滑、无皱纹。

5. 成品变形、变色、受污染

(1)产生原因

金属板安装完毕后,未及时进行保护,使其发生碰撞变形、变色、受污染、排水管堵塞等现象。

(2)防治措施

①施工过程中要及时清除板面及构件表面的黏附物。

②安装完毕后立即从上向下清扫，并在易受污染破坏的部位粘贴保护胶纸或覆盖塑料薄膜，易受磕碰的部位设护栏。

五、验收成果

金属幕墙安装检验批质量验收记录

单位（子单位）工程名称		分部（子分部）工程名称	建筑装饰装修分部——幕墙子分部	分项工程名称	金属幕墙分项
施工单位		项目负责人		检验批容量	
分包单位		分包单位项目负责人		检验批部位	
施工依据	《住宅装饰装修工程施工规范》（GB 50327—2001）		验收依据	《建筑装饰装修工程质量验收标准》（GB 50210—2018）	

验收项目			设计要求及规范规定	最小/实际抽样数量	检查记录	检查结果
主控项目	1	材料、配件质量	第 9.3.2 条	/	质量证明文件齐全，试验合格，报告编号	
	2	造型和立面分格	第 9.3.3 条	/	抽查处，合格处	
	3	金属面板质量	第 9.3.4 条	/	抽查处，合格处	
	4	预埋件、后置埋件	第 9.3.5 条	/	抽查处，合格处	
	5	立柱与预埋件和横梁连接，面板安装	第 9.3.6 条	/	抽查处，合格处	
	6	防火、保温、防潮材料	第 9.3.7 条	/	抽查处，合格处	
	7	框架及连接件防腐	第 9.3.8 条	/	抽查处，合格处	
	8	防雷装置	第 9.3.9 条	/	抽查处，合格处	
	9	连接节点	第 9.3.10 条	/	抽查处，合格处	
	10	板缝注胶	第 9.3.11 条	/	抽查处，合格处	
	11	防水	第 9.3.12 条	/	抽查处，合格处	
一般项目	1	金属板表面质量平整、洁净、色泽一致	第 9.3.13 条	/	抽查处，合格处	
	2	压条平直、洁净、接口严密、安装牢固	第 9.3.14 条	/	抽查处，合格处	
	3	密封胶缝横平竖直、深浅一致、宽窄均匀、光滑顺直	第 9.3.15 条	/	抽查处，合格处	
	4	滴水线坡向正确、顺直	第 9.3.16 条	/	抽查处，合格处	
	5	表面质量	第 9.3.17 条	/	抽查处，合格处	

续表

<table>
<tr><th colspan="5">验收项目</th><th>设计要求及规范规定</th><th>最小/实际抽样数量</th><th>检查记录</th><th>检查结果</th></tr>
<tr><td rowspan="13">一般项目</td><td rowspan="13">6</td><td rowspan="13">安装允许偏差</td><td rowspan="4">幕墙垂直度</td><td>幕墙高度≤30m</td><td>10</td><td>/</td><td>抽查处,合格处</td><td></td></tr>
<tr><td>30m<幕墙高度≤60m</td><td>15</td><td>/</td><td>抽查处,合格处</td><td></td></tr>
<tr><td>60m<幕墙高度≤90m</td><td>20</td><td>/</td><td>抽查处,合格处</td><td></td></tr>
<tr><td>幕墙高度>90m</td><td>25</td><td>/</td><td>抽查处,合格处</td><td></td></tr>
<tr><td rowspan="2">幕墙水平</td><td>层高≤3m</td><td>3</td><td>/</td><td>抽查处,合格处</td><td></td></tr>
<tr><td>层高>3m</td><td>5</td><td>/</td><td>抽查处,合格处</td><td></td></tr>
<tr><td colspan="2">幕墙表面平整度</td><td>2</td><td>/</td><td>抽查处,合格处</td><td></td></tr>
<tr><td colspan="2">板材立面垂直度</td><td>3</td><td>/</td><td>抽查处,合格处</td><td></td></tr>
<tr><td colspan="2">板材上沿水平度</td><td>2</td><td>/</td><td>抽查处,合格处</td><td></td></tr>
<tr><td colspan="2">相邻板材板角错位</td><td>1</td><td>/</td><td>抽查处,合格处</td><td></td></tr>
<tr><td colspan="2">阳角方正</td><td>2</td><td>/</td><td>抽查处,合格处</td><td></td></tr>
<tr><td colspan="2">接缝直线度</td><td>3</td><td>/</td><td>抽查处,合格处</td><td></td></tr>
<tr><td colspan="2">接缝高低差</td><td>1</td><td>/</td><td>抽查处,合格处</td><td></td></tr>
<tr><td colspan="5">施工单位
检查结果</td><td colspan="4">专业工长：
项目专业质量检查员：
年　月　日</td></tr>
<tr><td colspan="5">监理单位
验收结论</td><td colspan="4">专业监理工程师：
年　月　日</td></tr>
</table>

六、实践项目成绩评定

序号	项目	技术及质量要求	实测记录	项目分配	得分
1	工具准备			10	
2	预埋件或后置埋件			10	
3	立柱与预埋件与横梁连接,面板安装			10	
4	施工工艺流程			15	
5	验收工具的使用			10	
6	施工质量			25	
7	文明施工与安全施工			15	
8	完成任务时间			5	
9	合计			100	

任务3　石材幕墙施工

石材幕墙是利用金属挂件将石材饰面板直接悬挂在主体结构上,它是一种独立的围护结构体系。石材幕墙按干挂法构造分类,基本上可分为直接干挂式、骨架干挂式、单元干挂式和预制复合板干挂式,如图 6-3-1 至图 6-3-4 所示。前三类多用于混凝土结构基体,后者多用于钢结构工程。

石材幕墙的基本构造如表 6-3-1 所示。

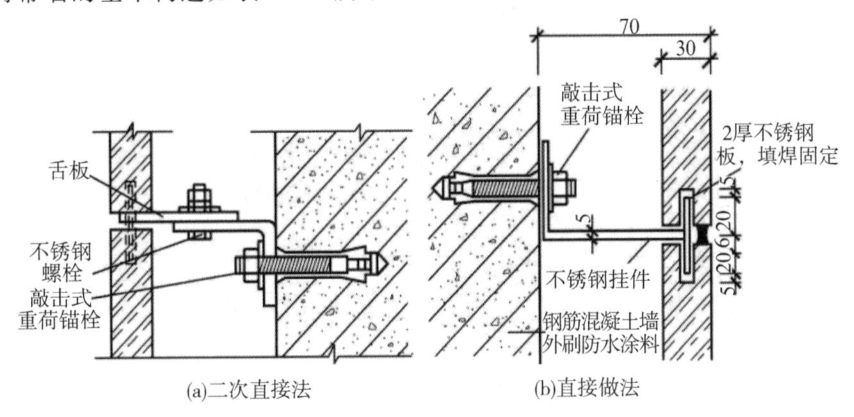

图 6-3-1　骨架式干挂石材幕墙构造(单位:mm)

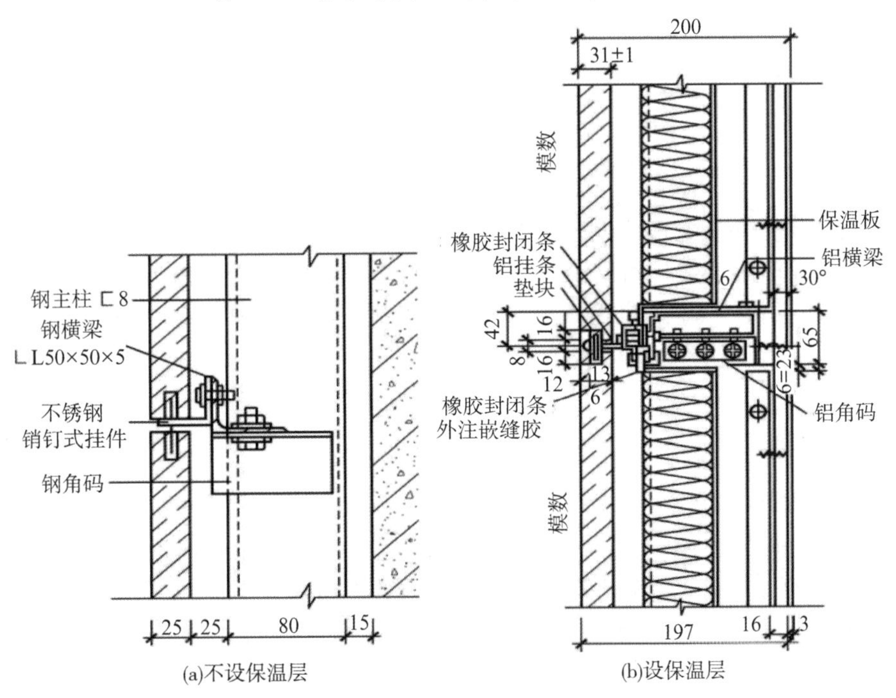

图 6-3-2　单元体石材幕墙构造(单位:mm)

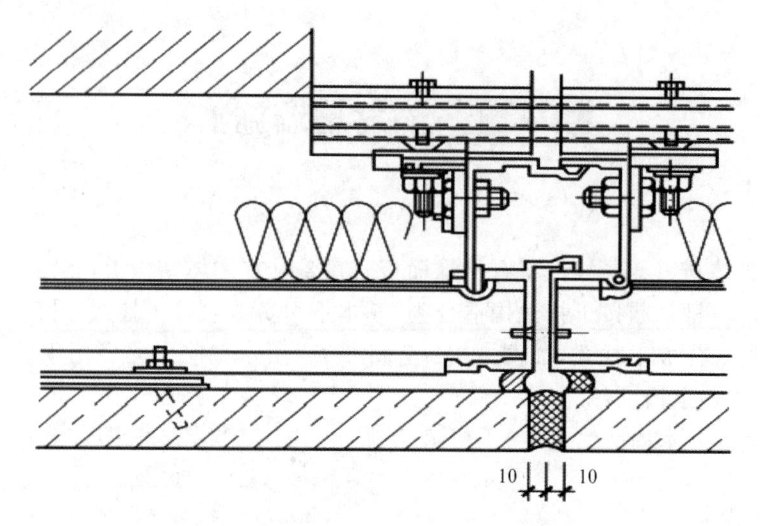

图 6-3-3　预制复合板干挂石材幕墙构造(单位:mm)

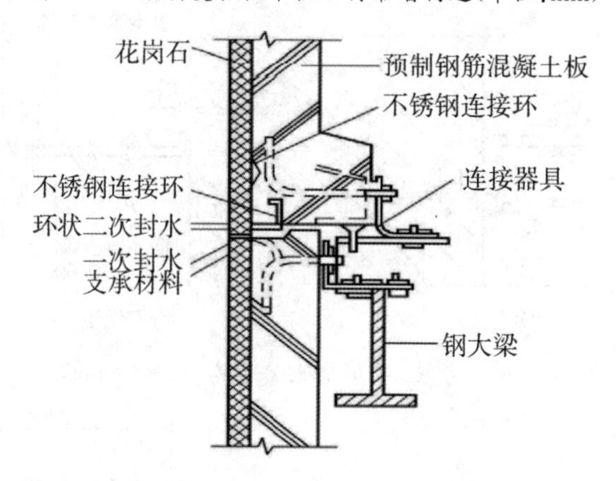

图 6-3-4　干挂石材幕墙构造(单位:mm)

一、施工任务

建筑外立面采用石材幕墙立柱使用 100mm×50mm×5mm 热浸镀锌钢方管,横梁使用 L50mm×5mm 热浸镀锌角钢,石材挂件使用铝合金 SE 组合挂件,石材面板使用优质 25mm 厚光面花岗岩,请根据工程实际情况合理组织施工,并完成报验工作。

二、施工准备

(一)材料准备

1. 石材幕墙材料

(1)骨架及连接材料

石材幕墙的骨架形式目前广泛采用的是铝合金型材,其要求与玻璃幕墙类似。层高较大的楼层常常采用钢型材,钢型材应符合国家现行标准要求。钢龙骨、连接件(角码)等钢材必须做防腐处理(镀锌或防锈漆)不锈钢螺栓采用奥氏体不锈钢。不锈钢材料应符合国家现行标准要求。膨胀螺栓、连接铁件等配套的铁垫板、垫圈、螺母，以及与骨架固定的各种设计和安装所需要的连接件的质量，必须符合要求。

(2)石材

根据设计要求，确定石材的品种、颜色、花纹和尺寸规格，并严格控制与检查其抗折、抗拉及抗压强度，吸水率、耐冻融循环等性能。

(3)辅助材料

①合成树脂胶黏剂：用于粘贴石材背面的柔性背衬材料，要求具有防水和耐老化性能。

②玻璃纤维网格布：用于石材的背衬材料。

③防水胶泥：用于密封连接件。

④防污胶条：用于防止石材边缘污染。

⑤嵌缝膏：用于嵌填石材接缝。

⑥罩面涂料：用于大理石表面防风化、防污染。

2. 机具准备

石材幕墙的主要机具有台钻、无齿切割锯、冲击钻、手枪钻、力矩扳手、开口扳手、嵌缝枪、尺、锤子、凿子、勾缝溜子等。

3. 作业条件

(1)施工前应编制施工组织设计(施工高度50m及以上需要进行专家论证)。

(2)石材幕墙施工前应有土建移交的控制线和基准线。

(3)可能对石材面板造成污染及破坏的分项工程应安排在石材面板安装前进行。

(4)石材幕墙与主体结构连接的预埋件，应在主体结构施工时按图纸要求同步埋设；如预埋件偏位或漏埋则采用后置埋板。后置埋板与砼结构之间采用化学锚栓或膨胀螺栓固定。

(5)垂直运输、操作平台等设施就位，高层或超高层项目幕墙工程宜采用吊篮进行施工。

(6)石材幕墙构件材料的品种、规格、色泽和性能应符合设计要求。

(7)石材干挂前，对有防水要求的外墙应在防水层施工完成且淋水试验合格后，方能进行石材面板的施工。

三、组织施工

(一)施工工艺流程

施工准备→安装预埋件→测量放线→金属骨架安装→防火保温材料安装→石材饰面板安装→灌注嵌缝硅胶→表面清洗。

(二)施工质量控制要点

(1)施工准备。施工前应熟悉工程概况，对工地的环境、安全因素、危险源进行识别和评价。掌握工地施工用水源、道路、运输(包括垂直运输)、外脚手架等情况；进行图纸会审并对管理人员和工人班组进行图纸、施工组织设计，质量、安全、环保、文明施工、施工技术交底，并做好记录。

(2)安装预埋件。埋设预埋件前要熟悉图纸上幕墙的分格尺寸。工程实际定位轴线定位点后,应复核精度,误差不得超过规范要求。水平分割前对误差进行分摊,误差在每个分格间分摊值<2mm。为防止预埋铁件在浇捣混凝土过程中移位,对预埋件应采用拉、撑、焊接等措施进行加固。混凝土拆除模板后,应找出预埋铁件。对未镀锌的预埋件暴露在空气中的部分,要进行防腐处理。

(3)测量放线。由于幕墙施工要求精度很高,所以不能依靠土建水平基准线,必须由基准轴线和水准点重新测量复核。测量时,应按照设计在底层确定幕墙定位线和分格线位。用经纬仪或激光垂直仪将幕墙阳角线和阴角线引上,并用固定在钢支架上的钢丝线作标志控制线。使用水平仪和标准钢卷尺等引出各层标高线,并确定好每个立面的中线。测量时还应控制分配测量误差,不能使误差积累,在风力不大于四级的情况下进行并要采取避风措施。放线定位后,要对控制线定时校核,以确保幕墙垂直度和金属立柱位置的正确。所有外立面装饰工程应统一放基准线,并注意施工配合。

(4)金属骨架安装。安装时,应根据施工放样图检查放线位置,并安装固定竖框的铁件。首先,安装同立面两端的竖框;然后,拉通线依次安装中间竖框。将各施工水平控制线引至竖框上,并用水平尺校核。按照设计尺寸安装金属横梁。横梁一定要与竖框垂直。如有焊接时,应对下方和邻近的已完工装饰面进行成品保护。焊接时要采用对称焊,以减少因焊接产生的变形。检查焊缝质量合格后,所有的焊点、焊缝均需作去焊渣及防锈处理,如刷防锈漆等。

(5)防火保温材料安装。石材幕墙防火保温必须采用合格的材料,即要求有出厂合格证。材料安装时,在每层楼板与石板幕墙之间不能有空隙,应用镀锌钢板和防火棉形成防火带。在北方寒冷地区,保温层最好应有防水、防潮保护层,保护层在金属骨架内填塞固定,要求 严密、牢固。保温层最好应有防水、防潮保护层,以便在金属骨架内填塞固定后能严密、可靠。

(6)石材饰面板安装。先按幕墙面基准线仔细安装好底层第一层石材;注意安放每层金属挂件的标高,金属挂件应紧托上层饰面板,而与下层饰面板之间留有间隙;安装时,要在饰面板的销钉孔或切槽口内注入石材胶(环氧树脂胶),以保证饰面板与挂件的可靠连接;安装时,应先完成窗洞口四周的石材镶边,以免安装时发生困难;安装到每一楼层标高时,要注意调整垂直误差,不积累;在搬运石材时,要有安全防护措施,摆放时下面要垫木方。

(7)灌注嵌缝硅胶。石材板间的胶缝是石板幕墙的第一道防水措施;同时也使石板幕墙形成一个整体。嵌胶封缝施工前,应按设计要求选用合格且未过期的耐候嵌缝胶。最好选用含硅油少的石材专用嵌缝胶,以免硅油渗透,污染石材表面。施工时,用带有凸头的刮板填装泡沫塑料圆条,保证胶缝的最小深度和均匀性。选用的泡沫塑料圆条直径应稍大于缝宽。在胶缝两侧粘贴纸面胶带纸保护,以避免嵌缝胶迹污染石材板表面。应用专用清洁剂或草酸擦洗缝隙处石材板表面。注胶应均匀、无流淌,边打胶边用专用工具勾缝,使嵌缝胶成型后呈微弧形凹面。施工中要注意不能有漏胶污染墙面,如墙面上沾有胶液应立即擦去,并用清洁剂及时擦净余胶。

四、组织验收

(一)验收规范

1. 主控项目

(1)石材幕墙工程所用材料的品种、规格、性能和等级,应符合设计要求及国家现行产品标准和工程技术规范的规定。石材的弯曲强度不应小于8MPa;吸水率应小于0.8%。石材幕墙的铝合金挂件厚度不应小于4.0mm,不锈钢挂件厚度不应小于3.0mm。

检验方法:观察;尺量检查;检查产品合格证书、性能检测报告、材料进场验收记录和复验报告。

(2)石材幕墙的造型、立面分格、颜色、光泽、花纹和图案应符合设计要求。

检验方法:观察。

(3)石材孔、槽的数量、深度、位置、尺寸应符合设计要求。

检验方法:检查进场验收记录或施工记录。

(4)石材幕墙主体结构上的预埋件和后置埋件的位置、数量及后置埋件的拉拔力必须符合设计要求。

检验方法:检查拉拔力检测报告和隐蔽工程验收记录。

(5)石材幕墙的金属框架立柱与主体结构预埋件的连接、立柱与横梁的连接、连接件与金属框架的连接、连接件与石材面板的连接必须符合设计要求,安装必须牢固。

检验方法:手扳检查;检查隐蔽工程验收记录。

(6)金属框架和连接件的防腐处理应符合设计要求。

检验方法:检查隐蔽工程验收记录。

(7)石材幕墙的防雷装置必须与主体结构防雷装置可靠连接。

检验方法:观察;检查隐蔽工程验收记录和施工记录。

(8)石材幕墙的防火、保温、防潮材料的设置应符合设计要求,填充应密实、均匀、厚度一致。

检验方法:检查隐蔽工程验收记录。

(9)各种结构变形缝、墙角的连接节点应符合设计要求和技术标准的规定。

检验方法:检查隐蔽工程验收记录和施工记录。

(10)石材表面和板缝的处理应符合设计要求。

检验方法:观察。

(11)石材幕墙的板缝注胶应饱满、密实、连续、均匀、无气泡,板缝宽度和厚度应符合设计要求和技术标准的规定。

检验方法:观察;尺量检查;检查施工记录。

(12)石材幕墙应无渗漏。

检验方法:在易渗漏部位进行淋水检查。

2. 一般项目

(1)石材幕墙表面应平整、洁净,无污染、缺损和裂痕。颜色和花纹应协调一致,无明显色差,无明显修痕。

检验方法：观察。

(2)石材幕墙的压条应平直、洁净、接口严密、安装牢固。

检验方法：观察；手扳检查。

(3)石材接缝应横平竖直、宽窄均匀；阴阳角石板压向应正确，板边合缝应顺直；凸凹线出墙厚度应一致，上下口应平直；石材面板上洞口、槽边应套割吻合，边缘应整齐。

检验方法：观察；尺量检查。

(4)石材幕墙的密封胶缝应横平竖直、深浅一致、宽窄均匀、光滑顺直。

检验方法：观察。

(5)石材幕墙上的滴水线和流水坡向应正确、顺直。

检验方法：观察；用水平尺检查。

(6)每平方米石材的表面质量和检验方法应符合表6-3-1的规定。

表6-3-1 每平方米石材的表面质量和检验方法

项次	检验项目	质量要求	检验方法
1	裂痕、明显划伤和长度>100mm的轻微划伤	不允许	观察
2	长度≤100mm的轻微划伤	≤8条	用钢尺检查
3	擦伤总面积	≤500mm^2	用钢尺检查

(7)石材幕墙安装的允许偏差和检验方法应符合表6-3-2的规定。

表6-3-2 石材幕墙安装的允许偏差和检验方法

项次	检验项目		允许偏差/mm		检验方法
			光面	麻面	
1	幕墙垂直度	幕墙高度<30m	10		用经纬仪检查
		30m<幕墙高度≤60m	15		
		60m<幕墙高度≤90m	20		
		幕墙高度>90m	25		
2	幕墙水平度		3		用水平仪检查
3	板材立面垂直度		3		用水平仪检查
4	板材上沿水平度		2		用1m水平尺和钢直尺检查
5	相邻板材板角错位		1		用钢直尺检查
6	幕墙表面平整度		2	3	用垂直检测尺检查
7	阳角方正		2	4	用直角检测尺检查
8	接缝直线度		3	4	拉5m线，不足5m拉通线；用钢直尺检查
9	接缝高低差		1	—	用钢直尺和塞尺检查
10	接缝宽度		1	2	用钢直尺检查

(二)常见的质量问题与预控

1. 石材幕墙主要通病

(1)材料方面的通病。幕墙表面不平整,有色差。骨架材料型号、材质不符合设计要求,用料端面偏小,杆件有扭曲变形现象。所采用的锚栓无产品合格证,无物理力学性能测试报告。石材加工尺寸与现场实际尺寸不符,或与其他装饰工程发生矛盾。石材色差大,颜色不均匀。

(2)安装质量通病。骨架竖框的垂直度、横梁的水平度偏差较大。锚栓松动不牢,垫片太厚;石材缺棱掉角;石材安装完成但不平整;防火保温材料接缝不严密。

(3)注胶与胶缝。表现为:板缝不饱满,有胶痕;密封胶开裂、不严密;胶中有硅油渗出污染板面;板(销)孔中未注胶(环氧树脂胶黏剂)。

(4)墙面清洁完整。

①质量通病:墙表面被油漆、胶污染,有划痕、凹坑。

②产生原因:注胶施工过程中硅油渗出板面;上部施工时未对下部墙面进行成品保护;石材板块在搬运过程中未保护好;拆脚手架时损伤墙面。

2. 防治措施

(1)幕墙材料缺陷控制。

①骨架结构必须有相应资质登记证明的设计部门设计,按设计要求选购合格产品。

②设计要提出锚栓的物理力学性能要求,选择正规厂家牌号产品,施工单位要严格采购的检测和验货手续。

③加强现场的统一测量放线,提高测量放线精度,加工前绘制放样加工图,并严格按放样图加工。

④要加强到产地选材的工作,不能单凭小样板确定材种,加工后要进行试铺配色,不要选用含氧化铁和含硫成分较多的石板材种,不要用质地太脆的石材。

(2)安装缺陷防治措施。

①提高测量放线的精度,所用的测量仪器要检验合格,安装时加强检测和自检工作。

②钻孔时,必须按锚栓说明书要求施工,钻孔的孔径、孔深适合所有锚栓的要求,不能扩孔,不能钻孔过深。

③挂件尺寸要能适用土建的误差,垫片太厚会降低锚栓的承载拉力。

④要用小型机具和工具,解决施工安装时人工扛抬搬运容易造成破损棱角的问题。

⑤一定要控制将挂件调平和用螺栓锁紧后再安装石材。

⑥不能将测量和加工误差积累。

⑦施工难度并不大,要选用良好的锚钉和胶黏剂,铺放时要仔细。

(3)注胶与胶缝防治措施。

①必须选用柔软、弹性好、适用寿命长的耐候胶,一般宜选用硅酮胶。

②施工时要用清洁剂将石材表面污物擦净。

③胶缝宽度和深度不能太小,施工是精心揉作,不漏封。

④应选用石材专用嵌缝胶(耐候硅酮密封胶)。

⑤要严格按照设计要求施工。

(4)清洁通病防治措施。上部施工时,必须注意对下部成品的保护。搭脚手架和搬运材料要注意防止损伤墙面。

五、验收成果

石材幕墙安装检验批质量验收记录

<table>
<tr><td colspan="2">单位(子单位)
工程名称</td><td></td><td>分部(子分部)
工程名称</td><td>建筑装饰装修分部——幕墙子分部</td><td>分项工程
名称</td><td>石材幕墙分项</td></tr>
<tr><td colspan="2">施工单位</td><td></td><td>项目负责人</td><td></td><td>检验批容量</td><td></td></tr>
<tr><td colspan="2">分包单位</td><td></td><td>分包单位
项目负责人</td><td></td><td>检验批部位</td><td></td></tr>
<tr><td colspan="2">施工依据</td><td colspan="2">《住宅装饰装修工程施工规范》
(GB 50327—2001)</td><td>验收依据</td><td colspan="2">《建筑装饰装修工程质量验收标准》
(GB 50210—2018)</td></tr>
<tr><td colspan="3">验收项目</td><td>设计要求及
规范规定</td><td>最小/实际
抽样数量</td><td>检查记录</td><td>检查
结果</td></tr>
<tr><td rowspan="12">主控项目</td><td>1</td><td>幕墙材料质量</td><td>第 9.4.2 条</td><td>/</td><td>质量证明文件齐全,试验合格,报告编号</td><td></td></tr>
<tr><td>2</td><td>造型、分格、颜色、光泽、花纹图案</td><td>第 9.4.3 条</td><td>/</td><td>抽查处,合格处</td><td></td></tr>
<tr><td>3</td><td>石材孔、槽深度、位置、尺寸</td><td>第 9.4.4 条</td><td>/</td><td>抽查处,合格处</td><td></td></tr>
<tr><td>4</td><td>预埋件和后置埋件</td><td>第 9.4.5 条</td><td>/</td><td>抽查处,合格处</td><td></td></tr>
<tr><td>5</td><td>各种构件连接</td><td>第 9.4.6 条</td><td>/</td><td>抽查处,合格处</td><td></td></tr>
<tr><td>6</td><td>框架和连接件防腐</td><td>第 9.4.7 条</td><td>/</td><td>抽查处,合格处</td><td></td></tr>
<tr><td>7</td><td>防雷装置</td><td>第 9.4.8 条</td><td>/</td><td>抽查处,合格处</td><td></td></tr>
<tr><td>8</td><td>防火、保温、防潮材料</td><td>第 9.4.9 条</td><td>/</td><td>抽查处,合格处</td><td></td></tr>
<tr><td>9</td><td>结构变形缝、墙角连接点</td><td>第 9.4.10 条</td><td>/</td><td>抽查处,合格处</td><td></td></tr>
<tr><td>10</td><td>表面和板缝处理</td><td>第 9.4.11 条</td><td>/</td><td>抽查处,合格处</td><td></td></tr>
<tr><td>11</td><td>板缝注胶</td><td>第 9.4.12 条</td><td>/</td><td>抽查处,合格处</td><td></td></tr>
<tr><td>12</td><td>防水</td><td>第 9.4.13 条</td><td>/</td><td>抽查处,合格处</td><td></td></tr>
</table>

续表

<table>
<tr><td colspan="5">验收项目</td><td colspan="2">设计要求及规范规定</td><td>最小/实际抽样数量</td><td>检查记录</td><td>检查结果</td></tr>
<tr><td rowspan="19">一般项目</td><td>1</td><td colspan="3">表面质量</td><td colspan="2">第 9.4.14 条</td><td>/</td><td>抽查处，合格处</td><td></td></tr>
<tr><td>2</td><td colspan="3">压条</td><td colspan="2">第 9.4.15 条</td><td>/</td><td>抽查处，合格处</td><td></td></tr>
<tr><td>3</td><td colspan="3">细部质量</td><td colspan="2">第 9.4.16 条</td><td>/</td><td>抽查处，合格处</td><td></td></tr>
<tr><td>4</td><td colspan="3">密封胶缝</td><td colspan="2">第 9.4.17 条</td><td>/</td><td>抽查处，合格处</td><td></td></tr>
<tr><td>5</td><td colspan="3">滴水线</td><td colspan="2">第 9.4.18 条</td><td>/</td><td>抽查处，合格处</td><td></td></tr>
<tr><td>6</td><td colspan="3">石材表面质量</td><td colspan="2">第 9.4.19 条</td><td>/</td><td>抽查处，合格处</td><td></td></tr>
<tr><td rowspan="13">7</td><td rowspan="13">安装允许偏差/mm</td><td rowspan="4">幕墙垂直度</td><td>幕墙高度≤30m</td><td colspan="2">10</td><td>/</td><td>抽查处，合格处</td><td></td></tr>
<tr><td>30m < 幕墙高度≤60m</td><td colspan="2">15</td><td>/</td><td>抽查处，合格处</td><td></td></tr>
<tr><td>60m < 幕墙高度≤90m</td><td colspan="2">20</td><td>/</td><td>抽查处，合格处</td><td></td></tr>
<tr><td>幕墙高度>90m</td><td colspan="2">25</td><td>/</td><td>抽查处，合格处</td><td></td></tr>
<tr><td colspan="2">幕墙水平度</td><td colspan="2">3</td><td>/</td><td>抽查处，合格处</td><td></td></tr>
<tr><td colspan="2">幕墙表面平整度</td><td>光 2</td><td>麻 3</td><td>/</td><td>抽查处，合格处</td><td></td></tr>
<tr><td colspan="2">板材立面垂直度</td><td colspan="2">3</td><td>/</td><td>抽查处，合格处</td><td></td></tr>
<tr><td colspan="2">板材上沿水平度</td><td colspan="2">2</td><td>/</td><td>抽查处，合格处</td><td></td></tr>
<tr><td colspan="2">相邻板材板角错位</td><td colspan="2">1</td><td>/</td><td>抽查处，合格处</td><td></td></tr>
<tr><td colspan="2">阳角方正</td><td>光 2</td><td>麻 4</td><td>/</td><td>抽查处，合格处</td><td></td></tr>
<tr><td colspan="2">接缝直线度</td><td>光 3</td><td>麻 4</td><td>/</td><td>抽查处，合格处</td><td></td></tr>
<tr><td colspan="2">接缝高低差</td><td>光 1</td><td>麻 1</td><td>/</td><td>抽查处，合格处</td><td></td></tr>
<tr><td colspan="2">接缝宽度</td><td>光 1</td><td>麻 2</td><td>/</td><td>抽查处，合格处</td><td></td></tr>
<tr><td colspan="5">施工单位
检查结果</td><td colspan="5">专业工长：
项目专业质量检查员：
年　月　日</td></tr>
<tr><td colspan="5">监理单位
验收结论</td><td colspan="5">专业监理工程师：
年　月　日</td></tr>
</table>

六、实践项目成绩评定

序号	项目	技术及质量要求	实测记录	项目分配	得分
1	工具准备			10	
2	预埋件或后置埋件			10	
3	石材孔、槽深度、位置、尺寸			10	
4	施工工艺流程			15	
5	验收工具的使用			10	
6	施工质量			25	
7	文明施工与安全施工			15	
8	完成任务时间			5	
9	合计			100	

思考题

一、填空题

1. 玻璃幕墙根据骨架形式的不同，可分为________、________、________、玻璃幕墙。

2. 全玻幕墙玻璃肋的截面厚度不应小于________mm，截面高度不应小于________mm。

3. 常用于金属板幕墙的钢板材一般为________和________。

二、选择题

1. 全玻幕墙面板的厚度不宜小于(　　)mm。

A. 4　　B. 6　　C. 8　　D. 10

2. 幕墙玻璃应进行机械磨边处理，磨轮的数目应在(　　)目以上。

A. 100　　B. 120　　C. 150　　D. 180

3. 中空玻璃气体层厚度不应小于(　　)mm。

A. 3　　B. 5　　C. 7　　D. 9

4. 金属幕墙施工时，立柱安装的标高偏差不应大于(　　)mm。

A. 3　　B. 5　　C. 7　　D. 9

5. 热反射幕墙玻璃安装时，其镀膜面应在(　　)一侧。

A. 室外　　B. 室内

C. 室内室外都可以　　D. 由设计定量

6. 玻璃幕墙面板安装时，用于固定面板的压块，其距离应符合设计要求，且不宜大于(　　)mm。

A. 200　　B. 300　　C. 400　　D. 500

三、问答题

1.玻璃幕墙施工所用的胶黏剂应符合哪些质量要求?

2.玻璃幕墙施工测量放线包括哪些内容?

3.玻璃幕墙施工时,如何进行玻璃组件的安装?

4.石材幕墙施工所用石材应符合哪些质量要求?

四、综合题

背景材料:某施工单位承建某高级宾馆室内外装饰工程项目的施工任务。该工程耐火等级为二级,外墙采用玻璃幕墙,门窗采用塑钢门窗,材料由建设单位提供,四楼设一大型娱乐中心,面积 $650m^2$,吊顶采用轻钢龙骨吊顶,并安装大型音响、照明灯具。

问题:(1)对玻璃幕墙采用立柱与连接体接触面之间加弹性垫片合理吗?如果不合理,应加何种类型垫片?幕墙"三性"试验的内容是什么?

(2)若塑钢门窗安装完毕后经过半年,产生翘曲、开启不灵活等现象,经检查施工单位现场记录,其操作完全符合设计及施工规范要求,而造成这一问题的原因是门窗材料的刚性太小。建设单位要求施工单位拆除,并重新安装,请问此拆除重装费用由哪方负担?

项目七 门窗工程施工

知识目标

1. 了解木门窗、金属门窗、塑料门窗、特种门等的材料特性及其施工机具。

2. 熟悉木门窗、金属门窗、塑料门窗、特种门等的施工工艺及操作要点。

3. 掌握木门窗、金属门窗、塑料门窗、特种门等的质量验收标准及常见的质量问题、产生原因和处理措施。

能力目标

1. 能正确选用及验收木门窗、金属门窗、塑料门窗、特种门等的材料，具备选择合适机具的能力。

2. 能对木门窗、金属门窗、塑料门窗、特种门等组织施工，进行技术交底。

3. 能对木门窗、金属门窗、塑料门窗、特种门等的施工质量进行管控及验收，具有处理各类常见质量问题的技术能力。

任务概述

门窗是建筑物不可缺少的组成部分，门窗除具有采光、交通和通风的作用外，还有隔热和防止热量散失的功能。由于门窗制作和安装不当，在使用中往往会出现各种问题，必须引起足够的重视，加强控制。本项目分别从木门窗、铝合金门窗、塑钢门窗和特种门来介绍门窗工程的材料及施工工艺、常见质量问题的处理。

任务1 木门窗施工

木门窗在装饰工程中占有重要地位，在建筑装饰装修方面留下了光辉的一页，北京故宫就是装饰木门窗应用的典范。尽管新型装饰材料层出不穷，但木材的独特质感、自然花纹、特殊性能，是任何材料都无法代替的。

一、施工任务

建筑室内木门窗采用黄花松，门为 900mm × 2100mm 成品门，窗为 1200mm × 2100mm 成品窗，请根据工程实际合理组织施工，并完成相关报验。

二、施工准备

(一)材料准备

1. 木门窗所用木材

(1)木门窗所用木材的品种、材质等级、规格、尺寸等应按设计要求选用并符合《木结构工程施工质量验收规范》(GB 50206—2012)的规定，要严格控制木材疵病的程度。

(2)木门窗应采用烘干的木材，其含水率不应大于当地气候的平衡含水率，一般在气候干燥地区不宜大于12%，在南方气候潮湿地区不宜大于15%。

(3)木门窗与砖石砌体、混凝土或抹灰层接触的部位或在主体结构内预埋的木砖，都要做防腐处理，必要时还应设防潮层。如果选用的木材为易虫蛀和易腐朽的，必须进行防腐、防虫蛀处理。

(4)制作木门窗所用的胶料，宜采用国产酚醛树脂胶和脲醛树脂胶。普通木门窗可采用半耐水的脲醛树脂胶，高档木门窗应采用耐水的酚醛树脂胶。

(5)小五金零件的品种、规格、型号、颜色等均应符合设计要求，质量必须合格，地弹簧等五金零件应有出厂合格证。

(6)制作木门窗所用木材应符合表7-1-1的规定。

表7-1-1　木门窗用木材的质量要求

门窗分类		高级木门窗用木材				普通木门窗用木材			
木材缺陷		木门扇的立梃冒头、中冒头	窗根、压条、门窗及气窗的线脚、通风窗立梃	门芯板	门窗框	木门扇的立梃冒头、中冒头	窗根、压条、门窗及气窗的线脚、通风窗立梃	门芯板	门窗框
活节	不计个数，直径/mm	<10	<5	<10	10	<15	<5	<15	15
	计算个数，直径	≤材宽的1/4	≤材宽的1/4	≤20mm	≤材宽的1/3	≤材宽的1/3	≤材宽的1/3	≤30mm	≤材宽的1/3
	任一延米个数	≤2	≤0	≤2	≤3	≤3	≤2	≤3	≤5
死节		允许，包括在活节总数中	不允许	允许，包括在活节总数中	不允许	允许，计入在活节总数中	不允许	允许，计入在活节总数中	
髓心		不露出表面的，允许	不允许	不露出表面的，允许		不露出表面的，允许	不允许	不露出表面的，允许	
裂缝		深度及长度≤厚度及材长的1/6	不允许	允许可见裂缝	深度及长度≤厚度及材长的1/5	深度及长度≤厚度及材长的1/5	不允许	允许可见裂缝	深度及长度≤厚度及材长的1/4
斜纹的斜率/%		≤6	≤4	≤15	≤10	≤7	≤5	不限	≤12
油眼		非正面，允许							
其他		浪形纹理、圆形纹理、偏心及化学变色，允许							

2. 机具准备

一般应备粗刨、细刨、裁口刨、单线刨、锯锤子、斧子、改锥、线勒子、扁铲、塞 尺、线锤、红线包、墨汁、木钻、小电锯、担子扳、扫帚等。

3. 作业条件

(1)门窗框和扇安装前应先检查有无窜角、翘扭、弯曲、劈裂,如有以上情况应先进行修理。

(2)门窗框靠、靠地的一面应刷防腐涂料,其他各面及扇活均应涂刷清油一道。刷油后分类码放平整,底层应垫平、垫高。每层框与框、扇与扇间垫木板条通风,如露天堆放时,需用苫布盖好,不准日晒雨淋。

(3)安装外窗以前应从上往下吊垂直,找好窗框位置,上下不对齐者应先进行处理,做好窗安装的调试,+50cm 平线提前弹好,并在墙体上标好安装位置。

(4)门框的安装应依据图纸尺寸核实后进行安装,并按图纸开启方向要求安装时注意裁口方向。安装高度按室内 50cm 平线控制。

(5)门窗框安装应在抹灰前进行。门扇和窗扇的安装宜在抹灰完成后进行,如窗扇必须先行安装时应注意成品保护,防止碰撞和污染。

三、组织施工

(一)施工工艺流程

配料、截料、刨料→画线、凿眼→开样、断肩→倒棱、裁口→组装、净面→木门窗安装→门窗小五金安装。

(二)施工质量控制要点

1. 配料、截料、刨料

(1)配料。配料前要熟悉图纸,了解门窗的构造、各部分尺寸、制作数量和质量要求。计算出各部件的尺寸和数量,列出配料单,按配料单进行配料。如果数量少,可直接配料。配料时,对木方材料要进行选择。不用有腐朽、斜裂、节疤大的木料,不干燥的木料也不能使用。同时,要先配长料后配短料,先配框料后配扇料,使木料得到充分、合理使用。

(2)截料。在选配的木料上按毛料尺寸画出截断、锯开线,考虑到锯解木料时的损耗,一般留出 2~3mm 的损耗量。锯切时,要注意锯线直、端面平,并注意不要锯锚线,以免造成浪费。

(3)刨料。刨料时,宜将纹理清晰的里材作为正面,对于樘子料任选一个窄面为正面,对于门、窗框的梃及冒头可只刨三面,不刨靠墙的一面;门、窗扇的上冒头和梃也可先刨三面,靠樘子的一面待安装时根据缝的大小再进行修刨。

2. 画线、凿眼

(1)画线。画线前,先要弄清楚榫、眼的尺寸和形式。眼的位置应在木料的中间,宽度不超过木料厚度的 1/3,由凿子的宽度确定。榫头的厚度是根据眼的宽度确定的,半榫长度应为木料宽度的1/2。对于成批的料，应选出两根刨好的料，大面相对放在一起，画上榫、眼的位置。

(2)凿眼。凿眼之前，应选择等于眼宽的凿刀.凿出的眼，顺木纹两侧要直，不得出错槎。先打全眼，后打半眼。全眼要先打背面，凿到一半时，翻转过来再打正面直到贯穿。眼的正面要留半条里线，反面不留线，但比正面略宽。这样装榫头时，可减少冲击，以免挤裂眼口四周。

3. 开榫、断肩

(1)开榫。开榫又称倒卯，就是按棒的纵向线锯开，锯到样的根部时，要把锯立起来锯几下，但不要过线。开榫时要留半线，其半棒长为木料宽度的1/2，应比半眼深少1～2mm，以备榫头因受潮而伸长。开榫要用锯小料的细齿锯。

(2)断肩。断肩就是把榫两边的肩膀断掉。断肩时也要留线，快锯掉时要慢些，防止伤到榫根。断肩要用小锯。

锯成的榫要求方正、平直，不能歪歪扭扭和伤榫根。如果榫头不方正、不平直，会直接影响到门窗不能组装方正、结实。

4. 倒棱、裁口

倒棱与裁口在门框梃上做出，倒棱是起装饰作用，裁口对门扇关闭时起限位作用。倒棱要平直，宽度要均匀；裁口要求方正、平直，不能有钱槎起毛、凹凸不平的现象。最忌讳口根有台，即裁口的角上木料没有刨净。也有不在门框梃木方上做裁口，而是用一条小木条粘钉在门框梃木方上。

5. 组装、净面

(1)组装前对部件应进行检查，要求部件方正、平直，线脚整齐、分明，表面光滑，尺寸规格、式样符合设计要求，并用细刨将遗留墨线刨光。

(2)门窗框的组装，是把一根边梃平放，将中贯档、上冒头(窗框还有下冒头)的榫插入梃的眼里；用锤轻轻敲打拼合，敲打时要垫木块，防止打坏榫头或留下敲打的痕迹。待整个门窗框拼好归方以后，再将所有的榫头敲实。

(3)门窗扇的组装与门窗框大致相同，但门扇中有门芯板，须先把门芯按尺寸裁好，一般门芯板应比在门扇边上量得的尺寸小3～5mm。门芯板的四边去棱、刨光。然后，将一根门梃平放，将冒头逐个装入，门芯板嵌入冒头与门梃的凹槽内，再将另一根门梃的眼对准棒装入，并用锤木块敲紧。

(4)组装好的门窗框、扇用细刨或砂纸修平修光。双扇门窗要配好对，对缝的裁口刨好。安装前门窗框靠墙的一面均要刷一道沥青，以增加防腐能力。

6. 木门窗安装

(1)木门窗安装前要检查核对好型号，按图纸对号分发就位。安门框前要用对角线相等的方法复核其兜方程度。当在通长走道上嵌门框时，应拉通长麻线，以便控制门框面位于同一平面内，保持门框锯角线高度的一致性。

(2)将修刨好的门窗扇，用木楔临时立于门窗框中，排好缝隙后画出铰链位置。铰链位置距上、下边的距离宜是门扇宽度的1/10,这个位置对铰链受力比较有利,又可避开榫头。然后,将扇取下来,用扇铲剔出铰链页槽。铰链页槽应外边浅、里边深,其深度应当是把铰链合上后与框、扇平正为准。剔好铰链槽后,将铰链放入,上下铰链各拧一颗螺钉,将门窗扇挂上,检查缝隙是否符合要求,扇与框是否齐平,扇能否关住。检查合格后,再把螺钉全部上齐。

(3)门窗扇安装后要试验其启闭情况,以开启后能自然停止为好,不能有自开或自关现象。如果发现门窗在高、宽上有短缺,在高度上可将补钉板条钉于下冒头下面,在宽度上可在安装合页一边的梃上补钉板条。为使门窗开关方便,平开扇的上下冒头可刨成斜面。

7. 门窗小五金的安装

所有小五金必须用木螺钉固定安装,严禁用钉子代替。使用木螺钉时,先用手锤钉入全长的1/3,接着用螺钉旋具拧入。当木门窗为硬木时,首先钻孔径为木螺钉直径90%的孔,孔深为木螺钉全长的2/3;然后,再拧入木螺钉。小五金配件应安装齐全、位置适宜、固定可靠。

四、组织验收

(一)验收规范

1. 主控项目

(1)木门窗的品种、类型、规格、尺寸、开启方向、安装位置、连接方式及性能应符合设计要求及国家现行标准的有关规定。

检验方法:观察;尺量检查;检查产品合格证书、性能检验报告、进场验收记录和复验报告;检查隐蔽工程验收记录。

(2)木门窗应采用烘干的木材,含水率及饰面质量应符合国家现行标准的有关规定。

检验方法:检查材料进场验收记录、复验报告及性能检验报告。

(3)木门窗的防火、防腐、防虫处理应符合设计要求。

检验方法:观察;检查材料进场验收记录。

(4)木门窗框的安装应牢固。预埋木砖的防腐处理,木门窗框固定点的数量、位置和固定方法应符合设计要求。

检验方法:观察;手扳检查;检查隐蔽工程验收记录和施工记录。

(5)木门窗扇应安装牢固、开关灵活、关闭严密、无倒翘。

检验方法:观察;开启和关闭检查;手扳检查。

(6)木门窗配件的型号、规格和数量应符合设计要求,安装应牢固,位置应正确,功能应满足使用要求。

检验方法:观察;开启和关闭检查;手扳检查。

2. 一般项目

(1)木门窗表面应洁净,不得有刨痕和锤印。

检验方法：观察。

(2)木门窗的割角和拼缝应严密平整。门窗框、扇裁口应顺直，刨面应平整。

检验方法：观察。

(3)木门窗上的槽和孔应边缘整齐，无毛刺。

检验方法：观察。

(4)木门窗与墙体间的缝隙应填嵌饱满。严寒和寒冷地区外门窗(或门窗框)与砌体间的空隙应填充保温材料。

检验方法：轻敲门窗框检查；检查隐蔽工程验收记录和施工记录。

(5)木门窗批水、盖口条、压缝条和密封条安装应顺直，与门窗结合应牢固、严密。

检验方法：观察；手扳检查。

(6)平开木门窗安装的留缝限值、允许偏差和检验方法应符合表7-1-2的规定。

表7-1-2　平开木门窗安装的留缝限值、允许偏差和检验方法

项次	项目		留缝限值/mm	允许偏差/mm	检验方法
1	门窗框的正、侧面垂直度		—	2	用1m垂直检测尺检查
2	框与扇接缝高低差		—	1	用塞尺检查
	扇与扇接缝高低差			1	
3	门窗扇对口缝		1～4	—	
4	工业厂房、围墙双扇大门对口缝		2～7	—	
5	门窗扇与上框间留缝		1～3	—	
6	门窗扇与合页侧框间留缝		1～3	—	
7	室外门扇与锁侧框间留缝		1～3	—	
8	门扇与下框间留缝		3～5	—	
9	窗扇与下框间留缝		1～3	—	
10	双层门窗内外框间距		—	4	用钢直尺检查
11	无下框时门扇与地面间留缝	室外门	4～7	—	用钢直尺或塞尺检查
		室内门	4～8	—	
		卫生间门			
		厂房大门	10～20	—	
		围墙大门			
12	框与扇搭接宽度	门	—	2	用钢直尺检查
		窗	—	1	

(二)常见的质量问题与预控

1. 窗框左右不拉通线、竖向不找垂直

(1)原因分析:门窗框安装后左右不通线,上下不顺直,外装饰影响横竖线条的协调,内装饰影响木贴脸及装饰线的安装。

(2)治理措施如下:

①根据外墙灰层厚度拉通线,找好门窗框距外墙的位置;根据门窗中线从顶层开始吊垂直,找出各层门窗框垂直方向的安装位置。

②对先立口后抹灰的墙面,应按上法先找出门窗框的安装位置,立口并做好支顶后再抹灰。

③轻质墙的门框安装应与墙身龙骨一并考虑施工完成,并注意拉接牢固。

2. 门窗框安装不牢、松动

(1)原因分析:由于木砖的数量少、间距大或木砖本身松动,门窗框与木砖固定用的钉子小,钉嵌不牢,门窗框安装后松动,造成边缝空裂无法进行门窗扇的安装,影响使用。

(2)治理措施如下:

①结构施工时一定要在门窗洞口处预留木砖,其数量及间距应符合规范要求,木砖一定要进行防腐处理;加气墙、空心砖墙应采用混凝土块木砖;现制混凝土墙及预制混凝土隔断应在混凝土浇筑前安装燕尾式木砖,固定在钢筋骨架上,木砖的间距控制在50～60cm为宜。

②门框安装后,要做好成品保护,防止推车时碰撞。

③严禁将门窗框作为脚手板的支撑或提升重物的支点,防止门窗框损坏或变形。

3. 合页槽开得过大、边缘不整齐、合页不平、螺钉松动、螺钉头外露

(1)原因分析:合页槽开的深浅大小除影响美观外,还由于合页安装不合适,影响开启的灵活,由于框的松动而对扇的开关灵活造成困难。

(2)治理措施如下:

①安装合页前提前划好线,按合页的厚度剔槽,不可过大、过深。

②门窗安装时应根据门窗的尺寸、型号选用配套的合页及螺钉,螺钉应钉入1/3、拧入2/3,螺钉拧入时用力一致,不可偏斜,更不可将螺钉砸入安装。

③如螺钉拧入遇上木节,应更换位置安装;或用木钻在木节上打眼下木楔后再安装。

4. 门窗扇翘曲

(1)原因分析:框与扇不在同一平面内,扇关不严或局部不严,影响使用。

(2)治理措施如下:

①重视检查产品合格证,特别要查看门窗料的含水率是否符合要求。

②现场存放地要平整、干燥,码放合理,排列整齐。

③如发现翘曲,应先将其压平后再安装。小的翘曲可通过安装时用合页及螺钉进行调整。

5. 门窗开关不灵活或走扇

(1)原因分析:因掩扇时留的缝隙过小,受潮后使之开关困难;或缝隙过大,口扇不密封,透风,加之合页安装不好,使门窗开启后不能固定,而有走扇现象。

(2)治理措施如下:

①门窗框装好后必须垂直无误,才可以安装窗及门的扇。

②正确选用合页及安装用的螺钉。

③安装门窗时掌握好缝隙的大小,应符合规范要求;门窗扇对口缝、扇和框间的缝留置宽度1.5～2.5mm,框与扇上缝的留置宽度1～1.5mm,窗扇与下坎的缝留置2～3mm。

④检查合页轴应在同一直线上,以保持扇的灵活,不走扇。

6. 门窗扇下垂

(1)原因分析:由于门窗扇过重,使用合页尺寸偏小,使用后扇下垂,所以表现为蹭地或蹭窗台,开关不灵活,严重者易造成门窗损坏。

(2)治理措施如下:

①门窗扇及框用料品种相匹配。

②使用合页大小、螺钉尺寸与扇的重量相符。

③门窗玻璃厚度、尺寸应与框扇料相吻合。

④修刨扇时,有意识地在不装合页一边的上口少修刨1mm以内,让扇装好后稍有挑头,留出下坠的余量。

⑤扇有轻微下垂时,可以把下边的合页垫起些,但不要影响主缝。

五、验收成果

木门窗安装检验批质量验收记录

单位(子单位)工程名称		分部(子分部)工程名称	建筑装饰装修分部——门窗子分部	分项工程名称	木门窗安装分项
施工单位		项目负责人		检验批容量	
分包单位		分包单位项目负责人		检验批部位	
施工依据	《住宅装饰装修工程施工规范》(GB 50327—2001)		验收依据	《建筑装饰装修工程质量验收标准》(GB 50210—2018)	

验收项目			设计要求及规范规定	最小/实际抽样数量	检查记录	检查结果
主控项目	1	木门窗品种、规格、安装方向位置	第5.2.8条	/	质量证明文件齐全,通过进场验收	
	2	木门窗安装牢固	第5.2.9条	/	抽查处,合格处	
	3	木门窗扇安装	第5.2.10条	/	抽查处,合格处	
	4	门窗配件安装	第5.2.11条	/	抽查处,合格处	

续表

<table>
<tr><th colspan="5">验收项目</th><th colspan="4">设计要求及规范规定</th><th>最小/实际抽样数量</th><th>检查记录</th><th>检查结果</th></tr>
<tr><td rowspan="18">一般项目</td><td>1</td><td colspan="3">缝隙嵌填材料</td><td colspan="4">第 5.2.15 条</td><td>/</td><td>质量证明文件齐全,通过进场验收</td><td></td></tr>
<tr><td>2</td><td colspan="3">批水、盖口条等细部</td><td colspan="4">第 5.2.16 条</td><td>/</td><td>抽查处,合格处</td><td></td></tr>
<tr><td rowspan="16">3</td><td rowspan="16">安装留缝限值及允许偏差</td><td colspan="2" rowspan="2">项目</td><td colspan="2">留缝限值/mm</td><td colspan="2">允许偏差/mm</td><td rowspan="2">/</td><td rowspan="2"></td><td rowspan="2"></td></tr>
<tr><td>普通</td><td>高级</td><td>普通</td><td>高级</td></tr>
<tr><td colspan="2">门窗槽口对角线长度差</td><td>—</td><td>—</td><td>3</td><td>2</td><td>/</td><td>抽查处,合格处</td><td></td></tr>
<tr><td colspan="2">门窗框的正侧面垂直度</td><td>—</td><td>—</td><td>2</td><td>1</td><td>/</td><td>抽查处,合格处</td><td></td></tr>
<tr><td colspan="2">框与扇扇与扇接缝高低差</td><td>—</td><td>—</td><td>2</td><td>1</td><td>/</td><td>抽查处,合格处</td><td></td></tr>
<tr><td colspan="2">门窗扇对口缝</td><td>1～2.5</td><td>1.5～2</td><td>—</td><td>—</td><td>/</td><td>抽查处,合格处</td><td></td></tr>
<tr><td colspan="2">工业厂房双扇大门对口缝</td><td>2～5</td><td>—</td><td>—</td><td>—</td><td>/</td><td>抽查处,合格处</td><td></td></tr>
<tr><td colspan="2">门窗扇与上框间留缝</td><td>1～2</td><td>1～1.5</td><td>—</td><td>—</td><td>/</td><td>抽查处,合格处</td><td></td></tr>
<tr><td colspan="2">门窗扇与侧框间留缝</td><td>1～2.5</td><td>1～1.5</td><td>—</td><td>—</td><td>/</td><td>抽查处,合格处</td><td></td></tr>
<tr><td colspan="2">窗扇与下框间留缝</td><td>2～3</td><td>1～2.5</td><td>—</td><td>—</td><td>/</td><td>抽查处,合格处</td><td></td></tr>
<tr><td colspan="2">门扇与下框间留缝</td><td>3～5</td><td>3～4</td><td>—</td><td>—</td><td>/</td><td>抽查处,合格处</td><td></td></tr>
<tr><td colspan="2">双扇门窗内外框间距</td><td>—</td><td>—</td><td>4</td><td>3</td><td>/</td><td>抽查处,合格处</td><td></td></tr>
<tr><td rowspan="4">无下框时门扇与地面间留缝</td><td>外门</td><td>4～7</td><td>5～6</td><td>—</td><td>—</td><td>/</td><td>抽查处,合格处</td><td></td></tr>
<tr><td>内门</td><td>5～8</td><td>6～7</td><td>—</td><td>—</td><td>/</td><td>抽查处,合格处</td><td></td></tr>
<tr><td>卫生间门</td><td>8～12</td><td>8～10</td><td>—</td><td>—</td><td>/</td><td>抽查处,合格处</td><td></td></tr>
<tr><td>厂房大门</td><td>10～20</td><td>—</td><td>—</td><td>—</td><td>/</td><td>抽查处,合格处</td><td></td></tr>
<tr><td colspan="5">施工单位检查结果</td><td colspan="7">专业工长：
项目专业质量检查员：
年　月　日</td></tr>
<tr><td colspan="5">监理单位验收结论</td><td colspan="7">专业监理工程师：
年　月　日</td></tr>
</table>

六、实践项目成绩评定

序号	项目	技术及质量要求	实测记录	项目分配	得分
1	工具准备			10	
2	木门窗安装牢固			10	
3	木门窗扇安装			10	
4	施工工艺流程			15	
5	验收工具的使用			10	
6	施工质量			25	
7	文明施工与安全施工			15	
8	完成任务时间			5	
9	合计			100	

任务 2 铝合金金属门窗施工

金属门窗是建筑工程中最常见的一种门窗形式，具有材料广泛、强度较高、刚度较好、制作容易、安装方便、维修简单、经久耐用等特点。目前，用于制作门窗的金属，主要有铝合金建筑型材、不锈钢冷轧建筑薄板、冷轧或热轧建筑型钢等。

铝合金门窗是目前最常见的金属门窗，铝合金门窗由于具有密封、保温、隔声、防尘和装饰效果好等优点，广泛应用于工业与民用等现代建筑。

铝合金门窗是将经过表面处理和涂色的铝合金型材，通过下料、打孔、铣槽、自攻螺钉等工艺制作成门、窗框料和门窗扇构件，再与玻璃、密封件、开闭五金配件等组合装配形成门窗。铝合金门窗的基本构造如图 7-2-1 所示。

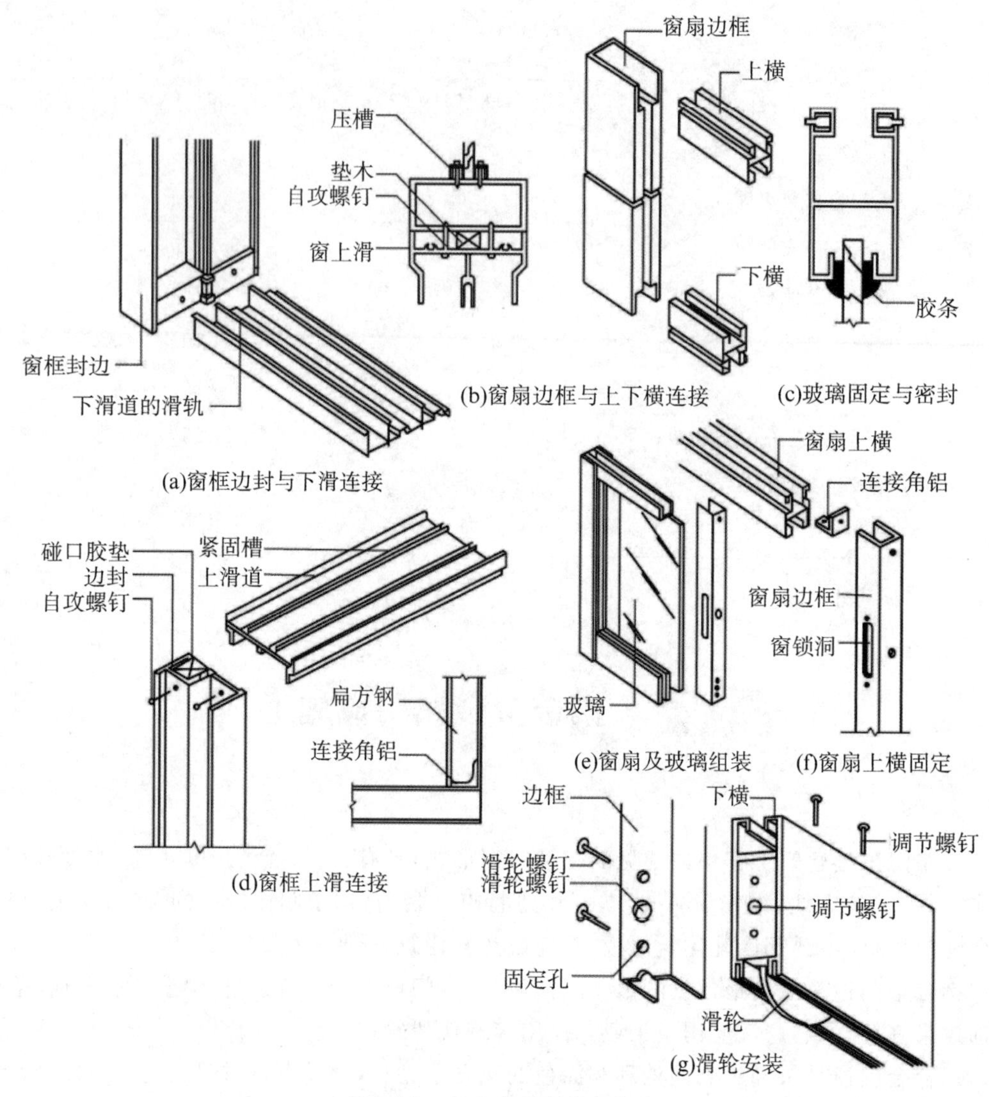

图 7-2-1　铝合金门窗基本构造

一、施工任务

建筑门窗采用铝合金 150A 系列铝合金明框立柱，65 系列明框横梁，150 系列铝合金明框立柱套芯，$L=260$mm，玻璃采用 6＋1.14PVB＋6(Low-E)＋12A＋8 夹层中空玻璃，结合现场实际合理组织施工，并完成报验工作。

二、施工准备

(一)材料准备

1. 铝合金门窗材料质量要求

(1)铝合金门窗框、扇的规格及型号应符合设计的要求，其表面应洁净，不得有油污、划痕。

(2)铝合金门窗安装所用密封材料的类型及特性如表7-2-1所示。

表7-2-1　铝合金门窗安装所用密封材料的类型及特性

序号	类型	特性与用途
1	聚氯酯密封膏	高档密封膏中的一种,适用于±25%接缝形变位移部位的密封,价格较便宜
2	聚硫密封膏	高档密封膏中的一种,适用于±25%接缝形变位移部位的密封,价格较硅酮便宜15%～20%,使用寿命超过10年
3	硅酮密封膏	高档密封膏中的一种,性能全面,变形能力达50%,强度高、耐高温
4	水膨胀密封膏	遇水后膨胀能将缝隙填满
5	密封垫	用于门窗框与外墙板接缝密封
6	膨胀防火密封件	主要用于防火门
7	底衬泡沫条	和密封胶配套使用,在缝隙中能随密封胶形变而形变
8	防污纸质胶带纸	贴于门窗框表面,防嵌缝时污染

(二)机具准备

铝合金门窗所用五金配件应配套齐全,其质量要求如表7-2-2所示。

表7-2-2　铝合金门窗主要五金件的质量要求

序号	名称	材质	牌号或标准代号
1	滑轮壳体、锁扣、自攻螺钉、滑撑	不锈钢	GB/T 3280
2	地弹簧	铝合金、铜合金	QB/T 2697、GB/T 1176
3	执手、插销、撑挡、拉手、窗锁、门锁、滑轮、闭门器	铝合金	QB/T 3886.QB/T 3885.QB/T 3887、QB/T 3889、QB/T 3890、QB/T 3891、QB/T 3892、QB/T 2698
4	滑轮、铰链垫圈	尼龙	1010(HG2—G69—76)
5	橡胶垫块、密封胶条	三元乙丙橡胶、氯丁橡胶	GB/T 5577
6	窗用弹性密封剂	聚硫密封胶	JC/T 485
7	中空玻璃用弹性密封剂	聚硫密封胶	
8	型材构件连接、玻璃镶嵌结构密封胶	结构硅酮胶	MF881(双组分)、MF899C(单组分)
9	黏结密封及耐候性防水密封	耐候硅酮胶	MF889
10	门窗框周边缝隙填料	PU发泡剂	

(三)作业条件

(1)室内外墙体粉刷应完毕,门窗洞口套抹好底子灰。

(2)按建筑施工图已检查核对了门窗型号、规格、开启形式、开启方向、安装孔方位等。

(3)门窗洞口和预埋件已清理好。

(4)整理或搭设安装脚手架。

三、组织施工

(一)施工工艺流程

预埋件安装→划线定位→门窗框就位→门窗框固定→门窗框与墙体缝隙的处理→门窗扇安装→玻璃安装→五金配件安装。

(二)施工质量控制要点

(1)预埋件安装。门窗洞口预埋件,一般在土建结构施工时安装,但门窗框安装前,安装人员应配合土建对门窗洞口尺寸进行复查。洞口预埋铁件的间距必须与门窗框上设置的连接件配套。门窗框上铁脚间距一般为500mm;设置在框转角处的铁脚位置,距离窗转角边缘为100～200mm。门窗洞口墙体厚度方向的预埋铁件中心线如设计无规定时,距离内墙面:38～60系列为100mm,90～100系列为150mm。

(2)划线定位。铝合金门窗安装前,应根据设计图样中门窗的安装位置、尺寸和标高,依据门窗中线向两边量出门窗边线。若为多层或高层建筑时,以顶层门窗边线为准,用线坠或经纬仪将门窗边线下引,并在各层门窗口处划线标记,对个别不直的口边应剔凿处理。对于门,除按上述方法确定位置外,还要特别注意室内地面的标高。地弹簧的表面应该与室内地面饰面标高一致。同一立面的门窗水平及垂直方向应该做到整齐一致。

(3)门窗框就位。按照弹线位置将门窗框立于洞内,将正面及侧面垂直度、水平度和对角线调整合格后,用对拔木楔做临时固定。木楔应垫在边、横框能够受力的部位,以防止铝合金框料由于被挤压而变形。

(4)门窗框固定。铝合金门窗框与墙体的固定方法主要有以下三种:

①将门窗框上的拉接件与洞口墙体的预埋钢板或剔出的结构钢筋(非主筋)焊接牢固。

②用射钉枪将门窗框上的拉接件与洞口墙体固定。

③沿门窗框外侧墙体用电锤打孔,孔径为6mm,孔深为60mm,然后将“┌”型的直径为6mm,长度为40～60mm的钢筋强力砸入孔中,再将其与门窗框侧面的拉接件(钢板)焊接牢固。

(5)门窗框与墙体缝隙的处理。固定好门窗框后,应检查平整度及垂直度,洒水润湿基层,用1∶2的水泥砂浆将洞口与框之间的缝隙塞满抹平。框周缝隙宽度宜在20mm以上,缝隙内分层填入矿棉或玻璃棉毡条等软质材料。框边需留设5～8mm深的槽口,待洞口饰面完成并干燥后,清除槽口内的浮灰渣土,嵌填防水密封胶。

(6)门窗扇安装。铝合金门窗扇的安装,需在土建施工基本完成的条件下进行,以保护其免遭损伤。框装扇必须保证框扇立面在同一平面内,就位准确,启闭灵活。平开窗的窗扇安装前,先固定窗铰,然后再将窗铰与窗扇固定。推拉门窗应在门窗扇拼装时于其下横底槽中装好滑轮，注意使滑轮框上有调节螺钉的一面向外，该面与下横端头边平齐。对于规格较大的铝合金门扇，当其单扇框宽度超过 900mm 时，在门扇框下横料时需采取加固措施。通常的做法是穿入一条两端带螺纹的钢条。安装时，应注意要在地弹簧连杆与下横安装完毕后再进行，不得妨碍地弹簧座的对接。

(7)玻璃安装。玻璃安装前，应先清扫槽框内的杂物，排水小孔要清理通畅。如果玻璃单块尺寸较小，可用双手夹住就位。如一般平开窗，多用此办法。大块玻璃安装前，槽底要加胶垫，胶垫距竖向玻璃边缘应大于 150mm。玻璃就位后，前后面槽用胶块垫实，留缝均匀，再扣槽压板，然后用胶轮将硅酮系列密封胶挤入溜实，或用橡胶条压入挤严、封固。

玻璃安装完毕，应统一进行安装质量检查，确认符合安装精度要求时，将型材表面的胶纸保护层撕掉。如果发现型材表面局部有胶迹，应清理干净，玻璃也要随之擦拭明亮、光洁。

(8)五金配件安装。铝合金门窗五金配件与门窗连接可使用镀锌螺钉。五金配件的安装应结实牢固，使用灵活。

四、组织验收

(一)验收规范

1. 主控项目

(1)金属门窗的品种、类型、规格、尺寸、性能、开启方向、安装位置、连接方式及门窗的型材壁厚应符合设计要求及国家现行标准的有关规定。金属门窗的防雷、防腐处理及填嵌、密封处理应符合设计要求。

检验方法：观察；尺量检查；检查产品合格证书、性能检验报告、进场验收记录和复验报告；检查隐蔽工程验收记录。

(2)金属门窗框和附框的安装应牢固。预埋件及锚固件的数量、位置、埋设方式、与框的连接方式应符合设计要求。

检验方法：手扳检查；检查隐蔽工程验收记录。

(3)金属门窗扇应安装牢固、开关灵活、关闭严密、无倒翘。推拉门窗扇应安装防止扇脱落的装置。

检验方法：观察；开启和关闭检查；手扳检查。

(4)金属门窗配件的型号、规格、数量应符合设计要求，安装应牢固，位置应正确，功能应满足使用要求。

检验方法：观察；开启和关闭检查；手扳检查。

2. 一般项目

(1)金属门窗表面应洁净、平整、光滑、色泽一致，应无锈蚀、擦伤、划痕和碰伤。漆膜或保护层应连续。型材的表面处理应符合设计要求及国家现行标准的有关规定。

检验方法：观察。

(2)金属门窗推拉门窗扇开关力不应大于 50N。

检验方法:用测力计检查。

(3)金属门窗框与墙体之间的缝隙应填嵌饱满,并应采用密封胶密封。密封胶表面应光滑、顺直、无裂纹。

检验方法:观察;轻敲门窗框检查;检查隐蔽工程验收记录。

(4)金属门窗扇的密封胶条或密封毛条装配应平整、完好不得脱槽,交角处应平顺。

检验方法:观察;开启和关闭检查。

(5)排水孔应畅通,位置和数量应符合设计要求。

检验方法:观察。

(6)铝合金门窗安装的允许偏差和检验方法应符合表 7-2-3 的规定。

表 7-2-3　铝合金门窗安装的允许偏差和检验方法

<table>
<tr><th>项次</th><th colspan="2">项目</th><th>允许偏差/mm</th><th>检验方法</th></tr>
<tr><td rowspan="2">1</td><td rowspan="2">门窗槽口宽度、高度</td><td>≤2000mm</td><td>2</td><td rowspan="4">用钢卷尺检查</td></tr>
<tr><td>>2000mm</td><td>3</td></tr>
<tr><td rowspan="2">2</td><td rowspan="2">门窗槽口对角线长度差</td><td>≤2500mm</td><td>4</td></tr>
<tr><td>>2500mm</td><td>5</td></tr>
<tr><td>3</td><td colspan="2">门窗框的正、侧面垂直度</td><td>2</td><td>用 1m 垂直检测尺检查</td></tr>
<tr><td>4</td><td colspan="2">门窗横框的水平度</td><td>2</td><td>用 1m 水平尺和塞尺检查</td></tr>
<tr><td>5</td><td colspan="2">门窗横框标高</td><td>5</td><td rowspan="3">用钢卷尺检查</td></tr>
<tr><td>6</td><td colspan="2">门窗竖向偏离中心</td><td>5</td></tr>
<tr><td>7</td><td colspan="2">双层门窗内外框间距</td><td>4</td></tr>
<tr><td rowspan="2">8</td><td rowspan="2">平开门窗框扇搭接宽度</td><td>门</td><td>2</td><td rowspan="2">用钢直尺检查</td></tr>
<tr><td>窗</td><td>1</td></tr>
</table>

(二)常见的质量问题与预控

1. 金属门窗框与墙体连接处理不当

(1)原因分析:门窗框四周同墙体间的缝隙用水泥砂浆填嵌,日久产生裂缝;框与墙体连接件用料太薄,连接件间距大,连接点少,与墙体固定方法不当,造成框体松动。

(2)预防措施:门窗外框同墙体作弹性连接,框与墙体间的缝隙应用软质材料如矿棉条或玻璃棉毡条分层嵌实,用密封胶密封;连接件应用厚度不小于 1.5mm 的钢板制作,表面作镀锌处理,连接件两端应伸出铝框,作内外错固;连接件距铝框角边的距离应不大于 180mm,连接件的间距应不大于 500mm,并均匀布置,以保证连接牢固;连接件同墙体连接应视不同墙体结构,采用不同的连接方法。在混凝土墙上可采用射钉或膨胀螺栓固定,砖砌墙体可用预埋件或开钗铁件嵌固在墙中固定。

2. 金属门窗安装后出现晃动、整体刚度差

(1)原因分析:型材选择不当,断面小,壁厚达不到规定要求。

(2)预防措施:铝合金门窗应按洞口尺寸及安装高度等不同使用条件,选择型材截面;窗框型材的壁厚应符合设计要求,一般窗型材壁厚不应小于 1.4mm,门的型材壁厚不应小于 2.0mm。

3. 金属门窗渗漏

(1)门窗框四周同墙体连接处渗漏。

①原因分析:铝合金窗框直接埋入墙体,型材与砂浆接触面产生裂缝,形成渗水通道;门窗框同墙体连接处未注胶或注胶不当。

②预防措施:铝合金门窗框同墙体作弹性连接,框外侧应留设 5mm×8mm 槽口,防止水泥砂浆同铝合金窗框直接接触,槽口内注密封胶至槽口平齐。

(2)组合窗拼接处渗漏。

①原因分析:组合门窗的组合杆件,未采用套插或搭接连接,且无密封措施。

②预防措施:组合门窗的竖向或横向组合杆件,不得采用平面同平面的组合做法,应采用套插搭接形成曲面组合,搭接长度应大于 10mm,连接处应用密封胶作可靠的密封处理。

(3)推拉窗下滑槽槽口内积水。

①原因分析:外露的连接螺钉未作密封处理;窗下框未开排水孔,或排水孔阻塞,槽口内积水不能及时排出。

②预防措施:尽量减少外露连接螺钉,如有外露连接螺钉时,应用密封材料密封;铝合金推拉窗下滑槽距两端头约 80mm 处开设排水孔,排水孔尺寸宜为 4mm×30mm,间距为 500～600mm,安装时应检查排水孔有无砂浆等杂物堵塞,确保排水顺畅。

(4)纱扇与框、扇间隙大

①原因分析:用料不匹配,纱扇漏安防蚊蝇的毛刷条;纱扇平面尺寸过大,用料单薄造成平面外变形。

②预防措施:按标准图配料,毛刷条不得遗漏;纱扇平面尺寸超过标准图时,材质要选用加强型的。

五、验收成果

铝合金门窗安装检验批质量验收记录

03040202　001

单位(子单位) 工程名称		分部(子分部) 工程名称	建筑装饰装修分部——门窗子分部	分项工程 名称	金属门窗安 装分项
施工单位		项目负责人		检验批容量	
分包单位		分包单位 项目负责人		检验批部位	
施工依据	《住宅装饰装修工程施工规范》 (GB 50327—2001)		验收依据	《建筑装饰装修工程质量验收标准》 (GB 50210—2018)	

续表

<table>
<tr><td colspan="5">验收项目</td><td>设计要求及规范规定</td><td>最小/实际抽样数量</td><td>检查记录</td><td>检查结果</td></tr>
<tr><td rowspan="4">主控项目</td><td>1</td><td colspan="3">门窗质量</td><td>第 5.3.2 条</td><td>/</td><td>质量证明文件齐全，通过进场验收</td><td></td></tr>
<tr><td>2</td><td colspan="3">框和副框安装，预埋件</td><td>第 5.3.3 条</td><td>/</td><td>抽查处，合格处</td><td></td></tr>
<tr><td>3</td><td colspan="3">门窗扇安装</td><td>第 5.3.4 条</td><td>/</td><td>抽查处，合格处</td><td></td></tr>
<tr><td>4</td><td colspan="3">配件质量及安装</td><td>第 5.3.5 条</td><td>/</td><td>抽查处，合格处</td><td></td></tr>
<tr><td rowspan="15">一般项目</td><td>1</td><td colspan="3">表面质量</td><td>第 5.3.6 条</td><td>/</td><td>抽查处，合格处</td><td></td></tr>
<tr><td>2</td><td colspan="3">推拉扇开关应力</td><td>第 5.3.7 条</td><td>/</td><td>抽查处，合格处</td><td></td></tr>
<tr><td>3</td><td colspan="3">框与墙体间缝隙</td><td>第 5.3.8 条</td><td>/</td><td>抽查处，合格处</td><td></td></tr>
<tr><td>4</td><td colspan="3">扇密封胶条或毛毡密封条</td><td>第 5.3.9 条</td><td>/</td><td>抽查处，合格处</td><td></td></tr>
<tr><td>5</td><td colspan="3">排水孔</td><td>第 5.3.10 条</td><td>/</td><td>抽查处，合格处</td><td></td></tr>
<tr><td rowspan="10">6</td><td rowspan="10">安装留缝限值及允许偏差</td><td rowspan="2">门窗槽口宽度高度</td><td>≤1500mm</td><td>1.5</td><td>/</td><td>抽查处，合格处</td><td></td></tr>
<tr><td>＞1500mm</td><td>2</td><td>/</td><td>抽查处，合格处</td><td></td></tr>
<tr><td rowspan="2">门窗槽口对角线长度差</td><td>≤2000mm</td><td>3</td><td>/</td><td>抽查处，合格处</td><td></td></tr>
<tr><td>＞2000mm</td><td>4</td><td>/</td><td>抽查处，合格处</td><td></td></tr>
<tr><td colspan="2">门窗框的正侧面垂直度</td><td>2.5</td><td>/</td><td>抽查处，合格处</td><td></td></tr>
<tr><td colspan="2">门窗横框的水平度</td><td>2</td><td>/</td><td>抽查处，合格处</td><td></td></tr>
<tr><td colspan="2">门窗横框标高</td><td>5</td><td>/</td><td>抽查处，合格处</td><td></td></tr>
<tr><td colspan="2">门窗竖向偏离中心</td><td>5</td><td>/</td><td>抽查处，合格处</td><td></td></tr>
<tr><td colspan="2">双层门窗内外框间距</td><td>4</td><td>/</td><td>抽查处，合格处</td><td></td></tr>
<tr><td colspan="2">推拉门窗扇与框搭接量</td><td>1.5</td><td>/</td><td>抽查处，合格处</td><td></td></tr>
<tr><td colspan="5">施工单位
检查结果</td><td colspan="4">主控项目全部合格，一般项目满足规范规定要求；检查评定合格
专业工长：
项目专业质量检查员：
年　月　日</td></tr>
<tr><td colspan="5">监理单位
验收结论</td><td colspan="4">专业监理工程师：
年　月　日</td></tr>
</table>

六、实践项目成绩评定

序号	项目	技术及质量要求	实测记录	项目分配	得分
1	工具准备			10	
2	框和副框安装,预埋件			10	
3	门窗扇安装			10	
4	施工工艺流程			15	
5	验收工具的使用			10	
6	施工质量			25	
7	文明施工与安全施工			15	
8	完成任务时间			5	
9	合计			100	

任务3 钢门窗施工

钢门是指用钢质型材或板材制作门框、门扇或门扇骨架结构的门;钢窗是指用钢质型材、板材(或以钢质型材、板材为主)制作窗框、窗扇结构的窗。

一、施工任务

建筑室内需安装1000mm×2100mm的钢门,根据现场实际情况合理组织施工,并完成报验工作。

二、施工准备

(一)材料准备

1.钢门窗材料质量要求

(1)各种门窗用材料应符合现行国家标准、行业标准的有关规定,其具体要求参见《钢门窗》(MGB/T 20909—2017)的相关规定。

钢门窗的型材和板材。

1)钢门窗所用的型材应符合下列规定:彩色涂层钢板门窗型材应符合《彩色涂层钢板及钢带》(GB/T 12754—2006)和《彩色涂层钢板门窗型材》(JG/T 115—1999)的规定。使用碳素结构钢冷轧钢带制作的钢门窗型材,材质应符合《碳素结构钢冷轧钢带》(GB 716—1991)的规定,型材壁厚不应小于1.2mm。

使用镀锌钢带制作的钢门窗型材材质应符合《连续热镀锌钢板及钢带》(GB/T 2518—2008)的规定,型材壁厚不应小于1.2mm。不锈钢门窗型材应符合《不锈钢建筑型材》(JG/T 73—1999)的规定。

2)使用板材制作的门,门框板材厚度不应小于1.5mm,门扇面板厚度不应小于0.6mm,具有防盗、防火等要求的,应符合相关标准的规定。

(3)钢门窗对所用玻璃的要求。钢门窗应根据功能要求选用玻璃。玻璃的厚度、面积等应经过计算确定,计算方法按《建筑玻璃应用技术规程》(JGJ 113—2015)中的规定。

(4)钢门窗对所用密封材料的要求。钢门窗所用密封材料应按功能要求选用,并应符合《建筑门窗、幕墙用密封胶条》(GB/T 24498—2009)及相关标准的规定。

(5)钢门窗所用的启闭五金件、连接插接件、紧固件、加强板等配件,应按功能要求选用。配件的材料性能应与门窗的要求相适应。

(二)机具准备

电焊机、面具、焊把线、铁锹、大铲或抹子、托线板、小线、铁水平、线坠、小水桶、木楔、锤子、螺丝刀

(三)作业条件

(1)结构工程已完,且经质量验收合格,工种之间已经办好交接手续。

(2)已按图纸尺寸弹好门窗中线,并弹好室内50cm水平线。

(3)门窗预埋铁件按其标高位置留好,并经检查符合要求。预留孔内清理干净。

(4)门窗与过梁混凝土之间的连接铁件位置、数量,经检查符合要求,对未设置连接铁件或位置不准者,应按钢门窗的安装要求补齐。

(5)安装前应检查钢门窗型号、尺寸,并对翘曲、开焊、变形等缺陷进行处理,符合要求后再安装。

(6)组合钢门窗要事先做好拼装样板,经验收合格后方可大量组装。

(7)经过校正或补焊处理后应补刷防锈漆,并保证涂刷均匀。

三、组织施工

(一)施工工艺流程

画线定位→钢门窗就位→钢门窗固定→五金配件安装。

(二)施工质量控制要点

(1)画线定位。钢门窗的画线定位可按以下方法和要求进行:

①图纸中门窗的安装位置、尺寸和标高,以门窗中线为准向两边量出门窗边线。如果工程为多层或高层时,以顶层门窗安装位置线为准,采用线坠或经纬仪将顶层分出的门窗边线标划到各楼层相应位置。

②从各楼层室内+50cm水平线量出门窗的水平安装线。

③依据门窗的边线和水平安装线,做好各楼层门窗的安装标记。

(2)钢门窗就位。钢门窗的就位可按以下方法和要求进行:

①按图纸中要求的型号、规格及开启方向等,将所需要的钢门窗搬运到安装地点,并垫靠稳当。

②将钢门窗立于图纸要求的安装位置,用木楔临时固定,将其铁脚插入预留孔中,然后根据门窗边线、水平线及距离外墙皮的尺寸进行支垫,并用托线板靠紧吊垂直。

③钢门窗就位时,应保证钢门窗上框距离过梁要有 20mm 缝隙,框的左右缝隙宽度应一致,距离外墙皮尺寸符合图纸要求。

(3)钢门窗固定。钢门窗的固定可按以下方法和要求进行:

①钢门窗就位后,校正其水平和正、侧面垂直,然后将上框铁脚与过梁预埋件焊牢,将框两侧铁脚插入预留孔内,用水把预留孔内湿润,用 1∶2 较硬的水泥砂浆或 C20 细石混凝土将其填实后抹平。终凝前不得碰动框扇。

②3 天后取出四周木楔,用 1∶2 水泥砂浆把框与墙之间的缝隙填实,与框的平面抹平。

③若为钢大门时,应将合页焊到墙中的预埋件上。要求每侧预埋件必须在同一垂直线上,两侧对应的预埋件必须在同一水平位置上。

(4)五金配件的安装。五金配件的安装可按以下方法和要求进行:

①检查窗扇开启是否灵活,关闭是否严密,如有问题必须调整后再安装。

②在开关零件的螺孔处配置合适的螺钉,将螺钉拧紧。当螺钉拧不进去时,检查孔内是否有多余物。若有多余物,将其剔除后再拧紧螺钉。当螺钉与螺孔位置不吻合时,可略挪动位置,重新攻螺纹后再安装。

③钢门锁的安装,应按说明书及施工图要求进行,安装完毕后锁的开关应非常灵活。

四、组织验收

(一)验收规范

1. 主控项目

(1)金属门窗的品种、类型、规格、尺寸、性能、开启方向、安装位置、连接方式及门窗的型材壁厚应符合设计要求及国家现行标准的有关规定。金属门窗的防雷、防腐处理及填嵌、密封处理应符合设计要求。

检验方法:观察;尺量检查;检查产品合格证书、性能检验报告、进场验收记录和复验报告;检查隐蔽工程验收记录。

(2)金属门窗框和附框的安装应牢固。预埋件及锚固件的数量、位置、埋设方式、与框的连接方式应符合设计要求。

检验方法:手扳检查;检查隐蔽工程验收记录。

(3)金属门窗扇应安装牢固、开关灵活、关闭严密、无倒翘。推拉门窗扇应安装防止扇脱落的装置。

检验方法:观察;开启和关闭检查;手扳检查。

(4)金属门窗配件的型号、规格、数量应符合设计要求,安装应牢固,位置应正确,功能应满足使用要求。

检验方法:观察;开启和关闭检查;手扳检查。

2. 一般项目

(1)金属门窗表面应洁净、平整、光滑、色泽一致,应无锈蚀、擦伤、划痕和碰伤。漆膜或保护层应连续。型材的表面处理应符合设计要求及国家现行标准的有关规定。

检验方法:观察。

(2)金属门窗推拉门窗扇开关力不应大于50N。

检验方法:用测力计检查。

(3)金属门窗框与墙体之间的缝隙应填嵌饱满,并应采用密封胶密封。密封胶表面应光滑、顺直、无裂纹。

检验方法:观察;轻敲门窗框检查;检查隐蔽工程验收记录。

(4)金属门窗扇的密封胶条或密封毛条装配应平整、完好不得脱槽,交角处应平顺。

检验方法:观察;开启和关闭检查。

(5)排水孔应畅通,位置和数量应符合设计要求。

检验方法:观察。

(6)钢门窗安装的留缝限值、允许偏差和检验方法应符合表7-3-1的规定。

表7-3-1 钢门窗安装的留缝限值、允许偏差和检验方法

<table>
<tr><th>项次</th><th colspan="2">项目</th><th>留缝限值/mm</th><th>允许偏差/mm</th><th>检验方法</th></tr>
<tr><td rowspan="2">1</td><td rowspan="2">门窗槽口宽度、高度</td><td>≤1500mm</td><td>—</td><td>2</td><td rowspan="4">用钢卷尺检查</td></tr>
<tr><td>>1500mm</td><td>—</td><td>3</td></tr>
<tr><td rowspan="2">2</td><td rowspan="2">门窗槽口对角线长度差</td><td>≤2000mm</td><td>—</td><td>3</td></tr>
<tr><td>>2000mm</td><td>—</td><td>4</td></tr>
<tr><td>3</td><td colspan="2">门窗框的正、侧面垂直度</td><td>—</td><td>3</td><td>用1m垂直检测尺检查</td></tr>
<tr><td>4</td><td colspan="2">门窗横框的水平度</td><td>—</td><td>3</td><td>用1m水平尺和塞尺检查</td></tr>
<tr><td>5</td><td colspan="2">门窗横框标高</td><td>—</td><td>5</td><td rowspan="3">用钢卷尺检查</td></tr>
<tr><td>6</td><td colspan="2">门窗竖向偏离中心</td><td>—</td><td>4</td></tr>
<tr><td>7</td><td colspan="2">双层门窗内外框间距</td><td>—</td><td>5</td></tr>
<tr><td>8</td><td colspan="2">门窗框、扇配合间隙</td><td>≤2</td><td>—</td><td>用塞尺检查</td></tr>
<tr><td rowspan="3">9</td><td rowspan="2">平开门窗框扇搭接宽度</td><td>门</td><td>≥6</td><td>—</td><td rowspan="3">用钢直尺检查</td></tr>
<tr><td>窗</td><td>≥4</td><td>—</td></tr>
<tr><td colspan="2">推拉门窗框扇搭接宽度</td><td>≥6</td><td></td></tr>
<tr><td>10</td><td colspan="2">无下框时门扇与地面间留缝</td><td>4~8</td><td></td><td>用塞尺检查</td></tr>
</table>

(二)常见的质量问题与预控

门窗工程在验收前需按照各阶段的质量控制要求进行检查,一些质量通病要学会鉴别与处理。

1. 金属门窗框与墙体连接处理不当

(1)原因分析:门窗框四周同墙体间的缝隙用水泥砂浆填嵌,日久产生裂缝;框与墙体连接件用料太薄,连接件间距大,连接点少,与墙体固定方法不当,造成框体松动。

(2)预防措施:门窗外框同墙体作弹性连接,框与墙体间的缝隙应用软质材料如矿棉条或玻璃棉毡条分层嵌实,用密封胶密封;连接件应用厚度不小于 1.5mm 的钢板制作,表面作镀锌处理,连接件两端应伸出铝框,作内外错固;连接件距铝框角边的距离应不大于 180mm,连接件的间距应不大于 500mm,并均匀布置,以保证连接牢固;连接件同墙体连接应视不同墙体结构,采用不同的连接方法。在混凝土墙上可采用射钉或膨胀螺栓固定,砖砌墙体可用预埋件或开钗铁件嵌固在墙中固定。

2. 金属门窗安装后出现晃动、整体刚度差

(1)原因分析:型材选择不当,断面小,壁厚达不到规定要求。

(2)预防措施:铝合金门窗应按洞口尺寸及安装高度等不同使用条件,选择型材截面;窗框型材的壁厚应符合设计要求,一般窗型材壁厚不应小于 1.4mm,门的型材壁厚不应小于 2.0mm。

3. 金属门窗渗漏

(1)门窗框四周同墙体连接处渗漏。

①原因分析:铝合金窗框直接埋入墙体,型材与砂浆接触面产生裂缝,形成渗水通道;门窗框同墙体连接处未注胶或注胶不当。

②预防措施:铝合金门窗框同墙体作弹性连接,框外侧应留设 5mm×8mm 槽口,防止水泥砂浆同铝合金窗框直接接触,槽口内注密封胶至槽口平齐。

(2)组合窗拼接处渗漏。

①原因分析:组合门窗的组合杆件,未采用套插或搭接连接,且无密封措施。

②预防措施:组合门窗的竖向或横向组合杆件,不得采用平面同平面的组合做法,应采用套插搭接形成曲面组合,搭接长度应大于 10mm,连接处应用密封胶作可靠的密封处理。

(3)推拉窗下滑槽槽口内积水。

①原因分析:外露的连接螺钉未作密封处理;窗下框未开排水孔,或排水孔阻塞,槽口内积水不能及时排出。

②预防措施:尽量减少外露连接螺钉,如有外露连接螺钉时,应用密封材料密封;铝合金推拉窗下滑槽距两端头约 80mm 处开设排水孔,排水孔尺寸宜为 4mm×30mm,间距为 500～600mm,安装时应检查排水孔有无砂浆等杂物堵塞,确保排水顺畅。

4. 纱扇与框、扇间隙大

①原因分析:用料不匹配,纱扇漏安防蚊蝇的毛刷条;纱扇平面尺寸过大,用料单薄造成平面外变形。

②预防措施:按标准图配料,毛刷条不得遗漏;纱扇平面尺寸超过标准图时,材质要选用加强型的。

五、验收成果

钢门窗安装检验批质量验收记录

<table>
<tr><td>单位(子单位)
工程名称</td><td></td><td>分部(子分部)
工程名称</td><td>建筑装饰装修分部——门窗子分部</td><td>分项工程
名称</td><td>金属门窗
安装分项</td></tr>
<tr><td>施工单位</td><td></td><td>项目负责人</td><td></td><td>检验批容量</td><td></td></tr>
<tr><td>分包单位</td><td></td><td>分包单位
项目负责人</td><td></td><td>检验批部位</td><td></td></tr>
<tr><td>施工依据</td><td colspan="2">《住宅装饰装修工程施工规范》
(GB 50327—2001)</td><td>验收依据</td><td colspan="2">《建筑装饰装修工程质量验收标准》
(GB 50210—2018)</td></tr>
</table>

<table>
<tr><td colspan="5">验收项目</td><td>设计要求及
规范规定</td><td>最小/实际
抽样数量</td><td>检查记录</td><td>检查
结果</td></tr>
<tr><td rowspan="4">主控项目</td><td>1</td><td colspan="3">门窗质量</td><td>第 5.3.2 条</td><td>/</td><td>质量证明文件齐全，通过进场验收</td><td></td></tr>
<tr><td>2</td><td colspan="3">框和副框安装，预埋件</td><td>第 5.3.3 条</td><td>/</td><td>抽查处，合格处</td><td></td></tr>
<tr><td>3</td><td colspan="3">门窗扇安装</td><td>第 5.3.4 条</td><td>/</td><td>抽查处，合格处</td><td></td></tr>
<tr><td>4</td><td colspan="3">配件质量及安装</td><td>第 5.3.5 条</td><td>/</td><td>抽查处，合格处</td><td></td></tr>
<tr><td rowspan="15">一般项目</td><td>1</td><td colspan="3">表面质量</td><td>第 5.3.6 条</td><td>/</td><td>抽查处，合格处</td><td></td></tr>
<tr><td>2</td><td colspan="3">框与墙体间缝隙</td><td>第 5.3.8 条</td><td>/</td><td>抽查处，合格处</td><td></td></tr>
<tr><td>3</td><td colspan="3">扇密封胶条或毛毡密封条</td><td>第 5.3.9 条</td><td>/</td><td>抽查处，合格处</td><td></td></tr>
<tr><td>4</td><td colspan="3">排水孔</td><td>第 5.3.10 条</td><td>/</td><td>抽查处，合格处</td><td></td></tr>
<tr><td rowspan="11">5</td><td rowspan="11">安装留缝限值及允许偏差</td><td rowspan="2">门窗槽口宽度高度</td><td>≤1500mm</td><td>2.5</td><td>/</td><td>抽查处，合格处</td><td></td></tr>
<tr><td>＞1500mm</td><td>3.5</td><td>/</td><td>抽查处，合格处</td><td></td></tr>
<tr><td rowspan="2">门窗槽口对角线长度差</td><td>≤2000mm</td><td>5</td><td>/</td><td>抽查处，合格处</td><td></td></tr>
<tr><td>＞2000mm</td><td>6</td><td>/</td><td>抽查处，合格处</td><td></td></tr>
<tr><td colspan="2">门窗框的正侧面垂直度</td><td>3</td><td>/</td><td>抽查处，合格处</td><td></td></tr>
<tr><td colspan="2">门窗横框的水平度</td><td>3</td><td>/</td><td>抽查处，合格处</td><td></td></tr>
<tr><td colspan="2">门窗横框标高</td><td>5</td><td>/</td><td>抽查处，合格处</td><td></td></tr>
<tr><td colspan="2">门窗竖向偏离中心</td><td>4</td><td>/</td><td>抽查处，合格处</td><td></td></tr>
<tr><td colspan="2">双层门窗内外框间距</td><td>5</td><td>/</td><td>抽查处，合格处</td><td></td></tr>
<tr><td colspan="2">门窗框扇配合间隙</td><td>≤2</td><td>/</td><td>抽查处，合格处</td><td></td></tr>
<tr><td colspan="2">无下框时门扇与地面留缝</td><td>4～8</td><td>/</td><td>抽查处，合格处</td><td></td></tr>
<tr><td colspan="5">施工单位
检查结果</td><td colspan="4">专业工长：
项目专业质量检查员：　　年　月　日</td></tr>
<tr><td colspan="5">监理单位验收结论</td><td colspan="4">专业监理工程师：　　年　月　日</td></tr>
</table>

六、实践项目成绩评定

序号	项目	技术及质量要求	实测记录	项目分配	得分
1	工具准备			10	
2	框和副框安装，预埋件			10	
3	门窗扇安装			10	
4	施工工艺流程			15	
5	验收工具的使用			10	
6	施工质量			25	
7	文明施工与安全施工			15	
8	完成任务时间			5	
9	合计			100	

任务4　涂色镀锌钢板门窗施工

涂色镀锌钢板门窗，又称彩板钢门窗、镀锌彩板门窗，是一种新型的金属门窗。涂色镀锌钢板门窗是以涂色镀锌钢板和4mm厚平板玻璃或双层中空玻璃为主要材料，经过机械加工而制成的，色彩有红、绿、乳白、棕、蓝等。涂色镀锌钢板门窗具有质量轻、强度高、采光面积大、防尘、隔声、保温、密封性能好、造型美观、色彩鲜艳、质感均匀柔和、装饰性好、耐腐蚀性等特点，主要适用于商店、超级市场、试验室、教学楼、高级宾馆、影剧院及民用住宅高级建筑的门窗工程。

一、施工任务

建筑室内需安装1200mm×2100mm涂色镀锌钢板门及1800mm×2100mm的窗，根据现场实际情况合理组织施工，并完成报验工作。

二、施工准备

(一)材料准备

1. 涂色镀锌钢板门窗对材料要求

(1)型材原材料应为建筑门窗外用涂色镀锌钢板，涂膜材料为外用聚酯，基材类型为镀锌平整钢带，其技术性能要求应符合《彩色涂层钢板及钢带》(GB/T 12754—2006)的相关规定。

(2)涂色镀锌钢板门窗所用的五金配件，应当与门窗的型号相匹配，并应采用五金喷塑铰链。

(3)涂色镀锌钢板门窗密封采用橡胶密封胶条，断面尺寸和形状均应符合设计要求。门窗的橡胶密封胶条安装后，接头要严密，表面要平整，玻璃密封条不存在咬边缘的现象。

(4)涂色镀锌钢板门窗表面漆膜坚固、均匀、光滑，经盐雾试验 480h 无起泡和锈蚀现象。相邻构件漆膜不应有明显色差。

(5)涂色镀锌钢板门窗的外形尺寸允许偏差应符合表 7-4-1 中的规定。

(6)涂色镀锌钢板门窗的连接与外观应满足下列要求：

①门窗框、扇四角处交角的缝隙不应大于 0.5mm，平开门窗缝隙处应用密封膏密封严密，不应出现透光现象。

②门窗框、扇四角处交角同一平面高低差不应大于 0.3mm。

③门窗框、扇四角组装应牢固，不应有松动、锤击痕迹、破裂及加工变形等缺陷。

表 7-4-1　涂色镀锌钢板门窗的外形尺寸允许偏差

<table>
<tr><th rowspan="2">项目</th><th rowspan="2">门窗等级</th><th colspan="2">允许偏差/mm</th><th rowspan="2">项目</th><th rowspan="2">门窗等级</th><th colspan="2">允许偏差/mm</th></tr>
<tr><th>≤1500mm</th><th>>1500mm</th><th>≤2000mm</th><th>>2000mm</th></tr>
<tr><td rowspan="2">宽度 B 和高度 H</td><td>Ⅰ</td><td>+2.0，−1.0</td><td>+3.0，−1.0</td><td rowspan="2">对角线长度 L</td><td>Ⅰ</td><td>≤4</td><td>≤5</td></tr>
<tr><td>Ⅱ</td><td>+2.5，−1.0</td><td>+3.5，−1.0</td><td>Ⅱ</td><td>≤5</td><td>≤6</td></tr>
<tr><td>搭接量</td><td colspan="4">≥8</td><td colspan="3">≥6，<8</td></tr>
<tr><td>等级</td><td colspan="2">Ⅰ</td><td colspan="2">Ⅱ</td><td colspan="2">Ⅰ</td><td>Ⅱ</td></tr>
<tr><td>允许偏差/mm</td><td colspan="2">±2.0</td><td colspan="2">±3.0</td><td colspan="2">±1.5</td><td>±2.5</td></tr>
</table>

④门窗的各种零附件位置应准确，安装应牢固；门窗启闭灵活，不应有阻滞、回弹等缺陷，并应满足使用功能的要求。平开窗的分格尺寸允许偏差为±2mm。

⑤门窗装饰表面涂层不应有明显脱漆、裂纹，每樘门窗装饰表面局部擦伤、划伤等应符合表 7-4-2 的规定，并对所有缺陷进行修补。

表 7-4-2　每樘门窗装饰表面局部擦伤、划伤等级

项目	等级		项目	等级	
	Ⅰ	Ⅱ		Ⅰ	Ⅱ
擦伤划伤深度	不大于面漆厚度	不大于底漆厚度	每处擦伤面积/mm^2	≤100	≤150
擦伤总面积/mm^2	≤500	≤1000	划伤总长度/mm	≤100	≤150

(7)涂色镀锌钢板门窗的抗风压性能、空气渗透性能及雨水渗透性能应符合表 7-4-3 规定。

表 7-4-3 涂色镀锌钢板门、窗的抗风压性能、空气渗透性能和雨水渗透性能

开启方式	等级	抗风压性能/Pa	空气渗透性能/[Em²·(m²·h)⁻¹]	雨水渗透性能/Pa
门平开	Ⅰ	≥3500	≤0.5	≥500
	Ⅱ	≥3000	≤1.5	≥350
	Ⅲ	≥2500	≤2.5	≥250
窗平开	Ⅰ	≥3000	≤0.5	≥350
	Ⅱ	≥2000	≤1.5	≥250
窗推拉	Ⅰ	≥2000	≤1.5	≥250
	Ⅱ	≥1500	≤2.5	≥150

(8)所用焊条的型号和规格，应根据施焊铁件的材质和厚度确定，并应有产品出厂合格证。

(9)建筑密封膏或密封胶以及嵌缝材料，其品种、性能应符合设计和现行国家或行业标准的规定。

(10)水泥采用 32.5 级以上的普通硅酸盐水泥或矿渣硅酸盐水泥，进场时应有材料合格证明文件，并应进行现场取样检测。砂子应选用干净的中砂，含泥量不得大于 3%，并用 5mm 的方孔筛子过筛备用。

2. 机具准备

安装用的膨胀螺栓或射钉、塑料垫片、自攻螺钉等，应当符合设计和有关标准的规定。

3. 作业条件

(1)结构工程已完，经验收后达到合格标准，已办理了工种之间交接检查。

(2)按图示尺寸弹好窗中线及＋50cm 的标高线，核对门窗口预留尺寸及标高是否正确，如不符，应提前进行处理。

(3)检查原结构施工时门窗两侧预留铁件的位置是否正确，是否满足安装需要，如有问题应及时调整。

(4)开包检查核对门窗规格、尺寸和开启方向是否符合图纸要求；检查门窗框、扇、角、梃有无变形，玻璃及零配件是否损坏，如有破损，应及时修复或更换后方可安装。

(5)提前准备好安装脚手架，并做好安全防护。

三、组织施工

(一)施工工艺流程

涂色镀锌钢板门窗进场验收→门窗洞口尺寸、位置、预埋件核查与验收→弹出门窗安装线→门窗就位、找平、找直、找方正→连接并固定门窗→塞缝密封→清理、验收。

(二)施工质量控制要点

1. 门窗洞口尺寸、位置、预埋件核查。

(1)涂色镀锌钢板门窗分为带副框门窗和不带副框门窗。一般当室外饰面板面层装

饰时，需要安装副框。室外墙面为普通抹灰和涂料罩面时，采用直接与墙体固定的方法，可以不安装副框。

(2)对于带副框的门窗应在洞口抹灰前将副框安装就位，并与预埋件连接固定。

(3)对于不带副框的门窗，一般是先进行洞口抹灰，抹灰完成并具有一定的强度后，先用冲击钻打孔，然后用膨胀螺栓将门窗框与洞口墙体固定。

(4)带副框门窗与不带副框门窗对洞口条件的要求是不同的。带副框门窗应根据到现场门窗的副框实际尺寸及连接位置，核查洞口尺寸和预埋件的位置及数量；而对于不带副框门窗，洞口抹灰后预留的净空尺寸必须准确。所以，要求必须待门窗进场后测量其实际尺寸，并按此实际尺寸对洞口弹安装线后，方可进行洞口的先行抹灰。

2. 弹出门窗的安装线

(1)先在顶层找出门窗的边线，用2kg重的线锤将门窗的边线引到楼房各层，并在每层门窗口处划线、标注，对个别不直的洞口边要进行处理。

(2)高层建筑应根据层数的具体情况，利用经纬仪引垂直线。

(3)门窗洞口的标高尺寸，应以楼层＋50mm水平线为准往上返，找出窗下皮的安装标高及门洞顶标高位置。

3. 门窗安装就位。

(1)对照施工图纸上各门窗洞口位置及门窗编号，将准备安装的门窗运至安装位置洞口处，注意核对门窗的规格、类型、开启方向。

(2)对于带副框的门窗，安装分两步进行；在洞口及外墙做装饰面打底面，将副框安装好；待外墙面及洞口的饰面完工并清理干净后，再安装门窗的外框和扇。

4. 带副框门窗安装

(1)按门窗图纸尺寸在工厂组装好副框，按安装顺序运至施工现场，用M5mm×12mm的自攻螺栓将连接件铆固在副框上。

(2)将副框安装于洞口并与安装位置线齐平，用木楔进行临时固定，然后校正副框的正、侧面垂直度及对角线长度无误后，将其用木楔固定牢固。

(3)经过再次校核准确无误后，将副框的连接件，逐个采用电焊方法焊牢在门窗洞口的 预埋铁件上。

(4)副框的固定作业完成后，填塞密封副框四周的缝隙，并及时将副框四周清理干净。

(5)在副框与门窗外框接触的顶面、侧面贴上密封胶条，将门窗装入副框内，适当进行调整后，用M5mm×12mm的自攻螺栓将门窗外框与副框连接牢固，并扣上孔盖；在安装推拉窗时，还应调整好滑块。

(6)副框与外框、外框与门窗之间的缝隙，应用密封胶充填密实。最后揭去型材表面的保护膜层，并将表面清理干净。

5. 不带副框门窗安装

(1)根据到场门窗的实际尺寸，进行规方、找平、找方正洞口。要求洞口抹灰后的尺寸尽可能准确，其偏差控制在＋8mm范围内。

(2)按照设计图的位置,在洞口侧壁弹出门窗安装位置线。

(3)按照门窗外框上膨胀螺栓的位置,在洞口相应位置的墙体上钻安装膨胀螺栓的孔。

(4)将门窗安装在洞口的安装线上,调整门窗的垂直度、标高及对角线长度合格后用木楔临时固定。

(5)经检查门窗的位置、垂直度、标高等无误后,用膨胀螺栓将门窗与洞口固定,然后盖上螺钉盖。

门窗与洞口之间的缝隙,按设计要求的材料进行充填密封,表面用建筑密封胶密封。最后揭去型材表面的保护膜层,并将表面清理干净。

四、组织验收

(一)验收规范

1. 主控项目

(1)金属门窗的品种、类型、规格、尺寸、性能、开启方向、安装位置、连接方式及门窗的型材壁厚应符合设计要求及国家现行标准的有关规定。金属门窗的防雷、防腐处理及填嵌、密封处理应符合设计要求。

检验方法:观察;尺量检查;检查产品合格证书、性能检验报告、进场验收记录和复验报告;检查隐蔽工程验收记录。

(2)金属门窗框和附框的安装应牢固。预埋件及锚固件的数量、位置、埋设方式、与框的连接方式应符合设计要求。

检验方法:手扳检查;检查隐蔽工程验收记录。

(3)金属门窗扇应安装牢固、开关灵活、关闭严密、无倒翘。推拉门窗扇应安装防止扇脱落的装置。

检验方法:观察;开启和关闭检查;手扳检查。

(4)金属门窗配件的型号、规格、数量应符合设计要求,安装应牢固,位置应正确,功能应满足使用要求。

检验方法:观察;开启和关闭检查;手扳检查。

2. 一般项目

(1)金属门窗表面应洁净、平整、光滑、色泽一致,应无锈蚀、擦伤、划痕和碰伤。漆膜或保护层应连续。型材的表面处理应符合设计要求及国家现行标准的有关规定。

检验方法:观察。

(2)金属门窗推拉门窗扇开关力不应大于50N。

检验方法:用测力计检查。

(3)金属门窗框与墙体之间的缝隙应填嵌饱满,并应采用密封胶密封。密封胶表面应光滑、顺直、无裂纹。

检验方法:观察;轻敲门窗框检查;检查隐蔽工程验收记录。

(4)金属门窗扇的密封胶条或密封毛条装配应平整、完好,不得脱槽,交角处应平顺。

检验方法:观察;开启和关闭检查。

(5)排水孔应畅通,位置和数量应符合设计要求。

检验方法:观察。

(6)涂色镀锌钢板门窗安装的允许偏差和检验方法如表 7-4-4 所示。

表 7-4-4　涂色镀锌钢板门窗安装的允许偏差和检验方法

项次	项目		允许偏差/mm	检验方法
1	门窗槽口宽度、高度	≤1500mm	2	用钢卷尺检查
		>1500mm	3	
2	门窗槽口对角线长度差	≤2000mm	4	
		>2000mm	5	
3	门窗框的正、侧面垂直度		3	用 1m 垂直检测尺检查
4	门窗横框的水平度		3	用 1m 水平尺和塞尺检查
5	门窗横框标高		5	用钢卷尺检查
6	门窗竖向偏离中心		5	
7	双层门窗内外框间距		4	
8	平开门窗框扇搭接宽度		2	用钢直尺检查

(二)常见的质量问题与预控

门窗工程在验收前需按照各阶段的质量控制要求进行检查,一些质量通病要学会鉴别与处理。

1. 金属门窗框与墙体连接处理不当

(1)原因分析:门窗框四周同墙体间的缝隙用水泥砂浆填嵌,日久产生裂缝;框与墙体连接件用料太薄,连接件间距大,连接点少,与墙体固定方法不当,造成框体松动。

(2)预防措施:门窗外框同墙体作弹性连接,框与墙体间的缝隙应用软质材料,如矿棉条或玻璃棉毡条分层嵌实,用密封胶密封;连接件应用厚度不小于 1.5mm 的钢板制作,表面作镀锌处理,连接件两端应伸出铝框,作内外错固;连接件距铝框角边的距离应不大于 180mm,连接件的间距应不大于 500mm,并均匀布置,以保证连接牢固;连接件同墙体连接应视不同墙体结构,采用不同的连接方法。在混凝土墙上可采用射钉或膨胀螺栓固定,砖砌墙体可用预埋件或开钗铁件嵌固在墙中。

2. 金属门窗安装后出现晃动、整体刚度差

(1)原因分析:型材选择不当,断面小,壁厚达不到规定要求。

(2)预防措施:铝合金门窗应按洞口尺寸及安装高度等不同使用条件,选择型材截面;窗框型材的壁厚应符合设计要求,一般窗的型材壁厚不应小于 1.4mm,门的型材壁厚不应小于 2.0mm。

3. 金属门窗渗漏

(1)门窗框四周同墙体连接处渗漏。

①原因分析:铝合金窗框直接埋入墙体,型材与砂浆接触面产生裂缝,形成渗水通道;门窗框同墙体连接处未注胶或注胶不当。

②预防措施:铝合金门窗框同墙体作弹性连接,框外侧应留设5mm×8mm 槽口,防止水泥砂浆同铝合金窗框直接接触,槽口内注密封胶至槽口平齐。

(2)组合窗拼接处渗漏。

①原因分析:组合门窗的组合杆件,未采用套插或搭接连接,且无密封措施。

②预防措施:组合门窗的竖向或横向组合杆件,不得采用平面同平面的组合做法,应采用套插搭接形成曲面组合,搭接长度应大于 10mm,连接处应用密封胶作可靠的密封处理。

(3)推拉窗下滑槽槽口内积水。

①原因分析:外露的连接螺钉未作密封处理;窗下框未开排水孔,或排水孔阻塞,槽口内积水不能及时排出。

②预防措施:尽量减少外露连接螺钉,如有外露连接螺钉时,应用密封材料密封;铝合金推拉窗下滑槽距两端头约 80mm 处开设排水孔,排水孔尺寸宜为 4mm×30mm,间距为500～600mm,安装时应检查排水孔有无砂浆等杂物堵塞,确保排水顺畅。

4. 纱扇与框、扇间隙大

(1)原因分析:用料不匹配,纱扇漏安防蚊蝇的毛刷条;纱扇平面尺寸过大,用料单薄造成平面外变形。

(2)预防措施:按标准图配料,毛刷条不得遗漏;纱扇平面尺寸超过标准图时,材质要选用加强型的。

五、验收成果

涂色镀锌钢板门窗安装检验批质量验收记录

03040203　001

单位(子单位)工程名称		分部(子分部)工程名称	建筑装饰装修分部——门窗子分部	分项工程名称	金属门窗安装分项
施工单位		项目负责人		检验批容量	
分包单位		分包单位项目负责人		检验批部位	
施工依据	《住宅装饰装修工程施工规范》(GB 50327—2001)		验收依据	《建筑装饰装修工程质量验收标准》(GB 50210—2018)	

续表

<table>
<tr><th colspan="5">验收项目</th><th>设计要求及规范规定</th><th>最小/实际抽样数量</th><th>检查记录</th><th>检查结果</th></tr>
<tr><td rowspan="4">主控项目</td><td>1</td><td colspan="3">门窗质量</td><td>第 5.3.2 条</td><td>/</td><td>质量证明文件齐全，通过进场验收</td><td></td></tr>
<tr><td>2</td><td colspan="3">框和副框安装，预埋件</td><td>第 5.3.3 条</td><td>/</td><td>抽查处，合格处</td><td></td></tr>
<tr><td>3</td><td colspan="3">门窗扇安装</td><td>第 5.3.4 条</td><td>/</td><td>抽查处，合格处</td><td></td></tr>
<tr><td>4</td><td colspan="3">配件质量及安装</td><td>第 5.3.5 条</td><td>/</td><td>抽查处，合格处</td><td></td></tr>
<tr><td rowspan="14">一般项目</td><td>1</td><td colspan="3">表面质量</td><td>第 5.3.6 条</td><td>/</td><td>抽查处，合格处</td><td></td></tr>
<tr><td>2</td><td colspan="3">框与墙体间缝隙</td><td>第 5.3.8 条</td><td>/</td><td>抽查处，合格处</td><td></td></tr>
<tr><td>3</td><td colspan="3">扇密封胶条或毛毡密封条</td><td>第 5.3.9 条</td><td>/</td><td>抽查处，合格处</td><td></td></tr>
<tr><td>4</td><td colspan="3">排水孔</td><td>第 5.3.10 条</td><td>/</td><td>抽查处，合格处</td><td></td></tr>
<tr><td rowspan="10">6</td><td rowspan="10">安装留缝限值及允许偏差</td><td rowspan="2">门窗槽口宽度高度</td><td>≤1500mm</td><td>2</td><td>/</td><td>抽查处，合格处</td><td></td></tr>
<tr><td>>1500mm</td><td>3</td><td>/</td><td>抽查处，合格处</td><td></td></tr>
<tr><td rowspan="2">门窗槽口对角线长度差</td><td>≤2000mm</td><td>4</td><td>/</td><td>抽查处，合格处</td><td></td></tr>
<tr><td>>2000mm</td><td>5</td><td>/</td><td>抽查处，合格处</td><td></td></tr>
<tr><td colspan="2">门窗框的正侧面垂直度</td><td>3</td><td>/</td><td>抽查处，合格处</td><td></td></tr>
<tr><td colspan="2">门窗横框的水平度</td><td>3</td><td>/</td><td>抽查处，合格处</td><td></td></tr>
<tr><td colspan="2">门窗横框标高</td><td>5</td><td>/</td><td>抽查处，合格处</td><td></td></tr>
<tr><td colspan="2">门窗竖向偏离中心</td><td>5</td><td>/</td><td>抽查处，合格处</td><td></td></tr>
<tr><td colspan="2">双层门窗内外框间距</td><td>4</td><td>/</td><td>抽查处，合格处</td><td></td></tr>
<tr><td colspan="2">推拉门窗扇与框搭接量</td><td>2</td><td>/</td><td>抽查处，合格处</td><td></td></tr>
<tr><td colspan="5">施工单位
检查结果</td><td colspan="4">主控项目全部合格，一般项目满足规范规定要求；检查评定合格
专业工长：
项目专业质量检查员：
年　月　日</td></tr>
<tr><td colspan="5">监理单位
验收结论</td><td colspan="4">专业监理工程师：
年　月　日</td></tr>
</table>

六、实践项目成绩评定

序号	项目	技术及质量要求	实测记录	项目分配	得分
1	工具准备			10	
2	框和副框安装，预埋件			10	
3	门窗扇安装			10	
4	施工工艺流程			15	
5	验收工具的使用			10	
6	施工质量			25	
7	文明施工与安全施工			15	
8	完成任务时间			5	
9	合计			100	

任务 5　塑料门窗施工

塑料门窗的基本构造同铝合金门窗十分相似，也是用不同规格、尺寸、断面结构、色彩纹理的塑料型材，经过断料、搭接、组装成门窗框和扇，再安装而成。塑料窗的基本构造如图 7-5-1 所示。

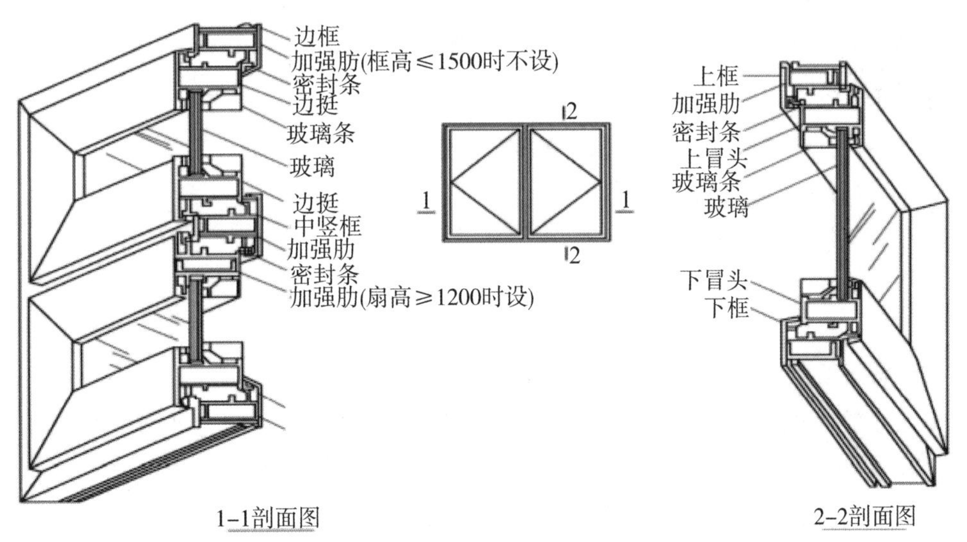

图 7-5-1　塑料窗的基本构造

一、施工任务

某建筑拟采用PVC塑料门窗，玻璃采有6mm＋12mm＋6mm的双层中空玻璃，推拉门的规格为90mm×1200×2100mmm、推拉窗的规格为90mm×1800×2100mmm，请根据现场实际情况合理组织施工并完成报验工作。

二、施工准备

(一)材料准备

1.塑料门窗材料

(1)塑料门窗用的异型材、密封条等原材料应符合现行相关标准的有关规定。

(2)塑料门窗采用的紧固件、五金件、增强型钢、金属衬板等的质量应符合下列要求：

①紧固件、五金件、增强型钢及金属衬板等应进行表面防腐处理。

②紧固件的镀层金属及其厚度应符合国家标准《紧固件电镀层》(GB/T 5267.1—2002)的有关规定；紧固件的尺寸、螺纹、公差、十字槽及机械性能等技术条件应符合国家标准《十字槽盘头自攻螺钉》(GB/T 845—2017)、《十字槽沉头自攻螺钉》(GB/T 846—2017)的有关规定。

③五金件型号、规格和性能应符合现行国家标准的有关规定；滑撑铰链不得使用铝合金材料。

④全防腐型门窗应采用相应的防腐型五金件及紧固件。

(3)密封材料。塑料门窗与洞口密封所用嵌缝膏(建筑密封胶)，应有弹性和黏结性。

(二)机具准备

冲击钻、射钉枪、螺钉旋具、锤子、吊线锤、钢 尺、灰线包等。

(三)作业条件

(1)塑料门窗一般采用预留洞口法安装。

(2)墙体的作业大面积完工。

(3)门窗洞口尺寸、位置检验合格。

三、组织施工

(一)施工工艺流程

施工准备→弹线→固定连接件→门窗框就位→门窗框固定→接缝处理→安装门窗扇→安装玻璃→五金配件安装→清理。

(二)施工质量控制要点

(1)施工准备。

①检查窗洞口。塑料窗在窗洞口的位置，要求窗框与基体之间需留有10～ 20mm的间隙。塑料窗组装后的窗框应符合规定尺寸，一方面要符合窗扇的安装；另一方面要符

合窗洞尺寸的要求,如窗洞有差距时应进行窗洞修整,待其合格后才可安装窗框。

②检查塑料门窗。安装前对运到现场的塑料门窗应检查其品种、规格、开启方式等是否符合设计要求;检查门窗型材有无断裂、开焊和连接不牢固等现象。发现不符合设计要求或被损坏的门窗,应及时进行修复或更换。

(2)弹线。安装塑料门窗时,首先要抄水平,要确保设计在同一标高上的门、窗安装在同一个标高上,确保设计在同一垂直中心线上的门、窗安装在同一垂直线上。

(3)固定连接件。塑料门窗框入洞口之前,先将镀锌的固定钢片按照铰链连接的位置嵌入门窗框的外槽内,也可用自攻螺钉拧固在门窗框上。连接件固定的位置应符合设计间距的要求,若设计上无要求时,可按 500mm 的间距确定。

(4)门窗框就位。将塑料门窗框上固定铁片旋转 90°与门窗框垂直,注意上、下边的位置及内外朝向,排水孔位置在门窗框外侧下方,纱窗则在室内一侧。将门窗框嵌入洞口,吊线取直、找平找正,用木楔调整门窗框垂直度后临时楔紧固定,木楔间距以 600mm 为宜。

(5)门窗框固定。塑料门窗框的固定方法有三种,即直接固定法、连接件固定法和假框法,如图 7-5-2 所示。

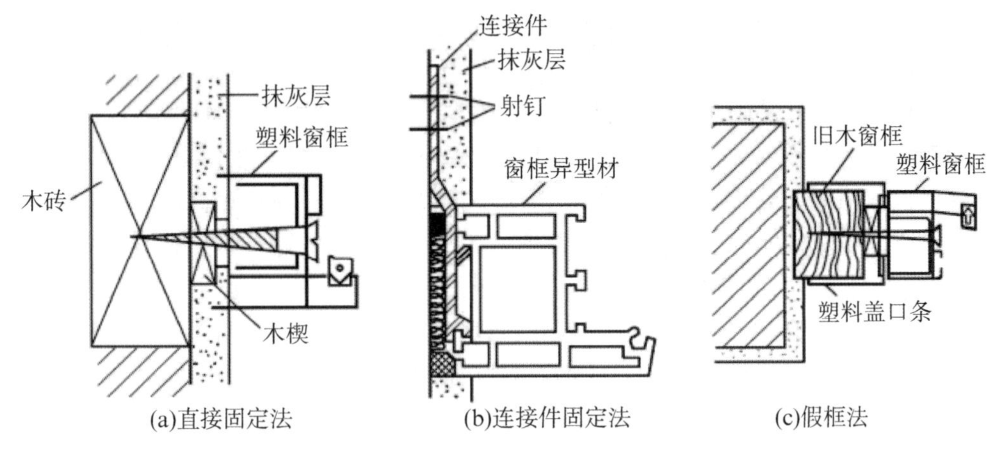

图 7-5-2　塑料窗框与墙体的连接固定

①直接固定法:又称为木砖固定法。窗洞施工时预先埋入防腐木砖,将塑料窗框送入洞口定位后,用木螺钉穿过窗框异型材与木砖连接,从而把窗框与基体固定。对于小型塑料窗,也可采用在基体上钻孔,塞入尼龙胀管,即用螺钉将窗框与基体连接,如图 7-5-2(a)所示。

②连接件固定法:在塑料窗异型材的窗框靠墙一侧的凹槽内或凸出部位,事先安装之字形铁件做连接件。塑料窗放入窗洞调整对中后用木楔临时稳固定位,然后将连接铁件的伸出端用射钉或胀制螺栓固定于洞壁基体,如图 7-5-2(b)所示。

③假框法:先在窗洞口内安装一个与塑料窗框相配的"口"形镀锌铁皮金属框,然后将塑料窗框固定其上,最后以盖缝条对接缝及边缘部分进行遮盖和装饰。或者是当旧木窗改为塑料窗时,把旧窗框保留,待抹灰饰面完成后立即将塑料窗框固定其上,最后加盖封口板条,如图 7-5-2(c)所示。此做法的优点是可以较好地避免其他施工对塑料窗框的损伤,并能提高塑料窗的安装效率。

(6)接缝处理。由于塑料门窗的膨胀系数较大,所以门窗框与洞口墙体间必须留出一定宽度的缝隙，以便调节塑料门窗的伸缩变形，一般取 10～20mm 的缝隙宽度即可。同时，应填充弹性材料进行嵌缝。洞口与框之间缝隙两侧的表面可根据需要采用不同的材料进行处理，常采用水泥砂浆、麻刀白灰浆填实抹平。如果缝隙小，可直接全部采用密封胶密封。

(7)安装门窗扇。安装平开塑料门窗时，应先剔好框上的铰链槽，再将门、窗扇装入框中，调整扇与框的配合位置，并用铰链将其固定，然后复查开关是否灵活自如。由于推拉塑料门、窗扇与框不连接，因此对可拆卸的推拉扇，应先安装好玻璃后再安装门、窗扇。对出厂时框、扇就连在一起的平开塑料门、窗，则可将其直接安装，然后再检查开闭是否灵活自如，如发现问题，则应进行必要的调整。

(8)安装玻璃。为塑料门窗扇安装玻璃时，玻璃不得与玻璃槽直接接触，应在玻璃四边垫上不同厚度的玻璃垫块。边框上的玻璃垫块应用聚氯乙烯胶加以固定，再将玻璃装入门、窗扇框内，然后用玻璃压条将其固定。

安装双层玻璃时，应在玻璃夹层四周嵌入中隔条，中隔条应保证密封，不变形，不脱落。玻璃槽及玻璃表面应清洁、干燥。安装玻璃压条时可先安装短向压条，后安装长向压条。玻璃压条夹角与密封胶条的夹角应密合。

(9)五金配件安装。塑料门窗安装五金配件时，应先在杆件上钻孔，然后用自攻螺钉拧入。不得在杆件上采取锤击直接钉入。安装门、窗合页时，固定合页的螺钉，应至少穿过塑性型材的两层中空腔壁，或与衬筋连接。在安装塑性门窗时，剔凿合页槽不可过深，不允许将框边剔透。平开塑料门、窗安装五金，应给开启扇留一定的吊高。

(10)清理。塑料门窗表面及框槽内粘有水泥砂浆、石灰砂浆等时，应在其凝固前清理干净。塑料门安装好后，可将门扇暂时取下，编号保管，待交工前再安上。塑料门框下部应采取措施加以保护。粉刷门、窗洞口时，应将塑料门、窗表面遮盖严密。在塑料门、窗上一旦沾有污物时，要立即用软布擦拭干净，切忌用硬物刮除。

四、组织验收

(一)验收规范

1.主控项目

(1)塑料门窗的品种、类型、规格、尺寸、性能、开启方向、安装位置、连接方式和填嵌密封处理应符合设计要求及国家现行标准的有关规定，内衬增强型钢的壁厚及设置应符合现行国家标准《建筑用塑料门》(GB/T 28886—2012)和《建筑用塑料窗》(GB/T 28887—2012)的规定。

检验方法：观察；尺量检查；检查产品合格证书、性能检验报告、进场验收记录和复验报告；检查隐蔽工程验收记录。

(2)塑料门窗框、附框和扇的安装应牢固。固定片或膨胀螺栓的数量与位置应正确，连接方式应符合设计要求。固定点应距窗角、中横框、中竖框 150～200mm，固定点间距不应大于 600mm。

检验方法:观察;手扳检查;尺量检查;检查隐蔽工程验收记录。

(3)塑料组合门窗使用的拼樘料截面尺寸及内衬增强型钢的形状和壁厚应符合设计要求。承受风荷载的拼樘料应采用与其内腔紧密吻合的增强型钢作为内衬,其两端应与洞口固定牢固。窗框应与拼樘料连接紧密,固定点间距不应大于600mm。

检验方法:观察;手扳检查;尺量检查;吸铁石检查;检查进场验收记录。

(4)窗框与洞口之间的伸缩缝内应采用聚氨酯发泡胶填充,发泡胶填充应均匀、密实。发泡胶成型后不宜切割。表面应采用密封胶密封。密封胶应黏结牢固,表面应光滑、顺直、无裂纹。

检验方法:观察;检查隐蔽工程验收记录。

(5)滑撑铰链的安装应牢固,紧固螺钉应使用不锈钢材质。螺钉与框扇连接处应进行防水密封处理。

检验方法:观察;手扳检查;检查隐蔽工程验收记录。

(6)推拉门窗 扇应安装防止扇脱落的装置。

检验方法:观察。

(7)门窗扇关闭应严密,开关应灵活。

检验方法:观察;尺量检查;开启和关闭检查。

(8)塑料门窗配件的型号、规格和数量应符合设计要求,安装应牢固,位置应正确,使用应灵活,功能应满足各自使用要求。平开窗扇高度大于900mm时,窗扇锁闭点不应少于2个。

检验方法:观察;手扳检查;尺量检查。

2.一般项目

(1)安装后的门窗关闭时,密封面上的密封条应处于压缩状态,密封层数应符合设计要求。密封条应连续完整,装配后应均匀、牢固,应无脱槽、收缩和虚压等现象;密封条接口应严密,且应位于窗的上方。

检验方法:观察。

(2)塑料门窗扇的开关力应符合下列规定:

平开门窗扇平铰链的开关力不应大于80N;滑撑铰链的开关力不应大于80N,并不应小于30N;推拉门窗扇的开关力不应大于100N。

检验方法:观察;用测力计检查。

(3)门窗表面应洁净、平整、光滑,颜色应均匀一致。可视面应无划痕、碰伤等缺陷,门窗不得有焊角开裂和型材断裂等现象。

检验方法:观察。

(4)旋转窗间隙应均匀。

检验方法:观察。

(5)排水孔应畅通,位置和数量应符合设计要求。

检验方法:观察。

(6)塑料门窗安装的允许偏差和检验方法应符合表7-5-1的规定。

表 7-5-1 塑料门窗安装的允许偏差和检验方法

项次	项目		允许偏差/mm	检验方法
1	门、窗框外形(高、宽)尺寸长度差	≤1500mm	2	用钢卷尺检查
		＞1500mm	3	
2	门窗槽口对角线长度差	≤2000mm	3	
		＞2000mm	5	
3	门、窗框(含拼樘料)正、侧面垂直度		3	用1m垂直检测尺检查
4	门、窗横框(含拼樘料)水平度		3	用1m水平尺和塞尺检查
5	门、窗下横框标高		5	用钢卷尺检查,与基准线比较
6	门、窗竖向偏离中心		5	用钢卷尺检查
7	双层门、窗内外框间距		4	用钢卷尺检查
8	平开门窗及上悬、下悬、中悬窗	门、窗扇与框搭接宽度	2	用深度尺或钢直尺检查
		同樘门、窗相邻扇的水平	2	用深度尺或钢直尺检查
		门、窗框扇四周的配合	1	用楔形塞尺检查
9	推拉门窗	门、窗扇与框搭接宽度	2	用深度尺或钢直尺检查
		门、窗扇与框或相邻扇立边平行度	2	用钢直尺检查
10	组合门窗	平整度	3	用2m靠尺和钢直尺
		缝直线度	3	用2m靠尺和钢直尺

(二)常见的质量问题与预控

1. 门窗框松动

(1)原因分析:固定片间距过大;螺钉钉在砖缝内或砖及轻质砌块上;组合窗拼管固定不规范或连接螺钉直接锤入框内。

(2)预防措施:固定片间距应不大于600mm;墙内固定点应埋木砖或混凝土块:组合窗拼管固定端焊于埋件上或伸入结构内,或用射钉和封头件;连接螺钉严禁直接锤入框内,应先钻孔,然后旋进螺钉。

2. 门窗框安装后变形

(1)原因分析:木楔位置不当,填充发泡剂时填得太紧或框受外力作用。

(2)预防措施:调整木楔位置;填充发泡剂应适度;框安装前检查是否已有变形,安装后防止脚手板搁于框上或悬挂重物等。

3. 组合门窗拼管处渗水

(1)原因分析:节点无防渗措施。

(2)预防措施:拼管与框间先填以密封胶,拼装后接缝处外口也灌以密封胶。

4. 门窗框四周有渗水点

(1)原因分析:固定片与墙体间无密封胶,水泥砂浆抹灰没有填实,抹灰面粗糙,高低不平,或密封胶盖缝不足。

(2)预防措施:固定片与墙体相连处灌密封胶,砂浆填实,表面做到平整细腻,密封胶盖缝位置正确,厚度足够。

5. 门窗扇开启不灵活,关闭不密封

(1)原因分析:框与扇的几何尺寸不符,门窗平整度与垂直度不符。

(2)预防措施:检查框与扇的几何尺寸是否符合,检查其平整度和垂直度,检查五金件质量。

6. 固定窗或推拉(平开)窗窗扇下槛渗水

(1)原因分析:下槛出水孔太小,泄水来不及;安装玻璃时,密封条不密实。

(2)预防措施:加大泄水孔,更换密封条。

五、验收成果

塑料门窗安装检验批质量验收记录

<table>
<tr><td colspan="2">单位(子单位)
工程名称</td><td></td><td>分部(子分部)
工程名称</td><td>建筑装饰装修分部——门窗子分部</td><td>分项工程
名称</td><td colspan="2">塑料门窗安装分项</td></tr>
<tr><td colspan="2">施工单位</td><td></td><td>项目负责人</td><td></td><td>检验批容量</td><td colspan="2"></td></tr>
<tr><td colspan="2">分包单位</td><td></td><td>分包单位
项目负责人</td><td></td><td>检验批部位</td><td colspan="2"></td></tr>
<tr><td colspan="2">施工依据</td><td colspan="2">《住宅装饰装修工程施工规范》
(GB 50327—2001)</td><td>验收依据</td><td colspan="3">《建筑装饰装修工程质量验收标准》
(GB 50210—2018)</td></tr>
<tr><td colspan="3">验收项目</td><td>设计要求及
规范规定</td><td>最小/实际
抽样数量</td><td colspan="2">检查记录</td><td>检查
结果</td></tr>
<tr><td rowspan="6">主控项目</td><td>1</td><td>门窗质量</td><td>第 5.4.2 条</td><td>/</td><td colspan="2">质量证明文件齐全,通过进场验收</td><td></td></tr>
<tr><td>2</td><td>框、扇安装</td><td>第 5.4.3 条</td><td>/</td><td colspan="2">抽查处,合格处</td><td></td></tr>
<tr><td>3</td><td>拼樘料与框连接</td><td>第 5.4.4 条</td><td>/</td><td colspan="2">抽查处,合格处</td><td></td></tr>
<tr><td>4</td><td>门窗扇安装</td><td>第 5.4.5 条</td><td>/</td><td colspan="2">抽查处,合格处</td><td></td></tr>
<tr><td>5</td><td>配件质量及安装</td><td>第 5.4.6 条</td><td>/</td><td colspan="2">抽查处,合格处</td><td></td></tr>
<tr><td>6</td><td>框与墙体缝隙填嵌</td><td>第 5.4.7 条</td><td>/</td><td colspan="2">抽查处,合格处</td><td></td></tr>
</table>

续表

验收项目					设计要求及规范规定	最小/实际抽样数量	检查记录	检查结果
一般项目	1	表面质量			第 5.4.8 条	/	抽查处,合格处	
	2	密封条及旋转门窗间隙			第 5.4.9 条	/	抽查处,合格处	
	3	门窗扇开关力			第 5.4.10 条	/	抽查处,合格处	
	4	玻璃密封条、玻璃槽口			第 5.4.11 条	/	抽查处,合格处	
	5	排水孔			第 5.4.12 条	/	抽查处,合格处	
	6	安装留缝限值及允许偏差	门窗槽口宽度高度	≤1500mm	2	/	抽查处,合格处	
				>1500mm	3	/	抽查处,合格处	
			门窗槽口对角线长度差	≤2000mm	3	/	抽查处,合格处	
				>2000mm	5	/	抽查处,合格处	
			门窗框的正侧面垂直度		3	/	抽查处,合格处	
			门窗横框的水平度		3	/	抽查处,合格处	
			门窗横框标高		5	/	抽查处,合格处	
			门窗竖向偏离中心		5	/	抽查处,合格处	
			双层门窗内外框间距		4	/	抽查处,合格处	
			同樘平开门窗相邻扇高度差		2	/	抽查处,合格处	
			平开门窗铰链部位配合间隙		+2,−1	/	抽查处,合格处	
			推拉门窗与框搭接量		+1.5,−2.5	/	抽查处,合格处	
			推拉门窗扇与竖框平行度		2	/	抽查处,合格处	
施工单位检查结果					专业工长： 项目专业质量检查员： 年 月 日			
监理单位验收结论					专业监理工程师： 年 月 日			

六、实践项目成绩评定

序号	项目	技术及质量要求	实测记录	项目分配	得分
1	工具准备			10	
2	框、扇安装			10	
3	门窗扇安装			10	
4	施工工艺流程			15	

续表

序号	项目	技术及质量要求	实测记录	项目分配	得分
5	验收工具的使用			10	
6	施工质量			25	
7	文明施工与安全施工			15	
8	完成任务时间			5	
9	合计			100	

思考题

一、填空题

1. 一般门窗扇的对口处及扇与框之间的风缝需留________。

2. 在木门窗表面________可以防止木材湿胀干缩变形，防止木材腐蚀，还能起到装饰的作用。

3. 门窗框安装时应该与墙体结构之间留一定的间隙，以防止________引起的变形。

4. 铝合金门窗的水密性指标值越大，水密性越________。

5. 木窗台板的截面形状、尺寸及装订方法应符合施工图纸的要求。在窗台上，应预先埋防腐木砖，木砖间距一般为________mm左右。

6. 安装木门窗柜的方法是________。

7. 平开木门窗的安装程序是：确定安装位置→弹出安装位置线→________→临时固定→用________→将门窗框固定于→预埋在墙内→将门窗扇靠在框上→按门口划出高低、宽窄尺寸后刨修合页槽→位置应准确。

二、选择题

1. 弹划基准线时应根据(　　)进行。

A. 房间大小，门窗位置，壁纸宽度和花纹图案

B. 房间层高，门窗位置，壁纸宽度

C. 门窗位置，房间层高，壁纸宽度

D. 门窗位置，壁纸宽度

2. 检查门窗框、扇时如有(　　)等的产品，必须剔除单独堆放。

A. 翘扭　　B. 弯曲　　C. 窜角　　D. 劈裂

3. 铝合金门窗的性能有(　　)、隔热性、开闭力、尼龙导向轮耐久性、开闭锁耐久性等。

A. 风压强度　　B. 气密性　　C. 水密性　　D. 隔声性

4. 木门窗的五金配件常用的有(　　)。

A. 把手　　B. 门锁、铁三角　　C. 铰链、窗开　　D. 电锯、电刨

5. 外墙金属窗应对(　　)进行复验。

A. 抗风压性能　　B. 空气渗透性能　　C. 雨水渗漏性能　　D. 甲醛释放量

E. 抗压强度

三、简答题

1. 铝合金门窗安装工艺是怎样的？
2. 木门窗框、扇进场后应该怎样保护？
3. 木框扇玻璃安装的施工工艺是什么？
4. 为什么预埋砼板隔墙会出现门窗固定不牢的现象？
5. 装饰木门安装的工艺要点有哪些？
6. 铝合金门窗的施工条件是什么？

项目八 屋面防水施工

知识目标

1. 了解刚性防水屋面、卷材防水屋面、涂膜防水屋面等的材料特性及其施工机具。

2. 熟悉刚性防水屋面、卷材防水屋面、涂膜防水屋面等的施工工艺及操作要点。

3. 掌握刚性防水屋面、卷材防水屋面、涂膜防水屋面等的质量验收标准及常见的质量问题、产生原因和处理措施。

能力目标

1. 能正确选用及验收刚性防水、卷材防水屋面、涂膜防水屋面等的材料，选择合适机具的能力。

2. 能对刚性防水屋面、卷材防水屋面、涂膜防水屋面等组织施工，进行技术交底并编写相应的施工方案。

3. 能对刚性防水屋面、卷材防水屋面、涂膜防水屋面施工的施工质量进行管控及验收，具有处理各类常见质量问题的技术能力。

任务概述

房屋建筑出现屋面渗漏率的情况，直接影响到人们的生活、工作和学习及建筑的使用寿命，要从根本上解决房屋屋面渗漏水问题，需从防水工程的设计、施工、材料及管理维护等方面着手，进行系统管理、综合防治，以提高防水工程质量。须根据建筑物的性质、重要程度、使用年限功能要求及防水层耐用年限等，将屋面防水分为两个等级，并按不同等级进行设防，防水屋面的常用类型有卷材防水屋面、涂抹防水屋面和刚性防水屋面等。

任务1 卷材防水屋面施工

卷材防水屋面是用胶黏剂将卷材逐层黏结铺设而成的防水屋面，分为保温屋面和不保温屋面。保温卷材屋面一般由结构层、隔气层、保温层、找平层、防水层和保护层组成。

卷材防水屋面构造示意图如图 8-1-1(a)和(b)所示。

结构层起承重作用;隔气层能阻止室内水蒸气进入保温层;以免影响保温效果,保温层的作用是隔热保温;找平层用以找平保温层或结构层;防水层主要防止雨雪水向屋面渗透;保护层是保护防水层免受外界因素的影响而遭到损坏。其中,隔气层和保温层可设可不设,主要根据气温条件和使用要求而定。

不保温卷材屋面与保温卷材屋面相比,只是没有隔气层和保温层。

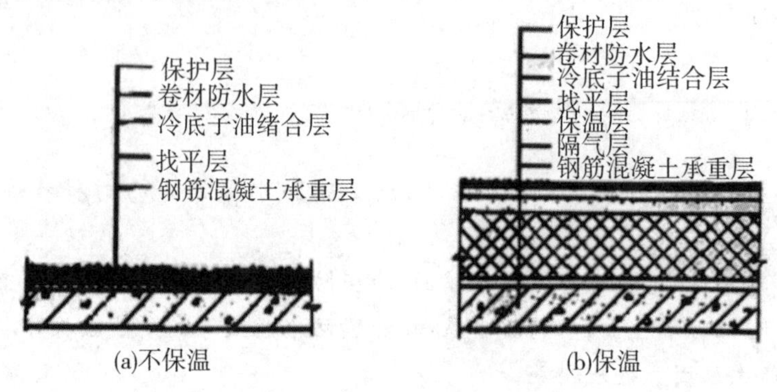

图 8-1-1 卷材屋面材料

一、施工任务

某小区建筑屋面防水层采用 4cm 改性沥青耐根穿刺自粘式防水卷材,上刷彩色室外防晒抗老化环氧树脂面层三遍,请根据工程实际情况组织施工,并完成相关报验工作。

二、施工准备

(一)材料准备

卷材防水主要材料为:沥青防水卷材、高聚物改性沥青防水卷材和合成高分子防水卷材、卷材沾黏剂等。

(二)机具准备

主要施工机械为:液化气喷火枪、滚筒等。

(三)作业条件

(1)找平层施工完毕,并经养护、干燥,含水率不大于 9%。

(2)找平层坡度应符合设计要求,不得有空鼓、开裂、起砂、脱皮等缺陷。

(3)各种阴阳角、管根抹圆角。

(4)立面上卷最小高度要保证≥250mm。

(5)下水口的位置、出墙距离不能影响雨漏斗的安装,不能与各楼层的通气孔、空调孔紧贴。

(6)作业人员应持证上岗。

(7)安全防护到位并经安全员验收,准备好卷材及配套材料,存放和操作应远离火源,防止发生事故。

（8）出屋面的各种管、避雷设施施工完毕，会同相关工长、质检员进行交接验收，合格后填写交接验收记录表，这样就可以进行防水层的施工；否则不可施工。

三、组织施工

（一）施工工艺流程

基层处理→涂刷基层处理剂→附加层施工→涂刷胶黏剂→卷材铺贴→蓄水试验→保护层施工

（二）施工质量控制要点

1. 卷材厚度是保证防水工程质量的关键

为了保证防水层的设防质量，保证它的耐久性和耐穿刺性，防水层除必须具有一定材性要求外，还应有一定的厚度。一定的厚度 是为了抵御防水层受的外力作用，如基层的变形、风雨和自然环境侵蚀，及人为的穿刺导致防水层的损坏。因此，规范对不同材性材料组成的防水层的厚度做出规定，这就是一道设防，不足厚度要求，就不能成为道设防。材料运到现场后应用测厚仪测量。防水层厚度要求如表 8-1-1 所示。

表 8-1-1　防水层厚度要求

防水等级	合成高分子防水卷材	高聚物改性沥青防水卷材		
		聚酯胎、玻纤胎、聚乙烯胎	自粘聚酯胎	自粘无胎
Ⅰ级	≥1.2mm	≥3.0mm	≥2.0mm	≥1.5mm
Ⅱ级	≥1.5mm	≥4.0mm	≥3.0mm	≥2.0mm

2. 配套材料质量应足够重视

防水层除大面积使用的卷材外，还应有许多相配套的材料，如卷材与基层的黏结胶，卷材搭接缝黏结胶或黏结胶带，密封胶，增强层材料，端头封口固定压条，复杂部位涂膜增强材料，节点密封材料等。这些材料在防水层中也常常起到关键作用，如接缝黏结胶，它的性能（包括施工性）不佳，水从缝中漏入卷材底下就不能起到防水作用。目前合成高分子卷材采用高性能双面粘胶带密封条进行密封黏结，防水可靠度大大提高，改善了高分子卷材的整体质量。过去就是由于接缝黏结胶质量差，工艺烦琐，虽然卷材防水性能好，但还经常出现接缝处漏水，失去了卷材高性能防水的效果。所以配套材料虽然用量少（局部使用），但很关键，作为整体防水体系是不容忽视的，必须有足够重视。因此在检查材料质量时，更要认真检查这些容易被忽视的少量材料的质量，才能确保防水工程质量。

3. 卷材的搭接方向、搭接宽度

卷材铺贴的搭接方向，主要考虑到坡度大或受震动时卷材易下滑，尤其是含沥青（温感性大）的卷材，高温时软化下滑是常有发生的。对于高分子卷材铺贴方向要求不严格，为便于施工，一般顺屋脊方向铺贴，搭接方向应顺流水方向，不得逆流水方向，避免流水冲刷接缝，使接缝损坏。垂直屋脊方向铺卷材时，应顺大风方向。当卷材叠层铺设时，上下

层不得相互垂直铺贴，以免在搭接缝垂直交叉处形成挡水条。卷材铺贴搭接方向如表8-1-2所示。

表 8-1-2　卷材铺贴搭接方向

屋面坡度	铺贴方向和要求
>3%	卷材宜平行屋脊方向，即顺平面方向为宜
3%～15%	卷材可平行或垂直屋脊方向铺贴
>15%或受震动	沥青卷材应垂直屋脊铺；改性沥青卷材宜垂直屋脊铺；高分子卷材可平行或垂直屋脊铺
>25%	应垂直屋脊铺，并应采取固定措施，固定点还应密封

卷材搭接宽度（见表 8-1-3），分长边、短边和不同的铺贴工艺，以及不同的卷材种类综合考虑，同时根据习惯做法和参考国外的规范而定的，这里当然考虑了较大的保险系数，使接缝防水质量得到保证，不允许开裂渗漏。

表 8-1-3　卷材搭接宽度　　（单位：mm）

<table>
<tr><th colspan="2" rowspan="2">卷材种类
铺贴方法</th><th colspan="2">短边搭接</th><th colspan="2">长边搭接</th></tr>
<tr><th>满粘法</th><th>空铺、点粘、条粘法</th><th>满粘法</th><th>空铺、点粘、条粘法</th></tr>
<tr><td colspan="2">沥青防水卷材</td><td>100</td><td>150</td><td>70</td><td>100</td></tr>
<tr><td colspan="2">高聚物改性沥青防水卷材</td><td>80</td><td>100</td><td>80</td><td>100</td></tr>
<tr><td rowspan="4">合成高分子防水卷材</td><td>胶黏剂</td><td>80</td><td>100</td><td>80</td><td>100</td></tr>
<tr><td>胶粘带</td><td>50</td><td>60</td><td>50</td><td>60</td></tr>
<tr><td>单焊缝</td><td colspan="4">60 有效焊接宽度不小于 25</td></tr>
<tr><td>双焊缝</td><td colspan="4">80 有效焊接宽度 10×2 空腔款</td></tr>
</table>

四、组织验收

（一）验收规范

1. 主控项目

（1）卷材防水层所用卷材及其配套材料，必须符合设计要求。

检验方法：检查出厂合格证、质量检验报告和现场抽样复验报告。

（2）卷材防水层不得有渗漏或积水现象。

检验方法：雨后或淋水、蓄水检验。

（3）卷材防水层在天沟、檐沟、檐口、水落口、泛水、变形缝和伸出屋面管道的防水构造，必须符合设计要求。

检验方法：观察检查和检查隐蔽工程验收记录。

2. 一般项目

（1）卷材防水层的搭接缝应黏（焊）结牢固，密封严密，无皱褶、翘边和鼓泡等缺陷；防水层的收头应与基层黏结并固定牢固，缝口封严，不得翘边。

检验方法：观察检查。

(2)卷材防水层上的撒布材料和浅色涂料保护层应铺撒或涂刷均匀，黏结牢固；水泥砂浆、块材或细石混凝土保护层与卷材防水层间应设置隔离层；刚性保护层的分格缝留置应符合设计要求。

检验方法：观察检查。

(3)排气屋面的排气道应纵横贯通，不得堵塞。排气管应安装牢固，位置正确，封闭严密。

检验方法：观察检查。

(4)卷材的铺贴方向应正确，卷材搭接宽度的允许偏差为＋10mm。

检验方法：观察和尺量检查。

(二)常见的质量问题与预控

1. 卷材屋面开裂

卷材屋面开裂的原因：

(1)设计时对温度差引起屋面构件胀缩变形的影响考虑不周(如伸缩缝间距过大)，导致在预制构件间产生裂缝，或者在现浇构件的某些高温度应力区产生裂缝，将屋面各构造层直至卷材拉裂。

(2)保温层施工质量不佳或厚度不够，使保温层的隔热性不能够保证，导致屋面构件及各构造层产生较大胀缩变形而开裂。

(3)找平层严重开裂引起防水层等构造层开裂。譬如找平层未设分格缝或分格缝位置间距不当或处理不好，找平层施工后未加养护，因基层不平使找平层厚薄不匀等都可能导致找平层开裂。

(4)卷材质量低劣，老化或在低温下产生冷脆；或卷材铺贴质量不好，搭接过小，接头处未压实。

防止卷材屋面开裂的防治措施：

(1)用盖缝条补缝：盖缝条可用卷材或镀锌铁皮制成，在裂缝处先嵌入防水油膏或浇灌热沥青。卷材盖缝条应用玛帝脂粘贴，周边要压实刮平。镀锌铁皮盖缝条应用钉子钉在找平层上，中距200mm左右，两边再附贴一层宽200mm的卷材条。用盖缝条补缝，能适应屋面基层的伸缩变形，避免防水层再被拉裂，但盖缝条易被踩坏，故不适用于积灰严重、扫灰频繁的屋面。

(2)用防水油膏补缝：补缝用油膏，目前采用的有聚氯乙烯胶泥和焦油麻丝两种。用聚氯乙烯胶泥时，应先切除裂缝两边宽各500mm的卷材和找平层，保证做到深度有30mm，然后清理基层，热灌胶泥至高出屋面5mm以上。用焦油麻丝嵌缝时，先清理裂缝两边宽各50mm的绿豆砂保护层，再灌上油膏即可。

2. 卷材屋面起鼓

卷材屋面起鼓的原因:

(1)在卷材与基层间,或卷材各层间局部黏结不密实处存有水分。

(2)在卷材与基层间,或卷材各层间黏结不牢,当黏结力小于水蒸气压力时,就会使黏结处脱开形成鼓包。

卷材屋面起鼓的防治措施:

(1)80mm 以下鼓包,可采用抽气灌油法消除,即在鼓包中插入两个有眼的针管,一边抽气,一边将热沥青注入,注满后抽出针管压平卷材,将针眼涂上沥青封闭,洒上绿豆砂。

(2)400~500mm 左右鼓包或较大鼓包,则采用大开刀去皮法,将鼓包的各层油毡切开除去,再铺贴新油毡层,新老油毡层四周搭接不小于 50mm。

(3)100mm 左右鼓包,可采用十字开刀法,对角将鼓包内水分挤出,加热油毡层,将开刀部位油毡层掀起,并将两层油毡分层剥离,刮去两面所沾沥青,再用粗砂皮搓成毛面。开刀范围内板面沥青除净,水珠抹掉,板面吹干。先涂一道冷底子油,再将一块 200mm 左右的油毡镶入,四边及覆盖层高起部分用铁熨斗压平,最后在上面涂一层沥青胶结材料,上面撒绿豆砂。

(4)当整个屋面起鼓、空腹面积较大时,则需将卷材层全部铲除翻新,重做防水层。

3. 防水层老化

防水层老化的原因:

(1)气候条件。油毡和沥青胶结材料在阳光暴晒和风雨侵蚀下,油脂、树脂和沥青脂逐渐挥发,转化为碳质,失去韧性。

(2)沥青胶结材料耐热度过高。导致韧性降低,经冬季低温或冷热反复作用,加速收缩,造成老化。

(3)沥青胶结材料熬制质量。熬制与施工温度过高,熬制时间过长,或熬制时搅拌不匀,油锅上下温差悬殊,均能加快老化。

(4)护面层质量。沥青混凝土护面层、刚性护面层较绿豆砂护面不易老化。绿豆砂护面层上经常保持绿豆砂不散失的,老化较慢。无论什么护面层,养护维修好的都不易老化。

防水层老化的防治措施:

(1)局部轻度老化防水层,可局部修补,铲除铺新,然后在整个屋面防水层上涂刷沥青一层,补撒绿豆砂。严重的要成片铲除老化面层,铺贴新面层。若撒绿豆砂护面层,沥青胶结材料厚度 2~4mm,撒铺粒径 3~5mm 的不带棱角的绿豆砂,铺前淘洗干净加热至 80℃,趁热撒铺扫平用轻滚子压实。更好的是改做沥青混凝土面层,可用 1∶1 砂石配比拌合(石子粒径 3~5 皿),加以熬到 170℃的脱水石油沥青 10%(砂石重量和),炒拌热度保持在 180℃约 12~14min 即成;铺在油毡面层上,虚铺 15mm 厚,压实拍打至 10mm 厚,用费斗烫平使表面析出油分即可。

五、验收成果

卷材防水层检验批质量验收记录

04030101 ______

<table>
<tr><td>单位(子单位)
工程名称</td><td></td><td>分部(子分部)
工程名称</td><td>建筑屋面分部——
防水与密封子分部</td><td>分项工程
名称</td><td>卷材防水层
分项</td></tr>
<tr><td>施工单位</td><td></td><td>项目负责人</td><td></td><td>检验批容量</td><td></td></tr>
<tr><td>分包单位</td><td></td><td>分包单位
项目负责人</td><td></td><td>检验批部位</td><td>1</td></tr>
<tr><td>施工依据</td><td colspan="2">《屋面工程技术规范》
(GB 50345—2012)</td><td>验收依据</td><td colspan="2">《屋面工程质量验收规范》
(GB 50207—2019)</td></tr>
</table>

<table>
<tr><td colspan="3">验收项目</td><td>设计要求及
规范规定</td><td>最小/实际
抽样数量</td><td>检查记录</td><td>检查
结果</td></tr>
<tr><td rowspan="3">主控项目</td><td>1</td><td>防水卷材及配套材料的质量</td><td>设计要求</td><td>/</td><td></td><td></td></tr>
<tr><td>2</td><td>防水层</td><td>不得有渗漏
或积水现象</td><td>/</td><td></td><td></td></tr>
<tr><td>3</td><td>卷材防水层的防水构造</td><td>设计要求</td><td>/</td><td></td><td></td></tr>
<tr><td rowspan="4">一般项目</td><td>1</td><td>搭接缝牢固,密封严密,不得扭曲等</td><td>第 6.2.13 条</td><td>/</td><td></td><td></td></tr>
<tr><td>2</td><td>卷材防水层收头</td><td>第 6.2.14 条</td><td>/</td><td></td><td></td></tr>
<tr><td>3</td><td>卷材搭接宽度</td><td>−10mm</td><td>/</td><td></td><td></td></tr>
<tr><td>4</td><td>屋面排汽构造</td><td>第 6.2.16 条</td><td>/</td><td></td><td></td></tr>
<tr><td colspan="3">施工单位
检查结果</td><td colspan="4">专业工长:
项目专业质量检查员:
年 月 日</td></tr>
<tr><td colspan="3">监理单位
验收结论</td><td colspan="4">专业监理工程师:
年 月 日</td></tr>
</table>

六、实践项目成绩评定

序号	项目	技术及质量要求	实测记录	项目分配	得分
1	工具准备			10	
2	卷材防水层的防水构造			10	
3	搭接缝牢固，密封严密			10	
4	施工工艺流程			15	
5	验收工具的使用			10	
6	施工质量			25	
7	文明施工与安全施工			15	
8	完成任务时间			5	
9	合计			100	

任务2 涂膜防水屋面施工

涂膜防水屋面是在钢筋混凝土装配式结构的屋盖体系中，板缝采用油膏嵌缝，板面压光具有一定的防水能力，通过涂布一定厚度高聚物改性沥青、合成高分子材料，经常温交联固化形成具有一定弹性的胶状涂膜，达到防水的目的。

一、施工任务

建筑屋面防水层采用2厚JX-JS聚合物水泥防水涂料，请根据工程实际情况组织施工，并完成相关报验工作。

二、施工准备

(一)材料准备

1. 材料要求

(1)对于进入现场的防水材料，必须有出厂合格证、检验报告、说明书、防伪标志、环保标志，经检验合格后方可使用。

(2)防水材料进场后，其存放环境应符合干燥通风的要求。

(3)防水涂料包装容器必须密封，容器表面应有明确标志标明涂料各组分名称、生产日期及有效期。

(4)防水材料严防日晒雨淋，远离火源，避免碰撞，库房外要配备消防设备及防火标志。

(5)聚氨酯防水涂料主要技术性能指标应符合表 8-2-1 要求。

表 8-2-1 聚氨酯防水涂料主要技术性能指标

序号	项目	单位	指标及要求
1	固体含量	%	≥93
2	断裂伸长率	%	≥300
3	拉伸强度	MPa	≥0.7
4	耐热度	℃	80℃,不流淌
5	低温柔性	℃	在−20℃绕 ϕ20mm 圆棒,涂层表面无裂纹
6	不透水性	MPa	ϕ0.2MPa,横压 1h 不渗透

(二)机具准备

涂膜屋面防水施工主要机具如表 8-2-2 所示。

表 8-2-2 涂膜屋面防水施工主要机具

名称	用途
棕扫帚	清理基层
钢丝刷	清理基层、管道等
衡器	配料称量
搅拌器	拌合多组分材料
铁桶或塑料桶	盛装混合料
开罐刀	开启涂料罐
棕毛刷、圆辊刷	涂刷基层处理剂
长把滚刷	涂布涂料
卷尺	量测、检查
灭火器	用于灭火

(三)作业条件

(1)基层应平整、坚实、无空鼓、无起砂、无裂缝、无松动掉灰。

(2)基层与突出屋面结构(女儿墙、山墙、天窗壁、变形缝、烟囱等)的交接处以及基层的转角处应做成圆弧形,圆弧半径 250mm,内部排水的水落口周围,基层应做成略低的凹坑。

(3)基层表面应干净、干燥(水乳型防水涂料对基层含水率无严格要求)。含水率测定方法如下:可用高频水分测定仪测定,或采用 1.5~2.0mm 厚的 1.0m×1.0m 橡胶板覆盖基层表面,3~4h 后观察其基层与橡胶板接触面,若无水印,即表明基层含水率符合施工要求。

(4)施工前,应将伸出屋面的管道、设备及预埋件安装完毕。

(5)屋面结构板裂缝、渗水等质量缺陷已处理完毕。

(6)涂膜防水屋面严禁在雨天、天和五级风及以上时施工。施工环境气温应符合:①高聚物改性沥青防水涂料:溶剂型不低于-5°,水乳型不低于5°;②合成高分子防水涂料:溶剂型不低于-5°,水乳型不低于5°。

三、组织施工

(一)施工工艺流程

施工准备工作→板缝处理及基层施工→基层检查及处理→涂刷基层处理剂→节点和特殊部位附加增强处理→涂布防水涂料、铺贴胎体增强材料→防水层清理与检查整修→保护层施工

(二)施工质量控制要点

1. 防水涂膜的厚度是保证涂膜防水层质量的关键之一

为了保证涂膜防水层的防水能力、耐久性和耐穿刺能力,除了对防水材料的性能提出一定的要求之外,涂膜必须具有足够的厚度,以抵御外力的作用,如基层开裂,风、雨、雪的侵蚀,人为因素的破坏等。因此,规范对不同材性的防水涂料组成一道防水层的厚度做出规定,不满足厚度要求,就不能成为一道防水设防,如表8-2-3所示。涂料防水层施工完成后应按规定检测涂膜厚度。

表8-2-3 涂膜厚度选用表

防水等级	合成高分子防水涂膜	聚合物水泥防水涂膜	高聚合物改性沥青防水涂膜
Ⅰ级	≥1.5	≥1.2	≥2.0
Ⅱ级	≥2.0	≥2.0	≥3.0

防水涂料施工前,应根据涂料的品种,事先计算出规定厚度的防水材料用量,施工时通过控制防水涂料的用量来控制防水涂料的平均厚度。此外,施工时还应采取措施控制好涂膜厚度的均匀性,使防水涂膜厚薄一致,如水乳型或溶剂型涂料采用薄涂多遍的施工方法,反应型或热熔型涂料可以采用带齿的刮板刮涂,以保证厚度的均匀性。

基层的平整度是保证涂膜防水质量的重要条件。如果基层凹凸不平或局部隆起,在做涂膜防水层时,其厚薄就不均匀。基层凸起部分,使防水层厚度减小,凹陷部分,使防水层过厚,易产生皱纹。尤其是上人屋面或设有整体或块体保护层的屋面,在重量较大的压紧状态下,由于基层与保护层之间的错动,凹凸不平或有局部隆起的部位,防水层最容易引起破坏。

2. 防水涂料的施工工艺

板缝处理和基层施工及检查处理是保证涂膜防水施工质量的基础,防水涂料的涂布和胎体增强材料的铺设是最主要和最关键的工序,这道工序的施工方法取决于涂料的性质和设计方法。

涂膜防水的施工与卷材防水层一样，也必须按照“先高后低、先远后近”的原则进行，即遇有高低跨屋面，一般先涂布高跨屋面，后涂布低跨屋面。在相同高度的大面积屋面上，要合理划分施工段，施工段的交接处应尽量设在变形缝处，以便于操作和运输顺序的安排，在每段中要先涂布离上料点较远的部位，后涂布较近的部位。先涂布排水较集中的水落口、天沟、檐口，再往高处涂布至屋脊或天窗下。先做节点、附加层，然后进行大面积涂布。一般涂布方向应顺屋脊方向，如有胎体增强材料时，涂布方向应与胎体增强材料的铺贴方向一致。

四、组织验收

(一)验收规范

1. 主控项目

(1)防水涂料和胎体增强材料必须符合设计要求。

检验方法：检查出厂合格证、质量检验报告和现场抽样复验报告。

(2)涂膜防水层不得有渗漏或积水现象。

检验方法：雨后或淋水、蓄水检验。

(3)涂膜防水层在天沟、檐沟、檐口、水落口、泛水、变形缝和伸出屋面管道的防水构造，必须符合设计要求。

检验方法：观察检查和检查隐蔽工程验收记录。

2. 一般项目

(1)涂膜防水层的平均厚度应符合设计要求，最小厚度不应小于设计厚度的80%。检验方法：针测法或取样量测。

(2)涂膜防水层与基层应黏结牢固，表面平整，涂刷均匀，无流淌、皱褶、鼓泡、露胎体和翘边等缺陷。

检验方法：观察检查。

(3)涂膜防水层上的撒布材料或浅色涂料保护层应铺撒或涂刷均匀，黏结牢固；水泥砂浆、块材或细石混凝土保护层与涂膜防水层间应设置隔离层；刚性保护层的分格缝留置应符合设计要求。

检验方法：观察检查。

(二)常见的质量问题与预控

1. 屋面渗漏

屋面渗漏的原因：

(1)屋面积水，排水不畅。

(2)涂层厚度不足、胎体外露、皱皮。

(3)结构不均匀将导致防水层撕裂，节点密封不严。

(4)涂料质量不合格，双组分涂料配合比和计量不准确等。

屋面渗漏的防治措施：

(1)屋面基层应平整、干净、干燥、排水坡度符合要求。

(2)按设计要求选定涂料品种,并使用前进行抽样复检,合格后方可使用。涂料应分成分次涂布,涂布厚度符合设计要求,双组涂料严格按厂方提供的配合比施工,并在规定时间内用完。

(3)基础沉降不均匀可考虑加设钢筋混凝土刚性找平层后再用 APP 卷材进行柔性防水。

(4)节点等细部应用密封胶料仔细封严,防止脱落。

2. 粘贴不牢

粘贴不牢的原因：

(1)基层起皮、起灰,不干净、潮湿。

(2)涂料结膜不良,成膜厚度不足。

(3)施工遇雨或施工不当等。

粘贴不牢的防治措施：

(1)基层不平、起皮、起灰应扫净后用涂料拌合水泥砂浆修补,潮湿基层应干燥后方可施工。

(2)过期变质涂料或质量低劣产品不易成膜不得使用。底层涂料干透后,方可进行上层涂料施工。

(3)按设计厚度和规定的材料用量、分层、分遍涂刷以确保涂膜厚度,雨、雪、雾天不应施工。

3. 涂膜裂缝

涂膜裂缝的原因：

(1)基层刚度不够,找平层开裂导致涂膜开裂。

(2)涂料施工温度过高,或一次涂刷过厚,或前次涂刷涂料未干立即涂刷二遍涂料。

涂膜裂缝的防治措施：

(1)基层刚度不足的应设置配筋的细石混凝土刚性找平层,并按设计要求配置温度分格缝。

(2)找平层开裂后,应用密封材料镶填密实,用 10～20mm 宽聚酯毡作隔离条,再涂刷 1～2mm 厚涂料附加层。

(3)夏天施工温度过高时,应选择早晚施工,分层、分遍涂刷不能一次过厚或间隔时间过短。

4. 涂膜鼓泡

涂膜鼓泡的原因：

找平层不干燥或湿度过大的环境中施工,水汽遇热在涂膜层中形成鼓泡。

涂膜鼓泡的防治措施：

待基层干透后选择晴好天气施工,或选择潮湿界面处理剂、基层处理剂等抑制涂膜鼓泡形成。

五、验收成果

涂膜防水层检验批质量验收记录

04030201 ______

单位(子单位)工程名称		分部(子分部)工程名称	建筑屋面分部——防水与密封子分部	分项工程名称	涂膜防水层分项
施工单位		项目负责人		检验批容量	
分包单位		分包单位项目负责人		检验批部位	1
施工依据	《屋面工程技术规范》(GB 50345—2012)		验收依据	《屋面工程质量验收规范》(GB 50207—2019)	

验收项目			设计要求及规范规定	最小/实际抽样数量	检查记录	检查结果
主控项目	1	材料质量	设计要求		/	
	2	防水层	不得有渗漏或积水现象		/	
	3	涂膜防水层的防水构造	设计要求		/	
	4	涂膜防水层的厚度	第 6.3.7 条		/	
一般项目	1	防水层与基层应黏结牢固,表面无缺陷	第 6.3.8 条		/	
	2	涂膜防水层的收头	第 6.3.9 条		/	
	3	胎体增强材料铺贴	第 6.3.10 条		/	
	4	胎体增强材料搭接宽度	−10mm		/	
施工单位检查结果			专业工长: 项目专业质量检查员: 年　月　日			
监理单位验收结论			专业监理工程师: 年　月　日			

六、实践项目成绩评定

序号	项目	技术及质量要求	实测记录	项目分配	得分
1	工具准备			10	
2	涂膜防水层的厚度			10	
3	防水层与基层应黏结牢固			10	
4	施工工艺流程			15	
5	验收工具的使用			10	
6	施工质量			25	
7	文明施工与安全施工			15	
8	完成任务时间			5	
9	合计			100	

任务3 水泥砂浆防水屋面施工

水泥砂浆是一种刚性防水层，它是依靠提高砂浆的密实性来达到防水要求的。这种防水层取材容易，施工方便，防水效果较好，成本较低。

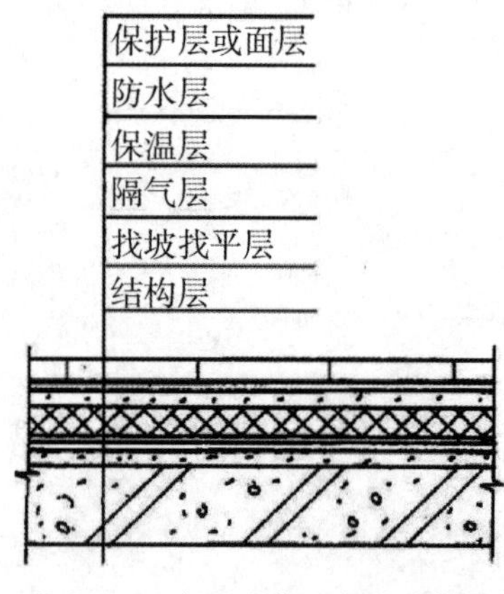

图 8-3-1 水泥砂浆防水屋面构造

一、施工任务

建筑屋面防水层采用5厚JX-JS聚合物水泥防水砂浆，请根据工程实际情况组织施工，并完成相关报验工作。

二、施工准备

(一)材料准备

(1)砂浆防水主要材料为:普通水泥砂浆、聚合物水泥砂浆。

①水泥材料为:普通硅酸盐水泥、矿渣硅酸盐水泥。

②粗骨料为:中砂、细砂。

(2)防水剂:氯化物金属盐类防水剂、金属皂类防水剂。

(3)聚合物水泥砂浆则采用氯丁胶乳液或丙烯酸酯共聚乳液、有机硅等。

(二)机具准备

主要施工机械:砂浆搅拌器、水泥抹子、滚筒等。

(三)作业条件

(1)基层表面应密实、粗糙、平整、干净。

(2)主体结构已进行验收,凸出屋面的梯屋、机房、烟囱、女儿墙、水池等已按设计施工完毕。

(3)已清干净场地。

三、组织施工

(一)施工工艺流程

清理基层涂刷第一道防水净浆铺抹底层防水砂浆→搓毛→涂刷第二道防水净浆铺抹面层防水砂浆→二次压光→三次压光→养护。

(二)施工质量控制要点

1.普通水泥砂浆施工

基层处理完毕以后,先涂刷第一道水泥净浆,厚度为 1～2mm,涂刷均匀;涂刷第一道防水净浆后,即可铺抹底层防水砂浆。底层防水砂浆分两遍铺抹,每遍厚 5～7mm:底层砂浆变硬(约经 12h)后,涂刷第二道防水净浆,均匀涂刷。铺抹面层防水砂浆亦分两遍抹压,每遍厚 5～7mm。头遍砂浆应压实搓毛。头遍砂浆阴干后再抹第二遍砂浆,用刮尺刮平后,紧接着用铁抹子拍实、搓平、压光。砂浆开始初凝时进行第二次压光;砂浆终凝前进行第三次压光。

2.聚合物水泥砂浆施工

先进行基层处理,然后由上而下在基层表面涂刷一遍胶乳水泥净浆,不得漏涂。待结合层胶乳水泥净浆涂层表面稍干(约 15min)后,抹压第一遍防水砂浆。因胶乳成膜较快,抹压砂浆应顺一个方向迅速边抹平边压实,一次成活,不得往返多次抹压,以免破坏胶乳砂浆面层胶膜。铺抹时按先立面后平面的顺序施工,通常垂直面抹 5mm 厚左右,水平面抹 10～15mm 厚,阴阳角加厚抹成圆角。待第一遍抹压的砂浆初凝后,再抹下一层的砂浆。

四、组织验收

(一)验收规范

1. 主控项目

(1)防水砂浆所用材料的质量及配合比,应符合设计要求。

检验方法:检查出厂合格证、质量检验报告、计量措施和现场抽样复验报告。

(2)防水砂浆的强度等级,应符合设计要求。

检验方法:检查混凝土抗压强度试验报告。

(3)防水砂浆的排水坡度,应符合设计要求。

检验方法:坡度尺检查。

(4)砂浆防水层在变形缝、洞口、穿层管道和预埋件等部位的做法应符合设计要求。

检验方法:观察;检查隐蔽工程验收记录。

(5)砂浆防水层不得有渗漏现象。

检验方法:检查雨后或现场淋水检验记录。

(6)砂浆防水层与基层之间及防水层各层之间应黏结牢固,不得有空鼓。

检验方法:观察;用小锤轻击检查。

2. 一般项目

(1)防水砂浆表面应密实、平整,不得有裂纹、脱皮、麻面和起砂等现象。

检验方法:观察检查。

(2)砂浆防水层施工缝位置及施工方法应符合设计及施工方案要求。

检验方法:观察。

(3)砂浆防水层厚度应符合设计要求。

检验方法:尺量检查;检查施工记录。

(4)砂浆防水层表面平整度、缝格平直偏差应符合表 8-3-1。

表 8-3-1　砂浆防水层表面平整度、缝格平直偏差

项目	允许偏差值/mm	检验方法
表面平整度	4.0	2m 靠尺和塞尺检查
缝格平直	3.0	拉线和尺量检查

(二)常见的质量问题与预控

1. 防水层开裂

防水层开裂的原因:

(1)屋面防水有一定坡度,纵向分隔缝易渗漏。

(2)嵌缝材料老化。

(3)结构不均匀沉降。

(4)嵌缝材料干缩。

(5)油膏或胶泥与板缝黏结不良或脱开。

防水层开裂的防治措施：

(1)对表面裂缝可用防水水泥砂浆罩面。

(2)当裂缝宽在 0.3mm 以上时应剔成 V 形或 U 形切口再做防水。

(3)当裂缝较深并已露钢筋时，应对钢筋除锈处理后再做嵌填密封处理。

(4)对宽度较大的结构裂缝，应在裂缝处将混凝土凿成分隔缝，再嵌填防水油膏。

2. 防水层起壳、起砂

防水层起壳、起砂的原因：

(1)未按施工规范、质量验收标准施工，没有对砂浆表面压实、收光。

(2)未按防水砂浆要求的条件养护。

(3)防水层暴露于大气中，砂浆面层发生碳化。

防水层起壳、起砂的防治措施：

(1)单位体积防水砂浆水泥用量不宜过高。

(2)防水层最好在春末冬初施工。

(3)刚性防水层上宜增设防水涂料保护层。

(4)防水砂浆施工后养护时间、条件要符合要求。

(5)防水层表面轻微起壳或起砂时，先将表面凿毛，扫去浮灰杂质，再加抹 10 厚(1∶1.5)～(1∶2)防水砂浆。

五、验收成果

防水砂浆检验批质量验收记录

04010501 ______

单位(子单位)工程名称		分部(子分部)工程名称	建筑屋面分部——基层与保护子分部	分项工程名称	保护层分项
施工单位		项目负责人		检验批容量	
分包单位		分包单位项目负责人		检验批部位	1
施工依据	《屋面工程技术规范》(GB 50345—2012)		验收依据	《屋面工程质量验收规范》(GB 50207—2019)	

验收项目			设计要求及规范规定	最小/实际抽样数量	检查记录	检查结果
主控项目	1	材料质量及配合比	设计要求	/		
	2	强度等级	设计要求	/		
	3	表面排水坡度	设计要求	/		

续表

<table>
<tr><td colspan="3">验收项目</td><td colspan="3">设计要求及规范规定</td><td>最小/实际抽样数量</td><td>检查记录</td><td>检查结果</td></tr>
<tr><td rowspan="10">一般项目</td><td>1</td><td>块体材料保护层表面质量</td><td colspan="3">第 4.5.9 条</td><td>/</td><td></td><td></td></tr>
<tr><td>2</td><td>细石混凝土、水泥砂浆保护层不得有裂纹等缺陷</td><td colspan="3">第 4.5.10 条</td><td>/</td><td></td><td></td></tr>
<tr><td>3</td><td>浅色涂料与防水层黏结牢固,不得漏涂</td><td colspan="3">第 4.5.11 条</td><td>/</td><td></td><td></td></tr>
<tr><td rowspan="2"></td><td rowspan="2">检查项目</td><td colspan="3">允许偏差</td><td rowspan="2">最小/实际抽样数量</td><td rowspan="2">检查记录</td><td rowspan="2">检查结果</td></tr>
<tr><td>块体材料</td><td>水泥砂浆</td><td>细石混凝土</td></tr>
<tr><td>4</td><td>表面平整度/mm</td><td>4.0</td><td>4.0</td><td>5.0</td><td></td><td></td><td></td></tr>
<tr><td>5</td><td>缝格平直/mm</td><td>3.0</td><td>3.0</td><td>3.0</td><td></td><td></td><td></td></tr>
<tr><td>6</td><td>接缝高低差/mm</td><td>1.5</td><td>—</td><td>—</td><td></td><td></td><td></td></tr>
<tr><td>7</td><td>板块间隙宽度/mm</td><td>2.0</td><td>—</td><td>—</td><td></td><td></td><td></td></tr>
<tr><td>8</td><td>保护层厚度/mm</td><td colspan="3">设计厚度的 10%,且不得大于 5mm</td><td></td><td></td><td></td></tr>
<tr><td colspan="3">施工单位检查结果</td><td colspan="6">专业工长：
项目专业质量检查员：
年 月 日</td></tr>
<tr><td colspan="3">监理单位验收结论</td><td colspan="6">专业监理工程师：
年 月 日</td></tr>
</table>

六、实践项目成绩评定

序号	项目	技术及质量要求	实测记录	项目分配	得分
1	施工准备			10	
2	基层清理			10	
3	施工工艺流程			15	
4	牢固性及现场淋水检验			10	
5	施工质量			35	
6	文明施工与安全施工			15	
7	完成任务时间			5	
8	合计			100	

任务4　细石混凝土防水屋面

一、施工任务

建筑屋面防水层采用60厚C30细石混凝土内配 ϕ6@150双向，随捣随抹(每间分仓缝宽15，内填聚氨酯密封胶，分仓处加铺300宽4厚自粘式沥青防水卷材，采用20厚U形花岗岩盖缝)，请根据工程实际情况组织施工，并完成相关报验工作。

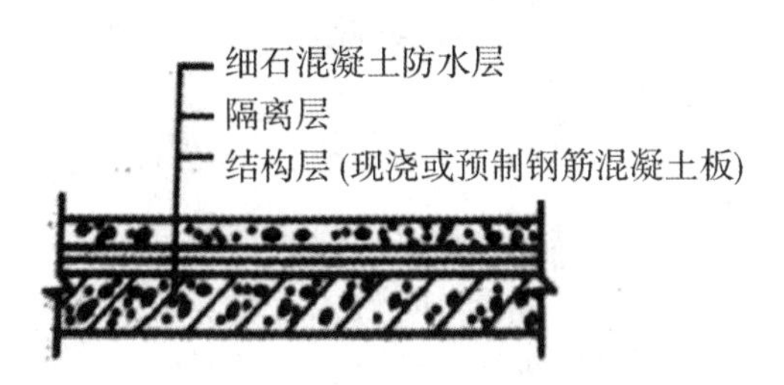

图8-4-1　细石混凝土防水屋面

二、施工准备

(一)材料准备

(1)防水层的细石混凝土:普通硅酸盐水泥或硅酸盐水泥;不得使用火山灰质水泥。

(2)防水层内的钢筋:可采用乙级冷拔低碳钢丝，直径至少为4mm。钢丝使用前应调直。

(3)细石混凝土和砂浆的粗骨料:最大粒径不宜大于15mm，含泥量不应大于1%，细骨料应采用口砂或粗砂，含泥量不应大于2%;拌合用水应采用不含有害物质的洁净水。

(4)细石混凝土中使用的外加剂:膨胀剂、减水剂、防水剂。

(二)机具准备

主要施工机械:振动棒、振动平板机、水泥沫子、混凝土磨光机等。

(三)作业条件

(1)屋面四周女儿墙已弹好+50cm水平线。

(2)屋面防水层、保温层已做完隐检手续。

(3)保温层上已铺设玻纤维隔离层，绑扎好 ϕ6@150双向钢筋网片。

三、组织施工

(一)施工工艺流程

清理基层→找平层、隔离层施工一绑扎钢筋网片安放分格缝木条、支边模一浇捣防水层混凝土→抹平、收光→养护分格缝施工。

(二)施工质量控制要点

1. 防水层与墙体交接处

刚性防水层与山墙、女儿墙交接处,应留宽度为 30mm 的缝隙,并用密封材料嵌填;泛水处应铺设卷材或涂膜附加层。

2. 防水层与管道交接处

出屋面管道与刚性防水层交接处应留设缝隙,用密封材料嵌填,并应加设卷材或涂膜附加层;收头处应固定密封。

3. 隔离层施工

为了减小结构变形对防水的不利影响,可将防水层和结构层完全脱离,在结构层和防水层之间增加一层厚度为 10～20mm 的黏土砂浆,或铺贴卷材隔离层。

(1)黏土砂浆隔离层施工。将石灰膏∶砂∶黏土＝1∶2.4∶3.6 材料均匀拌合,铺抹厚度为 10～20mm,压平抹光,待砂浆基本干燥后,进行防水层施工。

(2)卷材隔离层施工。用 1∶3 水泥砂浆找平结构层,在干燥的找平层上铺一层干细砂后,再在其上铺一层卷材隔离层,搭接缝用热沥青麻。

4. 绑扎钢筋网片

细石混凝土防水层的厚度不应小于 40mm,通常采用 40～60mm,混凝土中间要配置直径为 4～6mm、间距为 100～200mm 的双向钢筋(或钢丝)网片。钢筋要调直,不得有弯曲、锈蚀和油污。钢筋网片可绑扎或点焊成型。钢筋网片的位置应处于防水层的中间偏上,保护层厚度不应小于 10mm。分格缝处钢筋应断开,使防水层在该处能自由伸缩,满足刚性屋面的构造要求。

5. 分格缝设置

分格缝又称分仓缝,应按设计要求设置,如设计无明确规定,留设原则为:分格缝应设在屋面板的支承端、屋面转折处、防水层与突出层面结构的交接处,其纵横间距不宜大于 6m。一般为一间一分格,分格面积不超过 $20m^2$;分格缝上口宽为 30mm,下口宽为 20mm,应嵌填密封材料。

在施工刚性防水层前,先在隔离层上定好分格缝位置,再安放分格条,然后按分隔板块浇筑混凝土,待混凝土初凝后,将分格条取出即可。分格缝处可采用嵌填密封材料并加贴防水卷材的办法进行处理,以增加防水的可靠性。

6. 浇捣防水层混凝土

混凝土的浇捣应按先远后近、先高后低的原则逐个分格进行。一个分格缝内的混凝土必须一次浇捣完成，不得留施工缝。

在分格缝处宜两边同时铺摊混凝土，然后方可振捣，防止分隔条移位。在振捣过程中，应用2m靠尺随时检查，并将表面刮平，便于抹压。

防水层节点施工应符合设计要求，预留孔洞和预埋件位置应正确。安装管件后，其周围应按设计要求用密封材料填塞密实。

四、组织验收

(一)验收规范

1. 主控项目

(1)细石混凝土的原材料及配合比必须符合设计要求。

检验方法：检查出厂合格证、质量检验报告、计量措施和现场抽样复验报告。

(2)细石混凝土防水层不得有渗漏或积水现象。

检验方法：雨后或淋水、蓄水检验。

(3)细石混凝土防水层在天沟、檐沟、檐口、水落口、泛水、变形缝和突出屋面管道的防水构造，必须符合设计要求。

检验方法：观察检查和检查隐蔽工程验收记录。

2. 一般项目

(1)细石混凝土防水层应表面平整、压实抹光，不得有裂缝、起壳、起砂等缺陷。

检验方法：观察检查。

(2)细石混凝土防水层的厚度和钢筋位置应符合设计要求。

检验方法：观察和尺量检查。

(3)细石混凝土分格缝的位置和间距应符合设计要求。

检验方法：观察和尺量检查。

(4)细石混凝土防水层表面平整度的允许偏差为5mm。

检验方法：用2m靠尺和楔形塞尺检查。

(二)常见的质量问题与预控

1. 防水层开裂

防水层开裂的原因：

(1)屋面防水有一定坡度，纵向分隔缝易渗漏。

(2)嵌缝材料老化。

(3)结构不均匀沉降。

(4)嵌缝材料干缩。

(5)油膏或胶泥与板缝黏结不良或脱开。

防水层开裂的防治措施：

(1)对表面裂缝可用防水水泥砂浆罩面。

(2)当裂缝宽在0.3mm以上时应剔成V形或U形切口再做防水。

(3)当裂缝较深并已露钢筋时,应对钢筋除锈处理后再做嵌填密封处理。

(4)对宽度较大的结构裂缝,应在裂缝处将混凝土凿成分隔缝,再嵌填防水油膏。

2. 分格缝渗漏

分格缝渗漏的原因:

(1)地基不均匀沉降产生结构裂缝。

(2)防水层上下面温差大且变形受约束产生温度裂缝。

(3)混凝土收缩裂缝。

(4)混凝土施工质量不佳产生施工裂缝。

分格缝渗漏的防治措施:

(1)除屋脊外,多设横向分隔缝。

(2)嵌缝材料宜用抗衰老性能好的优质材料。

(3)嵌缝材料老化时,应彻底挖除,重新处理板缝后,再 按要求嵌填密封材料。

(4)油毡保护层翘边时,先对翘边处进行处理再粘牢。

(5)保护层断裂时,先将保护层撕掉,清洗、处理板缝两侧基层后,再重新粘贴。

3. 屋面泛水处渗漏

屋面泛水处渗漏的原因:

(1)泛水高度不够。

(2)防水层上口墙部未设泛水托,且端头未做柔性密封处理或柔性处理不当。

(3)泛水托滴水线(鹰嘴)不符合要求。

屋面泛水处渗漏的防治措施:

(1)泛水高度应符合设计要求。

(2)滴水线(鹰嘴)应符合要求。

(3)泛水与山墙等结构间应留宽 30mm 的缝隙,缝内用黏结性良好的密封材料封严。

五、验收成果

细石混凝土检验批质量验收记录

04010501______

单位(子单位)工程名称		分部(子分部)工程名称	建筑屋面分部——基层与保护子分部	分项工程名称	保护层分项
施工单位		项目负责人		检验批容量	
分包单位		分包单位项目负责人		检验批部位	1
施工依据	《屋面工程技术规范》(GB 50345—2012)		验收依据	《屋面工程质量验收规范》(GB 50207—2019)	

续表

<table>
<tr><td colspan="3">验收项目</td><td colspan="3">设计要求及规范规定</td><td>最小/实际抽样数量</td><td>检查记录</td><td>检查结果</td></tr>
<tr><td rowspan="3">主控项目</td><td>1</td><td>材料质量及配合比</td><td colspan="3">设计要求</td><td></td><td>/</td><td></td></tr>
<tr><td>2</td><td>强度等级</td><td colspan="3">设计要求</td><td></td><td>/</td><td></td></tr>
<tr><td>3</td><td>表面排水坡度</td><td colspan="3">设计要求</td><td>/</td><td></td><td></td></tr>
<tr><td rowspan="10">一般项目</td><td>1</td><td>块体材料保护层表面质量</td><td colspan="3">第4.5.9条</td><td>/</td><td></td><td></td></tr>
<tr><td>2</td><td>细石混凝土、水泥砂浆保护层不得有裂纹等缺陷</td><td colspan="3">第4.5.10条</td><td>/</td><td></td><td></td></tr>
<tr><td>3</td><td>浅色涂料与防水层黏结牢固，不得漏涂</td><td colspan="3">第4.5.11条</td><td>/</td><td></td><td></td></tr>
<tr><td rowspan="2"></td><td rowspan="2">检查项目</td><td colspan="3">允许偏差</td><td rowspan="2">最小/实际抽样数量</td><td rowspan="2">检查记录</td><td rowspan="2">检查结果</td></tr>
<tr><td>块体材料</td><td>水泥砂浆</td><td>细石混凝土</td></tr>
<tr><td>4</td><td>表面平整度/mm</td><td>4.0</td><td>4.0</td><td>5.0</td><td></td><td></td><td></td></tr>
<tr><td>5</td><td>缝格平直/mm</td><td>3.0</td><td>3.0</td><td>3.0</td><td></td><td></td><td></td></tr>
<tr><td>6</td><td>接缝高低差/mm</td><td>1.5</td><td>—</td><td>—</td><td></td><td></td><td></td></tr>
<tr><td>7</td><td>板块间隙宽度/mm</td><td>2.0</td><td>—</td><td>—</td><td></td><td></td><td></td></tr>
<tr><td>8</td><td>保护层厚度/mm</td><td colspan="3">设计厚度的10%，且不得大于5mm</td><td></td><td></td><td></td></tr>
<tr><td colspan="3">施工单位检查结果</td><td colspan="6">专业工长：
项目专业质量检查员：
年　月　日</td></tr>
<tr><td colspan="3">监理单位验收结论</td><td colspan="6">专业监理工程师：
年　月　日</td></tr>
</table>

六、实践项目成绩评定

序号	项目	技术及质量要求	实测记录	项目分配	得分
1	施工准备			10	
2	防水构造			10	
3	分格缝设置			10	
4	施工工艺流程			15	
5	施工质量			35	

续表

序号	项目	技术及质量要求	实测记录	项目分配	得分
6	文明施工与安全施工			15	
7	完成任务时间			5	
8	合计			100	

思考题

一、填空题

1. 屋面工程施工时，施工单位应进行________，并应编制________或________。

2. 屋面工程的防水层应由经资质审查合格的________进行施工，作业人员应持有________。

3. 屋面工程完工后，应按有关规定对________、________、________等进行外观检验，并应进行________。

4. 找平层的排水坡度应符合设计要求，平屋面采用结构找坡不应小于________，采用材料找坡宜为________，天沟、檐沟纵向找坡不应小于________，沟底水落差不得超过________。

5. 基层与突出屋面结构(女儿墙、山墙、天窗壁、变形缝、烟囱等)的交接处和基层的转角处，找平层应做成________，内部排水的水落口周围，找平层应做成略低的________。

6. 屋面工程所用的防水、保温材料应有________和________，材料的品种、规格、性能等必须符合________和________.

7. 屋面防水工程完工后，应进行________检查和雨后观察或淋水、________试验，不得有________和________现象。

8. 防水混凝土屋面应用机械振捣密实，表面应抹平和压光，初凝后应覆盖养护，终凝后浇水养护不得少于________；蓄水后不得断水。

9. 高聚物改性沥青防水卷材搭接宽度：胶黏剂________自粘________。

10. 用细石混凝土做保护层时，混凝土应振捣密实，表面应抹平压光，分格缝纵横间距不应大于________。分格缝的宽度宜为________。

11. 防水、保温材料进场检验项目及材料标准应符合屋面工程质量验收规范附录的规定。材料进场检验应执行________制度。

12. 防水、保温材料进场检验项目及材料标准应符合屋面工程质量验收规范附录的规定。材料进场检验应执行________制度。

二、选择题

1. 屋面工程验收的文件和记录包括(　　)、中间检查记录、施工日志、工程检验记录和其他技术资料。

A. 防水设计　B. 施工方案　C. 技术交底记录　D. 材料质量证明文件

E. 设计变更

2. 水落口的防水构造应符合的规定是(　　)。

A. 水落口杯上口的标高应设置在沟底的最低处

B. 防水层贴入水落口杯内不应小于 50mm

C. 水落口周围直径 500mm 范围内的坡度不应小于 5%,并采用防水涂料或密封材料涂封,其厚度不应小于 2mm

3. 变形缝的防水构造应符合的规定是(　　)。

A. 变形缝的泛水高度不应小于 250mm

B. 防水层应铺贴到变形缝两侧砌体的上部

C. 变形缝顶部应加扣混凝土或金属盖板,混凝土盖板的接缝应用密封材料嵌填

D. 变形缝内应填塞塑料,并用卷材封盖

4. 屋面工程隐蔽验收记录应包括以下内容(　　)。

A. 卷材、涂膜防水层的基层

B. 密封防水处理部位

C. 天沟、檐沟、泛水和变形缝细部做法

D. 卷材、涂膜防水层的搭接宽度和附加层

E. 刚性保护层与卷材、涂膜防水层之间设置的隔离层

F. 卷材保护层

5. 检查屋面有无渗漏、积水和排水系统是否畅通,应在雨后或持续淋水(　　)后进行,有可能作蓄水检验的屋面,其蓄水时间不应少于(　　)。

A. 2h　　B. 12h　　C. 24h

6. 伸出屋面的管道根部应增设附加层,宽度和高度均不应小于(　　)。

A. 150mm　　B. 300mm　　C. 250 mm

7. 蓄水屋面应划分为若干蓄水区,每区的边长不宜大于(　　),在变形缝的两侧应分成两个互不连通的蓄水区;长度超过(　　)的蓄水屋面应做横向伸缩缝一道;蓄水屋面应设置人行通道。

A. 10m　　B. 20m　　C. 40m

8. 厚度小于(　　)的高聚物改性沥青防水层严禁采用热熔法施工。

A. 2mm　　B. 3mm　　C. 4mm

9. 密封材料嵌缝时,接缝处的密封材料底部应填放背衬材料,外露的密封材料上设置保护层,其宽度不应小于(　　)。

A. 20mm　　B. 30mm　　C. 40mm

10. 相邻两幅卷材短边搭接缝应错开,且不得小于(　　)mm。

A. 200　　B. 300　　C. 400　　D. 500

11. 卷材防水层的基层与突出屋面结构的交接处,以及基层的转角处,找平层应做成(　　),且应整齐平顺。

A. 圆形　　B. 方形　　C. 圆弧形　　D. 平行四边形

12. 屋面出入口的泛水高度不应小于250mm(　　)。

A. 200mm　　B. 250mm　　C. 400mm　　D. 350mm

13. 高聚物改性沥青防水卷材外观质量检验有(　　)。

A. 表面平整　　B. 无杂质　　C. 边缘整齐　　D. A和C

14. 合成高分子防水涂料，现场抽样数量，每______为一批，不足______按一批抽样。(　　)

A. 5t,5t;　　B. 10t,10t;　　C. 15t,15t;　　D. 20t,20t

15. 涂膜防水层的平均厚度应符合设计要求，且最小厚度不得小于设计厚度的(　　)。

A. 85%　　B. 70%　　C. 75%　　D. 80%

16. 涂膜防水层的基层应保证(　　)

A、平整、干燥、干净

B、坚实、平整、干净，应无孔隙、起砂和裂缝

C、平整、湿润、干净

D、坚实、湿润、干净，应无空隙、起砂和裂缝;

三、判断题

1. 屋面工程各子分部划分为卷材防水屋面、涂膜防水屋面、刚性防水屋面、瓦屋面、隔热屋面、种植屋面等。　　(　　)

2. 屋面工程应根据建筑物的性质、重要程度、使用功能要求及防水层合理使用年限，按不同等级进行设防，共划分为四级。　　(　　)

3. 找平层转角处圆弧半径:沥青防水卷材100～150mm;高聚物改性沥青防水卷材50mm;合成高分子防水卷材20mm.　　(　　)

4. 倒置式屋面应采用吸水率小、长期浸水不腐烂的保温材料。　　(　　)

5. 保温层厚度的允许偏差:松散保温材料和整体现浇保温层为+10%、-5%;板状保温材料为±5%，且不得大于4mm。　　(　　)

6. 在坡度大于25%的屋面上采用防水卷材做防水层时，应采用固定措施，固定点应密封严密。　　(　　)

7. 卷材铺贴方向应符合下列规定:屋面坡度小于3%时，卷材宜平行于屋脊方向铺贴;在3%～15%时，卷材应平行或垂直屋脊方向铺贴;大于15%或屋面受震动时，沥青防水卷材应垂直屋脊铺贴，高聚物改性沥青防水卷材和合成高分子防水卷材可平行或垂直屋脊铺贴。　　(　　)

8. 天沟、檐沟、檐口、泛水和立面卷材收头的端部应裁齐，塞入预留的凹槽内，用金属压条钉压固定，最大钉距不应大于100mm并用密封材料嵌填封严。　　(　　)

9. 块体保护层应留设分格缝，分格面积不宜大于36m²，分格缝宽度小于20mm。　　(　　)

10. 刚性保护层与女儿墙、山墙之间应预留宽度为30mm的缝隙，并用密封材料嵌镇严密。　　(　　)

11. 细石混凝土防水层不得使用火山灰质水泥:当采用矿渣硅酸盐水泥时，应采用减

少泌水性的措施。　　（　　）

12.细石混凝土防水层的分格缝，应设在屋面板的支承端，屋面转折处、防水层突出屋面结构的交接处，其纵横间距不宜大于8m，分格缝内嵌填密封材料。　　（　　）

14.种植屋面应有1%～3%的坡度，种植屋面的四周应设挡墙，挡墙下部应设泄水孔，孔内侧放置疏水粗细骨料。　　（　　）

15.细石混凝土防水层与立墙及突出屋面结构交接处，均应做刚性密封处理。（　　）

16.采用热空气焊枪进行防水卷材搭接黏合的施工方法是热风焊接法。　　（　　）

四、简答题

1.卷材防水层铺贴顺序和方向应符合哪些规定？

2.屋面细部构造应包括哪些内容？

3.防水卷材及其配套材料的质量应检验哪些资料？

4.什么部位需要设置防水附加层？

5.屋面涂抹防水层的平均厚度应满足设计的要求，且最小厚度不得小于设计厚度的多少？应如何检测？

6.检查屋面有无渗漏、积水和排水系统是否通畅，应在什么情况下进行？

附　录

一、装饰工程施工与屋面工程施工常用的工具表 1

表 1　装饰工程常用工具

工具名称	用途	图片
气动直钉枪	一种依靠压缩空气来发射小的气动枪钉的低功率枪。根据气动枪钉的不同分为不同种类的气枪	 气动直钉枪
气动纹钉枪	一种依靠压缩空气来发射小的气动枪钉的低功率枪	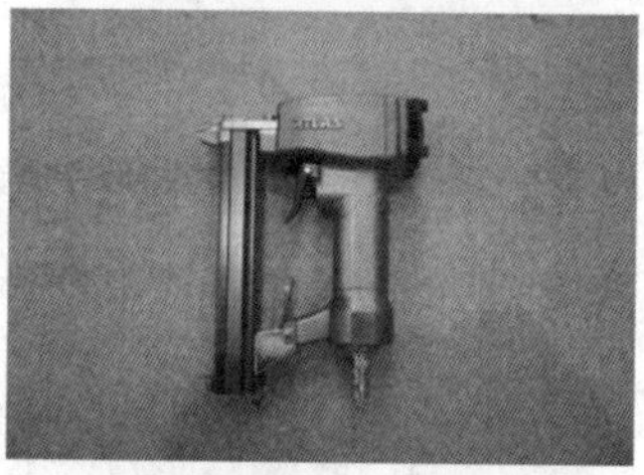
空气压缩机	它是将原动机(通常是电动机)的机械能转换成气体压力能的装置,是压缩空气的气压发生装置	
壁纸刀	刀的一种,刀片锋利,用来裁壁纸之类的东西,故名“壁纸刀”,也称“美工刀”。装修、装饰、广告牌匾行业经常用到。壁纸刀的最大特点是使用便于更换的分段式刀片,使用的时候可以折去不锋利的一段,不需要磨刀就能一直保持锋利度	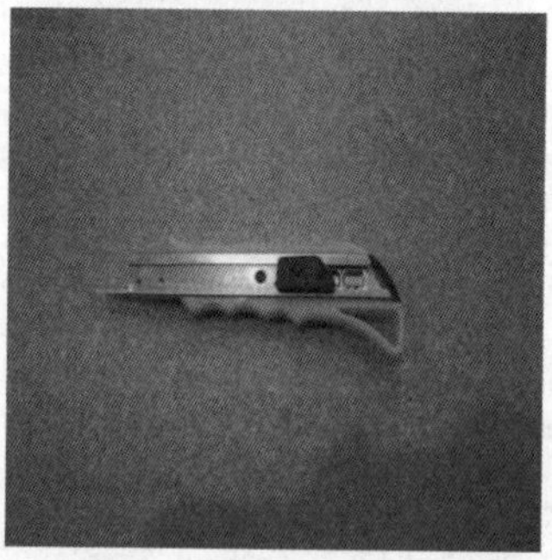

续表

工具名称	用途	图片
手电钻	手电钻就是以交流电源或直流电池为动力的钻孔工具，是手持式电动工具的一种。广泛用于建筑、装修、家具等行业，用于在物件上开孔或洞穿物体，有的行业之也称为电锤	
钢丝钳	钢丝钳是一种夹钳和剪切工具	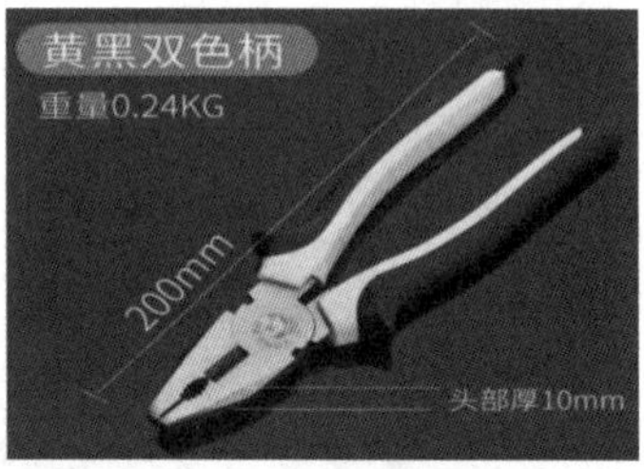
尖嘴钳	尖嘴钳又叫修口钳，主要用来剪切线径较细的单股与多股线，以及给单股导线接头弯圈、剥塑料绝缘层等，它也是电工（尤其是内线电工）常用的工具之一	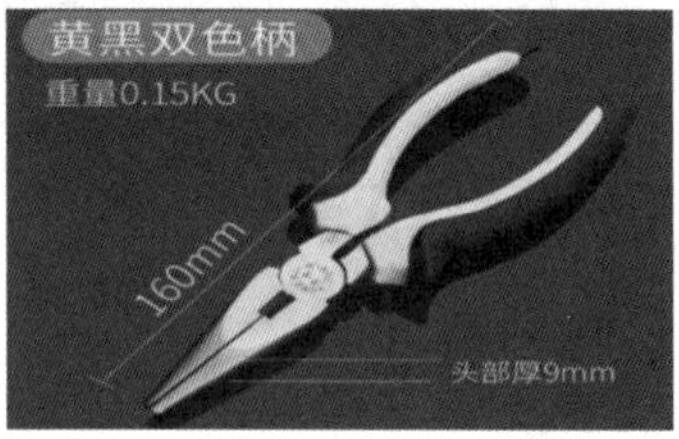
手动拉铆枪	手动拉铆枪（手动抽芯铆钉枪）是一种全手动操作将抽芯铆钉和两个被铆接零件一次性拉铆固定成型的铆接工具，手动拉铆枪属于比较原始的铆接工具，其铆接效率低、较费力气、铆接的力度容易人为控制，主要用于工作量不大的铆接工作场合	
直角尺	一种专业量具，简称为角尺。用于检测工件的垂直度及工件相对位置的垂直度，有时也用于划线	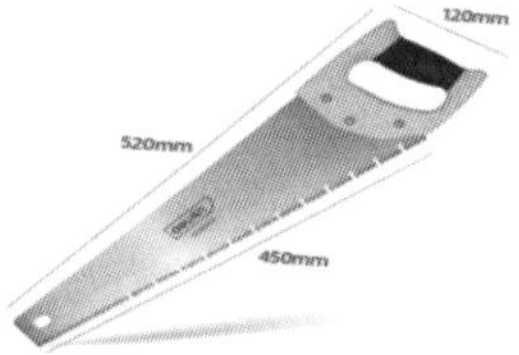

续表

工具名称	用途	图片
刨子	用来刨直、削薄、出光、作平物面的一种木工工具	
电子测电笔	是一种电工工具,用来测试电线中是否带电	
角磨机	利用高速旋转的薄片砂轮以及橡胶砂轮、钢丝轮等对金属构件进行磨削、切削、除锈、磨光加工。角磨机适合用来切割、研磨及刷磨金属与石材,作业时不可使用水。用处很多,木工、瓦工、电焊工都常用到	
手板磨光机	一种小型平板墙面打磨机砂纸腻子抛光工具	
橡皮锤	瓦工贴砖时敲击工具	
切割机	电工开槽使用的工具	斜切可调节45度 深度可调节30mm

续表

工具名称	用途	图片
羊角锤	羊角锤应用杠杆原理，是省力杠杆；羊角锤种类按柄分：有木柄，钢管柄，纤维柄等；按锤头分：有美式，欧式之分	
冲击钻	以旋转切削为主，兼有依靠操作者推力生产冲击力的冲击机构，用于砖、砌块及轻质墙等材料上钻孔的电动工具	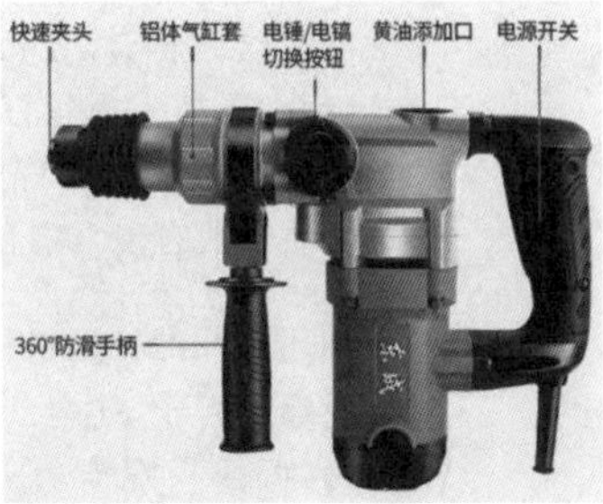 快速夹头 铝体气缸套 电锤/电镐切换按钮 黄油添加口 电源开关 360°防滑手柄
钢锯弓	切割工具	
手板锯	木工工具。不值得用电锯或者电锯用不上的地方锯切	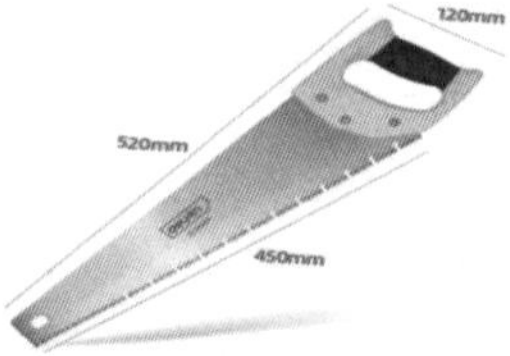 120mm 520mm 450mm
油灰刀	油工批刮腻子使用的工具	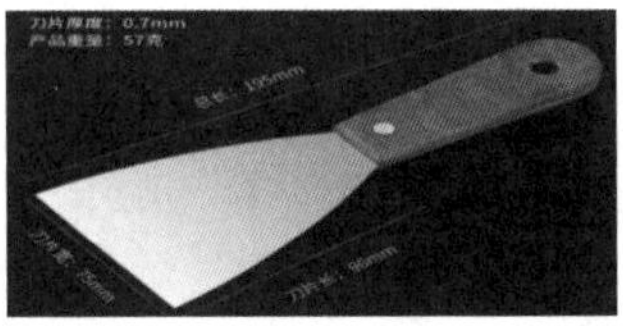 刀片厚度：0.7mm 产品重量：57克
方头抹子	瓦工用来抹灰泥的器具	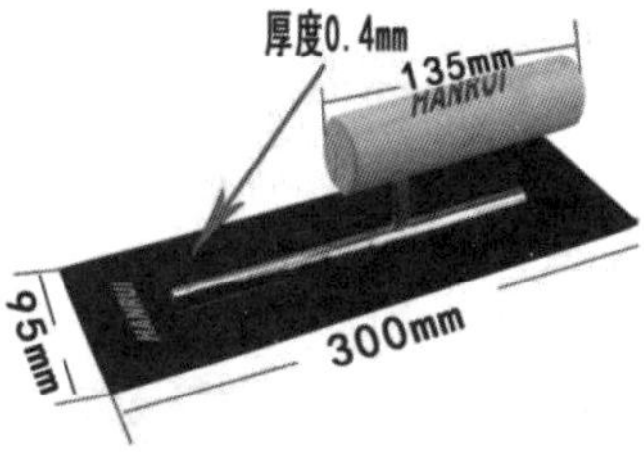 厚度0.4mm 135mm 95mm 300mm

续表

工具名称	用途	图片
钢卷尺	卷尺是日常生活中常用的工量具。大家经常看到的是钢卷尺，建筑和装修常用，也是家庭必备工具之一	
改锥（平口螺丝刀）	一种用来拧螺钉以迫使其就位的工具，又叫螺丝起子、螺丝刀，通常有一个薄楔形头，可插入螺丝钉头的槽缝或凹口内请用改锥把这个螺丝钉拧紧。改锥的材质一般为碳素钢和合金钢	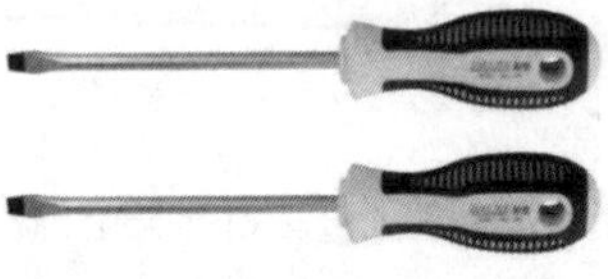
改锥（十字螺丝刀）	一种用来拧螺钉以迫使其就位的工具，又叫螺丝起子、螺丝刀，通常有一个十字头，可插入螺丝钉头的槽缝或凹口内，请用改锥把这个螺丝钉拧紧。改锥的材质一般为碳素钢和合金钢	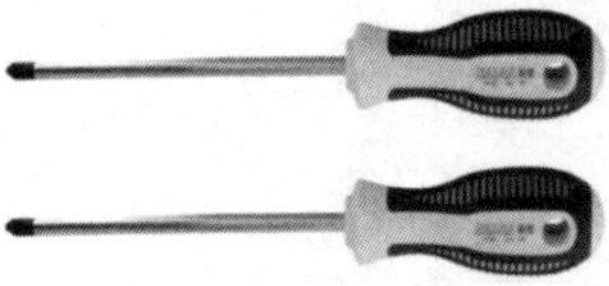
活动扳手	活动扳手简称扳手，是用来紧固和起松螺母的一种工具	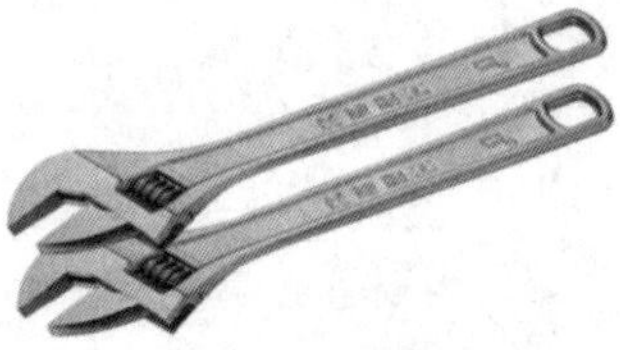
管钳	铁质管道、管件连接时，用来紧固或松动的工具	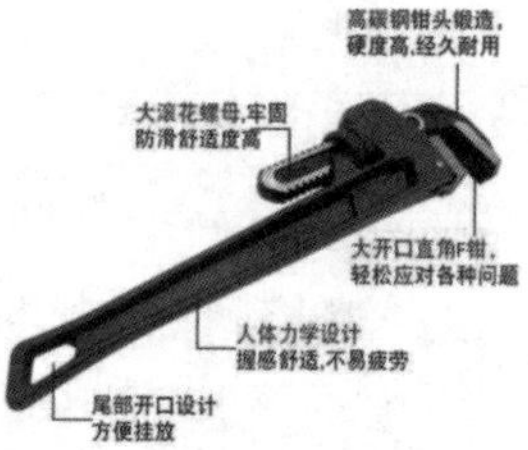
PPR管材割刀	用于切割PPR水管	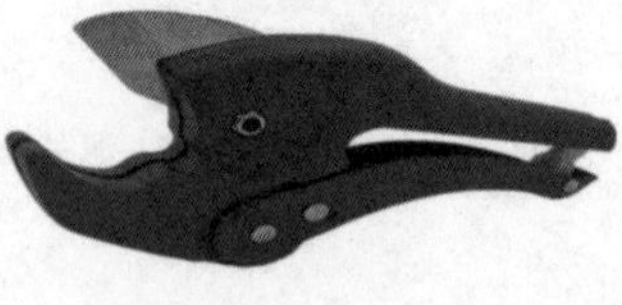

续表

工具名称	用途	图片
PVC管材割刀	用于切割PVC管材	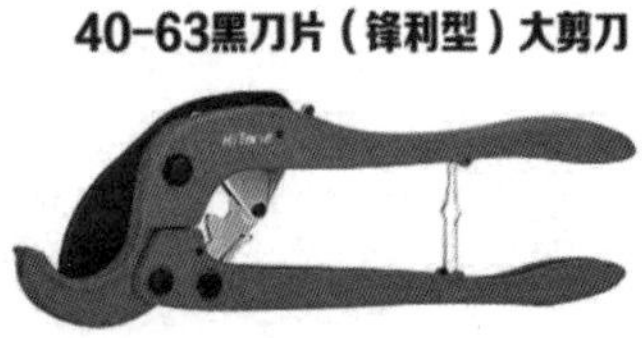 40-63黑刀片（锋利型）大剪刀
网络压线钳（驳线钳）	是用来压制水晶头的一种工具。常见的电话线接头和网线接头都是用驳线钳压制而成的	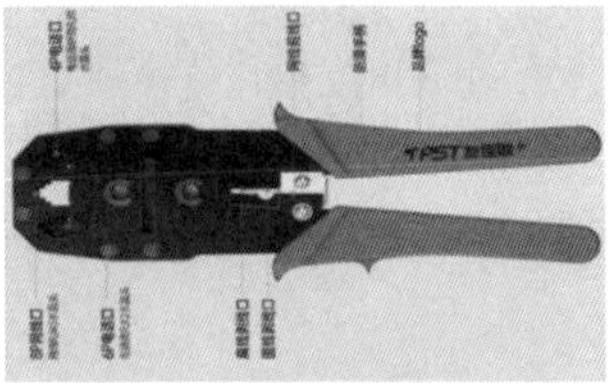
剥线钳	剥线钳为内线电工，电动机修理、仪器仪表电工常用的工具之一，剥线钳的钳柄上套有额定工作电压500V的绝缘套管。剥线钳适宜用于塑料、橡胶绝缘电线、电缆芯线的剥皮	
工作灯	用于油工打磨	
电动圆锯	木工切割板材使用的工具	
PPR热熔机	用于连接PPR管子及管件	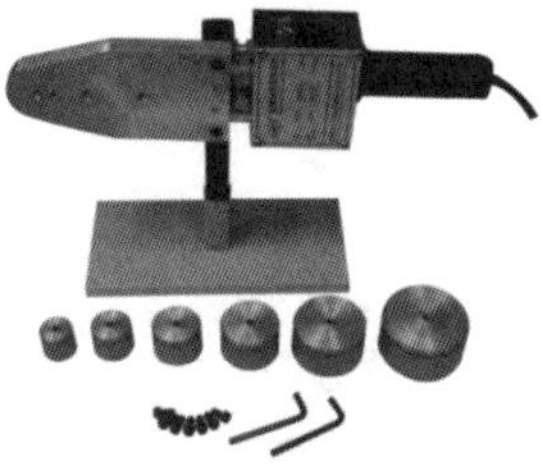

续表

工具名称	用途	图片
墨斗	中国传统木工行业中极为常见工具，其用途有三个方面：①做长直线（在泥、石、瓦等行业中也是不可缺少的）；方法是将濡墨后的墨线一端固定，拉出墨线牵直拉紧在需要的位置，再提起中段弹下即可。②墨仓蓄墨，配合墨签和拐尺用以画短直线或者做记号；③画竖直线（当铅锤使用）	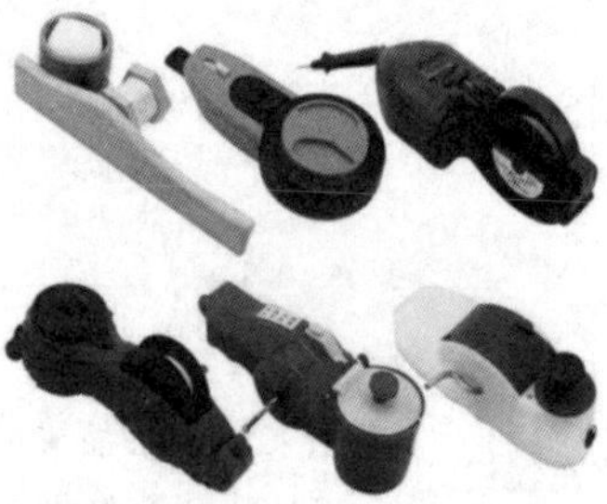
砂纸	一种供研磨用的材料，用以研磨金属、木材等表面，以使其光洁平滑	
铁锹	铲沙、土等东西的工具	
瓦刀	瓦工用以砍削砖瓦，涂抹泥灰的一种工具	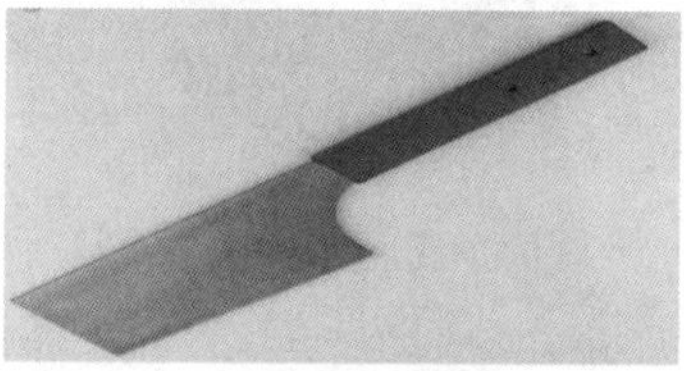
手动瓷砖切割机	可切割各类瓷砖，有釉或无釉内外墙砖、地砖、立体砖、陶瓷板、玻化瓷制砖以及平板玻璃等	
玻璃刀	瓦工用来裁切墙砖的工具	

续表

工具名称	用途	图片
乳胶漆喷枪	乳胶漆施工时喷涂乳胶漆的工具	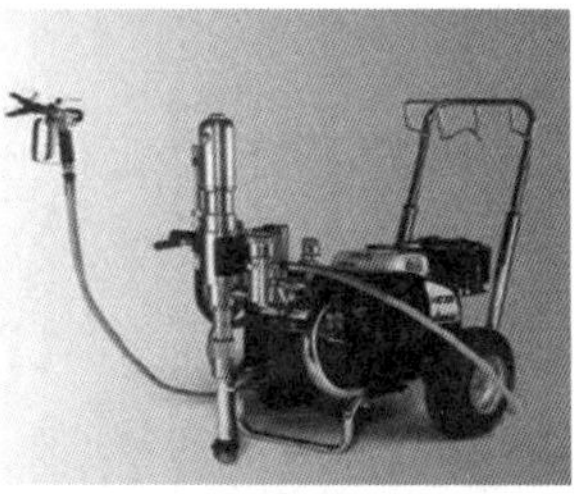
油工喷壶	一种先进、高效的喷涂工具。重要适用范围:喷油漆,水性油漆,液体等	
砂架	油工打磨是需要的工具	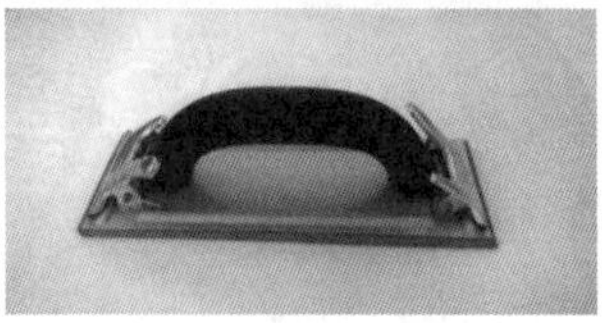
滚筒	油工用来滚刷乳胶漆	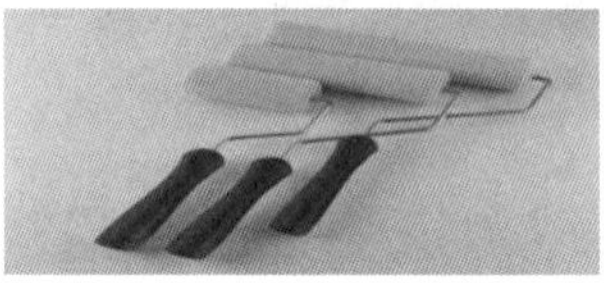
羊毛刷	刷油漆、乳胶漆的工具	
防尘面罩	目的是防止或减少空气中粉尘进入人体呼吸器官从而保护生命安全的个体保护用品	
玻璃胶枪	一种密封填缝打胶工具,适用于310ML塑料瓶装硬筒胶一指玻璃胶。广泛用于建筑装饰、电子电器、汽车及汽车部件、船舶及集装箱等行业	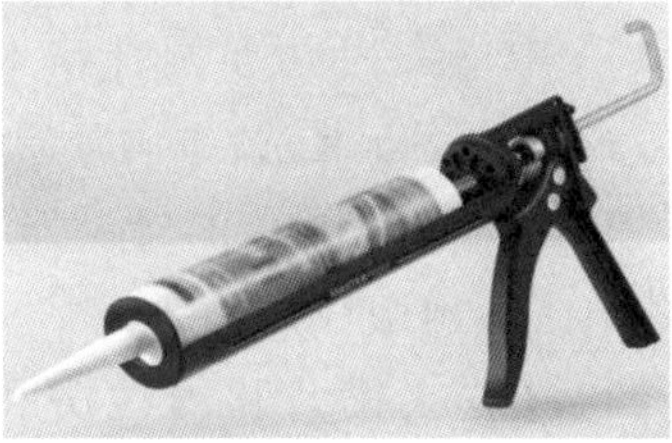

参考文献

[1] 蔡红. 建筑装饰装修构造[M]. 北京:机械工业出版社,2007.

[2] 付成喜,伍志强,张文举. 建筑装饰施工技术与组织[M]. 2 版. 北京:电子工业出版社,2011.

[3] 焦涛. 门窗装饰工艺及施工技术[M]. 北京:高等教育出版社,2007.

[4] 李爱新. 建筑装饰装修工程施工质量问答[M]. 北京:中国建筑工业出版社,2004.

[5] 李继业,刘福臣,盖文梯. 现代建筑装饰工程手册[M]. 北京:化学工业出版社,2006.

[6] 李继业,邱秀梅. 建筑装饰施工技术[M]. 2 版,北京:化学工业出版社,2011.

[7] 马有占. 建筑装饰施工技术[M]. 北京:机械工业出版社,2013.

[8] 王朝熙. 建筑装饰装修施工工艺标准手册[M]. 北京:中国建筑工业出版社,2005.

[9] 王军,董远林,刘健,等. 建筑装饰施工技术[M]. 2 版,北京:北京大学出版社,2014.

[10] 王军. 建筑装饰工程质量缺陷分析及处理[M]. 北京:机械工业出版社,2005.

[11] 温欣,方前程,刘发明. 屋面与防水工程施工及质检[M]. 天津:天津大学出版社,2019.

[12] 吴贤国,曾文杰. 建筑装饰工程施工技术[M]. 北京:机械工业出版社,2003.

[13] 吴之昕. 建筑装饰工长手册[M]. 2 版,北京:中国建筑工业出版社,2005.

[14] 武佩牛. 建筑装饰施工[M],北京:中国建筑工业出版社,2005.

[15] 要永在,刘碧蓝. 装饰工程施工技术[M]. 3 版,北京:北京理工大学出版社,2018.

[16] 张卫民,范小明,汪绍洪. 建筑装饰工程施工[M]. 北京:北京水利水电出版社,2020.

[17] 中国建筑装饰协会培训中心. 建筑装饰装修工程施工[M]. 2 版. 北京:中国建筑工业出版社,2011.

[18] 中华人民共和国住房和城乡建设部. 建筑装饰装修工程质量验收标准(GB 50210—2018)[S]. 北京:中国建筑工业出版社,2018.

[19] 中华人民共和国建设部. 住宅装饰装修施工规范(GB 50327—2001)[S]. 北京:中国建筑工业出版社,2001.

[20] 中华人民共和国住房和城乡建设部. 民用建筑工程室内环境污染控制规范(GB50325—2010)[S]. 北京:中国建筑工业出版社,2011.